智能检测技术及仪表

（第二版）

李邓化　彭书华　许晓飞　编著

科学出版社

北京

内 容 简 介

本书旨在全面介绍智能检测技术的基本原理及典型应用。全书共分13章,第1章主要介绍检测技术的基本知识与智能检测系统的基本组成;第2~8章分别介绍了各种常用传感器的基本原理与应用,主要包括热敏传感器、电阻式传感器、电感式传感器、电容式传感器、压电式传感器、光电与光纤传感器、集成数字化传感器;第9章介绍模拟及数字仪表的基本原理及基本构成;第10章介绍多传感器信息融合技术;第11章介绍智能仪器与虚拟仪器技术;第12章介绍智能检测技术领域的新技术;第13章介绍典型前向神经网络在检测技术中的应用。书后还附有一些主要章节的思考和练习题。全书以应用为核心,体现了理论教学与实践教学并重的宗旨。

本书图文并茂,突出了与工程应用技术相关的主要内容,并含有大量的应用实例,可作为高等学校电子信息类及仪器仪表类专业的教材或参考用书,也可供有关专业技术人员参考。

图书在版编目(CIP)数据

智能检测技术及仪表/李邓化,彭书华,许晓飞编著. —2版. —北京:科学出版社,2012.1

ISBN 978-7-03-033118-2

Ⅰ.①智…　Ⅱ.①李…　②彭…　③许…　Ⅲ.①自动检测-高等学校-教材②智能仪器-高等学校-教材　Ⅳ.①TP274②TP216

中国版本图书馆 CIP 数据核字(2011)第 270107 号

责任编辑:孙　芳 / 责任校对:宋玲玲

责任印制:徐晓晨 / 封面设计:陈　敬

科 学 出 版 社 出版

北京东黄城根北街 16 号
邮政编码:100717
http://www.sciencep.com

北京虎彩文化传播有限公司 印刷

科学出版社发行　各地新华书店经销

*

2007 年 3 月第 一 版　　开本:B5(720×1000)
2012 年 1 月第 二 版　　印张:23 1/2
2021 年 1 月第八次印刷　　字数:456 000

定价:98.00 元

(如有印装质量问题,我社负责调换)

第二版前言

检测技术是传统行业实现信息化的第一个环节,它本质上是获取信息的技术,检测技术的创新能够引发新的经济增长点。在美国,检测仪器行业在国民生产总值中所占比重为 10% 左右,并拉动 60% 以上的经济增长;在我国,目前该行业占国民生产总值的 1% 左右,还有很大的发展空间。从技术上来看,检测技术的发展依赖于信息技术(光、电、计算机、控制、通信)、材料技术(功能材料)、精密机械加工等技术的发展,这些支撑技术的进展为检测技术的发展提供了基础。

自本书第一版出版以来,得到了读者们的广泛关注和积极响应,许多读者提出了中肯的意见和建议,作者对此不胜感激。本书是在第一版的基础之上充分吸纳了读者的建议,并结合近几年的最新研究成果和教学体会修订而成。与第一版相比,本书主要在以下方面进行了改动:修改了第一版中叙述不妥当之处;将第一版中第 10 章"模拟及数字式仪表"提到第 9 章;删除了第一版的第 9 章"智能传感器及应用",将其部分内容并入到第 12 章;增加了"多传感器信息融合"和"典型前向神经网络及其应用"两章;将第一版的第 11 章和第 12 章进行了整合;更新了"智能检测新技术"一章。本书秉承了第一版中"以应用为核心"、"理论教学与实践教学并重"为宗旨的特点。其中,第 1~9 章及第 13 章由李邓化编写,第 10~12 章由彭书华编写,思考和练习题由许晓飞编写。

本书可供自动化、电子信息工程、通信工程、智能科学与技术、检测技术与自动化装置、测试计量技术与仪器等专业的本科生和硕士生作为教材或参考书使用,也适用于相关专业的工程技术人员。不同学校与专业的学生也可根据实际情况和课时需要选学部分内容。

感谢"北京市属市管高等学校人才强教计划资助项目"(PHR200907124,PHR201107218)对本书提供的资助。

由于作者水平有限,书中难免存在不妥之处,诚恳欢迎各位读者批评指正,可E-mail 至 greatbeijing@163.com,欢迎赐教,不胜感激。

作 者
2011 年 12 月

第一版前言

智能检测是伴随着自动化技术、计算机技术、检测技术和智能技术的深入发展而产生和形成的新的研究领域,智能检测与智能仪表是未来检测技术的主要发展方向。智能检测是将传统学科和新技术进行综合集成和应用的一门学科,体现了多学科的交叉、融合和延拓,其应用范围遍布国民经济的诸多方面。

本书是在作者多年教学实践的基础上,结合现有的教学讲义和最新技术发展编写而成的,书中融入了作者多年来大量的科研工作与成果。本书在内容安排上以检测技术基本原理为基础,结合智能检测技术的最新发展,以应用为核心,重点介绍了检测技术的基本原理和工程实现方法,体现了理论教学和实践教学并重的宗旨。

本书旨在全面介绍智能检测技术与仪表领域的基本原理及典型应用,全书共分13章,第1章主要介绍了检测技术的基本知识与智能检测系统的基本组成;第2~9章分别介绍了各种常用传感器的基本原理与应用,主要包括热敏传感器、电阻式传感器、电感式传感器、电容式传感器、压电式传感器、光电与光纤传感器、数字化传感器、智能传感器等;第10章介绍了模拟与数字仪表的设计及应用;第11、12章分别介绍了智能仪器与虚拟仪器技术;最后一章介绍了智能检测领域的主要新技术。其中,第1~8章由李邓化编写,其余部分由彭书华和许晓飞编写。

本书可作为自动化专业、智能科学与技术、检测技术与自动化装置、测试计量技术与仪器等专业的本科生和硕士生的教材或参考书,也适用于相关专业的工程技术人员。不同院校与专业的学生也可根据实际情况和课时需要选学部分内容。

由于时间仓促,水平有限,书中难免有不足之处,诚恳欢迎各位读者对本书提出批评指正,可 E-mail 至 psh01@163.com,欢迎赐教,不胜感激。

作 者
2007 年 1 月

目　　录

第1章　检测技术基础

1.1　基础知识

1.1.1　概述

1. 工业过程检测

工业过程检测是指在生产过程中,为及时掌握生产情况和监视、控制生产过程,而对其中一些变量进行的定性检查和定量测量。

检测的目的是获取各过程变量值的信息。根据检测结果可对影响过程状况的变量进行自动调节或操纵,以达到提高质量、降低成本、节约能源、减少污染和安全生产等目的。

检测技术涉及的内容非常广泛,包括被检测信息的获取、转换、显示及测量数据的处理等技术。随着科学技术的不断进步,特别是随着微电子技术、计算机技术等高新科技的发展及新材料、新工艺的不断涌现,检测技术也在不断发展,并且已经成为一门实用性和综合性很强的新兴学科。

检测技术及仪表作为人类认识客观世界的重要手段和工具,应用领域十分广泛,工业过程是其最重要的应用领域之一。工业过程检测具有如下特点:

(1) 被测对象形态多样。有气态、液态、固态介质及其混合体,也有的被测对象具有特殊性质(如强腐蚀、强辐射、高温、高压、深冷、真空、高黏度、高速运动等)。

(2) 被测参数性质多样。有温度、压力、流量、液位等热工量,也有各种机械量、电工量、化学量、生物量,还有某些工业过程要求检测的特殊参数(如纸浆的打浆度)等。

(3) 被测变量的变化范围宽。如被测温度可以是 1000℃ 以上的高温,也可以是 0℃ 以下的低温甚至超低温。

(4) 检测方式多种多样。既有断续测量,又有连续测量;既有单参数检测,又有多参数同时检测;还有每隔一段时间对不同参数的巡回检测,等等。

(5) 检测环境比较恶劣。在工业过程中,存在着许多不利于检测的影响因素,如电源电压波动,温度、压力变化,以及在工作现场存在水汽、烟雾、粉尘、辐射、振动等。

为适应工业过程检测的上述特点,要求检测仪表不但具有良好的静态特性和动态特性,而且要针对不同的被测对象和测量要求采用不同的测量原理和测量手段。因此,检测仪表的种类繁多,而且为了适应工业过程对检测技术提出的新要求,还将有各式各样的新型仪表不断涌现。

2. 检测仪表

检测仪表是能确定所感受的被测变量大小的仪表,它可以是传感器、变送器和自身兼有检出元件和显示装置的仪表。

传感器是能接收被测信息并按一定规律将其转换成同种或别种性质的输出变量的仪表。输出为标准信号的传感器称为变送器。所谓标准信号,是指变化范围的上下限已经标准化的信号(如 $4\sim20\text{mA DC}$ 等)。

检测仪表可按下述方法进行分类:

(1) 按被测量分类。可分为温度检测仪表、压力检测仪表、流量检测仪表、物位检测仪表、机械量检测仪表及过程分析仪表等。

(2) 按测量原理分类。可分为电容式、电磁式、压电式、光电式、超声波式、核辐射式检测仪表等。

(3) 按输出信号分类。可分为输出模拟信号的模拟式仪表、输出数字信号的数字式仪表及输出开关信号的检测开关(如振动式物位开关)等。

(4) 按结构和功能特点分类。可按照测量结果是否就地显示分为测量与显示功能集于一身的一体化仪表和将测量结果转换为标准输出信号并远传至控制室集中显示的单元组合仪表;或者按照仪表是否含有微处理器而分为不带微处理器的常规仪表和以微处理器为核心的微机化仪表,后者的集成度越来越高,功能越来越强,有的已具有一定的人工智能,常被称为智能化仪表。目前,有的仪表供应商又推出了"虚拟仪器"的概念。所谓"虚拟仪器",是指在标准计算机的基础上加一组软件或(和)硬件,使用者操作这台计算机,即可充分利用最新的计算机技术来实现和扩展传统仪表的功能。这套以软件为主体的系统能够享用普通计算机的各种计算、显示和通信功能。在基本硬件确定之后,就可以通过改变软件的方法来适应不同的需求,实现不同的功能。虚拟仪器彻底打破了传统仪表只能由生产厂家定义、用户无法改变的局面。用户可以自己设计、自己定义,通过软件的改变来更新自己的仪表或检测系统,改变传统仪表功能单一或有些功能用不上的缺陷,从而节省开发、维护费用,减少开发专用检测系统的时间。

不同类型检测仪表的构成方式不尽相同,其组成环节也不完全一样。通常,检测仪表由原始敏感环节(传感器或检出元件)、变量转换与控制环节、数据传输环节、显示环节、数据处理环节等组成。检测仪表内各组成环节可以构成一个开环测量系统,也可以构成闭环测量系统。开环测量系统是由一系列环节串联而成,其特点是信号只沿着从输入到输出的一个方向(正向)流动,如图1-1所示。一般较常见的检测仪表大多为开环测量系统。例如,图1-2所示的温度检测仪表,以被测温度为输入信号,以毫伏计指针的偏移作为输出信号的响应,信号在该系统内仅沿着正向流动。闭环测量系统的构成方式如图 1-3 所示,其特点是除了信号传输的正向通路外,还有一个反馈回路。在采用零值法进行测量的自动平衡式显示仪表中,各组成环节即构成一个闭环测量系统。

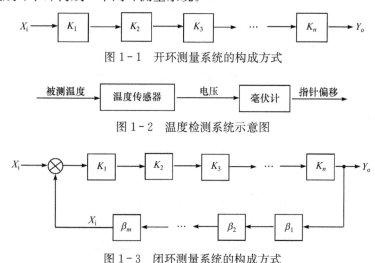

图 1-1　开环测量系统的构成方式

图 1-2　温度检测系统示意图

图 1-3　闭环测量系统的构成方式

1.1.2　检测仪表(传感器)的品质指标

1. 灵敏度

灵敏度(sensitivity)是指检测仪表在到达稳态后,输出增量与输入增量之比,即

$$K = \frac{\Delta Y}{\Delta X} \tag{1-1}$$

式中,K 为灵敏度;ΔY 为输出变量 Y 的增量;ΔX 为输入变量 X 的增量。

当仪表的输出-输入关系为线性时,其灵敏度 K 为常数,如图 1-4 所示。反之,当仪表具有非线性时,其灵敏度将随着输入变量的变化而改变,以 $\mathrm{d}y/\mathrm{d}x$ 表示,如图 1-5 所示。

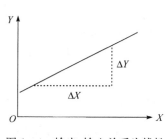

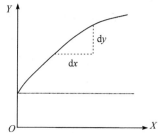

图 1-4　输出-输入关系为线性　　　　图 1-5　输出-输入关系为非线性

2. 线性度

线性度又称非线性，是表征仪表输入–输出校准曲线与所选定的拟合直线（作为工作直线）之间的吻合（或偏离）程度的指标，如图 1－6 所示。通常用相对误差来表示线性度，

$$\delta_{\mathrm{L}}=\pm\frac{\Delta L_{\max}}{Y_{\mathrm{F.S.}}}\times100\% \qquad (1-2)$$

式中，$\Delta L_{\max}$ 为校准曲线与拟合直线间的最大偏差；$Y_{\mathrm{F.S.}}$ 为理论满量程输出值。

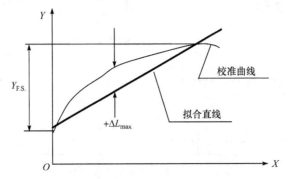

图 1－6　校准曲线与所选定的拟合直线

3. 分辨率

分辨率（resolution）反映仪表能检测出被测量的最小变化的能力，又称分辨能力。当输入变量从某个任意值（非零值）缓慢增加，直至可以观测到输出变量的变化时为止的输入变量的增量即为仪表的分辨率。分辨率可以用绝对值也可以用满刻度的百分比来表示，如角度传感器，满量程输出为 $10°/1000\mathrm{mV}$，若其分辨率为 $0.01°$，即每变化 $0.01°$，其输出就应有 $1\mathrm{mV}$ 的变化。

4. 迟滞度

在外界条件不变的情况下，当输入变量上升（从小到大）和下降（从大到小）时，仪表对于同一输入所给出的两个相应输出平均值间（若无其他规定，则指全行程范围内）的最大差值 $\Delta H_{\max}$ 即为迟滞度（hysteresis）也叫回差，如图 1－7 所示。通常以输出量程的百分数来表示，

$$\delta_{\mathrm{H}}=\pm\frac{1}{2}\frac{\Delta H_{\max}}{Y_{\mathrm{F.S.}}}\times100\% \qquad (1-3)$$

回差是由于仪表内有吸收能量的元件（如弹性元件、磁化元件等），机械结构中

有间隙及运动系统的摩擦等原因所造成的。

5. 重复性

在同一工作条件下,对同一输入值按同一方向连续多次测量时,所得输出值之间的相互一致程度为重复性(repeatability),如图 1-8 所示。

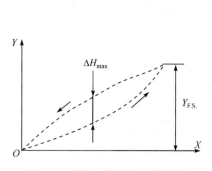

图 1-7 输入-输出的迟滞关系

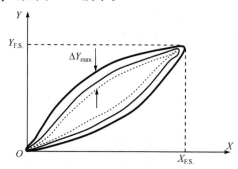

图 1-8 输入-输出的重复性

仪表的重复性用全测量范围内的各输入值所测得的最大重复性误差来确定。所谓重复性误差,是对全范围行程在同一工作条件下,从同方向对同一输入值进行多次连续测量所得输出值的两个极限值之间的代数差或均方根误差,它反映的是校准数据的离散程度,属随机误差,因此,应根据标准偏差计算。

$$\delta_R = \pm \frac{a\sigma_{max}}{Y_{F.S.}} \times 100\% \qquad (1-4)$$

式中,σ_{max} 为各校准点正行程与反行程输出值的标准偏差中之最大值;a 为置信系数,通常取 2 或 3,$a=2$ 时,置信概率为 95.4%,$a=3$ 时,置信概率为 99.73%。

一般,用贝塞尔公式法计算标准偏差。

$$\sigma = \sqrt{\frac{\sum_{i=1}^{n}(y_i - \bar{y}_i)^2}{n-1}}$$

式中,y_i 为某校准点之输出值;$\bar{y}_i$ 为输出值的算术平均值;n 为测量次数。

6. 精确度

被测量的测量结果与(约定)真值间的一致程度称为精确度(accuracy)。仪表按精确度高低划分成若干精确度等级。根据测量要求,选择适当的精确度等级是检测仪表选用的重要环节。

7. 长期稳定性

长期稳定性(long term stability)是仪表在规定时间内保持不超过允许误差范

围的能力。

随着时间的增加,传感器的特性将发生变化,对于同一输入量,即使环境条件不变,所得的输出量也不同,输出量向一定方向偏离,这种现象叫漂移,即使输入为零,漂移也是存在的。

漂移包括零点漂移和灵敏度漂移,零点漂移和灵敏度漂移又可分为时间漂移和温度漂移。时间漂移是指在规定条件下,零点或灵敏度随时间的缓慢变化;温度漂移为周围温度变化引起的零点或灵敏度漂移。

8. 动态特性

动态特性(dynamic characteristics)指被测量随时间迅速变化时,仪表输出随被测量变化的特性。

很多被测量要在动态条件下检测,被测量可能以各种形式随时间变化。只要输入量是时间的函数,则输出量也将是时间的函数,其间关系要用动态特性来说明,即用动态误差来说明。

动态误差包括两个部分:

(1) 输出量达到稳定状态以后与理想输出量之间的差别。

(2) 当输入量发生跃变时,输出量由一个稳态到另一个稳态之间的过渡状态中的误差。

由于实际测试时输入量是千变万化的,且往往事先并不知道,故工程上通常采用输入"标准"信号函数的方法进行分析,并据此确立若干评定动态特性的指标。常用的"标准"信号函数是正弦函数与阶跃函数,因为它们既便于求解又易于实现,从而仪表(或传感器)的性能指标里就出现了频率响应(仪表对正弦输入的响应)和阶跃响应(仪表对阶跃输入的响应)。

1) 频率响应特性

由物理学可知,在一定条件下,任意信号均可分解为一系列不同频率的正弦信号。也就是说,一个以时间作为独立变量进行描述的时域信号,可以变换成一个以频率作为独立变量进行描述的频域信号。一个复杂的被测实际信号,往往包含了许多种不同频率的正弦波。如果把正弦信号作为仪表的输入,然后测出它的响应,就可以对仪表(或传感器)的频域动态性能做出分析和评价。

将各种频率不同而幅值相等的正弦信号输入传感器,其输出正弦信号的幅值、相位与频率之间的关系称为频率响应特性。

设输入幅值为 X、角频率为 ω 的正弦量关系为

$$x = X\sin(\omega t)$$

则获得的输出量为

$$y = Y\sin(\omega t + \varphi)$$

式中，Y、φ 分别为输出量的幅值和初相角。其频率传递函数的指数形式为

$$\frac{y(\mathrm{j}\omega)}{x(\mathrm{j}\omega)}=\frac{Y\mathrm{e}^{\mathrm{j}(\omega t+\varphi)}}{X\mathrm{e}^{\mathrm{j}\omega t}}=\frac{Y}{X}\mathrm{e}^{\mathrm{j}\varphi}$$

由此可得频率特性的模为

$$A(\omega)=\left|\frac{y(\mathrm{j}\omega)}{x(\mathrm{j}\omega)}\right|=\frac{Y}{X} \tag{1-5}$$

称为传感器的动态灵敏度（或称增益）。$A(\omega)$ 表示输入、输出的幅值比随 ω 而变，故又称为幅频特性，一般用分贝表示，即

$$1\mathrm{dB}=X\lg A(\omega),\quad X=10\ \text{或}\ 20$$

当 $A(\omega)=1$ 时，则增益为 0。

图 1-9 为典型的对数幅频特性，0dB 水平线表示理想的幅频特性。工程上通常将 ±3dB 所对应的频率范围作为频响范围，又称通频带，简称频带。对于仪表（或传感器），则常根据所需测量精度来确定正负分贝数，所对应的频率范围即为频响范围，或称工作频带。

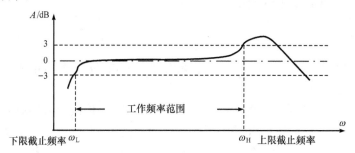

图 1-9　典型的对数幅频特性

2）阶跃响应特性

当给静止的仪表（或传感器）输入一个如图 1-10 所示的单位阶跃信号

$$u(t)=\begin{cases}0,&t\leqslant 0\\1,&t>0\end{cases}$$

时，其输出信号为阶跃响应，如图 1-11 所示。

当施加一个阶跃信号，仪表的输出在一段时间内非线性向终值（100％输出值）变化。

（1）响应时间。输出上升到终值的 95％（或 98％）所需的时间。总体上反映仪表响应的快慢。

（2）上升时间。规定为由终止值的 10％上升到终止值的 90％所需的时间。仪表（或传感器）在初始阶段响应的快慢。

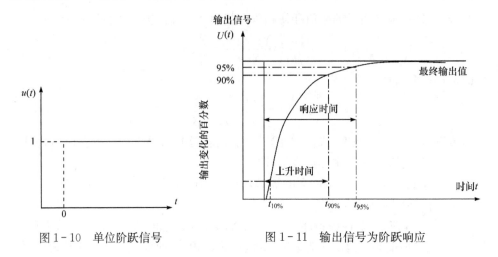

图 1-10　单位阶跃信号　　　　　　图 1-11　输出信号为阶跃响应

（3）时间常数。输出由零上升到终止值的 63.5% 所需的时间，通常用 τ 表示。

1.1.3　量值传递与仪表的校准

1. 量值传递

所谓"量值"（value quantity），是指由数值和单位所表示的量的大小，如 200mm、50℃、100kPa 等。

工业过程检测中可能遇到的各种物理量，在国际单位制（SI）中有它们各自的计量单位。表 1-1 列出了 SI 的七个基本单位，它们均有严格的科学定义。国际单位制是我国法定计量单位的基础，一切属于国际单位制的单位都是我国的法定计量单位。此外，还根据我国的情况，适当增加了一些其他单位。为了保证全国量值的统一，国家建立了稳定的、可以准确复制的计量基准，并通过各级计量标准器逐级传递到经济建设、国防建设和科学研究使用的仪器仪表中去，这种工作被称为量值传递。

通常把表示计量单位和数值的量具和仪器仪表统称为计量器具。根据计量器具在量值传递过程中的作用及其不同的准确度，分为国家计量基准器、计量标准器和工作量具（工作用仪器仪表）。国家计量基准器是体现计量单位量值、具有现代科学技术所能达到的最高准确度的计量器具，经国家鉴定合格后，作为全国计量单位量值的最高

表 1-1　国际单位制的基本单位

量的名称	单位名称	单位符号
长度	米	m
质量	千克	kg
时间	秒	s
电流	安［培］	A
热力学温度	开［尔文］	K
物质的量	摩［尔］	mol
发光强度	坎［德拉］	cd

依据。计量标准器是国家根据生产建设的实际需要,规定不同等级的准确度,用来传递量值的计量器具。如图 1-12 所示为压力单位量值的传递关系,由图可以清楚地看出压力单位量值由高到低逐级传递的过程。

量值传递是一项法制性的管理工作,各级计量机构建立自己的最高一级计量标准器时,须经上级计量管理机构的审查批准,以保证计量器具准确一致,统一全国量值。

2. 仪表的校准

在检测技术中,经常会遇到标定(graduation)与校准(calibration)两个概念。所谓标定,就是在传感器或仪表正式出厂投入使用之前,给它加上已知的标准

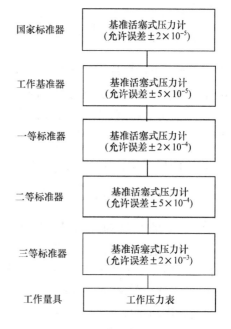

图 1-12　压力单位量值的传递关系

国家标准器	基准活塞式压力计 (允许误差 ±2×10⁻⁵)
工作基准器	基准活塞式压力计 (允许误差 ±5×10⁻⁵)
一等标准器	基准活塞式压力计 (允许误差 ±2×10⁻⁴)
二等标准器	基准活塞式压力计 (允许误差 ±5×10⁻⁴)
三等标准器	基准活塞式压力计 (允许误差 ±2×10⁻³)
工作量具	工作压力表

输入信号(如在测力传感器上加已知的标准负荷),采用更高一级的基准仪器,得出其输出量与输入量之间的对应关系。根据静态标定的结果可以画出相应的定标曲线。根据动态标定可以测定传感器或仪表的动态特性,确定其可应用的频率范围及动态误差大小。

仪表在标定后的实际使用过程中,为了保证工作的可靠性,需要定期或不定期地重复进行全部或部分标定操作,并进行适当的调整(修正、补偿等),或者对某一特性的指标进行校验和调整,这种操作过程即所谓校准。

标定和校准就其实验内容来说,都是测定仪表的特性参数。校准可进一步分为静态校准与动态校准。

静态校准是以静态标准量作为输入信号,测定仪表的输出-输入特性,从中确定线性度、灵敏度和回差等静态特性参数。校准时所用基准仪表的精确度至少应比被校准仪表的精确度高一级。例如,在油压式压力表校验器上校准压力表时,对于 0.5 级以下的普通压力表,一般采用与标准压力表相比较的方法来进行校准,此时所用标准压力表的精确度等级要比被校压力表高两级。

动态校准是以正弦信号或阶跃信号等典型信号作为仪表的输入信号来测定仪表的动态响应特性。通过动态校准,可以测定仪表的时间常数、阻尼率和固有频率等动态特性参数。

1.2　测量误差与数据处理基础

任何测量过程都不可避免地存在误差。一般情况下,被测量的真值是未知的。对含有误差的测量数据进行科学的分析和处理,才能求得被测量真值的最佳估计值,估计其可靠程度,并给出测量结果的科学表达。对测量数据的这种去粗取精、去伪存真的数学处理过程即为本节所要讨论的数据处理。

1.2.1　测量误差及其分类

1. 测量误差的定义

被测变量的被测值与真值之间总是存在着一定的误差。所谓真值(true value),是一个严格定义的量的理想值;或者说,是在一定的时间及空间条件下,某被测量的真实数值。一个量的真值是一个理想概念,它是无法测到的。在实际工作中,通常用"约定真值"(conventional true value)来代替真值。所谓约定真值,是为使用目的所采用的接近真值因而可代替真值的值,它与真值之差可忽略不计。一个量的约定真值一般是用适合该特定情况的精确度的仪表和方法来确定的。通常,高一级标准器的误差与低一级标准器或普通仪表的误差相比,为其 $1/10 \sim 1/3$ 时,即可认为前者的示值是后者的约定真值。在实际测量中,以无系统误差情况下足够多次测量所获一列测量结果的算术平均值作为约定真值。

根据误差表示方法的不同,有绝对误差(absolute error)、相对误差(relative error)和引用误差(fiducial error/percentage error)三种定义。

1) 绝对误差

被测量的测量值 x 与该被测量的真值 A_0 之间的代数差 Δ 称为绝对误差,即

$$\Delta = x - A_0 \tag{1-6}$$

绝对误差与被测量具有相同的量纲,其大小表示测量值偏离真值的程度。式中,真值 A_0 可用约定真值 X_0 代替,则式(1-6)可改写为

$$\Delta = x - X_0 \tag{1-7}$$

2) 相对误差

对于同等大小的被测量,测量结果的绝对误差越小,其测量的精确度越高,而对于不同大小的被测量,却不能只凭绝对误差来评定其测量的精确度。在这种情况下,需采用相对误差的形式来说明测量精确度的高低。相对误差量纲为1,通常以百分数表示。相对误差有如下两种表示法:

(1) 实际相对误差。实际相对误差是指绝对误差 Δ 与被测量的约定真值(实际值)X_0 之比,记为

$$\delta_A = \frac{\Delta}{X_0} \times 100\% \tag{1-8}$$

（2）公称相对误差。公称相对误差是指绝对误差 Δ 与仪表公称值（示值）X 之比，记为

$$\delta_x = \frac{\Delta}{X} \times 100\% \tag{1-9}$$

公称相对误差一般用于误差较小时，此时由于仪表的示值 X 与被测量的真值 A_0 很接近，故 δ_x 与 δ_A 相差很小。

3）引用误差

绝对误差与测量范围上限值、量程或标度盘满刻度之比称为引用误差，误差 Δ 与仪表量程 B 的百分比值来表示，亦称相对百分误差，记为

$$\delta_m = \frac{\Delta}{B} \times 100\% \tag{1-10}$$

式中，仪表的量程 B 等于仪表的测量范围上限值与下限值之差。若测量范围下限值为零，则上式便可写成绝对误差与仪表测量范围上限值（或标度盘满刻度值）之比。

2. 工业过程检测仪表的精度等级

工业过程检测仪表常以最大引用误差作为判断精度等级的尺度。人为规定：取最大引用误差百分数的分子作为检测仪器（系统）精度等级的标志，也即用最大引用误差去掉正负号和百分号后的数字来表示精度等级，精度等级用符号 G 表示。

为统一和方便使用，国家标准 GB776—76《测量指示仪表通用技术条件》规定，测量指示仪表的精度等级 G 分为 0.1、0.2、0.5、1.0、1.5、2.5、5.0 七个等级，这也是工业检测仪器（系统）常用的精度等级。检测仪器（系统）的精度等级由生产厂商根据其最大引用误差的大小并以选大不选小的原则就近套用上述精度等级得到。

例如，量程为 0~1000V 的数字电压表，如果其整个量程中最大绝对误差为 1.05V，则有

$$\delta_m = \frac{|\Delta_{max}|}{B} \times 100\% = \frac{1.05}{1000} \times 100\% = 0.105\%$$

由于 0.105 不是标准化精度等级值，因此，需要就近套用标准化精度等级值。0.105 位于 0.1 级和 0.2 级之间，尽管该值与 0.1 更为接近，但按选大不选小的原则，该数字电压表的精度等级 G 应为 0.2 级。因此，任何符合计量规范的检测仪器（系统）都满足

$$\delta_m \leqslant G\%$$

由此可见,仪表的精度等级是反映仪表性能的最主要的质量指标,它充分说明了仪表的测量精度,可较好地用于评估检测仪表在正常工作时(单次)测量的测量误差范围。

例 1.2.1　被测电压实际值约为 21.7V,现有四种电压表:

A 表:1.5 级、量程为 0~30V;　　B 表:1.5 级、量程为 0~50V;

C 表:1.0 级、量程为 0~50V;　　D 表:0.2 级、量程为 0~360V。

请问选用哪种规格的电压表进行测量产生的测量误差较小?

解:根据式(1-10),分别用四种表进行测量可能产生的最大绝对误差如下:

A 表:$|\Delta_{max}| = \delta_{max} \times B = 1.5\% \times 30V = 0.45V$

B 表:$|\Delta_{max}| = \delta_{max} \times B = 1.5\% \times 50V = 0.75V$

C 表:$|\Delta_{max}| = \delta_{max} \times B = 1.0\% \times 50V = 0.5V$

D 表:$|\Delta_{max}| = \delta_{max} \times B = 0.2\% \times 360V = 0.72V$

答:四者比较,通常选用 A 表进行测量所产生的测量误差较小。

由上例不难看出,检测仪表产生的测量误差不仅与所选仪表精度等级 G 有关,而且与所选仪表的量程有关。通常,量程 B 和测量值 X 相差愈小,测量准确度较高。所以,在选择仪表时,应选择测量值尽可能接近的仪表量程。

3. 测量误差的分类

根据测量误差的性质及产生的原因,可将其分为以下三类。

1) 系统误差(systematic error)

系统误差(简称系差)是在相同条件下多次测量同一被测量值的过程中出现的一种误差,它的绝对值和符号或者保持不变,或者在条件变化时按某一规律变化。此处所谓条件,是指人员、仪表及环境等条件。

按照误差值是否变化,可将系统误差进一步划分为恒定系差和变值系差。变值系差又可进一步分为累进性的、周期性的及按复杂规律变化的几种。累进性系差是一种在测量过程中,误差随时间增长逐渐加大或减小的系差。周期性系差是指测量过程中误差大小和符号均按一定周期发生变化的系差。按复杂规律变化的系差是一种变化规律仍未掌握的系差,在某些条件下,它向随机误差转化,可按随机误差进行处理。

按照对系统误差掌握的程度,又可将其大致分为已定系差(方向和绝对值已知)与未定系差(方向和绝对值未知,但可估计其变化范围)。已定系差可在测量中予以修正,而未定系差只能估计其误差限(又称系统不确定度)。

系统误差的特征是误差出现的规律性和产生原因的可知性。所以,在测量过程中可以分析各种系统误差的成因,并设法消除其影响和估计出未能消除的系统误差值。

2) 随机误差(random error)

随机误差又称偶然误差,是在相同条件下,多次测量同一被测量值的过程中出现的误差,其绝对值和符号以不可预计的方式变化,它是由于测量过程中许多独立的、微小的、偶然的因素所引起的综合结果。

单次测量的随机误差没有规律,也不能用实验方法加以消除。但是,随机误差在多次重复测量的总体上服从统计规律。因此,可以通过统计学的方法来研究这些误差的总体分布特性,估计其影响并对测量结果的可靠性做出判断。

3) 粗差

明显歪曲测量结果的误差称为粗差。产生粗差的主要原因有测量方法不当或实验条件不符合要求,或由于测量人员粗心、使用仪器不正确、测量时读错数据、计算中发生错误等。

从性质上来看,粗差本身并不是单独的类别,它本身既可能具有系统误差的性质,也可能具有随机误差的性质,只不过在一定测量条件下其绝对值特别大而已。含有粗差的测量值称为坏值或异常值,所有的坏值都应剔除不用。所以,在进行误差分析时,要估计的误差只有系统误差与随机误差两类。

在测量过程中,系统误差与随机误差通常是同时发生的,一般很难把它们从测量结果中严格区分开来,而且误差的性质是可以在一定条件下互相转化的。有时可以把某些暂时设有完全掌握或分析起来过于复杂的系统误差当做随机误差来处理。对于按随机误差处理的系统误差,通常只能给出系统误差的可能取值范围,即系统不确定度。此外,对某些随机误差(如环境温度、电源电压波动等引起的),若能设法掌握其确定规律,则可视为系统误差并设法加以修正。

不确定度一词也用来表征随机误差的可能范围,称之为随机不确定度。当同时存在系统误差和随机误差时,用测量的不确定度来表征总的误差范围。

4. 准确度、精密度和精确度

测量的准确度又称正确度(correctness),表示测量结果中的系统误差大小程度。系统误差越小,则测量的准确度越高,测量结果偏离真值的程度越小。

测量的精密度(precision)表示测量结果中的随机误差大小程度。随机误差越小,精密度越高,说明各次测量结果的重复性越好。

准确度和精密度是两个不同的概念,使用时不得混淆。图 1-13 形象地说明了准确度与精密度的区别。图中,圆心代表被测量的真值,符号×表示各次测量结果。由图可见,精密度高的测量不一定具有高准确度。因此,只有消除了系统误差之后,才可能获得正确的测量结果。一个既"精密"又"准确"的测量称为"精确"测量,并用精确度(accuracy)来描述。精确度所反映的是被测量的测量结果与(约定)真值间的一致程度。精确度高,说明系统误差与随机误差都小。

(a) 低准确度,低精密度　　(b) 低准确度,高精密度　　(c) 高准确度,低精密度　　(d) 高准确度,高精密度

图 1-13　准确度与精密度的区别

1.2.2　系统误差的消除方法

1. 消除产生误差的根源

首先从测量装置的设计入手,选用最合适的测量方法和工作原理,以避免方法误差;选择最佳的结构设计与合理的加工、装配、调校工艺,以避免和减小工具误差。此外,应做到正确地安装、使用,测量应在外界条件比较稳定时进行,对周围环境的干扰应采取必要的屏蔽防护措施等。

2. 对测量结果进行修正

在测量之前,应对仪器仪表进行校准或定期进行检定。通过检定,可以由上一级标准(或基准)给出受检仪表的修正值(correction)。将修正值加入测量值中,即可消除系统误差。

所谓修正值,是指与测量误差的绝对值相等而符号相反的值。例如,用标准温度计检定某温度传感器时,在温度为 50℃ 的测温点处,受检温度传感器的示值为 50.5℃,则测量误差为

$$\Delta x = x - X_0 = 50.5 - 50 = 0.5(℃)$$

于是,修正值 $C = -\Delta x = -0.5℃$。将此修正值加入测量值 x 中,即可求出该测温点的实际温度为

$$X_0 = x + C = 50.5 - 0.5 = 50(℃)$$

从而消除了系统误差 Δx。

修正值给出的方式不一定是具体的数值,也可以是一条曲线、一个公式或图表。在某些自动检测仪表中,修正值已预先编制成相应的软件,存储于微处理器中,可对测量结果中的某些系统误差自动修正。

3. 采用特殊测量法

在测量过程中,选择适当的测量方法,可使系统误差抵消而不带入测量值

中去。

　　1) 恒定系差消除法

　　(1) 零示法。零示法属于比较法中的一种,它是将被测量与已知的标准量进行比较,当两者的差值为零时,被测量就等于已知的标准量。电位差计是采用零示法的典型例子。

　　图 1-14 给出用电位差计测量热电偶热电势的工作原理。图中,R 为高线性度的线绕电阻,I 为恒定的工作电流,G 为高灵敏度的检流计,E_t 为被测的未知热电势。测量时调节滑动触点 C 的位置,可改变 R_{CB} 上的压降 U_{CB}。当检流计中无电流流过时,$U_{CB}=E_t$,读出此时的 U_{CB},即可知热电势 E_t,这里采用的是电压平衡原理。

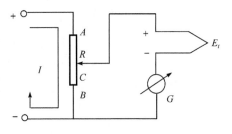

图 1-14　电压平衡原理图

　　在零示法中,被测量与标准已知量之间的平衡状态判断的是否准确,取决于零指示器的灵敏度。指示器的灵敏度足够高时,测量的准确度主要取决于已知的标准量。

　　(2) 替代法。替代法又称置换法,是指先将被测量接入测量装置使之处于一定状态,然后以已知量代替被测量,并通过改变已知量的值使仪表的示值恢复到替代前的状态。替代法的特点是被测量与已知量通过测量装置进行比较,当两者的效应相同时,其数值也必然相等。测量装置的系统误差不会带给测量结果,它只起辨别两者有无差异的作用,因此,测量装置要有一定的灵敏度和稳定度。

　　(3) 交换法。交换法又称为对照法,是指在测量过程中将某些测量条件相互交换,使产生系差的原因对交换前后的测量结果起相反作用。对两次测量结果进行数学处理,即可消除系统误差或求出系差的数值。图 1-15 为交换法在电阻电桥中的应用。设 $R_1=R_2$,第一次按图 1-15(a)进行测量,调节标准电阻 R_s 使电桥平衡,此时有 $R_x=R_s(R_1/R_2)$。第二次按图 1-15(b)交换测量位置,重新调节 $R_s=R_s'$ 使电桥平衡,于是有 $R_x=R_s'(R_2/R_1)$。将两次测量结果加以处理后得

$$R_x=\sqrt{R_s R_s'}\approx\frac{1}{2}(R_s+R_s')$$

　　当 R_1、R_2 分别存在恒定系统误差 ΔR_1、ΔR_2 时,在单次测量结果中会出现由 ΔR_1、ΔR_2 引起的系差,但从交换法的测量结果表达式中可以看出,被测电阻值 R_x 与 R_1、R_2 及 ΔR_1、ΔR_2 无关,从而消除了恒定系差的影响。

　　2) 变值系差消除法

　　(1) 等时距对称观测法。等时距对称观测法可以有效地消除随时间成比例变

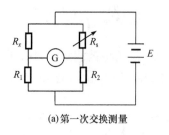 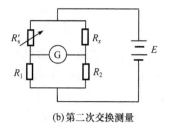

(a)第一次交换测量　　　　　　　　(b)第二次交换测量

图 1-15　用交换法测量电阻

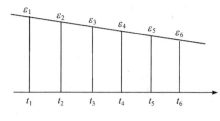

图 1-16　等时距对称观测法

化的线性系统误差。假设系统误差 ε_i 按图 1-16 所示的线性规律变化,若以某一时刻 t_3 为中点,则对称于此点的各对称系统误差的算术平均值彼此相等,即

$$\frac{\varepsilon_1+\varepsilon_5}{2}=\frac{\varepsilon_2+\varepsilon_4}{2}=\varepsilon_3$$

利用上述关系安排适当的测量步骤,对测量结果进行一定的处理后,即可消除这种随时间按线性规律变化的系统误差。

(2) 半周期偶数观测法。某些周期性系统误差的特点是,每隔半个周期产生的误差大小相等、符号相反。针对这一特点,采用半周期偶数观测法可以消除周期性系统误差。

设周期性系统误差的变化规律为

$$\varepsilon=A\sin\varphi$$

当 $\varphi=\varphi_1$ 时,有

$$\varepsilon_1=A\sin\varphi_1$$

该周期性系统误差 ε 的变化周期为 2π。当 $\varphi=\varphi_1+\pi$ 时,有

$$\varepsilon_2=A\sin(\varphi_1+\pi)=-A\sin\varphi_1$$

取 ε_1 和 ε_2 的算术平均值,可得

$$\bar{\varepsilon}=\frac{\varepsilon_1+\varepsilon_2}{2}=0$$

由上式可知,对于周期性变化的系统误差,如果在测得一个数据后,相隔半个周期再测量一个数据,然后取这两个数据的算术平均值作为测量结果,即可从测量结果中消除周期性系统误差。

1.2.3　随机误差及其估算

在测量过程中,系统误差与随机误差通常是同时发生的。由于系统误差可以

用各种方法加以消除,因此,在后面的讨论中,均假定测量值中只含有随机误差。

本节主要介绍随机误差的分布规律及统计特性。

随机误差的数值事先是无法预料的,它受各种复杂的随机因素的影响,通常把这类依随机因素而变、以一定概率取值的变量称为随机变量。根据概率论的中心极限定理:如果一个随机变量是由大量微小的随机变量共同作用的结果,则只要这些微小随机变量是相互独立或弱相关的,且均匀地减小(即对总和的影响彼此差不多),那么,无论它们各自服从于什么分布,其总和必然近似于正态分布。显然,随机误差不过是随机变量的一种具体形式,当随机误差是由大量的、相互独立的微小作用因素所引起时,通常都遵从正态分布规律。

(1) 随机误差的正态分布曲线。随机误差的正态分布概率密度函数的数学表达式为

$$p(x) = \frac{1}{\sigma\sqrt{2\pi}}\exp\left[-\frac{(x-X_0)^2}{2\sigma^2}\right] \tag{1-11}$$

和

$$p(\varepsilon) = \frac{1}{\sigma\sqrt{2\pi}}\exp\left(\frac{-\varepsilon^2}{2\sigma^2}\right) \tag{1-12}$$

称为高斯(Gauss)公式。式中,ε 为随机误差,是测量值 x 与被测量真值 X_0 之差;$p(\varepsilon)$ 为随机误差的概率密度函数;σ 为标准偏差。图 1-17 给出随机误差的正态分布曲线。

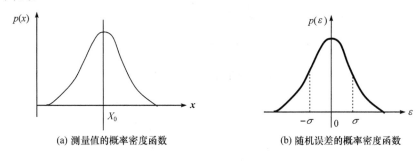

(a) 测量值的概率密度函数　　　　　(b) 随机误差的概率密度函数

图 1-17　随机误差的正态分布曲线

分析图 1-17 可以看出,随机误差的统计特性表现在以下四个方面:

① 有界性。在一定条件下的有限测量值中,误差的绝对值不会超过一定的界限。

② 单峰性。绝对值小的误差出现的次数比绝对值大的误差出现的次数多。

③ 对称性。绝对值相等的正误差和负误差出现的次数大致相等。

④ 抵偿性。相同条件下对同一量进行多次测量,随机误差的算术平均值随着测量次数 n 的无限增加而趋于零,即误差平均值的极限为零。

应当指出,有些误差并不完全满足上述特性,但根据其具体情况,仍可按随机误差处理。

(2) 正态分布的随机误差的数字特征。在实际测量时,真值 X_0 不可能得到,但如果随机误差服从正态分布,则算术平均值处随机误差的概率密度最大。对被测量进行等精度的 n 次测量,得 n 个测量值 $x_1, x_2, \cdots, x_n$,它们的算术平均值为

$$\bar{x} = \frac{1}{n}(x_1 + x_2 + \cdots + x_n) = \frac{1}{n}\sum_{i=1}^{n} x_i \tag{1-13}$$

算术平均值是诸测量值中最可信赖的,它可以作为等精度多次测量的结果。

上述的算术平均值是反映随机误差的分布中心,而均方根偏差则反映随机误差的分布范围。均方根偏差越大,测量数据的分散范围也越大,所以,均方根偏差 σ 可以描述测量数据和测量结果的精度。图 1-18 为不同 σ 下正态分布曲线。由图可见,σ 越小,分布曲线越陡峭,说明随机变量的分散性小,测量精度高;反之,σ 越大,分布曲线越平坦,随机变量的分散性也大,则精度也低。

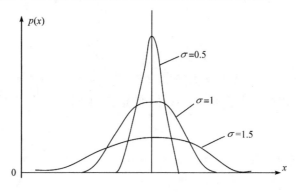

图 1-18　不同 σ 下正态分布曲线

均方根偏差 σ 可由下式求出:

$$\sigma = \sqrt{\frac{\sum_{i=1}^{n}(x_i - X_0)^2}{n}} = \sqrt{\frac{\sum_{i=1}^{n}\varepsilon_i^2}{n}} \tag{1-14}$$

式中,n 为测量次数;x_i 为第 i 次测量值。

在实际测量时,由于真值 X_0 是无法确切知道的,用测量值的算术平均值 $\bar{x}$ 代替之,各测量值与算术平均值的差值称为残余误差,即

$$v_i = x_i - \bar{x}$$

用残余误差计算的均方根偏差称为均方根偏差的估计值 σ_s,即

$$\sigma_s = \sqrt{\frac{\sum\limits_{i=1}^{n}(x_i-\overline{x})^2}{n-1}} = \sqrt{\frac{\sum\limits_{i=1}^{n}v_i^2}{n-1}} \tag{1-15}$$

通常,在有限次测量时,算术平均值不可能等于被测量的真值 X_0,它也是随机变动的。设对被测量进行 m 组的"多次测量",各组所得的算术平均值 $\overline{x}_1,\overline{x}_2,\cdots,\overline{x}_m$,围绕真值 X_0 有一定的分散性,也是随机变量。算术平均值 $\overline{x}$ 的精度可由算术平均值的均方根偏差 σ_Z 来评定。它与 σ_s 的关系如下:

$$\sigma_Z = \frac{\sigma_s}{\sqrt{n}} \tag{1-16}$$

(3)正态分布的概率计算。人们利用分布曲线进行测量数据处理的目的是求取测量的结果,确定相应的误差限及分析测量的可靠性等。为此,需要计算正态分布在不同区间的概率。

置信区间:算术平均值 $\overline{x}$ 在规定概率下可能的变化范围称为置信区间。置信区间表明了测量结果的离散程度,可作为测量精密度的标志。

置信概率:算术平均值 $\overline{x}$ 落入某一置信区间的概率 P 表明测量结果的可靠性,亦即值得信赖的程度,称为置信概率。

分布曲线下的全部面积应等于总概率。由残余误差 v 表示的正态分布密度函数为

$$p(v) = \frac{1}{\sigma\sqrt{2\pi}}e^{\frac{-v^2}{2\sigma^2}} \tag{1-17}$$

故

$$\int_{-\infty}^{+\infty}p(v)dv = 100\% = 1$$

在任意误差区间 (a,b) 出现的概率为

$$p(a\leqslant v\leqslant b) = \frac{1}{\sigma\sqrt{2\pi}}\int_a^b e^{\frac{-v^2}{2\sigma^2}}dv$$

σ 是正态分布的特征参数,误差区间通常表示成 σ 的倍数,如 $t\sigma$。由于随机误差分布对称性的特点,常取对称的区间,即

$$P_c = p(-t\sigma\leqslant v\leqslant +t\sigma) = \frac{1}{\sigma\sqrt{2\pi}}\int_{-t\sigma}^{+t\sigma}e^{\frac{-v^2}{2\sigma^2}}dv \tag{1-18}$$

式中,t(或 k_t)为置信系数;P_c 为置信概率;$\pm t\sigma$ 为误差限。

随机误差在 $\pm t\sigma$ 范围内出现的概率为 P_c,则超出的概率为显著度(置信水平),用 α 表示为

$$\alpha = 1 - P_c$$

P_c 与 α 的关系如图 1-19 所示。

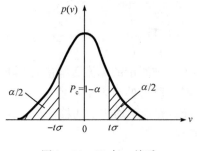

图 1-19　P_c 与 α 关系

从表 1-2 可知，当 $t=\pm 1$ 时，$P_c=0.6827$，即测量结果中随机误差出现在 $-\sigma\sim +\sigma$ 范围内的概率为 68.27%，而 $|v|>\sigma$ 的概率为 31.73%。出现在 $-3\sigma\sim +3\sigma$ 范围内的概率是 99.73%。因此，可以认为绝对值大于 3σ 的误差是不可能出现的，通常把这个误差称为极限误差 $\sigma_{\lim}$。按照上面分析，测量结果可表示为

$$x=\bar{x}\pm\sigma_{\bar{x}}\quad (P_c=0.6827)$$

或

$$x=\bar{x}\pm 3\sigma_{\bar{x}}\quad (P_c=0.9973)$$

表 1-2　几个典型的 t 值及其相应的概率($n>30$)

t	0.6745	1	1.96	2	2.58	3	4
P_c	0.5	0.6827	0.95	0.9545	0.99	0.9973	0.9994

例 1.2.2　有一组测量值为 237.4, 237.2, 237.9, 237.1, 238.1, 237.5, 237.4, 237.6, 237.6, 237.4，求测量结果。

解:将测量值列于下表。

序号	测量值 x_i	残余误差 v_i	v_i^2
1	237.4	−0.12	0.014
2	237.2	−0.32	0.10
3	237.9	0.38	0.14
4	237.1	−0.42	0.18
5	238.1	0.58	0.34
6	237.5	−0.02	0.00
7	237.4	−0.12	0.014
8	237.6	0.08	0.0064
9	237.6	0.08	0.0064
10	237.4	−0.12	0.014
	$\bar{x}=237.52$	$\sum v_i=0$	$\sum v_i^2=0.816$

$$\sigma_s=\sqrt{\frac{\sum_{i=1}^{n}v_i^2}{n-1}}=\sqrt{\frac{0.816}{10-1}}\approx 0.30$$

$$\sigma_Z = \frac{\sigma_s}{\sqrt{n}} = \frac{0.30}{\sqrt{10}} \approx 0.09$$

测量结果为

$$x = 237.52 \pm 0.09 \quad (P_c = 0.6827)$$

或

$$x = 237.52 \pm 3 \times 0.09 = 237.52 \pm 0.27 \quad (P_c = 0.9973)$$

1.2.4　测量误差的合成及最小二乘法的应用

1. 测量误差的合成

一个测量系统或一个传感器都是由若干部分组成。设各环节为 $x_1, x_2, \cdots,$ x_n，系统总的输入输出关系为 $y = f(x_1, x_2, \cdots, x_n)$，而各部分又都存在测量误差。各局部误差对整个测量系统或传感器测量误差的影响就是误差的合成问题。若已知各环节的误差而求总的误差，叫做误差的合成；反之，总的误差确定后，要确定各环节具有多大误差才能保证总的误差值不超过规定值，这一过程叫做误差的分配。

由于随机误差和系统误差的规律和特点不同，误差的合成与分配的处理方法也不同。

1）误差的合成

由前面可知，系统总输出与各环节之间的函数关系为

$$y = f(x_1, x_2, \cdots, x_n)$$

各部分定值系统误差分别为 $\Delta x_1, \Delta x_2, \cdots, \Delta x_n$，因为系统误差一般均很小，其误差可用微分来表示，故其合成表达式为

$$dy = \frac{\partial f}{\partial x_1} dx_1 + \frac{\partial f}{\partial x_2} dx_2 + \cdots + \frac{\partial f}{\partial x_n} dx_n \tag{1-19}$$

实际计算误差时，是以各环节的定值系统误差 $\Delta x_1, \Delta x_2, \cdots, \Delta x_n$ 代替上式中的 $dx_1, dx_2, \cdots, dx_n$，即

$$\Delta y = \frac{\partial f}{\partial x_1} \Delta x_1 + \frac{\partial f}{\partial x_2} \Delta x_2 + \cdots + \frac{\partial f}{\partial x_n} \Delta x_n \tag{1-20}$$

式中，Δy 即合成后的总的定值系统误差。

2）随机误差的合成

设测量系统或传感器有 n 个环节组成，各部分的均方根偏差为 $\sigma_{x_1}, \sigma_{x_2}, \cdots,$ σ_{x_n}，则随机误差的合成表达式为

$$\sigma_y = \sqrt{\left(\frac{\partial f}{\partial x_1}\right)^2 \sigma_{x_1}^2 + \left(\frac{\partial f}{\partial x_2}\right)^2 \sigma_{x_2}^2 + \cdots + \left(\frac{\partial f}{\partial x_n}\right)^2 \sigma_{x_n}^2} \tag{1-21}$$

若 $y = f(x_1, x_2, \cdots, x_n)$ 为线性函数，即

$$y = a_1 x_1 + a_2 x_2 + \cdots + a_n x_n$$

则

$$\sigma_y = \sqrt{a_1^2 \sigma_{x_1}^2 + a_2^2 \sigma_{x_2}^2 + \cdots + a_n^2 \sigma_{x_n}^2} \tag{1-22}$$

如果 $a_1 = a_2 = \cdots = a_n = 1$，则

$$\sigma_y = \sqrt{\sigma_{x_1}^2 + \sigma_{x_2}^2 + \cdots + \sigma_{x_n}^2} \tag{1-23}$$

3）总合成误差

设测量系统和传感器的系统误差和随机误差均为相互独立的，则总的合成误差 ε 表示为

$$\varepsilon = \Delta y \pm \sigma_y \tag{1-24}$$

2. 最小二乘法的应用

最小二乘法原理是数学原理，它在误差的数据处理中作为一种数据处理手段。最小二乘法原理就是要获得最可信赖的测量结果，使各测量值的残余误差平方和最小。在等精度测量和不等精度测量中，用算术平均值或加权算术平均值作为多次测量的结果，因为它们符合最小二乘法原理。最小二乘法在组合测量的数据处理、实验曲线的拟合及其他多种学科等方面均获得了广泛的应用。

以铂电阻测量温度为例，铂电阻电阻值 R 与温度 t 之间函数关系式为

$$R_t = R_0(1 + \alpha t + \beta t^2)$$

式中，R_0，R_t 分别为铂电阻在温度 0℃和 t℃时的电阻值；α，β 为电阻温度系数。

若在不同温度 t 条件下测得一系列电阻值 R，求电阻温度系数 α 和 β。由于在测量中不可避免地引入误差，如何求得一组最佳的或最恰当的解，使 $R_t = R_0(1 + \alpha t + \beta t^2)$ 具有最小的误差呢？通常的做法是使测量次数 n 大于所求未知量个数 $m(n > m)$，采用最小二乘法原理进行计算。

方法 1：线性方程组法

为了讨论方便起见，我们用线性函数通式表示直接测量值。设 $X_1, X_2, \cdots, X_m$ 为待求量，$Y_1, Y_2, \cdots, Y_m$ 为直接测量值，它们相应的函数关系为

$$\left. \begin{aligned} Y_1 &= a_{11}X_1 + a_{12}X_2 + \cdots + a_{1m}X_m \\ Y_2 &= a_{21}X_1 + a_{22}X_2 + \cdots + a_{2m}X_m \\ &\vdots \\ Y_n &= a_{n1}X_1 + a_{n2}X_2 + \cdots + a_{nm}X_{nm} \end{aligned} \right\} \tag{1-25}$$

若 $x_1, x_2, \cdots, x_m$ 是待求量 $X_1, X_2, \cdots, X_m$ 最可信赖的值，又称最佳估计值，则相应的估计值亦有下列函数关系：

$$\left. \begin{aligned} y_1 &= a_{11}x_1 + a_{12}x_2 + \cdots + a_{1m}x_m \\ y_2 &= a_{21}x_1 + a_{22}x_2 + \cdots + a_{2m}x_m \\ &\vdots \\ y_n &= a_{n1}x_1 + a_{n2}x_2 + \cdots + a_{nm}x_{nm} \end{aligned} \right\} \tag{1-26}$$

相应的误差方程为

$$\left.\begin{array}{l}
l_1 - y_1 = l_1 - (a_{11}x_1 + a_{12}x_2 + \cdots + a_{1m}x_m) \\
l_2 - y_2 = l_2 - (a_{21}x_1 + a_{22}x_2 + \cdots + a_{2m}x_m) \\
\quad\vdots \\
l_n - y_n = l_n - (a_{n1}x_1 + a_{n2}x_2 + \cdots + a_{nm}x_{nm})
\end{array}\right\} \tag{1-27}$$

式中，$l_1, l_2, \cdots, l_n$ 为带有误差的实际直接测量值。

　　按最小二乘法原理，要获取最可信赖的结果 $x_1, x_2, \cdots, x_m$，应使上述方程组的残余误差平方和最小，即

$$v_1^2 + v_2^2 + \cdots + v_n^2 = \sum_{i=1}^{n} v_i^2 = [v^2] = 最小 \tag{1-28}$$

根据求极值条件，应使

$$\left.\begin{array}{l}
\dfrac{\partial[v^2]}{\partial x_1} = 0 \\[2mm]
\dfrac{\partial[v^2]}{\partial x_2} = 0 \\[2mm]
\quad\vdots \\[1mm]
\dfrac{\partial[v^2]}{\partial x_m} = 0
\end{array}\right\}$$

将上述偏微分方程式整理，最后可写成

$$\left.\begin{array}{l}
[a_1a_1]x_1 + [a_1a_2]x_2 + \cdots + [a_1a_m]x_m = [a_1l] \\
[a_2a_1]x_1 + [a_2a_2]x_2 + \cdots + [a_2a_m]x_m = [a_2l] \\
\quad\vdots \\
[a_ma_1]x_1 + [a_ma_2]x_2 + \cdots + [a_ma_m]x_m = [a_ml]
\end{array}\right\} \tag{1-29}$$

式(1-29)即为等精度测量的线性函数最小二乘估计的正规方程。式中，

$$[a_1a_1] = a_{11}a_{11} + a_{21}a_{21} + \cdots + a_{n1}a_{n1}$$
$$[a_1a_2] = a_{11}a_{12} + a_{21}a_{22} + \cdots + a_{n1}a_{n2}$$
$$\vdots$$
$$[a_1a_m] = a_{11}a_{1m} + a_{21}a_{2m} + \cdots + a_{n1}a_{nm}$$
$$[a_1l] = a_{11}l_1 + a_{21}l_2 + \cdots + a_{n1}l_n$$

　　正规方程是一个 m 元线性方程组，当其系数行列式不为零时，有唯一确定的解，由此可解得欲求的估计值 $x_1, x_2, \cdots, x_m$，即为符合最小二乘原理的最佳解。

　　方法 2：矩阵法

　　线性函数的最小二乘法处理应用矩阵这一工具进行讨论有许多便利之处。将误差方程(1-22)用矩阵表示，即

$$\boldsymbol{L} - \boldsymbol{A}\hat{\boldsymbol{X}} = \boldsymbol{V} \tag{1-30}$$

式中，

系数矩阵
$$\boldsymbol{A}=\begin{bmatrix} a_{11} & a_{12} & \cdots & a_{1m} \\ a_{21} & a_{22} & \cdots & a_{2m} \\ \vdots & \vdots & & \vdots \\ a_{n1} & a_{n2} & \cdots & a_{nm} \end{bmatrix}$$

估计值矩阵
$$\hat{\boldsymbol{X}}=\begin{bmatrix} x_1 \\ x_2 \\ \vdots \\ x_m \end{bmatrix}$$

实际测量值矩阵
$$\boldsymbol{L}=\begin{bmatrix} l_1 \\ l_2 \\ \vdots \\ l_n \end{bmatrix}$$

残余误差矩阵
$$\boldsymbol{V}=\begin{bmatrix} v_1 \\ v_2 \\ \vdots \\ v_n \end{bmatrix}$$

残余误差平方和最小这一条件的矩阵形式为

$$\begin{bmatrix} v_1, v_2, \cdots, v_n \end{bmatrix}\begin{bmatrix} v_1 \\ v_2 \\ \vdots \\ v_n \end{bmatrix}=\text{最小}$$

即
$$\boldsymbol{V}'\boldsymbol{V}=\text{最小}$$

或
$$(\boldsymbol{L}-\boldsymbol{A}\hat{\boldsymbol{X}})'(\boldsymbol{L}-\boldsymbol{A}\hat{\boldsymbol{X}})=\text{最小}$$

将上述线性函数的正规方程(1-29)用残余误差表示，可改写成

$$\left.\begin{array}{l} a_{11}v_1+a_{21}v_2+\cdots+a_{n1}v_n=0 \\ a_{12}v_1+a_{22}v_2+\cdots+a_{n2}v_n=0 \\ \vdots \\ a_{1m}v_1+a_{2m}v_2+\cdots+a_{nm}v_n=0 \end{array}\right\} \tag{1-31}$$

写成矩阵形式为

$$\begin{bmatrix} a_{11} & a_{21} & \cdots & a_{n1} \\ a_{12} & a_{22} & \cdots & a_{n2} \\ \vdots & \vdots & & \vdots \\ a_{1m} & a_{2m} & \cdots & a_{nm} \end{bmatrix}\begin{bmatrix} v_1 \\ v_2 \\ \vdots \\ v_n \end{bmatrix}=0$$

即

$$A'V = 0$$

由式(1-30)有

$$A'(L - A\hat{X}) = 0$$

$$(A'A)\hat{X} = A'L$$

$$\hat{X} = (A'A)^{-1}A'L \qquad (1-32)$$

式(1-32)即为最小二乘估计的矩阵解。

例 1.2.3　铜的电阻值 R 与温度 t 之间关系为 $R_t = R_0(1+\alpha t)$，在不同温度下，测定铜电阻的电阻值如下表所示。试估计 $0℃$ 时的铜电阻的电阻值 R_0 和铜电阻的电阻温度系数 α。

$t_i/℃$	19.1	25.0	30.1	36.0	40.0	45.1	50.0
R_i/Ω	76.3	77.8	79.75	80.80	82.35	83.9	85.10

解：列出误差方程如下：

$$R_{t_i} - R_0(1+\alpha t) = v_i, \quad i = 1, 2, 3, \cdots, 7$$

式中，R_{t_i} 是在温度 t_i 下测得铜电阻电阻值。

令 $x = R_0, y = \alpha R_0$，则误差方程可写为

$$
\left.
\begin{array}{l}
76.3 - (x + 19.1y) = v_1 \\
77.8 - (x + 25.0y) = v_2 \\
79.75 - (x + 30.1y) = v_3 \\
80.80 - (x + 36.0y) = v_4 \\
82.35 - (x + 40.0y) = v_5 \\
83.9 - (x + 45.1y) = v_6 \\
85.10 - (x + 50.0y) = v_7
\end{array}
\right\}
$$

其正规方程按式(1-29)为

$$
\left.
\begin{array}{l}
[a_1 a_1]x + [a_1 a_2]y = [a_1 l] \\
[a_2 a_1]x + [a_2 a_2]y = [a_2 l]
\end{array}
\right\}
$$

于是有

$$
\left.
\begin{array}{l}
\displaystyle\sum_{i=1}^{7} 1^2 x + \sum_{i=1}^{7} t_i y = \sum_{i=1}^{7} R_{t_i} \\
\displaystyle\sum_{i=1}^{7} t_i x + \sum_{i=1}^{7} t_i^2 y = \sum_{i=1}^{7} R_{t_i} t_i
\end{array}
\right\}
$$

将各值代入上式，得到

$$7x + 245.3y = 566 \atop 245.3x + 9325.38y = 20044.5 \Big\}$$

解得

$$x = 70.8(\Omega)$$
$$y = 0.288(\Omega)$$

即

$$R_0 = 70.8(\Omega)$$

$$\alpha = \frac{y}{R_0} = \frac{0.288}{70.8} = 4.07 \times 10^{-3}/(\text{℃})$$

用矩阵法求解，则有

$$\boldsymbol{A'A} = \begin{bmatrix} 1 & 1 & 1 & 1 & 1 & 1 & 1 \\ 19.1 & 25.0 & 30.1 & 36.0 & 40.0 & 45.1 & 50.0 \end{bmatrix} \begin{bmatrix} 1 & 19.1 \\ 1 & 25.0 \\ 1 & 30.1 \\ 1 & 36.0 \\ 1 & 40.0 \\ 1 & 45.1 \\ 1 & 50.0 \end{bmatrix}$$

$$= \begin{bmatrix} 7 & 245.3 \\ 245.3 & 9325.38 \end{bmatrix}$$

$$|\boldsymbol{A'A}| = \begin{pmatrix} 7 & 245.3 \\ 245.3 & 9325.38 \end{pmatrix} = 5108.7 \neq 0 \ (\text{有解})$$

$$(\boldsymbol{A'A})^{-1} = \frac{1}{|\boldsymbol{A'A}|} \begin{bmatrix} A_{11} & A_{21} \\ A_{12} & A_{22} \end{bmatrix} = \frac{1}{5108.7} \begin{bmatrix} 9325.83 & -245.3 \\ -245.3 & 7 \end{bmatrix}$$

$$\boldsymbol{A'L} = \begin{bmatrix} 1 & 1 & 1 & 1 & 1 & 1 & 1 \\ 19.1 & 25.0 & 30.1 & 36.0 & 40.0 & 45.1 & 50.0 \end{bmatrix} \begin{bmatrix} 76.3 \\ 77.8 \\ 79.75 \\ 80.80 \\ 82.35 \\ 83.9 \\ 85.10 \end{bmatrix} = \begin{bmatrix} 566 \\ 20044.5 \end{bmatrix}$$

$$\hat{\boldsymbol{X}} = \begin{pmatrix} x \\ y \end{pmatrix} = (\boldsymbol{A'A})^{-1}\boldsymbol{A'L} = \frac{1}{5108.7} \begin{pmatrix} 9325.83 & -245.3 \\ -245.3 & 7 \end{pmatrix} \begin{pmatrix} 566 \\ 20044.5 \end{pmatrix} = \begin{pmatrix} 70.8 \\ 0.288 \end{pmatrix}$$

所以，

$$R_0 = 70.8(\Omega)$$

$$\alpha = \frac{y}{R_0} = \frac{0.288}{70.8} = 4.07 \times 10^{-3}/(\text{℃})$$

3. 用经验公式拟合实验数据——回归分析

在工程实践和科学实验中,经常遇到对于一批实验数据,需要把它们进一步整理成曲线图或经验公式。用经验公式拟合实验数据,工程上把这种方法称为回归分析。回归分析就是应用数理统计的方法,对实验数据进行分析和处理,从而得出反映变量间相互关系的经验公式,也称回归方程。

当经验公式为线性函数时,例如,

$$y = b_0 + b_1 x_1 + b_2 x_2 + \cdots + b_n x_n \qquad (1-33)$$

称这种回归分析为线性回归分析,它在工程中的应用价值较高。

在线性回归中,当独立变量只有一个时,即函数关系为

$$y = b_0 + bx \qquad (1-34)$$

这种回归称为一元线性回归,这就是工程上和科研中常遇到的直线拟合问题。

设有 n 对测量数据 (x_i, y_i),用一元线性回归方程 $\hat{y} = b_0 + bx$ 拟合,根据测量数据值,求方程中系数 b_0、b 的最佳估计值。可应用最小二乘法原理,使各测量数据点与回归直线的偏差平方和为最小,如图 1-20 所示。

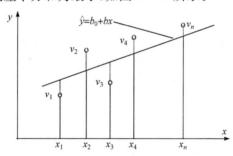

图 1-20　用最小二乘法求回归直线

误差方程组为

$$\left.\begin{array}{l} y_1 - \hat{y}_1 = y_1 - (b_0 + bx_1) = v_1 \\ y_2 - \hat{y}_2 = y_2 - (b_0 + bx_2) = v_2 \\ \vdots \\ y_n - \hat{y}_n = y_n - (b_0 + bx_n) = v_n \end{array}\right\} \qquad (1-35)$$

式中,$\hat{y}_1, \hat{y}_2, \cdots, \hat{y}_n$ 为在 $x_1, x_2, \cdots, x_n$ 点上 y 的估计值。

用最小二乘法求系数 b_0，b 同上。

在求经验公式时，有时用图解法分析显得更方便、直观，将测量数据值 (x_i, y_i) 绘制在坐标纸上，把这些测量点直接连接起来，根据曲线（包括直线）的形状、特征及变化趋势，可以设法给出它们的数学模型（即经验公式）。这不仅可把一条形象化的曲线与各种分析方法联系起来，而且还在相当程度上扩展了原有曲线的应用范围。

1.2.5　测量结果的数据处理

1. 测量结果的表示方法与有效数字的处理原则

1）测量结果的数字表示方法

常见的测量结果表示方法是在观测值或多次观测结果的算术平均值后加上相应的误差限。同一测量如果采用不同的置信概率 P_c，测量结果的误差限也不同。因此，应该在相同的置信水平 α 下来比较测量的精确程度。为此，测量结果的表达式通常都具有确定的概率意义。下面介绍几种常用的表示方法，它们都是以系统误差已被消除为前提条件的。

（1）单次测量结果的表示方法。如果已知测量仪表的标准偏差 σ，作一次测量，测得值为 X，则通常将被测量 X_0 的大小表示为

$$X_0 = X \pm \sigma \tag{1-36}$$

上式表明被测量 X_0 的估计值为 X，当取置信概率 $P_c = 68.3\%$ 时，测量误差不超出 $\pm\sigma$。为更明确地表达测量结果的概率意义，上式应写成下面更完整的形式：

$$X_0 = X \pm \sigma \quad （置信概率\ P_c = 68.3\%）$$

（2）n 次测量结果的表示方法。当用 n 次等精度测量的算术平均值 $\overline{X}$ 作为测量结果时，其表达式为

$$X_0 = \overline{X} \pm C\sigma_{\bar{x}} \tag{1-37}$$

式中，$\sigma_{\bar{x}}$ 为算术平均值的标准偏差，其值为 $\sigma/\sqrt{n}$，置信系数 C 可根据所要求的置信概率 P_c 及测量次数 n 而定。一般情况下，当极限误差取为 $3\sigma_{\bar{x}}$（即置信系数 $C=3$）时，为了使置信概率 $P_c > 0.99$，应有 $n > 14$，一般，测量次数 n 最好不低于 10。测量次数少于 14 次，若仍用 $3\sigma_{\bar{x}}$ 作为极限误差，则对应的置信概率 P_c 将下降到 $0.8 \sim 0.98$。

2）有效数字的处理原则

当以数字表示测量结果时，在进行数据处理的过程中，应注意有效数字的正确取舍。

（1）有效数字的基本概念。一个数据，从左边第一个非零数字起至右边含有误差的一位为止，中间的所有数码均为有效数字。测量结果一般为被测真值的近

似值,有效数字位数的多少决定了这个近似值的准确度。

在有些数据中会出现前面或后面为零的情况。如 $25\mu m$ 也可写成 0.025mm,后一种写法前面的两个零显然是由于单位改变而出现的,不是有效数字。又如 $25.0\mu m$,小数点后面的一个零应认为是有效数字。为避免混淆,通常将后面带零的数据中不作为有效数字的零,表示为 10 的幂的形式;而作为有效数字的零,则不可表示为 10 的乘幂形式。例如,2.5×10^2mm 为两位有效数字,而 250mm 为三位有效数字。

(2) 数据舍入规则。对测量结果中多余的有效数字,在进行数据处理时不能简单地采取四舍五入的方法,这时的数据舍入规则为 4 舍 6 入 5 看右。若保留 n 位有效数字,当第 $n+1$ 位数字大于 5 时则入,小于 5 时则舍;其值恰好等于 5 时,如 5 之后还有数字则入,5 之后无数字或为零时,若第 n 位为奇数时则入,为偶数则舍。

例如,若要求把有效数字保留到小数点后第二位,则下列数据舍入前后的关系如下:

原始数据	舍入后的数据
12.326	12.33
65.8412	65.84
43.4853	43.49
5.835	5.84
8.2450	8.24

(3) 有效数字运算规则。

① 参加运算的常数如 π,e,$\sqrt{2}$,…数值,有效数字的位数可以不受限制,需要几位就取几位。

② 加减运算。在不超过 10 个测量数据相加减时,要把小数位数多的进行舍入处理,使比小数位数最少的数只多一位小数;计算结果应保留的小数位数要与原数据中有效数字位数最少者相同。

③ 乘除运算。在两个数据相乘或相除时,要把有效数字多的数据作舍入处理,使之比有效数字少的数据只多一位有效数字;计算结果应保留的有效数字位数要与原数据中有效数字位数最少者相同。

④ 乘方及开方运算。运算结果应比原数据多保留一位有效数字。

⑤ 对数运算。取对数前后的有效数字位数应相等。

⑥ 多个数据取算术平均值时,由于误差相互抵消的结果,所得算术平均值的有效数字位数可增加一位。

2. 异常测量值的判别与舍弃

在测量过程中,有时会在一系列测量值中混有残差绝对值特别大的异常测量值。这种异常测量值如果是由于测量过程中出现粗差而造成的"坏值",则应剔除不用,否则将会明显歪曲测量结果。然而,有时异常测量值的出现,可能是客观地反映了测量过程中的某种随机波动特性。因此,对异常测量值不应为了追求数据的一致性而轻易舍去。为了科学地判别粗差,正确地舍弃坏值,需要建立异常测量值的判别标准。

通常采用统计判别法加以判别,统计判别法有许多种,下面介绍常用的两种。

1) 拉依达准则

凡超过此值的测量误差均作粗差处理,相应的测量值即为含有粗差的坏值,应予以剔除。

如果对某个被测参数重复进行 n 次测量,得到的 n 个观测值组成一个测量列 $X_1, X_2, \cdots, X_n$,相应的残差为 $v_1, v_2, \cdots, v_n$。若其中某个观测值 X_d 的残差 $v_d (1 \leqslant d \leqslant n)$ 为

$$|v_d| > 3\sigma \tag{1-38}$$

则认为 X_d 是含有粗差的坏值,应从测量列中剔除。

显然,拉依达准则是以正态分布和置信概率 $P_c > 0.99$ 为前提的。当测量次数 n 有限时,用估计值 $\hat{\sigma}$ 代替式(1-38)中的标准偏差 σ。若测量次数 n 较少,则因 $\hat{\sigma}$ 的可靠性较差而直接影响到拉依达准则的可靠性。

例 1.2.4　对某温度测量 15 次,得测量数据如下(单位为℃):

　　　20.42　　20.43　　20.40　　20.43　　20.42
　　　20.43　　20.39　　20.30　　20.40　　20.43
　　　20.42　　20.41　　20.39　　20.39　　20.40

试用拉依达准则判别有无坏值。

解: 首先求出测量列的算术平均值为

$$\overline{X} = 20.404(℃)$$

计算出残差 v_i 与 X_i 一起列入表 1-3 中。

根据贝塞尔公式计算出标准偏差为

$$\hat{\sigma} = \sqrt{\frac{\sum v_i^2}{15-1}} = 0.033$$

$$3\hat{\sigma} = 0.099$$

测量列中 $|v_8| = 0.104 > 3\hat{\sigma}$,故认为 $X_8 = 20.30℃$ 是坏值,应从测量列中剔除。

余下 14 个测量值,重新计算后得到新的算术平均值 $\overline{X}' = 20.411℃$,计算出的残差 v_c 仍列于表 1-3 中。按新残差 v_c 算得

$$\hat{\sigma}_c = \sqrt{\frac{\sum v_c^2}{14-1}} = 0.016$$

表 1-3　拉依达准则应用举例

序 号	X_i	残差 $v_i = X_i - \overline{X}$	新残差 $v_c = X_i - \overline{X}'$
1	20.42	+0.016	+0.009
2	20.43	+0.026	+0.019
3	20.40	−0.004	−0.011
4	20.43	+0.026	+0.019
5	20.42	+0.016	+0.009
6	20.43	+0.026	+0.019
7	20.39	−0.014	−0.021
8	20.30	−0.104	—
9	20.40	−0.004	−0.011
10	20.43	+0.026	+0.019
11	20.42	+0.016	+0.009
12	20.41	+0.006	−0.001
13	20.39	−0.014	−0.021
14	20.39	−0.014	−0.021
15	20.40	−0.004	−0.011

由于 $|v_c|$ 皆小于 $3\hat{\sigma}$，故余下的 14 个测量值中已无坏值。

2) t 检验准则

设对某一被测量进行 n 次测量后，得到一个测量列 $X_1, X_2, \cdots, X_i, \cdots, X_n$，首先观察各测量值中是否有偏离较大者，如有某测量值 X_d 比其他测得值偏离较大，则先假定它为可疑测量值，然后计算不包含 X_d 的算术平均值

$$\overline{X}' = \sum_{i \neq d} \frac{X_i}{n-1} \tag{1-39}$$

及相应的标准偏差

$$\hat{\sigma}' = \sqrt{\sum_{i \neq d} \frac{(X_i - \overline{X}')^2}{n-2}} \tag{1-40}$$

这时，如果

$$|X_d - \overline{X}'| > K(\alpha, n)\hat{\sigma}'$$

成立,则可判定 X_d 确实是坏值,应予以剔除。上式中,$K(\alpha,n)$ 为 t 检验时用的系数,其值列于表 1-4 中备查;$\alpha=1-P_c$ 为超差概率,称为显著度或置信水平;n 为测量次数。

表 1-4　t 检验 $K(\alpha,n)$ 数值表

n＼α	0.01	0.05
4	11.46	4.97
5	6.53	3.56
6	5.04	3.04
7	4.36	2.78
8	3.96	2.62
9	3.71	2.51
10	3.54	2.43
11	3.41	2.37
12	3.31	2.33

例 1.2.5　用位移测量装置在相同条件下,对同一位移量 x 进行 7 次独立测量,得到下列数值(单位为 μm):

3.3005　　3.3096　　3.3217　　3.3073
3.3195　　3.3093　　3.3085

试根据 t 检验准则判断 3.3005 是否为坏值?

解:先假定 $x_d=3.3005$ 为可疑值,并暂时除去 x_d,由其余 6 个 x_i 值算得

$$\overline{x}' = \sum_{i\neq d} \frac{x_i}{7-1} = 3.3126(\mu m)$$

$$\hat{\sigma}' = \sqrt{\sum_{i\neq d} \frac{(x_i-\overline{x}')^2}{7-2}} = 0.0062$$

置信水平 $\alpha=0.01$,由测量次数 $n=7$ 查表得 $K(\alpha,n)=4.36$,则

$$K(\alpha,n)\hat{\sigma}' = 0.0270$$
$$|x_d-\overline{x}'| = 0.0121 < 0.0270$$

故 $x_d=3.3005$ 不是坏值,不应剔除。

以上介绍了两种坏值剔除的准则,其中,拉依达准则(3σ 准则)无须查表,运用简便。应当注意到,在 t 检验准则的应用中,$K(\alpha,n)$ 值不仅与置信水平 α 有关,而且与测量次数 n 有关,由表 1-4 看出,置信水平 α 相同,测量次数 n 越大,$K(\alpha,n)$ 值越小,则对坏值的剔除就越严格。当测量次数 $n>19$ 时,$K(\alpha,n)<3$,这就弥补了 3σ 准则的不足。

除此之外,还有其他准则,如肖维勒准则、格拉布斯准则等,此处不再介绍。

3. 等精度测量结果的数据处理步骤

如前所述,在无系差或已消除了系差的情况下测量同一参数,凡具有相同标准偏差的测量都可称为等精度测量。下面通过一个例子具体说明等精度测量结果的数据处理步骤(假设本例给出的测量数据中不含系统误差)。

例 1.2.6　假设用温度传感器对某温度进行了 12 次等精度测量,获得测量数据如下(单位为℃):

20.46　　20.52　　20.50　　20.52　　20.48　　20.47
20.50　　20.49　　20.47　　20.49　　20.51　　20.51

要求对该数据进行加工整理,并写出最后结果。

解:数据处理步骤如下:

(1) 将测量数据 X_i 列成表格,如表 1-5 所示。

表 1-5　测量结果的数据处理

i	$X_i/℃$	v_i	v_i^2
1	20.46	-0.033	$10.89×10^{-4}$
2	20.52	$+0.027$	$7.29×10^{-4}$
3	20.50	$+0.007$	$0.49×10^{-4}$
4	20.52	$+0.027$	$7.29×10^{-4}$
5	20.48	-0.013	$1.69×10^{-4}$
6	20.47	-0.023	$5.29×10^{-4}$
7	20.50	$+0.007$	$0.49×10^{-4}$
8	20.49	-0.003	$0.09×10^{-4}$
9	20.47	-0.023	$5.29×10^{-4}$
10	20.49	-0.003	$0.09×10^{-4}$
11	20.51	$+0.017$	$2.89×10^{-4}$
12	20.51	$+0.017$	$2.89×10^{-4}$
$\sum$	$\sum\limits_{i=1}^{12} X_i = 245.92$ $\overline{X} ≈ 20.493$	$\sum\limits_{i=1}^{12} v_i = 0.004 ≈ 0$	$\sum\limits_{i=1}^{12} v_i^2 = 44.68×10^{-4}$ $\hat{\sigma} ≈ 0.02$

(2) 求出算术平均值 $\overline{X}$ 为

$$\overline{X} = \frac{1}{n}\sum_{i=1}^{12} X_i = \frac{1}{12}×245.92 ≈ 20.493$$

(3) 在每个 X_i 旁边列出相应的剩余误差 $v_i = X_i - \overline{X}$。当计算无误时,理论上应有

$$\sum_{i=1}^{12} v_i = 0$$

但实际上,由于计算过程中四舍五入所引入的误差,此关系式往往不能满足。本例中,

$$\sum_{i=1}^{12} v_i = 0.004 ≈ 0$$

(4) 在每个 v_i 旁列出相应的 v_i^2 值,并按贝塞尔公式计算出标准偏差$\hat{\sigma}$ 为

$$\hat{\sigma} = \sqrt{\frac{1}{n-1}\sum_{i=1}^{12} v_i^2} = \sqrt{\frac{44.68×10^{-4}}{11}} ≈ 0.02$$

(5) 利用前面介绍的拉依达准则或其他检验准则来检查测量数据中有无坏值，如果发现有坏值，应剔除后从第(2)步重新开始计算。本例采用拉依达准则进行检查，因 $3\sigma=0.06$，与表 1-5 中各 v_i 相比较，由于 $|v_i|$ 皆小于 3σ，显然无坏值存在。

(6) 求出算术平均值的标准偏差 $\hat{\sigma}_X$ 为

$$\hat{\sigma}_X = \frac{\hat{\sigma}}{\sqrt{n}} = \frac{0.02}{\sqrt{2}} \approx 0.006$$

(7) 写出最后结果。令置信概率 $P_c=0.95$，查 t 分布表得 $K_t \approx 2.33$，故算术平均值的置信限为

$$K_t \hat{\sigma}_X = 2.33 \times 0.006 = 0.01398 \approx 0.014$$

则最后结果为

$$t = 20.493 \pm 0.014(℃) \quad (P_c = 0.95)$$

4. 不等精度测量的权与误差

前面讲述的内容是等精度测量的问题，即多次重复测量得的各个测量值具有相同的精度，可用同一个均方根偏差 σ 值来表征，或者说具有相同的可信赖程度。严格地说来，绝对的等精度测量是很难保证的，但对条件差别不大的测量，一般都当做等精度测量对待，某些条件的变化，如测量时温度的波动等，只作为误差来考虑。因此，在一般测量实践中，基本上都属等精度测量。

但在科学实验或高精度测量中，为了提高测量的可靠性和精度，往往在不同的测量条件下，用不同的测量仪表、不同的测量方法、不同的测量次数及不同的测量者进行测量与对比，则认为它们是不等精度的测量。

1) "权"的概念

在不等精度测量时，对同一被测量进行 m 组测量，得到 m 组测量列(进行多次测量的一组数据称为一测量列)的测量结果及其误差，它们不能同等看待。精度高的测量列具有较高的可靠性，将这种可靠性的大小称为"权"。

"权"可理解为各组测量结果相对的可信赖程度。测量次数多，测量方法完善，测量仪表精度高，测量的环境条件好，测量人员的水平高，则测量结果可靠，其权也大。权是相比较而存在的。权用符号 P 表示，有两种计算方法。

(1) 用各组测量列的测量次数 n 的比值表示，并取测量次数较小的测量列的权为 1，则有

$$P_1 : P_2 : \cdots : P_m = n_1 : n_2 : \cdots : n_m \tag{1-41}$$

(2) 用各组测量列的误差平方的倒数的比值表示，并取误差较大的测量列的权为 1，则有

$$P_1 : P_2 : \cdots : P_m = \left(\frac{1}{\sigma_1}\right)^2 : \left(\frac{1}{\sigma_2}\right)^2 : \cdots : \left(\frac{1}{\sigma_m}\right)^2 \tag{1-42}$$

2) 加权算术平均值

加权算术平均值不同于一般的算术平均值,应考虑各测量列的权的情况。若对同一被测量进行 m 组不等精度测量,得到 n 个测量列的算术平均值 $\bar{x}_1, \bar{x}_2, \cdots, \bar{x}_m$,相应各组的权分别为 $P_1 : P_2 : \cdots : P_m$,则加权平均值可用下式表示:

$$\bar{x}_p = \frac{\bar{x}_1 P_1 + \bar{x}_2 P_2 + \cdots + \bar{x}_m P_m}{P_1 + P_2 + \cdots + P_m} = \frac{\sum\limits_{i=1}^{m} \bar{x}_i P_i}{\sum\limits_{i=1}^{m} P_i} \tag{1-43}$$

3) 加权算术平均值 $\bar{x}_p$ 的标准误差 $\sigma_{\bar{x}_p}$

当进一步计算加权算术平均值 $\bar{x}_p$ 的标准误差时,也要考虑各测量列的权的情况,标准误差 $\sigma_{\bar{x}_p}$ 可由下式计算:

$$\sigma_{\bar{x}_p} = \sqrt{\frac{\sum\limits_{i=1}^{m} p_i v_i^2}{(m-1)\sum\limits_{i=1}^{m} p_i}} \tag{1-44}$$

式中,v_i 为各测量列的算术平均值 $\bar{x}_i$ 与加权算术平均值 $\bar{x}_p$ 之差值。

1.3 智能检测系统

智能检测系统和所有的计算机系统一样,由硬件、软件两大部分组成。智能检测系统的硬件部分主要包括各种传感器、信号采集系统、处理芯片、输入输出接口与输出隔离驱动电路。其中,处理芯片可以是微机,也可以是单片机、DSP 等具有较强处理计算能力的芯片。

1.3.1 智能检测系统中的传感器

传感器是"能把特定的被测量信息(包括物理量、化学量、生物量等)按一定规律转换成某种可用信号输出的器件或装置"。所谓可用信号,是指便于处理与传输的信号,即把外界非电信息转换成电信号输出。随着科学技术的发展,传感器的输出信号更多的将是光信号,因为光信号更便于快速、高效地处理与传输。

传感器作为智能检测系统的主要信息来源,其性能决定了整个检测系统的性能。传感器的工作原理多种多样,种类繁多,而且还在不断地涌现着新型传感器。

1. 常用传感器

1) 热电传感器

热电传感器是一种将温度转换成电量的装置,包括电阻式温度传感器、热电偶传感器、集成温度传感器等。

电阻式温度传感器是利用导体或半导体的电阻值随温度变化的原理进行测温的。电阻式温度传感器分为金属热电阻和半导体热电阻两大类。一般把金属热电阻称为热电阻,而把半导体热电阻称为热敏电阻。目前,最常用的热电阻有铂热电阻和铜热电阻。铂热电阻的特点是精度高,性能稳定,工业上广泛应用铂热电阻进行−200~+850℃范围的温度测量;铜热电阻的电阻温度系数高,线性度好,且价格便宜,应用于一些测量精度要求不高且温度较低的场合,其测温范围为−50~+150℃,但由于铜易氧化,热惯性大,不适宜在腐蚀性介质中或高温下工作。热敏电阻的电阻温度系数大,灵敏度高,尺寸小,响应速度快,电阻值范围大(0.1~100kΩ),使用方便,但温度特性为非线性,互换性差,测温范围小,一般在−50~200℃。

热电偶传感器是工程上应用最广泛的温度传感器,它构造简单,使用方便,具有较高的准确度、稳定性及复现性,温度测量范围宽(−200~+3500℃),动态性能好,在温度测量中占有重要的地位。

集成温度传感器利用晶体管 PN 结的电流电压特性与温度的关系,把感温 PN 结及有关电子线路集成在一个小硅片上,构成一个专用集成电路芯片,它具有体积小、反应快、线性好、价格低等优点,但受耐热性能和特性范围的限制,只能用来测150℃以下的温度。例如,AD590 是应用最广泛的一种集成温度传感器,它具有内部放大电路,再配上相应的外电路,可方便地构成各种应用电路。

2) 应变式传感器

应变式传感器是利用电阻应变效应将应变转换成电阻的相对变化,是目前最常用的一种测量力和位移的传感器,在航空、船舶、机械、建筑等行业里获得广泛应用。

3) 电感式传感器

电感式传感器是基于电磁感应原理将被测量转换成电感量变化的装置。按照变换方式的不同,电感式传感器可分为两大类:一类是将被测量转换成传感器线圈电感系数的变化,有可变磁阻式和电涡流式两种形式;另一类是将被测量转换成传感器的初级线圈和次级线圈之间耦合程度的变化,由于它采用了变压器原理和差动结构,因而通常称之为差动变压器。

电感式传感器广泛应用于测量位移及能转换成位移的各种参量,如压力、流量、振动、加速度、比重、材料损伤等,电涡流式还可进行非接触式连续测量。这种传感器能实现信息的远距离传输、记录、显示和控制,在工业自动控制系统中被广泛采用。

4) 电容式传感器

电容式传感器是将被测量转换成电容量变化的装置,它实质上是一个具有可变参数的电容器,广泛应用于压力、差压、液位、振动、位移、加速度、成分含量等方面的测量,随着电容测量技术的迅速发展,电容式传感器将会在非电量测量和自动检测中得到更广泛的应用。

5) 压电式传感器

压电式传感器的工作原理是利用某些材料的压电效应将力转变为电荷或电压输出,是典型的有源传感器。它是一种可逆型传感器,既可以将机械能转换为电能,又可以将电能转换成机械能,在各种动态力、机械冲击与振动测量,以及声学、医学、力学、宇航等方面都得到了非常广泛的应用。

6) 磁电式传感器

磁电式传感器是通过磁电作用将被测量转换为电信号的一种传感器,磁电式传感器包括磁电感应式传感器、霍尔式传感器等。

磁电感应式传感器是利用电磁感应原理将被测量(如振动、位移、转速等)转换成电信号,它不需要辅助电源,是一种有源传感器。由于它输出功率大且性能稳定,具有一定的工作频带($10 \sim 1000\,Hz$),所以得到普遍应用。

霍尔式传感器是磁电式传感器的一种特殊形式,是基于霍尔效应的一种传感器,由于材料和制造工艺等的不同,其种类较多,有分立元件的,也有集成元件的。它输出霍尔电压 V_H 正比于激励电流 I 和磁感应强度 B,广泛应用于电磁、压力、加速度、振动等方面的测量。

7) 光电式传感器

光电式传感器是利用光电元件将光能转换成电能的一种装置。光电元件也称光敏元件,其类型很多,但工作原理都是建立在光电效应这一物理基础上的。根据光电效应的不同机理,其可分为光电子发射效应、光电导效应和光生伏特效应三类,相对应的光电式传感器有光电管、光敏电阻、光电池、光敏晶体管等。光电式传感器可用于检测许多非电量,按输出量的性质可分为模拟量光电检测和开关量光电检测。模拟量光电检测是利用光电元件将被测量转换成连续变化的光电流;开关量光电检测是利用光电元件将被测量转换成断续变化的光电流,再通过测量电路输出开关量或数字信号。由于光电式传感器响应快、结构简单、使用方便,而且有较高的可靠性,因此,在检测、自动控制及计算机等方面应用非常广泛。

随着新型材料的开发、新技术的应用及制造工艺的改进,光电传感器技术得到迅速发展,向着集成化、智能化方向迈进,出现了许多新型光电传感器,如色敏传感器、光位置传感器、CCD 固态图像传感器等。

8) 超声波传感器

超声波传感器是利用超声波的传播特性进行工作的,其输出为电信号,已广泛应用于超声探伤及液位、厚度等的测量,超声探伤是无损探伤的重要工具之一。

2. 新型传感器

1) 光纤传感器

光纤传感器技术是随着光导纤维实用化和光通信技术的发展而形成的一门崭新的技术,其与传统的各类传感器相比有许多特点,如灵敏度高,抗电磁干扰能力强,耐腐蚀,绝缘性好,结构简单,体积小,耗电少,光路有可挠曲性,以及便于实现遥测等。

光纤传感器一般分为两大类:一类是利用光纤本身的某种敏感特性或功能制成的传感器,称为功能型传感器;另一类是光纤仅仅起传输光波的作用,必须在光纤端面或中间加装其他敏感元件才能构成传感器,称为传光型传感器。无论哪种传感器,其工作原理都是利用被测量的变化调制传输光光波的某一参数,使其随之变化,然后对已调制的光信号进行检测,从而得到被测量。

光纤传感器可以测量多种物理量,目前已经实用的光纤传感器可测量的物理量达 70 多种,因此,光纤传感器具有广阔的发展前景。

2) 红外传感器

红外传感器是将辐射能转换为电能的一种传感器,又称为红外探测器。常见的红外探测器有两大类,即热探测器和光子红外探测器。

热探测器是利用入射红外辐射引起探测器的敏感元件的温度变化,进而使有关物理参数发生相应的变化,通过测量有关物理参数的变化来确定红外探测器吸收的红外辐射。热探测器的主要优点是响应波段宽,可以在室温下工作,使用方便。但是,热探测器响应时间长,灵敏度较低,一般用于红外辐射变化缓慢的场合,如光谱仪、测温仪、红外摄像等。

光子红外探测器是利用某些半导体材料在红外辐射的照射下产生光子效应,使材料的电学性质发生变化,通过测量电学性质的变化,可以确定红外辐射的强弱。光子探测器的主要优点是灵敏度高,响应速度快,响应频率高;但一般需在低温下工作,探测波段较窄,通常用于测温仪、航空扫描仪、热像仪等。

红外传感器广泛用于测温、成像、成分分析、无损检测等方面,特别是在军事上的应用更为广泛,如红外侦察、红外雷达、红外通信、红外对抗等。

3) 气敏传感器

气敏传感器是指能将被测气体浓度转换为与其成一定关系的电量输出的装置,其性能必须满足下列条件:

(1) 能够检测易爆炸气体的允许浓度、有害气体的允许浓度和其他基准设定浓度,并能及时给出报警、显示与控制信号。

(2) 对被测气体以外的共存气体或物质不敏感。

(3) 长期稳定性好、重复性好。

（4）动态特性好、响应迅速。

（5）使用、维护方便，价格便宜等。

4）生物传感器

生物传感器是利用生物或生物物质做成的、用以检测与识别生物体内的化学成分的传感器。生物或生物物质是指酶、微生物、抗体等，被测物质经扩散作用进入生物敏感膜，发生生物学反应（物理、化学反应），通过变换器将其转换成可定量、可传输、处理的电信号。

按照所用生物活性物质的不同，生物传感器包括酶传感器、微生物传感器、免疫传感器、生物组织传感器等。酶传感器具有灵敏度高、选择性好等优点，目前已实用化的商品达 200 种以上，但由于酶的提炼工序复杂，因而造价高，性能也不太稳定。微生物传感器与酶传感器相比，价格便宜，性能稳定，它的缺点是响应时间较长（数分钟），选择性差，目前，其已成功应用于环境监测和医学中，如测定水污染程度、诊断尿毒症和糖尿病等。免疫传感器的基本原理是免疫反应，目前已研制成功的免疫传感器达几十种以上。生物组织传感器制作简便，工作寿命长，在许多情况下可取代酶传感器，但在实用化中还存在选择性差、动植物材料不易保存等问题。

目前，生物传感器的开发与应用正向着多功能化、集成化的方向发展。半导体生物传感器是将半导体技术与生物技术相结合的产物，为生物传感器的多功能化、小型化、微型化提供了重要的途径。

5）机器人传感器

机器人传感器是一种能将机器人目标物特性（或参量）变换为电量输出的装置，机器人通过传感器实现类似于人类的知觉作用。机器人传感器分为内部检测传感器和外界检测传感器两大类。

内部检测传感器是在机器人中用来感知它自己的状态，以调整和控制机器人自身行动的传感器，通常由位置、加速度、速度及压力传感器组成。

外界检测传感器是机器人用以感受周围环境、目标物的状态特征信息的传感器，从而使机器人对环境有自校正和自适应能力，其通常包括触觉、接近觉、视觉、听觉、嗅觉、味觉等传感器。

机器人传感器是机器人研究中必不可缺的重要课题，需要有更多的、性能更好的、功能更强的、集成度更高的传感器来推动机器人的发展。

6）智能传感器

智能传感器是一种带有微处理机的，兼有信息检测、信息处理、信息记忆、逻辑思维与判断功能的传感器。

3. 数字传感器

数字传感器是指能把被测模拟量直接转换成数字量输出的传感器。数字传感器是检测技术、微电子技术和计算机技术相结合的产物,是传感器技术发展的另一个重要方向。

数字传感器可分为三类:一是直接以数字量形式输出的传感器,如绝对编码器可以将位移量直接转换成数字量;二是以脉冲形式输出的传感器,如增量编码器、光栅、磁栅和感应同步器可以将位移量转换成一系列计数脉冲,再由计数系统所计的脉冲个数来反映被测量的值;三是以频率形式输出的传感器,能把被测量转换成与之相对应的且便于处理的频率输出,因此也叫做频率式传感器。数字传感器在机床数控、自动化和计量、检测技术中得到日益广泛的应用。

1.3.2 数据采集

数据采集系统是计算机、智能检测系统与外界物理世界联系的桥梁,是获取信息的重要途径,对整个系统进行控制和数据处理。它的核心是计算机,而计算机所处理的是数字信号,因此,输入的模拟信号必须进行模数(A/D)转换,将连续的模拟信号量化。所以,数据采集系统一般由多路开关、放大器、采样/保持器和 A/D 转换器等几部分组成。

1. 数据采集系统的结构形式

设计数据采集系统时,首先根据被测信号的特点及对系统性能的要求,选择系统的结构形式。进行结构设计时,主要考虑被测信号的变化速率和通道数,对测量精度、分辨率和速度的要求等。此外,还要考虑性能价格比等。常见的数据采集系统有以下几种结构形式。

1) 多通道共享采样保持器和 A/D 转换器

这种结构形式的数据采集系统如图 1-21 所示,它采用分时转换的工作方式,各路被测参数共用 1 个采样/保持器和 1 个 A/D 转换器。在某一时刻,多路开关只能选择其中某一路,把它接入到采样保持器的输入端。当采样保持器的输出已充分逼近输入信号(按给定精度)时,在控制命令的作用下,采样保持器由采样状态进入保持状态,A/D 转换器开始进行转换,转换完毕后输出数字信号。在转换期间,多路开关可以将下一路接到采样保持器的输入端。系统不断重复上述操作,实现对多通道模拟信号的数据采集,采样方式可以按顺序或随机进行。这种结构形式简单,所用芯片数量少,它适用于信号变化速率不高,对采样信号不要求同步的场合。如果信号变化速率慢,也可以不用采样保持器。如果信号比较弱,混入的干扰信号比较大,还需要使用数据放大器和滤波器。

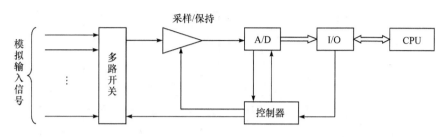

图 1-21　多通道共享采样保持器和 A/D 转换器的数据采集系统

2）多通道同步型数据采集系统

多通道同步型数据采集系统的结构如图 1-22 所示。

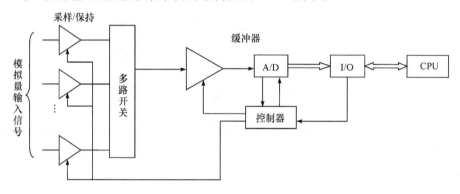

图 1-22　多通道同步型数据采集系统结构框图

图 1-22 所示结构虽然也是分时转换系统，各路信号共用一个 A/D 转换器，但每一路通道都有一个采样保持器，可以在同一个指令控制下对各路信号同时进行采样，得到各路信号在同一时刻的瞬时值。模拟开关分时地将各路采样保持器接到 A/D 转换器上进行 A/D 转换。这些同步采样的数据可以描述各路信号的相位关系，这种结构被称为同步数据采集系统。例如，为了测量三相瞬时功率，数据采集系统必须对同一时刻的三相电压、电流进行采样，然后进行计算。由于各路信号必须串行地在共用的 A/D 转换器进行转换，因此，这种结构的速度仍然较慢。

3）多通道并行数据采集系统

多通道并行数据采集系统结构如图 1-23 所示。在该类系统中，每个通道都有独自的采样保持器和 A/D 转换器，各个通道的信号可以独立进行采样和 A/D 转换。转换的数据可经过接口电路直接送到计算机中，数据采集速度快。另外，如果系统中的被测信号较分散，模拟信号经过较长距离传输后再采样，势必会受到干扰。这种结构形式可以在每个被测信号源附近加采样保持器和 A/D 转换器，就近进行采样/保持和 A/D 转换。转换的数字信号也可以通过光电转换变成光信号再传输，从而使传感器和数据处理中心在电气上完全隔离，避免由接地电位差引起的

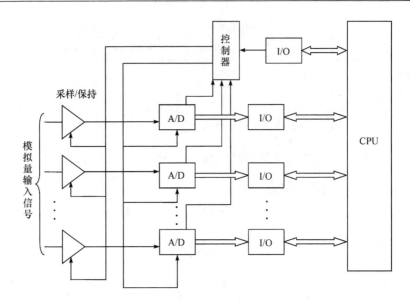

图 1-23　多通道并行数据采集系统结构框图

共模干扰。多通道并行数据采集系统所用的硬件多,成本高,适用于高速系统、分散系统。

2. A/D 转换器

对上述任何一种结构的数据采集系统而言,A/D 转换器都是数据采集系统的核心部分。A/D 转换器的种类繁多,用于智能仪器设计的 A/D 转换器主要有逐次逼近式、积分式、并行式和改进型四类。

逐次逼近式 A/D 转换器的转换时间与转换精度比较适中,转换时间一般在微秒级,转换精度一般在 0.1% 上下,适用于一般场合。

积分式 A/D 转换器的核心部件是积分器,因此,速度较慢,其转换时间一般在毫秒级或更长。但抗干扰性能强,转换精度可达 0.01% 或更高。适于在数字电压表类仪器中采用。

并行式 A/D 转换器又称为闪烁式 A/D 转换器,由于采用并行比较,因而转换速率可以达到很高,其转换时间可达微秒级,但抗干扰性能较差。由于工艺限制,其分辨率一般不高于 8 位。这类 A/D 转换器可用于数字示波器等要求转换速度较快的仪器中。

改进型 A/D 转换器是在上述某种型式 A/D 转换器的基础上,为满足某种高性能指标而改进或复合而成的。例如,余数比较式 A/D 转换器即是在逐次逼近式 A/D 转换器的基础上加以改进,使其在保持原有较高转换速率的前提下精度可达 0.01% 以上。

3. 采样/保持器

无论 A/D 转换器的速度多快，A/D 转换总需要时间。由此产生两个问题：第一，在 A/D 转换期间，输入的模拟信号发生变化，将会使 A/D 转换产生误差，而且信号变化的快慢将影响误差的大小。为了减小误差，需要保持采样信号不变。首先考虑输入模拟信号的变化对 A/D 转换的影响。如果输入的是直流信号，在A/D转换期间信号不变，则对 A/D 转换没有影响。假设输入信号是正弦波，而且要求对输入信号的瞬时值进行测量，为了使模拟信号变化产生的 A/D 转换误差小于A/D转换器分辨率的 1/2，需要满足下式：

$$\frac{\mathrm{d}V_x}{\mathrm{d}t}t_\mathrm{c}\leqslant\frac{1}{2}\mathrm{LSB}=\frac{1}{2}\times\frac{1V_\mathrm{FS}}{2^n} \tag{1-45}$$

式中，V_FS 为 A/D 转换器的满度值；t_c 为转换时间；V_x 为输入信号，$V_x=V_\mathrm{m}\sin(\omega t)$。则有

$$f_s\leqslant\frac{1}{2^{n+2}\pi t_\mathrm{c}} \tag{1-46}$$

式(1-46)给出了输入模拟信号最大变化频率和 A/D 转换器转换时间的关系。若使用 12 位 A/D 转换器，$t_\mathrm{c}=25\mu\mathrm{s}$，可求得信号 V_x 的频率 $f_s<0.78\mathrm{Hz}$。可见，在保证精度的条件下，直接用 A/D 转换器进行转换，输入信号的频率很低。为了解决这个问题，需要在 A/D 转换期间保持输入信号不变，用采样/保持器将信号锁定，避免在 A/D 转换期间由于信号变化而产生误差。

采样/保持器可以取出输入信号某一瞬间的值并在一定时间内保持不变，其有两种工作方式，即采样方式和保持方式。在采样方式下，采样/保持器的输出必须跟踪模拟输入电压；在保持方式下，采样/保持器的输出将保持采样命令发出时刻的电压输入值，直到保持命令撤销为止。目前，比较常用的集成采样/保持器如AD582 等，将采样电路、保持器制作在一个芯片上，保持电容器外接，由用户选用。电容的大小与采样频率及要求的采样精度有关。一般来讲，采样频率越高，保持电容越小，但此时衰减也越快，精度较差。反之，如果采样频率比较低，但要求精度比较高，则可选用较大电容。

4. 模拟开关

模拟开关是数据采集系统中主要部件之一，它的作用是切换各路输入信号。在测控系统中，被测物理量经常是几个或几十个。为了降低成本和减小体积，系统中通常使用公共的采样/保持器、放大器及 A/D 转换器等器件，因此，需要使用多路开关轮流把各路被测信号分时地与这些公用器件接通。多路开关有机械触点式开关和半导体集成模拟开关。机械触点式开关中最常用的是干簧继电器，它的导

通电阻小,但切换速率慢。半导体集成模拟开关的体积小,切换速率快且无抖动,耗电少,工作可靠,容易控制,它的缺点是导通电阻较大,输入电压电流容量有限,动态范围小,其在测控技术中得到广泛应用。

模拟开关的主要技术参数如下:

(1) 通道数量。通道数量是模拟开关的主要指标之一,表示最多输入信号的路数。通道数量对输入信号传输的精度和切换速率有直接影响。当某一路被选通时,其他被阻断的通道并不能完全断开,而是处于高阻状态,泄漏电流将对导通的那一路产生影响。显然,通道数越多,漏电流越大,寄生电容的影响也越大。

(2) 泄漏电流 I_s。理想开关要求导通时电阻为 0;断开时电阻为∞,漏电流为 0。实际上,开关断开时漏电流不为 0。如果信号源内阻很高,传输的是电流信号,就特别需要考虑模拟开关的泄漏电流的影响,一般希望泄漏电流越小越好。

(3) 导通电阻 R_{on}。导通电阻会使输入信号损失,精度降低,尤其是当开关串联的负载为低阻抗时信号损失更大。应用时,要根据实际情况选择导通电阻足够低的开关。导通电阻值与电源电压有直接关系,通常电源电压越高,导通电阻越小。另外,导通电阻和泄漏电流相矛盾,制造过程中,若要求导通电阻小,则应扩大沟道使开关体积变大,其结果使泄漏电流增大。

(4) 导通电阻的平坦度 ΔR_{on}。导通电阻随着输入电压的变化会产生波动,导通电阻的平坦度是指在指定的输入电压范围内,导通电阻的最大起伏值 $\Delta R_{on} = \Delta R_{onmax} - \Delta R_{onmin}$,它表明导通电阻的平坦程度,$\Delta R_{on}$ 越小越好。

(5) 切换速度。切换速度是模拟开关的重要指标,表明模拟开关接通或断开的速度,通常用接通时间 t_{on} 和断开时间 t_{off} 来表示。传输快速变化的信号,要求开关的切换速度快。选择开关速度时,还要充分考虑与后级的采样/保持器及 A/D 转换器的速度相适应。

(6) 电源电压范围。器件的工作电压也是一个重要参数,它不仅与开关的导通电阻的大小及切换速度的快慢有直接关系,而且决定输入信号的动态范围。电源电压越高,切换速度越快,导通电阻越小;电源电压越低,切换速度越慢,导通特性变差。在选择器件时,要根据系统情况选择高电压型器件或低电压型器件。例如,对于 3V 或 5V 的电压系统,必须选择低电压型器件以保证系统正常工作。另外,电源电压还限制了信号的动态范围,因为输入电压最高只能达到电源电压的幅度。

为了满足不同的需要,现已开发出各种各样的集成模拟开关。按输入信号的连接方式可分为单端输入和差动输入;按信号的传输方向可分为单向开关和双向开关,双向开关可以实现两个方向的信号传输,既能完成从多到一的转换,也能完成从一到多的转换。一般选择集成模拟开关首先考虑路数,常用的集成模拟开关有 4 选 1、双 4 选 1、8 选 1、双 8 选 1、16 选 1、32 选 1 等多种。另外,还可分为电压开关和电流开关,分别用来传输电压信号和电流信号。目前,常用的集成模拟开关有 AD7501、CD4051 和 LF13508 等。

在实际的数据采集系统中,有时采样点数远不止 8 路、16 路,而需要 32 路、64路,甚至 128 路或更多。因此,经常需要使用多个集成模拟开关进行通道扩展,以满足要求。

1.3.3　输入输出通道处理电路

1. 输入通道接口技术

检测系统输入通道主要是指传感器与微机之间的接口通道。智能化检测系统中,在传感器和微机之间,需要恰当的信号变换和接口电路。信号变换及与微机的接口电路要根据所选用的传感器类型、传感器与检测系统中心之间的距离及系统性能指标的要求来选定。在大多数智能检测系统中,选用的传感器多为模拟量输出,模拟信号调理技术主要包括信号的预变换、放大、滤波、调制与解调、多路转换、采样/保持、A/D 转换等。如果传感器本身为数字式传感器,即输出为开关量脉冲信号或已编码的数字信号,则仅需进行脉冲整形、电平匹配或数码变换就可以和微机接口。

检测系统中,各种传感器输出的信号是千差万别的。从仪器仪表间的匹配考虑,必须将传感器输出的信号转换成统一的标准电压或电流信号输出。

标准信号是各种仪器仪表输入、输出之间采用的统一规定的信号模式,采用统一标准信号可使各种仪表的组合联用成为可能。

大多数传感器输出信号都是模拟信号,采用模拟信号传输可使信号处理电路大大简化,降低成本。模拟信号有直流电流、电压及交流电流、电压四种。直流信号与交流信号相比,有如下优点:

(1) 在信号传输中,直流不受交流感应影响,易于解决系统的抗干扰问题。

(2) 直流不受传输线路的电感、电容及负荷性质的影响,不存在相移问题,使连接简化。

(3) 用直流信号便于进行模数转换,因而巡回检测、数据处理装置、顺序控制装置及智能检测系统的部分接口都是以直流信号作为输入的,采用统一的直流信号有利于与这些装置的匹配。

通常,标准电压信号为 0~±10V、0~±5V、0~5V 等几种型式;标准电流信号为 0~10mA、4~20mA 等。电流信号传输与电压信号传输各有特点:电流信号抗干扰能力强,适应远距离传输;电压信号的系统连接简便,但不适合于远距离传输。

传感器输出的信号在处理、传输的过程中常常用到各种信号变换电路。

(1) 电压-电流变换电路。目前,国内外已经生产出传感器专用的集成电压-

电流变换芯片。

(2) 电流-电压变换电路。采用高输入阻抗运放,如 LM356、CF3140 等,很容易组成电流-电压变换电路。

(3) 电荷-电压变换电路。压电式传感器可以将被测量转换成电荷或电压输出。对于电压输出型,由于传感器本身输出阻抗很高,所以,必须配用高输入阻抗的电压放大器,否则,电荷会通过电容和电阻放电而不能保存。在远距离传送或被测量变化极为缓慢时,将损失较多的信息,此时,压电传感器应配用电荷放大器,以减少信息损失。

(4) 电压-频率变换电路。电压-频率变换电路(VFC)可以将输入电压的绝对值转换成信号的频率输出。

2. 输出通道的隔离与驱动

检测系统输出通道的任务主要有两个方面:一方面需要把检测结果数据转换成显示和记录机构所能接收的信号,加以直观的显示或形成可保存的文件;另一方面对以控制为目的的系统,需把微机所采集的过程参量经过调节运算转换成生产过程执行机构所能接收的驱动控制信号,使被控对象能按预定的要求得到控制。

显然,各类输出装置所需的数据驱动信号不同。例如,驱动 CRT 或 LED 显示装置,需要字形显示代码信号;驱动 X-Y 记录仪需要 0~10V 连续变化的电压信号;驱动行程开关或继电器线圈需要开关量脉冲信号;驱动某些电动执行机构需要 4~20mA 的标准电流信号或大功率信号等。总之,驱动信号不外乎是模拟量电压、电流信号和数字量信号两种类型。模拟量输出驱动由于受模拟器件的漂移等影响,很难达到较高的控制精度。随着电子技术的迅速发展,特别是计算机技术的应用,数字量输出驱动控制已越来越广泛的被应用,而且可以达到很高的精度。目前,除某些特殊场合,数字量(开关量)输出控制已逐渐取代了传统的模拟量输出的控制方式。

1) 数字量(开关量)的输出隔离

数字量(开关量)输出隔离的目的在于隔断微处理机与执行机构之间的直接电气联系,以防外界强电磁干扰或工频电压通过输出通道反串到检测系统。目前,输出通道的隔离主要有光电耦合隔离和继电器隔离两种技术。

(1) 光电耦合隔离技术。在输出通道的隔离中,最常用的是光-电隔离技术,光电耦合器使执行机构与微处理机的电源互相独立,消除了地电位不同产生的干扰,同时,光电耦合器中的发光器件为电流驱动器件,可以形成电流传送方式,形成低阻抗电路,对噪声敏感度低,抗干扰能力强。光电耦合器在检测系统中的应用是多方面的,如信号隔离转换、隔离驱动、远距离隔离传输、A/D 转换、固态继电器等。

光电耦合器可根据要求不同，由不同种类的发光元件和受光元件组合成许多系列。常用的光电耦合器可分为直流输出和交流输出两种类型。直流输出型采用晶体管、达林顿管、施密特触发器等作为输出；交流输出型采用单向晶闸管、双向晶闸管等作为输出。目前，应用最广的是 LED 与光敏三极管组合的光电耦合器。光电耦合器的驱动可采用 TTL 或 CMOS 数字电路。

光电耦合器的主要特点是：

① 输出信号与输入信号在电气上完全隔离，抗干扰能力强，隔离电压可达千伏以上；

② 无触点，寿命长，可靠性高；

③ 响应速度快，易与 TTL 电路配合使用。

在使用光电耦合器时，应注意区分输入部分和输出部分的极性，防止接反而烧坏器件，同时，其工作参数不应超过规定的极限参数。

（2）继电器隔离技术。继电器的线圈和触点之间没有电气上的联系，因此，可以利用继电器的线圈接收信号，利用触点发送和输出信号，从而避免强电与弱电信号之间的直接接触，实现了抗干扰隔离。

2）数字量（开关量）的输出驱动

测控系统中，大功率、大电流驱动设计是不可缺少的环节，其性能好坏直接影响现场控制的质量。目前，常用的开关量输出驱动电路主要有功率晶体管、达林顿管、晶闸管、功率场效应管（MOSFET）、集成功率电子开关、固态继电器（SCR）及各种专用集成驱动电路。这里简单介绍集成功率电子开关、晶闸管、固态继电器三种输出驱动电路。

（1）集成功率电子开关。集成功率电子开关是一种直流功率电子开关器件，它可由 TTL、HTL、DTL、CMOS 等逻辑电路直接驱动，该器件具有开关速度快、工作频率高（可达 1.5MHz）、无触点、无噪声、寿命长等特点。目前，测控系统中常用来替代机械触点或继电器，越来越多地用于微电机控制、电磁阀驱动等场合，特别适用于抗潮湿、抗腐蚀和抗爆场合使用。TWH8751、TWH8728 是目前应用最广的两种集成功率电子开关，其控制电流为 $100\sim200\mu A$，输出电压为 $12\sim24V$，输出电流为 2A。

（2）晶闸管。晶闸管是一种大功率半导体器件，分为单向晶闸管（SCR）和双向晶闸管（BCR）。在测控系统中，晶闸管可作为大功率驱动器件，具有用较小功率控制大功率、无触点等特点，广泛应用于交直流电机调速系统、调功系统、随动系统中。

（3）固态继电器。固态继电器是一种新型无触点功率型电子继电器。当施加触发信号后，其主回路呈导通状态，无信号时呈阻断状态，从而实现了控制回路（输入）与负载回路（输出）之间的电气隔离及信号耦合。其输入端仅要求输入很小的驱动电流,用 TTL、HTL、CMOS 等 IC 电路或加简单的辅助电路就可直接驱动,因此,适于在测控系统中作为输出通道的控制元件;其输出可利用晶体管或晶闸管驱动,无触点。另外,其输入端与输出端之间采用光电隔离,绝缘电压可达 2500V 以上。

固态继电器的输入电压为 4~32V,输出断态电流一般小于 5mA,最大可控电流为 30mA,开关时间小于 $200\mu s$,它具有工作可靠、驱动功率小、无触点、无噪声、抗干扰、开关速度快、寿命长等优点,因此,应用领域十分广泛。

1.3.4　智能检测系统中的软件

智能检测系统中的软件大多采用结构化与模块化设计方法,软件功能应在硬件的基础之上结合检测系统的具体要求,进行灵活的设计实现。一般包括主程序、中断服务程序及许多功能独立的应用模块。

1) 主程序

主程序包括初始化模块、自诊断程序模块、其他应用功能模块的调用等几部分,其主要功能就是完成系统的初始化工作、自诊断工作和其他应用程序的调度。

2) 中断服务程序

中断服务程序包括 A/D 转换中断服务程序、定时器中断服务程序和掉电保护中断服务程序几部分。其中,A/D 转换中断服务程序基本工作原理是:首先保护现场,重要数据在进入中断后压入堆栈,清零数据存储单元,再取 P1 口输入的数据,判断 A/D 转换完成否? 如没完成则返回等待,直到 A/D 转换完成为止。然后读数据并进行数字滤波,最后对测量数据进行线性化处理,之后送显示缓冲区显示恢复现场,开中断,返回主程序。

3) 应用功能程序

应用功能程序主要包括数据的输入输出模块、数据处理模块。

第 2 章　热敏元件、温度传感器及应用

热敏元件是一种对外界温度或辐射具有响应和转换功能的敏感元件。

温度传感器是能感受温度并能转换成可用输出信号的传感器。

作为一个理想的温度传感器,应该具备各种条件,如测温范围广、高精度、高可靠性、体积小、响应速度快、价格便宜等。但同时满足以上所有条件的温度传感器是不存在的,应该按不同的用途灵活使用各种温度传感器。

温度传感器的种类很多,本章只介绍最常用的三种类型:热电偶、热电阻、热敏电阻。

2.1　热　电　偶

热电偶是将温度变化量转换为电势变化的热电式传感器。

2.1.1　热电效应

1823 年,塞贝克(Seebeck)发现,在两种不同金属组成的闭合回路中,当两接触处的温度不同时,回路中就要产生热电势,称为塞贝克电势。这个物理现象称为热电效应。

如图 2-1 所示,两种不同材料的导体 A 和 B,两端连接在一起,一端温度为 T_0,另一端为 T(设 $T > T_0$),这时,在这个回路中将产生一个与温度 T、T_0 及导体材料性质有关的电势 $E_{AB}(T, T_0)$,显然,可以利用这个热电效应来测量温度。在测量技术中,

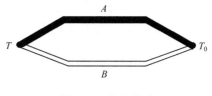

图 2-1　热电效应

把由两种不同材料构成的上述热电交换元件称为热电偶,称 A、B 导体为热电极。两个接点,一个为热端(T),又称工作端,另一个为冷端(T_0),又称为自由端或参考端。

热电势 $E_{AB}(T, T_0)$ 的产生是由以下两种效应引起的。

1. 珀尔帖(Peltier)效应

将同温度的两种不同的金属相互接触,如图 2-2 所示,由于不同金属内自由电子的密度不同,在两金属 A 和 B 的接触处会发生自由电子的扩散现象。自

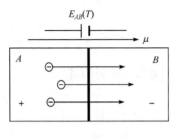

图 2-2　接触电势

由电子将从密度大的金属 A 扩散到密度小的金属 B，使 A 失去电子带正电，B 得到电子带负电，直至在接点处建立了强度充分的电场，能够阻止电子扩散达到平衡为止，两种不同金属的接点处产生的电动势称珀尔帖电势，又称接触电势，此电势 $E_{AB}(T)$ 由两个金属的特性和接触点处的温度所决定。

根据电子理论，

$$E'_{AB}(T)=\frac{KT}{e}\ln\frac{n_A}{n_B}\quad\text{或}\quad E'_{AB}(T_0)=\frac{KT_0}{e}\ln\frac{n_A}{n_B}$$

式中，K 为玻耳兹曼常量，其值为 1.38×10^{-23} J/K；T、T_0 为接触处的绝对温度（K）；e 为电子电荷量，等于 1.6×10^{-19} C；n_A、n_B 分别为电极 A、B 的自由电子密度。

由于 $E'_{AB}(T)$ 与 $E'_{AB}(T_0)$ 的方向相反，故回路的接触电势为

$$E'_{AB}(T)-E'_{AB}(T_0)=\frac{KT}{e}\ln\frac{n_A}{n_B}-\frac{KT_0}{e}\ln\frac{n_A}{n_B}=\frac{K}{e}(T-T_0)\ln\frac{n_A}{n_B}\quad(2-1)$$

2. 汤姆孙（Thomson）效应

假设在一匀质棒状导体的一端加热，如图2-3所示，则沿此棒状导体有温度梯度。导体内自由电子将从温度高的一端向温度低的一端扩散，并在温度较低的一端积聚起来，使棒内建立起一电场，当这电场对电子的作用力与扩散力相平衡时，

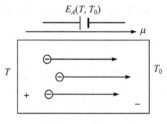

图 2-3　温差电势

扩散作用即停止，电场产生的电势称为汤姆孙电势或温差电势。当匀质导体两端的温度分别是 T、T_0 时，温差电势为

$$E_A(T,T_0)=\int_{T_0}^{T}-\sigma_A\mathrm{d}T$$

或

$$E_B(T,T_0)=\int_{T_0}^{T}-\sigma_B\mathrm{d}T$$

式中，σ 称为汤姆孙系数，它表示温差为 1℃ 时所产生的电势值。σ 的大小与材料性质和导体两端的平均温度有关，是金属本身所具有的热电能，它是以铂等标准电极为基准进行测量的相对值。例如，铜和康铜的热电能在 0~100℃ 温度范围内的平均值分别为 7.6μV/℃ 和 -3.5μV/℃。

通常规定，当电流方向与导体温度降低的方向一致时，则 σ 为正值；当电流方向与导体温度升高方向一致时，则 σ 取负值。对于导体 A、B 组成的热电偶回路，当接触点温度 $T>T_0$ 时，回路的温差电势等于导体温差电势的代数和，即

$$E_A(T,T_0) + E_B(T_0,T)$$

$$= \int_T^{T_0} \sigma_A \mathrm{d}T + \int_{T_0}^T \sigma_B \mathrm{d}T$$

$$= -\int_{T_0}^T (\sigma_A - \sigma_B) \mathrm{d}T \qquad (2-2)$$

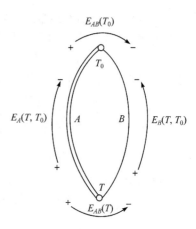

图 2-4　总热电势

上式表明,热电偶回路的温差电势只与热电极材料 A、B 和两接点的温度 T、T_0 有关,而与热电极的几何尺寸和沿热电极的温度分布无关。如果两接点温度相同,则温差电势为零。

综上所述,热电极 A、B 组成热电偶回路,当接点温度 $T > T_0$ 时,由图 2-4 总热电势示意图可知,其总热电势为

$$\begin{aligned}
E_{AB}(T,T_0) &= E'_{AB}(T) + E_B(T,T_0) \\
&\quad - E'_{AB}(T_0) - E_A(T,T_0) \\
&= E'_{AB}(T) - E'_{AB}(T_0) - [E_A(T,T_0) - E_B(T,T_0)] \\
&= E'_{AB}(T) - E'_{AB}(T_0) + \left[\int_{T_0}^T (\sigma_A - \sigma_B)\mathrm{d}T\right] \\
&= E'_{AB}(T) - E'_{AB}(T_0) + \int_{T_n}^T (\sigma_A - \sigma_B)\mathrm{d}T + \int_{T_n}^{T_0} (\sigma_A - \sigma_B)\mathrm{d}T \\
&= E'_{AB}(T) + \int_{T_n}^T (\sigma_A - \sigma_B)\mathrm{d}T - \left[E'_{AB}(T_0) + \int_{T_n}^{T_0} (\sigma_A - \sigma_B)\mathrm{d}T\right] \\
&= E_{AB}(T) - E_{AB}(T_0) \qquad (2-3)
\end{aligned}$$

式中,$E_{AB}(T)$ 为热端的分热电势;$E_{AB}(T_0)$ 为冷端的分势电势。

从上面的讨论可知,当两结点的温度相同时,则无汤姆孙电势,即 $E_A(T_0,T_0) = E_B(T_0,T_0) = 0$;而珀尔帖电势大小相等方向相反,所以,$E_{AB}(T_0,T_0) = 0$。当两种相同金属组成热电偶时,两接点温度虽不同,但两个汤姆孙电势大小相等、方向相反,而两接点处的珀尔帖电势皆为零,所以,回路总电势仍为零。因此,有以下结论:

(1) 如果热电偶两个电极的材料相同,两个接点温度虽不同,不会产生电势。

(2) 如果两个电极的材料不同,但两接点温度相同,也不会产生电势。

(3) 当热电偶两个电极的材料不同,且 A、B 固定后,热电势 $E_{AB}(T,T_0)$ 便为两结点温度 T 和 T_0 的函数,即

$$E_{AB}(T,T_0) = E_{AB}(T) - E_{AB}(T_0)$$

当 T_0 保持不变,即 $E(T_0)$ 为常数时,则热电势 $E_{AB}(T,T_0)$ 便为热电偶热端温度 T 的函数,即

$$E_{AB}(T,T_0) = E_{AB}(T) - C = f(T) \qquad (2-4)$$

由此可知,$E_{AB}(T,T_0)$ 和 T 有单值对应关系,这是热电偶测温的基本公式。

热电偶的分度表就是根据这个原理在热电偶冷端温度等于0℃的条件下测得的。

热电极的极性:测量端失去电子的热电极为正极,得到电子的热电极为负极。对热电势符号 $E_{AB}(T,T_0)$,规定写在前面的 A、T 分别为正极和高温,写在后面的 B、T_0 分别为负极和低温。如果它们的前后位置互换,则热电势极性相反,如 $E_{AB}(T,T_0)=-E_{AB}(T_0,T)$,$E_{BA}(T,T_0)=-E_{BA}(T_0,T)$ 等。判断热电势极性最可靠的方法是将热端稍加热,在冷端用直流电表辨别。

2.1.2　热电偶的基本法则

对热电偶回路的大量研究(对电流、电阻和电动势做了准确的测量)导致了几个基本法则的建立,这些定律都是通过实验验证的。

1. 均质导体法则

两种均质金属组成的热电偶,其电势大小与热电极直径、长度及沿热电极长度上的温度分布无关,只与热电极材料和两端温度有关。

如果材料不均匀,则当热电极上各处温度不同时,将产生附加热电势,造成无法估计的测量误差,因此,热电极材料的均匀性是衡量热电偶质量的重要指标之一。

2. 中间导体法则

在热电偶回路中插入第三、第四、……种导体,只要插入导体的两端温度相等,且插入导体是均质的,则无论插入导体的温度分布如何,都不会影响原来热电偶的热电势大小。因此,可以将毫伏表用铜线接入热电偶回路,并保证两个结点温度一致,如图 2-5 所示,就可对热电势进行测量,而不影响热电偶的输出。

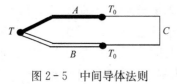

图 2-5　中间导体法则

A、B、C 三个金属导体的自由电子密度分别为 n_A、n_B、n_C,热端的 A、B 导体结点温度为 T,冷端的 A 和 C、B 和 C 结点的温度为 T_0,则根据式(2-1)知三个结点的接触电势分别为

$$E'_{AB}(T)=\frac{KT}{e}\ln\frac{n_A}{n_B}$$

$$E'_{BC}(T_0)=\frac{KT_0}{e}\ln\frac{n_B}{n_C}$$

$$E'_{CA}(T_0)=\frac{KT_0}{e}\ln\frac{n_C}{n_A}$$

故回路总的接触电势为

$$E'_{AB}(T)+E'_{BC}(T_0)+E'_{CA}(T_0)$$
$$=\frac{KT}{e}\ln\frac{n_A}{n_B}+\frac{KT_0}{e}\ln\frac{n_B}{n_C}+\frac{KT_0}{e}\ln\frac{n_C}{n_A}$$

$$=\frac{KT}{e}\ln\frac{n_A}{n_B}+\frac{KT_0}{e}\ln\frac{n_B}{n_A}$$

$$=\frac{K}{e}(T-T_0)\ln\frac{n_A}{n_B}$$

$$=E'_{AB}(T-T_0)$$

与式(2-1)相同。

很显然,带有中间导体的热电偶回路的温差电势与不带中间导体的热电偶回路相同。由此得出,回路总的热电势的大小与冷端第三导体无关。

3. 中间温度法则

热电偶在接点温度为 T、T_0 时的热电势等于该热电偶在接点温度为 T、T_n 和 T_n、T_0 时相应的热电势的代数和,即

$$E_{AB}(T,T_0)=E_{AB}(T,T_n)+E_{AB}(T_n,T_0) \tag{2-5}$$

若 $T_0=0$,则有

$$E_{AB}(T,0)=E_{AB}(T,T_n)+E_{AB}(T_n,0)$$

4. 标准热电极法则

从原理上讲,任何两种不同材料的热电极都可以组成热电偶,其热电势与温度的关系一般由实验求得(热电偶分度表就是这样求得的)。如果选定某一热电极,分别与其他热电极配对组成热电偶,并求出相应的热电势,则其他热电极相互配对组成的热电偶的热电势便可通过计算求出,这就是标准热电极法则。该法则可叙述如下:由三种材料成分不同的热电极 A、B、C 分别组成三对热电偶回路,如图 2-6 所示,如果热电极 A 和 B 分别与热电极 C 配对组成的热电偶回路所产生的热电势已知,则由热电极 A 和 B 配对组成的热电偶回路的热电势可用计算法求出。

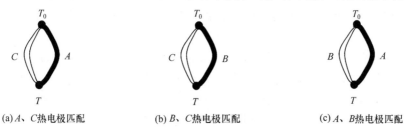

(a) A、C 热电极匹配　　　　　(b) B、C 热电极匹配　　　　　(c) A、B 热电极匹配

图 2-6　标准热电极法则

设这三对热电偶测量端的温度都是 T,而参比端温度都是 T_0,则热电偶 AC、BC 的热电势分别为

$$E_{AC}(T,T_0)=E_{AC}(T)-E_{AC}(T_0)$$

$$E_{BC}(T, T_0) = E_{BC}(T) - E_{BC}(T_0)$$

以上两式相减得

$$
\begin{aligned}
E_{AC}(T, T_0) - E_{BC}(T, T_0) &= E_{AC}(T) - E_{AC}(T_0) - E_{BC}(T) + E_{BC}(T_0) \\
&= -[E_{BC}(T) + E_{CA}(T)] + [E_{BC}(T_0) + E_{CA}(T_0)] \\
&= E_{AB}(T) - E_{AB}(T_0) \\
&= E_{AB}(T, T_0)
\end{aligned}
$$

由上式可以看出,热电偶 AB 的热电势可由热电偶 AC 和热电偶 BC 的热电势通过计算求得。热电极 C 称为标准电极,它通常用纯度很高、物理化学性能非常稳定的铂制成,即标准铂热电极。

2.1.3 热电偶冷端温度及其补偿

热电偶热电势的大小与热电极材料及两结点的温度有关。只有在热电极材料一定,其冷端温度 T_0 保持不变的情况下,其热电势 $E_{AB}(T, T_0)$ 才是其工作端温度 T 的单值函数。热电偶的分度表是在热电偶冷端温度等于 0℃ 的条件下测得的,所以使用时,只有满足 $T_0 = 0℃$ 的条件,才能直接应用分度表或分度曲线。

在工程测量中,冷端温度常随环境温度的变化而变化,将引入测量误差,因此,必须采取以下的修正或补偿措施。

1. 冷端温度修正法

对于冷端温度不等于 0℃,但能保持恒定不变的情况,可采用修正法。

1) 热电势修正法

在工作中,由于冷端不是 0℃ 而是某一恒定温度 T_n,当热电偶工作在温差 (T, T_n) 时,其输出电势为 $E(T, T_n)$,如果不加修正,根据这个电势查标准分度表,显然对应较低的温度。

根据中间温度定律,将电势换算到冷端为 0℃ 时应为

$$E(T, 0) = E(T, T_n) + E(T_n, 0) \tag{2-6}$$

也就是说,在冷端温度为不变的 T_n 时,要修正到冷端为 0℃ 的电势,应再加上一个修正电势,即这个热电偶工作在 0℃ 和 T_n 之间的电势值 $E(T_n, 0)$。

例 2.1.1　用镍铬-镍硅热电偶测炉温。当冷端温度 $T_0 = 30℃$ 时,测得热电势为 $E(T, T_0) = 39.17\text{mV}$,则实际炉温是多少度?

解: 由 $T_0 = 30℃$ 查分度表得 $E(30, 0) = 1.2\text{mV}$,则

$$E(T, 0) = E(T, 30) + E(30, 0) = 39.17 + 1.2 = 40.37(\text{mV})$$

再用 40.37mV 查分度表得 977℃,即实际炉温为 977℃。

若直接用测得的热电势 39.17mV 查分度表,则其值为 946℃,比实际炉温低 31℃,产生 −31℃ 的测量误差。

2) 温度修正法

令 T' 为仪表的指示温度，T_0 为冷端温度，则被测的真实温度 T 为

$$T = T' + kT_0 \qquad\qquad (2-7)$$

式中，k 为热电偶的修正系数，决定于热电偶种类和被测温度范围。

例如，上例中测得炉温为 946℃（39.17mV），冷端温度为 30℃ 查表得 $k =$ 1.00，则

$$T = 946 + 1 \times 30 = 976(℃)$$

与用热电势修正法所得结果相比只差 1℃，因而这种方法在工程上应用较为广泛（热电偶分度表及 k 值修正表如表 2-1、表 2-2 所示）。

表 2-1　镍铬-镍硅(镍铝)热电偶分度表

（参考端温度为 0℃）分度号 K

测量端温度 /℃	0	1	2	3	4	5	6	7	8	9
	热　　电　　动　　势/mV									
−50	−1.86									
−40	−1.50	−1.54	−1.57	−1.60	−1.64	−1.68	−1.72	−1.75	−1.79	−1.82
−30	−1.14	−1.18	−1.21	−1.25	−1.28	−1.32	−1.36	−1.40	−1.43	−1.46
−20	−0.77	−0.81	−0.84	−0.88	−0.92	−0.96	−0.99	−1.03	−1.07	−1.10
−10	−0.39	−0.43	−0.47	−0.51	−0.55	−0.59	−0.62	−0.66	−0.70	−0.74
−0	−0.00	−0.04	−0.08	−0.12	−0.16	−0.20	−0.23	−0.27	−0.31	−0.35
+0	0.00	0.04	0.08	0.12	0.16	0.20	0.24	0.28	0.32	0.36
10	0.40	0.44	0.48	0.52	0.56	0.60	0.64	0.68	0.72	0.76
20	0.80	0.84	0.88	0.92	0.96	1.00	1.04	1.08	1.12	1.16
30	1.20	1.24	1.28	1.32	1.36	1.41	1.45	1.49	1.53	1.57
40	1.61	1.65	1.69	1.73	1.77	1.82	1.86	1.90	1.94	1.98
50	2.02	2.06	2.10	2.14	2.18	2.23	2.27	2.31	2.35	2.39
60	2.43	2.47	2.51	2.56	2.60	2.64	2.68	2.72	2.77	2.81
70	2.85	2.89	2.93	2.97	3.01	3.06	3.10	3.14	3.18	3.22
80	3.26	3.30	3.34	3.39	3.43	3.47	3.51	3.55	3.60	3.64
90	3.68	3.72	3.76	3.81	3.85	3.89	3.93	3.97	4.02	4.06
100	4.10	4.14	4.18	4.22	4.26	4.31	4.35	4.39	4.43	4.47
110	4.51	4.55	4.59	4.63	4.67	4.72	4.76	4.80	4.84	4.88
120	4.92	4.96	5.00	5.04	5.08	5.13	5.17	5.21	5.25	5.29
130	5.33	5.37	5.41	5.45	5.49	5.53	5.57	5.61	5.65	6.69
140	5.73	5.77	5.81	5.85	5.89	5.93	5.97	6.01	6.05	6.09
150	6.13	6.17	6.21	6.25	6.29	6.33	6.37	6.41	6.45	6.49
160	6.53	6.57	6.61	6.65	6.69	6.73	6.77	6.81	6.85	6.89
170	6.93	6.97	7.01	7.05	7.09	7.13	7.17	7.21	7.25	7.29
180	7.33	7.37	7.41	7.45	7.49	7.53	7.57	7.61	7.65	7.69
190	7.73	7.77	7.81	7.85	7.89	7.93	7.97	8.01	8.05	8.09
200	8.13	8.17	8.21	8.25	8.29	8.33	8.37	8.41	8.45	8.49

续表

测量端温度 /℃	0	1	2	3	4	5	6	7	8	9
				热	电	动	势/mV			
210	8.53	8.57	8.61	8.65	8.69	8.73	8.77	8.81	8.85	8.89
220	8.93	8.97	9.01	9.06	9.09	9.14	9.18	9.22	9.26	9.30
230	9.34	9.38	9.42	9.46	9.50	9.54	9.58	9.62	9.66	9.70
240	9.74	9.78	9.82	9.86	9.90	9.95	9.99	10.03	10.07	10.11
250	10.15	10.19	10.23	10.27	10.31	10.35	10.40	10.44	10.48	10.52
260	10.56	10.60	10.64	10.68	10.72	10.77	10.81	10.85	10.89	10.93
270	10.97	11.01	11.05	11.09	11.13	11.18	11.22	11.26	11.30	11.34
280	11.38	11.42	11.46	11.51	11.55	11.59	11.63	11.67	11.72	11.76
290	11.80	11.84	11.88	11.92	11.96	12.01	12.05	12.09	12.13	12.17
300	12.21	12.25	12.29	12.33	12.37	12.42	12.46	12.50	12.54	12.58
310	12.62	12.66	12.70	12.75	12.79	12.83	12.87	12.91	12.96	13.00
320	13.04	13.08	13.12	13.16	13.20	13.25	13.29	13.33	13.37	13.41
330	13.45	13.49	13.53	13.58	13.62	13.66	13.70	13.74	13.79	13.83
340	13.87	13.91	13.95	14.00	14.04	14.08	14.12	14.16	14.21	14.25
350	14.30	14.34	14.38	14.43	14.47	14.51	14.55	14.59	14.64	14.68
360	14.72	14.76	14.80	14.85	14.89	14.93	14.97	15.01	15.06	15.10
370	15.14	15.18	15.22	15.27	15.31	15.35	15.39	15.43	15.48	15.52
380	15.56	15.60	15.64	15.69	15.73	15.77	15.81	15.85	15.90	15.94
390	15.99	16.02	16.06	16.11	16.15	16.19	16.23	16.27	16.32	16.36

注:根据"国际实用温标—1968"修正。

表 2-2　几种常用热电偶 k 值表

测量端温度/℃	热 电 偶 类 别				
	铜-康铜	镍铬-考铜	铁-康铜	镍铬-镍硅	铂铑₁₀-铂
0	1.00	1.00	1.00	1.00	1.00
20	1.00	1.00	1.00	1.00	1.00
100	0.86	0.90	1.00	1.00	0.82
200	0.77	0.83	0.99	1.00	0.72
300	0.70	0.81	0.99	0.98	0.69
400	0.68	0.83	0.98	0.98	0.66
500	0.65	0.79	1.02	1.00	0.63
600	0.65	0.78	1.00	0.96	0.62
700	—	0.80	0.91	1.00	0.60
800	—	0.80	0.82	1.00	0.59
900	—	—	0.84	1.00	0.56
1000	—	—	—	1.07	0.55
1100	—	—	—	1.11	0.53
1200	—	—	—	—	0.53
1300	—	—	—	—	0.52
1400	—	—	—	—	0.52
1500	—	—	—	—	0.53

续表

测量端温度/℃	热 电 偶 类 别				
	铜-康铜	镍铬-考铜	铁-康铜	镍铬-镍硅	铂铑$_{10}$-铂
1600	—	—	—	—	0.53

2. 冷端温度自动补偿法

热电偶在实际测量中,冷端一般暴露在空气中,受到周围介质温度波动的影响,它的温度不可能恒定或保持 0℃ 不变,不宜采用修正法,可用电势补偿法。产生补偿电势的方法很多,主要介绍电桥补偿法和 PN 结补偿法。

1) 电桥补偿法

电桥补偿法是用电桥的不平衡电压(补偿电势)去消除冷端温度变化的影响,这种装置称为冷端温度补偿器。图 2-7 为冷端温度补偿器线路图。冷端补偿器内有一个不平衡电桥,其输出端串联在热电偶回路中。桥臂电阻 R_1、R_2、R_3 和限流电阻 R_S 的电阻值几乎不随温度变化。R_{Cu} 为铜电阻,其阻值随温度升高而增大,电桥由直流稳压电源供电。

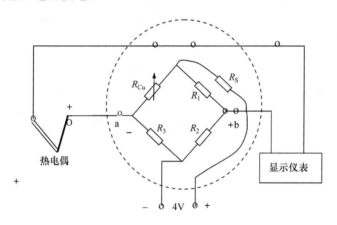

图 2-7　冷端温度补偿线路图

在某一温度下,设计电桥处于平衡状态,则电桥输出为 0,该温度称为电桥平衡点温度或补偿温度。此时,补偿电桥对热电偶回路的电势没有影响。

当环境温度变化时,冷端温度随之变化,热电偶的电势值随之变化 ΔE_1;同时,R_{Cu} 的电阻值也随环境温度变化,使电桥失去平衡,有不平衡电压 ΔE_2 输出。如果设计的 ΔE_1 与 ΔE_2 数值相等极性相反,则叠加后互相抵消,因而起到冷端温度变化自动补偿的作用,这就相当于将冷端恒定在电桥平衡点温度。

在使用冷端补偿器时,应注意以下两点:

(1) 不同分度号的热电偶要配用与热点偶相应型号的补偿电桥。

（2）我国冷端补偿器的电桥平衡点温度为 20℃，在使用前要把显示仪表的机械零位调到相应的补偿温度 20℃上。

2）PN 结补偿法

PN 结在 $-100 \sim +100℃$ 范围内，其端电压与温度有较理想的线性关系，温度系数约为 $-2.2\text{mV}/℃$，因此是理想的温度补偿器件。采用二极管作冷端补偿，精度可达 $0.3 \sim 0.8℃$。采用三极管补偿精度可达 $0.05 \sim 0.2℃$。

采用二极管作冷端补偿的电路及其等效电路如图 2-8 所示。

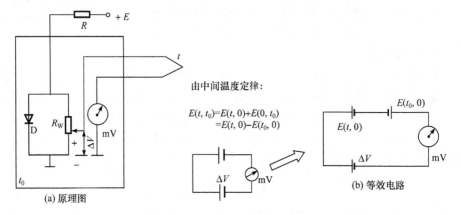

图 2-8　PN 结冷端温度补偿器

补偿电压 ΔV 是由 PN 结端电压 V_D 通过电位器分压得到的，PN 结置于与热电偶冷端相同的温度 t_0 中，ΔV 反向接入热电偶测量回路。

设 $E(t_0,0)=k_1 t_0$，式中，k_1 为热电偶在 0℃附近的灵敏度，则热电偶测量回路的电势为

$$E(t,0)-E(t_0,0)-\Delta V=E(t,0)-k_1 t_0-\frac{\mu_D}{n}$$

而

$$\mu_D=\mu_0-2 \times 2 t_0$$

式中，μ_D 为二极管 D 的 PN 结端电压；μ_0 为 PN 结在 0℃时的端电压（对硅材料为 700mV）；n 为电位器 R_W 的分压比。

令

$$k_1=\frac{2 \times 2}{n} \qquad （调节 R_W 可得不同的 n 值）$$

整理上式可得回路电势为

$$E(t,0)-\frac{\mu_0}{n}=E(t,0)-\frac{700}{n}$$

可见，回路电势与冷端温度变化无关，只要用 μ_0/n 作相应的修正，就可得到真实的热电偶热电势 $E(t,0)$，便可得到适用的分度表。

对于不同的热电偶，由于它们在 0℃ 附近的灵敏度 k_1 不同，则应有不同的 n 值，可用 R_W 调整。

图 2-9 为利用集成温度传感器 AD590 作为冷端补偿元件的原理图。

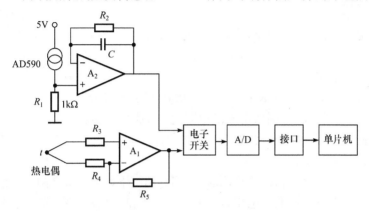

图 2-9　AD590 在冷端补偿中的应用

AD590 是一个两端器件，其输出电流与绝对温度成正比（$1\mu A/K$），当 25℃（298.2K）时，能输出 $298.2\mu A$ 的电流，相当于一个温度系数为 $1\mu A/K$ 的高阻恒流源，其输出电流通过 $1k\Omega$ 电阻转换为 $1mV/K$ 的电压信号。跟随器 A_2 提高了 AD590 的负载能力，并使之与电子开关阻抗匹配，然后通过电子采样开关送入 A/D 转换器转换成数字量，存放在内存单元中。这样，电路就完成了对补偿电势的采样。接着，电路对测温热电偶的热电势进行采样，并转换成数字量，单片机将该信号线性化后与内存中的补偿电势相加，即得到真实的热电势值。

AD590 是应用比较广泛的集成温度传感器，常用作数字式温度计的测温传感器（在 $-55\sim+150$℃ 有较好的线性）。

2.2　热　电　阻

由于在 500℃ 以下的温度热电偶产生的热电势较小，例如，

铂铑$_{10}$-铂热电偶	4.22mV	500℃
镍铬-镍硅热电偶	20.65mV	500℃
镍铬-考铜热电偶	40.15mV	500℃
铂铑$_{30}$-铂铑$_6$ 热电偶	1.242 mV	500℃

因而，热电偶的测量精确度较低。所以，工业上广泛应用电阻温度传感器测量 $-200\sim500$℃ 范围内的温度，而且电阻温度计不存在冷端问题，信号便于传送，其

缺点是受导线电阻的影响。

大多数金属导体和半导体的电阻率都随温度发生变化,称为热电阻,其工作原理是根据导体或半导体的电阻值随温度变化而改变,然后通过测量其电阻值从而推算出被测物体的温度。

2.2.1　铂电阻

铂电阻的阻值与温度之间的关系接近于线性,在 0~85℃范围内为

$$R_t = R_0(1 + At + Bt^2)$$

在 −200~0℃范围内为

$$R_t = R_0[1 + At + Bt^2 + C(t-100)t^3]$$

式中,R_0,R_t 为 0℃及 t℃时铂电阻的电阻值;A、B、C 为常数。

由实验法求出,$A = 3.96847 \times 10^{-3}/℃$,$B = -5.847 \times 10^{-7}/(℃)^2$,$C = -4.22 \times 10^{-12}/(℃)^4$。

由以上两式看出,当 R_0 值不同时,在同样温度下,其 R_t 值不同。目前,国内统一设计的一般工业用标准铂电阻,R_0 值有 100Ω 和 500Ω 两种,并将电阻值 R_t 与温度 t 的相应关系统一列成表格,称其为铂电阻的分度表,分度号分别用 Pt100 和 Pt500 表示。

2.2.2　铜热电阻

铂是贵金属,在测量精度要求不高、测温范围比较小的情况下(−50~150℃),可采用铜做热电阻材料,价格便宜,电阻温度函数表达式为

$$R_t = R_0(1 + \alpha t) \tag{2-8}$$

式中,$\alpha = 4.25 \times 10^{-3} \sim 4.28 \times 10^{-3}/℃$;$R_0$,$R_t$ 为 0℃和 t℃时铜的电阻值。

我国目前统一设计分度号为 G($R_0 = 53\Omega$)、Cu50($R_0 = 50\Omega$)和 Cu100($R_0 = 100\Omega$),故在应用铜电阻分度表时应注意区别,以防止相互混淆。

2.2.3　其他热电阻

近年来,在低温和超低温测量中开始采用新的热电阻,如铟、锰、碳等。

铟电阻:在 4.2~15K 温度域内,其测温灵敏度比铂电阻高 10 倍,是一种高准确度低温热电阻,缺点是材料很软,复制性差。

锰电阻:在 2~6.3K 温度范围内的电阻随温度变化很大,灵敏度高;在 2~16K 的温度范围内,电阻率与温度平方成正比。磁场对锰电阻影响不大,缺点是很脆,难以控制成形。

碳电阻:在低温下,灵敏度高,热容量小,对磁场不敏感,适合作液氢温度域(0~4.55K)的温度计,缺点是热稳定性较差。

2.3　热　敏　电　阻

热敏电阻是利用半导体电阻随温度变化这一特性制成的一种热敏元件。对于一般金属，当温度变化 1℃时，其电阻值变化 0.4% 左右，而半导体热敏电阻变化可达 3%～6%。

热敏电阻一般可分为负温度系数(NTC)、正温度系数(PTC)和临界温度系数电阻器(CTR)三类。

NTC 热敏电阻具有很高的负电阻温度系数，特别适用于－100～300℃测温，其在点温、表面温度、温差、温场等测量中得到日益广泛的应用，同时也广泛应用在自动控制及电子线路的热补偿线路中。因而，通常讲的热敏电阻一般是指 NTC 热敏电阻器。

2.3.1　NTC 热敏电阻的温度特性

热敏电阻的基本特性是电阻与温度之间的关系，其曲线是一条指数曲线，即

$$R_T = Ae^{B/T} \tag{2-9}$$

式中，R_T 为温度为 T 时的电阻值；A 为与热敏电阻尺寸、形成及其半导体物理性能有关的常数；B 为与半导体物理性能有关的常数(热敏电阻材料常数)；T 为热敏电阻的绝对温度。

若测得两个温度点 T_1 和 T_2 的电阻值 R_1 和 R_2，便可求出 A、B 两个常数，即

$$\begin{cases} R_1 = Ae^{\frac{B}{T_1}} \\ R_2 = Ae^{\frac{B}{T_2}} \end{cases}$$

$$B = \frac{T_1 T_2}{T_2 - T_1} \ln \frac{R_1}{R_2} \tag{2-10}$$

$$A = R_1 e^{-\frac{B}{T_1}} \tag{2-11}$$

将 A 值代入式(2-9)，可获得以电阻 R_1 作为一个参数的温度特性表达式，即

$$R_T = R_1 e^{\left(\frac{B}{T} - \frac{B}{T_1}\right)} \tag{2-12}$$

通常取 20℃时的热敏电阻的阻值为 R_1，称为额定电阻，记作 R_{20}，取相应于 100℃时的电阻 R_{100} 作为 R_2，此时，将 $T_1 = 293K$，$T_2 = 373K$ 代入式(2-10)可得

$$B = 1365 \ln \frac{R_{20}}{R_{100}}$$

一般，生产厂都在此温度下测量电阻值，而求得 B，将 B 及 R_{20} 代入式(2-12)，就可确定热敏电阻的温度特性，B 为热敏电阻常数。

2.3.2　NTC 热敏电阻的温度系数

热敏电阻在其本身温度变化 1℃时,电阻值的相对变化量称为热敏电阻的温度系数,即

$$\alpha = \frac{1}{R}\frac{dR}{dT} \tag{2-13}$$

对式(2-12)求微分后得

$$R'_T = R_1 e^{\left(\frac{B}{T}-\frac{B}{T_1}\right)}\left(-\frac{B}{T^2}\right)T' \quad (\text{利用微分公式}(e^v)' = e^v v')$$

$$R'_T = R_T\left(-\frac{B}{T^2}\right)T'$$

$$\alpha = -\frac{B}{T^2}$$

α 值和 B 值都是表示热敏电阻灵敏度的参数,热敏电阻的电阻温度级系数比金属丝的高很多,所以,它的灵敏度很高。

图 2-10 为热敏电阻的温度特性。除了电阻-温度特性以外,热敏电阻的伏-安特性和安-时特性在使用中也是十分重要的。

2.3.3　NTC 热敏电阻的伏-安特性

在稳态情况下,通过热敏电阻的电流 I 与其两端之间的电压 U 的关系称为热敏电阻的伏安特性,如图 2-11 所示。

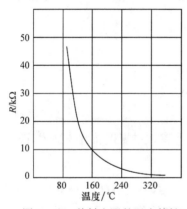

图 2-10　热敏电阻的温度特性

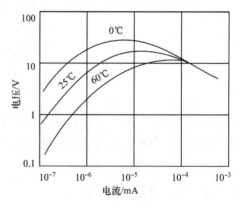

图 2-11　热敏电阻的伏-安特性

当流过热敏电阻的电流很小时,不足以使之加热,电阻值只决定于环境温度,伏-安特性是直线,遵循欧姆定律,主要用来测温。

当电流增大到一定值时,流过热敏电阻的电流使之加热,本身温度高,出现负

阻特性。固电阻减小,即使电流增大,端电压反而下降,其所能升高的温度与环境条件有关(周围介质的温度及散热条件)。当电流和周围介质温度一定时,热敏电阻的电阻值取决于介质的流速、流量、密度等散热条件,根据这个原理可用它来测量流体速度和介质密度等。

2.3.4　NTC 热敏电阻的安-时特性

热敏电阻的安-时特性表示热敏电阻在不同的外加电压下电流达到稳定最大值所需的时间,如图 2-12 所示。

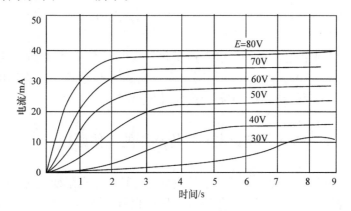

图 2-12　热敏电阻的安-时特性

热敏电阻受电流加热后,一方面使自身温度升高;另一方面也向周围介质散热,只有在单位时间内从电流得到的能量与向四周介质散发的热量相等,达到热平衡时,才能有相应的平衡温度,即有固定的电阻值。完成这个热平衡过程需要时间,对于一般结构的热敏电阻,其值在 0.5~1s。

第3章　应变式电阻传感器及应用

电阻式传感器的基本原理是利用电阻元件把待测的物理量（如位移、力、加速度等变量）变换成电阻值的变化，然后通过对电阻值的测量来达到测量非电量的目的。

按其工作原理可以分为以下两类：①电位计式电阻传感器；②应变式电阻传感器。

电位计式电阻传感器工作于电阻值变化较大的状态，适宜测量被测对象参数变化较大的场合，它与一般电位计相同。而应变式电阻传感器工作于电阻值变化微小的状态，灵敏度较高，因而主要介绍此种传感器。

3.1　应变式电阻传感器的工作原理

电阻式应变片是一种能将试件上的应变变化转换为电阻变化的传感元件。以金属丝电阻应变片为例介绍其工作原理。用一根具有高电阻系数的金属丝（如康铜或镍铬合金等），直径 $d=0.025$mm，绕成栅形，粘贴在绝缘的基片和覆盖层之间，由引出导线接于电路上。图3-1为金属丝电阻应变片的结构示意图。当金属丝电阻应变片在外力作用下发生机械变形时，其电阻值发生变化，此现象称之为电阻应变效应，这也是电阻应变片工作的物理基础。

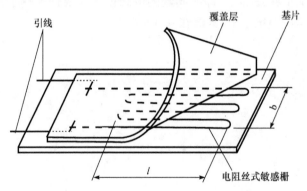

图3-1　金属丝电阻应变片的结构示意图

在测量时，将应变片用黏结剂牢固地黏结在被测试件的表面上，随着试件受力变形，应变片的敏感栅也获得同样的变形，从而使其电阻随之发生变化，此电阻变化是与试件应变成比例的,这样就可以反映出外界作用力的大小。

敏感栅是应变片的核心部分,它粘贴在绝缘的基片上,其上再粘贴起保护作用的覆盖层,两端焊接引出导线。

金属电阻应变片的敏感栅有丝式、箔式和薄膜式三种。箔式应变片是利用光刻、腐蚀等工艺制成一种很薄的金属箔栅,其厚度一般在 0.003～0.01mm,优点是散热条件好,允许通过的电流大,可制成各种所需的形状,便于批量生产。薄膜应变片是采用真空蒸发或真空沉淀等方法在薄的绝缘片上形成 0.1μm 以下的金属电阻薄膜的敏感栅,最后再加上保护层;优点是应变灵敏度系数大,允许电流密度大,工作范围广。

半导体应变片是用半导体材料制成的,其工作原理是基于半导体材料的压阻效应。所谓压阻效应,是指半导体材料在某一轴受外力作用时,其电阻率发生变化的现象。半导体应变片突出的优点是灵敏度高,比金属丝式高 50～80 倍,尺寸小,但它有温度系数大、应变时非线性比较严重等缺点。

目前,一般多采用箔式应变片。

以金属电阻丝为例来讨论应变片的应变效应。

导体的电阻值可以用下式计算:

$$R = \frac{\rho l}{s} \tag{3-1}$$

如图 3-2 所示,当此电阻丝两端受拉以后,其尺寸将发生变化,长度伸长而横截面将减小,一般 ρ 值也发生变化,对式(3-1)进行微分得

$$dR = \frac{\rho}{s}dl - \frac{\rho l}{s^2}ds + \frac{l}{s}d\rho$$

用相对变化量,则有

$$\frac{dR}{R} = \frac{dl}{l} - \frac{ds}{s} + \frac{d\rho}{\rho}$$

或

$$\frac{\Delta R}{R} = \frac{\Delta l}{l} - \frac{\Delta s}{s} + \frac{\Delta \rho}{\rho} \tag{3-2}$$

对于直径为 D 的圆形截面的电阻丝,有

$$s = \frac{\pi D^2}{4}$$

将其微分得

$$\Delta s = \frac{\pi}{4} 2D\Delta D$$

则

$$\frac{\Delta s}{s} = \frac{2\Delta D}{D} \tag{3-3}$$

当电阻丝沿轴向伸长时,直径将缩小,两者相对变形之比称为材料的泊松系数,即

$$\mu = -\frac{\Delta D/D}{\Delta l/l} \tag{3-4}$$

式中,负号表示直径缩小;$\frac{\Delta D}{D} = \frac{\Delta r}{r} = \varepsilon_r$ 为金属丝半径的相对变化,即径向应变;

$\frac{\Delta l}{l} = \varepsilon$ 为金属丝长度方向的相对变化,即轴向应变。因此,

$$\varepsilon_r = -\mu\varepsilon \tag{3-5}$$

将式(3-3)、式(3-4)代入式(3-2),得

$$\frac{\Delta R}{R} = (1+2\mu)\frac{\Delta l}{l} + \frac{\Delta \rho}{\rho} = \left(1+2\mu+\frac{\Delta \rho/\rho}{\Delta l/l}\right)\frac{\Delta l}{l} = K\frac{\Delta l}{l} = K\varepsilon \tag{3-6}$$

式中,$K = 1+2\mu+\frac{\Delta \rho/\rho}{\Delta l/l}$。式(3-6)即为应变效应的表达式,$K$ 为应变片的灵敏系数。

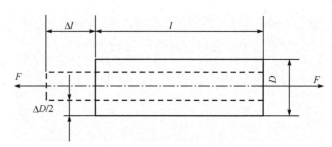

图 3-2　金属电阻丝应变效应

灵敏系数 K 受两个因素的影响:一个是$(1+2\mu)$,它是由电阻丝的几何尺寸改变而引起的,材料确定,μ 就确定了;另一个是$\frac{\Delta \rho/\rho}{\Delta l/l}$,它是电阻丝的电阻率随应变的改变所引起的,对于大多数的电阻丝来说,其值也是常数,而且数值通常很小,可以忽略不计。一般,金属丝应变片 K 值的数值多在 1.7~3.6。例如,

康铜　　　　　　　　　　　　$K=1.7~2.1$

铜镍合金　　　　　　　　　　$K=2.1$

3.2　测　量　电　路

从电阻应变片的工作原理可知,应变片可以把机械量变换为电阻变化,但这变化是很小的,用一般测量电阻的仪表很难直接检测出来,通常把它转换成电压变化,用电测仪器来进行测定。电桥电路正是进行这种变换的一种最常用的方法。传感器可以放在桥路四个臂中的任何一个臂内,工作臂的数目可以从一个到四个任选。

3.2.1　直流电桥

图 3-3(a)为最常用的电桥,通常输出电压很小,不能用它来直接推动指示仪表,一般需要加以放大,而一般放大器的输入阻抗较电桥内阻要高得多,故桥路输出端之间可以看成为开路,则输出电压 U_0 为

$$U_0 = E\left(\frac{R_4}{R_3+R_4} - \frac{R_1}{R_1+R_2}\right) = E\,\frac{R_1R_4 - R_2R_3}{(R_1+R_2)(R_3+R_4)} \tag{3-7}$$

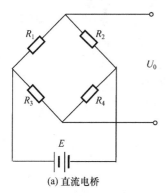
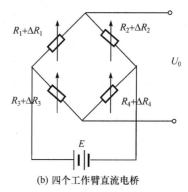

(a) 直流电桥　　　　　　　　　(b) 四个工作臂直流电桥

图 3-3　应变式传感器测量电路

在实际测量中,电桥已预调平衡,输出电压只与桥臂电阻变化有关($R_1R_4 = R_2R_3$,$U_0=0$)。

当电桥四个臂都产生电阻变化 ΔR_1、ΔR_2、ΔR_3、ΔR_4 时,图 3-3(b)输出电压与电阻变化的关系根据式(3-7)可得

$$U_0 = \frac{(R_1+\Delta R_1)(R_4+\Delta R_4) - (R_2+\Delta R_2)(R_3+\Delta R_3)}{(R_1+\Delta R_1+R_2+\Delta R_2)(R_3+\Delta R_3+R_4+\Delta R_4)}E$$

由于 $\Delta R \ll R$,忽略分子、分母中 ΔR 的高次项,而 $R_1R_4 = R_2R_3$,则输出电压为

$$U_0 = \frac{R_1R_2}{(R_1+R_2)^2}\left(\frac{\Delta R_1}{R_1} - \frac{\Delta R_2}{R_2} - \frac{\Delta R_3}{R_3} + \frac{\Delta R_4}{R_4}\right)E \tag{3-8}$$

将 $\dfrac{\Delta R}{R} = K\varepsilon$ 代入上式可得

$$U_0 = \frac{R_1 R_2}{(R_1 + R_2)^2}(\varepsilon_1 - \varepsilon_2 - \varepsilon_3 + \varepsilon_4)KE \qquad (3-9)$$

采用相同的应变片,则 K 相同,而测量的电阻值变化不同,则 ε 不同。

当 $R_1 = R_2 = R_3 = R_4$ 时,即等臂电桥,式(3-8)可写为

$$U_0 = \frac{E}{4R}(\Delta R_1 - \Delta R_2 - \Delta R_3 + \Delta R_4) \qquad (3-10)$$

(1) 当桥臂只有 R_1 产生 ΔR 时,即单臂工作,其输出电压为

$$U_0 = \frac{E}{4}\frac{\Delta R}{R} = \frac{E}{4}K\varepsilon \qquad (3-11)$$

(2) 两个相邻臂工作时,即 R_1、R_2 为工作臂,$R_1 \rightarrow R_1 + \Delta R_1$,$R_2 \rightarrow R_2 + \Delta R_2$,$R_3 = R_4 = R$,为固定臂电阻值,则输出电压为

$$U_0 = \frac{E}{4}\left(\frac{\Delta R_1}{R_1} - \frac{\Delta R_2}{R_2}\right)$$

① 当 $R_1 = R_2$,$\Delta R_1 = \Delta R_2$ 时,则上式 $U_0 = 0$。

② 当 $R_1 = R_2$,$\Delta R_1 = \Delta R$(受拉应力),$\Delta R_2 = -\Delta R$(受压应力),则

$$U_0 = \frac{E}{4}\left(\frac{\Delta R_1}{R_1} - \frac{\Delta R_2}{R_2}\right) = \frac{2E}{4}\frac{\Delta R}{R} = 2\frac{E}{4}K\varepsilon \qquad (3-12)$$

此时,电桥的输出比单臂工作时提高一倍,灵敏度也提高一倍。

例如,等臂电桥,在两个相邻臂工作时,$E = 4\text{V}$,应变片的应变系数 $K = 2$,测得 $U_0 = 20\text{mV}$,求 $\varepsilon = ?$

由式(3-12)得

$$20 \times 10^{-3} = 2 \times 4/4 \times 2 \times \varepsilon$$

$$\varepsilon = 5 \times 10^{-3} = 5000 \times 10^{-6} = 5000(\mu\varepsilon)(\text{微应变})$$

如果用单臂工作,即 R_1 为应变片,其余为固定电阻,应变量仍为 $5000\mu\varepsilon$ 时,则桥的电压输出 $U_0 = 10\text{mV}$,因此,用半桥输出电路,可提高测量灵敏度。

(3) 两个相对臂工作,R_1、R_4 为工作臂,R_2、R_3 为固定电阻,则输出电压为

$$U_0 = \frac{E}{4}\left(\frac{\Delta R_1}{R_1} + \frac{\Delta R_4}{R_4}\right)$$

① 当 $R_1 = R_4$,$\Delta R_1 = \Delta R_4 = \Delta R$ 时,则

$$U_0 = \frac{2E}{4}\frac{\Delta R}{R} = 2\frac{E}{4}K\varepsilon$$

② 当 $R_1 = R_4$,$\Delta R_1 = \Delta R$(受拉应力),$\Delta R_4 = -\Delta R$(受压应力)时,则 $U_0 = 0$。

(4) 全臂工作时,即 $R_1 = R_2 = R_3 = R_4 = R$ 都是工作片,且 $\Delta R_1 = \Delta R_4 = \Delta R$,

$\Delta R_2 = \Delta R_3 = -\Delta R$，则由式(3-8)得

$$U_0 = \frac{E}{4}\left(\frac{\Delta R_1}{R_1} - \frac{\Delta R_2}{R_2} - \frac{\Delta R_3}{R_3} + \frac{\Delta R_4}{R_4}\right) = 4\,\frac{E}{4}\frac{\Delta R}{R} = 4\,\frac{E}{4}K\varepsilon \qquad (3-13)$$

比较式(3-11)~式(3-13)，此时，电桥的输出是单臂工作时的 4 倍，是双臂工作时的 2 倍，以上三式的统一表达式为

$$U_0 = \frac{\alpha E}{4}\frac{\Delta R}{R} \Rightarrow \frac{U_0}{\Delta R/R} = \frac{\alpha E}{4}$$

即为单位电阻值变化引起的输出电压的变化，称之为电桥电压灵敏度，表示为

$K_U = \dfrac{U_0}{\Delta R/R} = \dfrac{\alpha E}{4}$。$\alpha$ 为桥臂系数，其值的大小取决于电桥的连接方式和电阻的变化状态。式(3-11)中的 $\alpha = 1$，式(3-12)中的 $\alpha = 2$，式(3-13)中的 $\alpha = 4$。很显然，桥臂系数 α 越大，电桥灵敏度越高，供桥电压 U 越大，电桥灵敏度也越高；但供电电压的提高受到应变片允许功耗的限制，所以要做适当选择。

从以上分析可知，当电桥中的相邻臂有异号(一个受拉，一个受压)或相对臂有同号(同受拉或同受压)的电阻变化时，电桥能把各臂电阻的变化引起的输出电压自动相加后输出。

当电桥相对臂有异号、相邻臂有同号的电阻值变化时，电桥能够把各臂电阻变化引起的输出电压自动相减后输出。

上述情况即为电桥的加减特性，在贴片和接桥中应注意电阻变化或应变值的符号。

以上讨论的情况是在忽略 ΔR 的高次项的前提下讨论的，得出的结果均为线性关系，即输出电压 U_0 与应变 ε 为线性关系。当上述假定不成立时，按线性关系刻度的仪表用来测量此种情况下的应变必然带来非线性误差。

(1) 同样，在等臂电桥的情况下(即 $R_1 = R_2 = R_3 = R_4 = R$)，当考虑单臂工作时，即桥臂只有 R_1 产生 ΔR 时，则由式(3-7)得其输出电压为

$$U_0' = E\,\frac{(R_1 + \Delta R)R_4 - R_2 R_3}{(R_1 + \Delta R + R_2)(R_3 + R_4)} = E\,\frac{(R + \Delta R)R - R^2}{(2R + \Delta R)2R}$$

$$= \frac{E}{4}\frac{\Delta R}{R\left(1 + \dfrac{1}{2}\dfrac{\Delta R}{R}\right)} = \frac{E}{4}\frac{\Delta R}{R}\left(1 + \frac{1}{2}\frac{\Delta R}{R}\right)^{-1}$$

$$= \frac{E}{4}K\varepsilon\left(1 + \frac{1}{2}K\varepsilon\right)^{-1}$$

由上式展开级数，得

$$U_0' = \frac{E}{4}K\varepsilon\left[1 - \frac{1}{2}K\varepsilon + \frac{1}{4}(K\varepsilon)^2 - \frac{1}{8}(K\varepsilon)^3 + \cdots\right]$$

则电桥的相对非线性误差为

$$e_{\mathrm{L}} = \frac{U_0 - U_0'}{U_0} = \frac{\dfrac{E}{4}K\varepsilon - \dfrac{E}{4}K\varepsilon\left[1 - \dfrac{1}{2}K\varepsilon + \dfrac{1}{4}(K\varepsilon)^2 - \dfrac{1}{8}(K\varepsilon)^3 + \cdots\right]}{\dfrac{E}{4}K\varepsilon}$$

$$= \frac{1}{2}K\varepsilon - \frac{1}{4}(K\varepsilon)^2 + \frac{1}{8}(K\varepsilon)^3 - \cdots$$

通常，$K\varepsilon \ll 1$，上式可近似地写为

$$e_{\mathrm{L}} \approx \frac{1}{2}K\varepsilon \tag{3-14}$$

设 $K=2$，要求非线性误差 $e_{\mathrm{L}} < 1\%$，试求允许测量的最大应变值 $\varepsilon_{\max} = ?$

由上式得

$$\frac{1}{2}K\varepsilon_{\max} < 1\%$$

$$\varepsilon_{\max} < \frac{2 \times 0.01}{K} = \frac{2 \times 0.01}{2} = 0.01 = 10000(\mu\varepsilon)$$

上式表明，如果被测应变大于 $10000\mu\varepsilon$，采用等臂电桥，单臂工作时的非线性误差大于 1%。

(2) 当考虑相邻两个桥臂工作时，即 R_1、R_2 为工作臂，$R_1 \to R_1 + \Delta R_1$，$R_2 \to R_2 + \Delta R_2$，R_3、R_4 为固定臂电阻值，则输出电压为

$$U_0' = \frac{(R_1 + \Delta R_1)R_3 - (R_2 + \Delta R_2)R_4}{(R_1 + \Delta R_1 + R_2 + \Delta R_2)(R_3 + R_4)}E = \frac{(R + \Delta R_1) - (R + \Delta R_2)}{(2R + \Delta R_1 + \Delta R_2)2R}E$$

① 当 $\Delta R_1 = \Delta R_2$ 时，则上式 $U_0' = 0$。

② 当 $\Delta R_1 = \Delta R$（受拉应力），$\Delta R_2 = -\Delta R$（受压应力），则

$$U_0' = \frac{2E}{4}\frac{\Delta R}{R} = 2\frac{E}{4}K\varepsilon$$

与式(3-12)理想的电压输出 U_0 相同，即相邻两个桥臂工作时的实际电压输出值与应变成线性关系。

不难推出，当全桥工作时，其实际电压输出值与应变也呈线性关系，即非线性误差为零。

因此，在实际应用中，应尽量选择半桥工作或全桥工作。

例 3.2.1　如将两个 100Ω 电阻应变片平行地粘贴在钢制试件上，试件初载等截面积为 $0.5 \times 10^{-4}\mathrm{m}^2$，弹性模量 $E = 200\mathrm{GN/m}^2$，由 $50\mathrm{kN}$ 拉力所引起的应变片电阻变化为 1Ω。把它们接入惠斯通电桥中，电桥电源电压为 $1\mathrm{V}$。求应变片灵敏系数和电桥输出电压为多少。

解：由胡克定律知，$\sigma = E\varepsilon$，所以，$\varepsilon = \sigma/E$，$\sigma = F/S$，而 $\Delta R/R = K\varepsilon$。已知 $F =$

$50000\text{N}, S = 0.5 \times 10^{-4} \text{m}^2, E = 200 \times 10^9 \text{N/m}^2, R = 100\Omega, \Delta R = 1\Omega$。

(1) 应变片灵敏系数 K。

$$K = \frac{\Delta R}{R\varepsilon} = \frac{\Delta RE}{R\sigma} = \frac{\Delta RES}{RF} = \frac{1 \times 200 \times 10^9 \times 0.5 \times 10^{-4}}{100 \times 50000} = 2$$

(2) 当电阻应变片与匹配电阻构成惠斯通电桥时,两应变片处于不同的桥臂将会有不同的输出。

① 两应变片接在相邻的桥臂时,由于两应变片平行贴在试件上,两电阻变化值都是 1Ω,且符号相同,故它们对电桥的作用相互抵消,输出电压为零,如图 3-4(a) 所示。

② 两应变片接在相对的桥臂时,如图 3-4(b) 所示,电桥输出电压为

$$U_0 = \frac{2E}{4} \frac{\Delta R}{R} = \frac{2 \times 1}{4} \times \frac{1}{100} = 0.005(\text{V}) = 5(\text{mV})$$

③ 如果把两应变片平行粘贴在水平放置的悬臂梁的上、下两侧,并把它们接入相邻的两桥臂,则组成了差动电桥,输出电压 U_0 也将是 5mV,因为两电阻值的电阻变化的符号相反,如图 3-4(c) 所示。

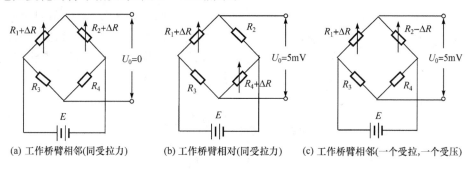

(a) 工作桥臂相邻(同受拉力) (b) 工作桥臂相对(同受拉力) (c) 工作桥臂相邻(一个受拉,一个受压)

图 3-4 两应变片接在不同的桥臂

例 3.2.2 已知:钢柱的直径 $d = 0.05\text{m}$,弹性模量 $E = 2 \times 10^{11} \text{N/m}^2$,泊松系数 $\mu = 0.3$;电阻应变片的 $R = 100\Omega, K = 2$。

求:(1) 电阻应变片沿钢柱的轴向粘贴,如图 3-5(a) 所示,当拉力 $F = 10 \times 10^3 \text{kg}$ 时,$\Delta R/R = ?$

(2) 若电阻应变片沿钢柱的径向粘贴,如图 3-5(b) 所示,受到同样的拉力时,$\Delta R/R = ?$

解:(1) 由胡克定律知,$\sigma = E\varepsilon$,所以 $\varepsilon = \sigma/E, \sigma = Fg/S$,而 $\Delta R/R = K\varepsilon$,则

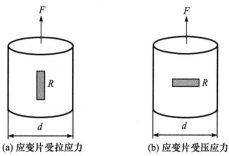

(a) 应变片受拉应力 (b) 应变片受压应力

图 3-5 应变片受不同方向的作用力

$$\frac{\Delta R}{R} = K\varepsilon = K\frac{Fg}{SE} = 2 \times \frac{10 \times 10^3 \times 9.8 \times 4}{\pi \times 0.05^2 \times 2 \times 10^{11}} = 5 \times 10^{-4}$$

（2）电阻应变片沿钢柱的径向粘贴，受到同样的拉力，所产生的是压应变，由泊松系数公式知

$$\varepsilon_r = -\mu\varepsilon$$

则

$$\frac{\Delta R'}{R} = K\varepsilon_r = -\mu K\varepsilon = -\mu\frac{\Delta R}{R} = -0.3 \times 5 \times 10^{-4} = 1.5 \times 10^{-4}$$

负号表示电阻应变片为横向应变。

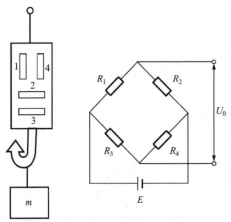

(a) 应变片安装位置示意图　　(b) 应变片电路连接示意图

图 3-6　起吊重物拉力传感器及电路连接示意图

例 3.2.3　一测量吊车起吊重物的拉力传感器如图 3-6(a)所示。四个相同型号的电阻应变片 R_1、R_2、R_3、R_4 按要求贴在等截面轴上。已知等截面轴的截面积为 0.00196m^2，弹性模量 $E = 2 \times 10^{11}$ N/m^2，泊松比 $\mu = 0.3$，且 $R_1 = R_2 = R_3 = R_4 = 120\Omega$，$K = 2$，组成全桥形式，其供桥电压 $E = 2$V。现测得输出电压 $U_0 = 2.6$mV。

求：（1）等截面轴的纵向应变及横向应变为多少？

（2）重物 m 为多少？

解：（1）电阻应变片按图 3-6(b)所示连接为全桥形式。若外加负载质量为 m，则此时传感器的输出为

$$U_0 = \frac{E}{4}\left(\frac{\Delta R_1 - \Delta R_2 - \Delta R_3 + \Delta R_4}{R}\right) = \frac{E}{4}K(\varepsilon_1 - \varepsilon_2 - \varepsilon_3 + \varepsilon_4)$$

应变片 1 和 4 感的是纵向应变，即 $\varepsilon_1 = \varepsilon_4 = \varepsilon$，而应变片 2 和 3 感受的则是横向应变，即 $\varepsilon_2 = \varepsilon_3 = \varepsilon_r$，代入上式可得

$$U_0 = \frac{E}{2}K(\varepsilon - \varepsilon_r) = \frac{E}{2}K(\varepsilon + \mu\varepsilon) = \frac{E}{2}K(1 + \mu)\varepsilon$$

$$2.6 \times 10^{-3} = \frac{2}{2} \times 2(1 + 0.3)\varepsilon$$

纵向应变

$$\varepsilon = 10^{-3} = 1000(\mu\varepsilon)(微应变)$$

横向应变

$$\varepsilon_r = -\mu\varepsilon = -0.3\times10^{-3} = -3\times10^{-4} = -300(\mu\varepsilon)(微应变)$$

（2）由胡克定律知 $\varepsilon = \dfrac{F}{SE}$，则有

$$F = \varepsilon SE = 10^{-3}\times0.00196\times2\times10^{11} = 3.92\times10^{5}(\text{N})$$

$F = mg$，则重物

$$m = \frac{3.92\times10^{5}}{9.8} = 4\times10^{4}(\text{kg})$$

3.2.2　交流电桥

载波放大式应变仪中都采用交流电桥，交流电桥的输出可以直接接入无零漂的交流放大器，所以，在不少纯电阻的测量中也往往采用交流电桥，交流电桥可以是单臂或多臂工作。

1. 交流电桥的电压输出及平衡条件

一般用正弦交流供电，即

$$\dot{U} = U_m \sin(\omega t)$$

在实际测量时，连接导线间存在的分布电容，相当于应变片并联一个电容，所以，应变片桥臂实际是由电阻和电容并联组成，如图 3-7 所示。

此时，各桥臂的阻抗分别为

$$Z_1 = \frac{1}{\dfrac{1}{R_1}+j\omega C_1}, \quad Z_2 = \frac{1}{\dfrac{1}{R_2}+j\omega C_2}, \quad Z_3 = \frac{1}{\dfrac{1}{R_3}+j\omega C_3}, \quad Z_4 = \frac{1}{\dfrac{1}{R_4}+j\omega C_4}$$

交流电桥的输出公式与直流电桥相似，即

$$\dot{U}_0 = \frac{Z_1 Z_4 - Z_2 Z_3}{(Z_1+Z_2)(Z_3+Z_4)}\dot{U}$$

则平衡条件为

$$Z_1 Z_4 = Z_2 Z_3$$

对于半桥测量（相邻两臂），各桥臂阻抗分别为

$$Z_1 = \frac{1}{\dfrac{1}{R_1}+j\omega C_1}, \quad Z_2 = \frac{1}{\dfrac{1}{R_2}+j\omega C_2}$$

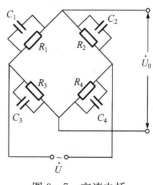

图 3-7　交流电桥

$$Z_3 = R_3, \quad Z_4 = R_4 \quad （精密无感电阻）$$

代入平衡条件公式中得

$$\frac{R_4}{R_2} + R_4 j\omega C_2 = \frac{R_3}{R_1} + R_3 j\omega C_1$$

其实部、虚部分别相等，整理可得交流电桥的平衡条件为

$$\frac{R_1}{R_2} = \frac{R_3}{R_4}, \quad \frac{C_1}{C_2} = \frac{R_4}{R_3}$$

由此可知，要使交流电桥平衡，则除电阻平衡外，还需使电容平衡。由于 R_3、R_4 用的是精密无感电阻，且 $R_3 = R_4$，故要使电容平衡，则只有使 $C_1 = C_2$。

当被测应力变化引起 $Z_1 = Z_1 + \Delta Z, Z_2 = Z_2 + \Delta Z$ 变化，且 $Z_1 = Z_2 = Z$ 时，则电桥输出为

$$\dot{U}_0 = \frac{\dot{U}}{2} \frac{\Delta Z}{Z}$$

形式上与直流电桥相同。

2. 电桥平衡装置

由于电桥各臂的阻值不可能绝对相等，导线电阻和接触电阻也有差异；连接导线和电阻应变片有分布电容存在，使各桥臂电容值也不相等，所以，交流电桥必须进行电阻和电容的平衡调节，否则会产生零位输出。电阻不平衡会带来非线性误差，容抗不平衡会影响电桥的灵敏度和输出电压的相移，产生与电源相位成 90℃ 的正交分量，导致放大器过早饱和。常用的电阻平衡装置如图 3-8 所示，常用的电容平衡装置如图 3-9 所示。

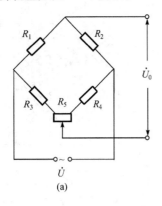
(a)

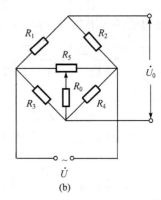
(b)

图 3-8 电阻平衡装置

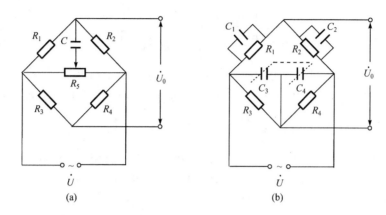

图 3 - 9　电容平衡装置

3.3　应变式传感器的温度特性

粘贴在试件上的应变片,当环境温度发生变化时,其电阻也将随之发生变化。在有些情况下,这个数值甚至要大于应变引起的信号变化。这种由于温度变化引起的应变输出称为热输出。

3.3.1　使应变片产生热输出的因素

(1)当温度变化时,应变片敏感元件材料的电阻值将随温度的变化而变化(即电阻温度系数的影响),其电阻变化率为

$$\left(\frac{\Delta R}{R}\right)_\alpha = \alpha \Delta t \tag{3-15}$$

式中,α 为敏感元件材料的电阻温度系数;Δt 为环境温度的变化量。

(2)当温度变化时,应变片与试件材料产生线膨胀。

如果应变片敏感元件与试件材料的线膨胀系数不同,它们的伸缩量也将不同,从而使应变片敏感元件产生附加应变,并引起电阻变化,其电阻变化率为

$$\left(\frac{\Delta R}{R}\right)_\beta = K(\beta_E - \beta_S)\Delta t \tag{3-16}$$

式中,β_S,β_E 为应变片与试件材料的线膨胀系数;K 为应变片的灵敏系数。

因此,应变片由电阻变化所引起的总电阻变化为

$$\left(\frac{\Delta R}{R}\right)_t = \left(\frac{\Delta R}{R}\right)_\alpha + \left(\frac{\Delta R}{R}\right)_\beta = [\alpha + K(\beta_E - \beta_S)]\Delta t \tag{3-17}$$

应变片的热输出为

$$\varepsilon_t = \frac{\left(\dfrac{\Delta R}{R}\right)_t}{K} = \left[\frac{\alpha}{K} + (\beta_E - \beta_S)\right]\Delta t \tag{3-18}$$

例如,贴在钢质试件上的康铜电阻应变片,$K=2$,$\alpha = 20 \times 10^{-6}/(\text{℃})$,$\beta_S = 15 \times 10^{-6}/(\text{℃})$,$\beta_E = 11 \times 10^{-6}/(\text{℃})$,当温度变化 $\Delta t = 10\text{℃}$ 时,应变片的热输出为

$$\varepsilon_t = \left[\frac{20 \times 10^{-6}}{2} + (11-15) \times 10^{-6}\right] \times 10 = 60 \times 10^{-6} = 60(\mu\varepsilon)(\text{微应变})$$

若钢质试件的弹性模量 $E = 2 \times 10^6 \text{kg/cm}^2$,则上述热输出相当于试件在应力

$$\sigma = E\varepsilon_t = 2 \times 10^6 \times 60 \times 10^{-6} = 120(\text{kg/cm}^2)$$

时的应变值。

由此可见,由于温度变化而引起的热输出是比较大的,必须采取温度补偿措施以减少或消除温度变化的影响。

3.3.2　电阻应变片的温度补偿方法

电阻应变片的温度补偿方法通常有线路补偿法和应变片自补偿法两大类。

1. 线路补偿法

利用电桥电路的特点进行温度补偿。

由 3.1.2 节知,当相邻两桥臂均为应变片时,若满足 $R_1 = R_2$,$\Delta R_1 = \Delta R_2$($R_3 = R_4$ 为固定电阻),则电桥平衡,即 $U_0 = 0$。因此,将 R_1 作为工作片,即测量片,承受应力;R_2 作为补偿片,不承受应力;工作片 R_1 粘贴在被测试件上,需要测量应变的地方,补偿片 R_2 粘贴在一块不受应力但与被测试件材料相同的补偿块上,放置于相同的温度环境中(如图 3-10 所示)。

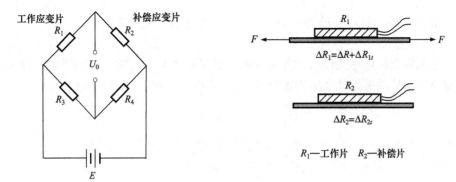

图 3-10　电桥电路补偿法

当温度发生变化时,工作片 R_1 和补偿片 R_2 的电阻都发生变化,由于 R_1 与 R_2 为同类应变片,又粘贴在相同的材料上,因此,由于温度变化而引起的应变片的电

阻变化量相同,即 $\Delta R_{1t}=\Delta R_{2t}$,由式(3-10)得

$$U_0 = \frac{E}{4R}(\Delta R_1 - \Delta R_2 - \Delta R_3 + \Delta R_4)$$

$$= \frac{E}{4R}(\Delta R_1 - \Delta R_2)$$

$$= \frac{E}{4R}\left[(\Delta R + \Delta R_{1t}) - \Delta R_{2t}\right]$$

$$= \frac{E}{4}\frac{\Delta R}{R}$$

相当于电桥单臂工作。很明显,由于工作片 R_1 和补偿 R_2 分别接在电桥的相邻两桥臂上,此时,因温度变化而引起的电阻变化 ΔR_{1t} 和 ΔR_{2t} 的作用相互抵消,试件未受应力时,电桥仍然平衡;工作时,只有工作片 R_1 感受应变。因此,电桥输出只与被测试件的应变有关,而与环境温度无关,从而起到温度补偿作用。

桥路补偿法的优点是简单、方便,在常温下补偿效果比较好;缺点是在温度变化梯度较大时,很难做到工作片与补偿片处于温度完全一致的状态,因而影响了补偿效果。

2. 应变片温度自补偿法

应变片温度自补偿法是利用自身具有温度补偿作用的特殊应变片,这种应变片称为温度自补偿应变片。

1) 选择式自补偿应变片

由式(3-18)不难得出,实现温度自补偿的条件是

$$\alpha = -K(\beta_E - \beta_S)$$

即当被测试件选定后,就可以选择合适的敏感材料的应变片以满足上式的要求,从而达到温度自补偿的目的。

这种方法的优点是:简便实用,在检测同一材料构件及精度要求不高时尤为重要;缺点是:一种值的应变片只能在一种材料上使用,因此,局限性很大。

2) 敏感栅自补偿应变片

敏感栅自补偿应变片又称组合式自补偿应变片,是利用某些材料的电阻温度系数有正、负的特性,将这两种不同的电阻丝栅串联成一个应变片来实现温度补偿,应变片两段敏感栅随温度变化而产生的电阻增量大小相等,符号相反,即 $\Delta R_1 = \Delta R_2$,就可以实现温度补偿。

这种补偿方法的优点是:在制造时可以调节两段敏感栅的线段长度,以便在某一定受力件材料上于一定的温度范围内获得较好的温度补偿,补偿效果可达 $\pm 0.45\mu\varepsilon/℃$。

3.4　应变式电阻传感器的应用

应变式电阻传感器在测试中除了直接用于测定试件的应变和应力外,还广泛用来制成各种应变式传感器,以测定其他的物理量,只要能设法变换成应变的,都可以通过应变片进行测量。

应变式传感器的基本构成通常可以分为两部分:弹性敏感元件及应变片。弹性元件在被测物理量(如力、扭矩、加速度)的作用下,产生一个与它成比例的应变,然后用应变片作为传感元件将应变转换为电阻变化。

3.4.1　几种常见的弹性元件的应变值 ε 与外作用力 F 之间的关系

在应变式传感器的结构中,一般是将四个电阻应变片成对地横向或纵向粘贴在弹性元件的表面,使应变片分别感受到零件的压缩和拉伸变形。通常,四个应变片接成电桥电路,可以从电桥的输出中直接得到应变量的大小,从而得知作用于弹性元件上的力。

弹性元件的应变值 ε 的大小不仅与作用在弹性元件上的力有关,而且与弹性元件的形状有关。下面介绍几种常见的弹性元件的应变值 ε 与外作用力 F 之间的关系。

1. 悬臂梁式弹性元件

应变片在悬臂梁上的位置如图 3-11 所示。

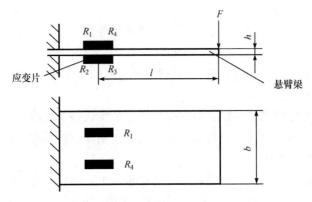

图 3-11　悬臂梁应变弹性体结构示意图

悬臂梁式弹性元件的应变公式为

$$\varepsilon_x = \frac{24Fl}{bh^2 E} \tag{3-19}$$

式中,ε_x 为悬臂梁弹性元件受外力作用时电桥输出的应变值;b 为悬臂宽(mm);h

为悬臂厚(mm);l 为悬臂外端距应变片中心的长度(mm)。

2. 等强度悬臂梁式弹性元件

应变片在悬臂梁上的位置如图 3-12 所示。等强度悬臂梁弹性元件的应变公式为

$$\varepsilon_D = \frac{6Fl}{b_0 h^2 E} \tag{3-20}$$

式中，ε_D 为等强度悬臂梁弹性元件受外力作用时电桥输出应变值；l 为等强度悬臂梁长度(mm)；b_0 为等强度悬臂梁宽(mm)；h 为等强度悬臂梁厚度(mm)。

3. 两端固定梁式弹性元件

应变片在两端固定梁式弹性元件上的位置如图 3-13 所示。

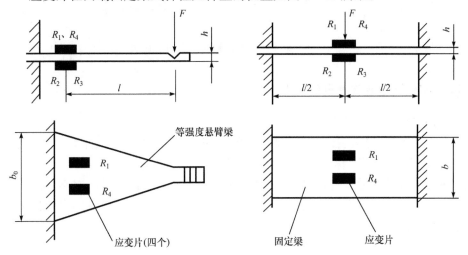

图 3-12　等强度悬臂梁应变弹性体结构示意图　图 3-13　固定梁应变弹性体结构示意图

两端固定梁弹性元件的应变公式为

$$\varepsilon_s = \frac{3Fl}{bh^2 E} \tag{3-21}$$

式中，ε_s 为双端固定梁弹性元件受到外力作用时电桥输出的应变值；l 为双端固点的长度(mm)；b 为固定梁的宽度(mm)；h 为固定梁的厚度(mm)。

4. 薄臂环式弹性元件

应变片在薄臂式弹性元件上的位置如图 3-14 所示。薄臂环式弹性元件的应变公式为

$$\varepsilon_h = \frac{4.35Fr}{bh^2E} \tag{3-22}$$

式中，ε_h 为薄壁环式弹性元件受外力作用时电桥输出的应变值；r 为薄壁环内圆半径（mm）；b 为薄壁环的宽度（mm）；h 为薄壁环的厚度（mm）。

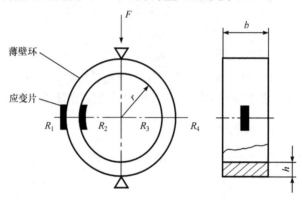

图 3-14　薄壁环式应变弹性体结构示意图

3.4.2　应变式电阻传感器的应用

应用举例 1：电子皮带秤

应变式电阻传感器在电子自动秤上的应用很普遍，如电子汽车秤、电子轨道秤、电子吊车秤、电子配料秤、电子皮带秤、自动定量灌装秤等。其中，电子皮带秤是一种能连续称量散装材料（如矿石、煤、水泥、米、面）质量的装置，它不但可以称出某一瞬间在输送带上输出物料的质量，而且还可以称出某一段时间内输出物料的总质量（如图 3-15 所示）。

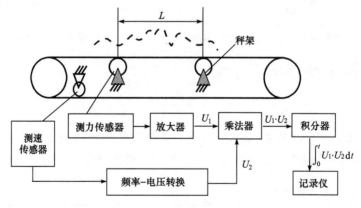

图 3-15　电子皮带秤物料称重系统示意图

测力传感器通过秤架感受到称重段 L 的物料量，即单位长度上的物料量 $A(t)$

（kg/m），测力传感器的输出信号为电压值 U_1，测速传感器将皮带的传送速度 $V(t)$（m/h）转换成电压 U_2，再经乘法器把 U_1 与 U_2 相乘后即可得到皮带在单位时间里的输运量 $X(t)$（kg/h），即

$$X(t)=A(t)V(t)$$

$X(t)$ 值再经积分放大器积分处理后，即可得到 $0\sim t$ 段时间内运送物料的总质量，在记录仪上显示出来。

应用举例 2：应变式加速度传感器

应变式加速度传感器由应变片、质量块、弹性悬臂梁和基座组成。测量时，基座固定在被测对象上，当被测对象以加速度 a 运动时，质量块受到一个与加速度方向相反的惯性力的作用而使弹性梁变形，应变片产生与加速度成比例的应变值，利用电阻应变仪即可测定加速度（如图 3-16 所示）。

应变片接入相邻两个桥臂，则 $U_0=\dfrac{E}{2}K\varepsilon_x$，由 $\varepsilon_x=\dfrac{24Fl}{bh^2E}$ 得到质量块 m 所受到的力 F，由 $F=ma$ 得到质量块的加速度 $a=\dfrac{F}{m}$。

应变式加速度传感器的缺点是频率范围有限，不适应于频率较高振动和冲击，一般适用于频率为 $10\sim60\,\mathrm{Hz}$ 的范围。

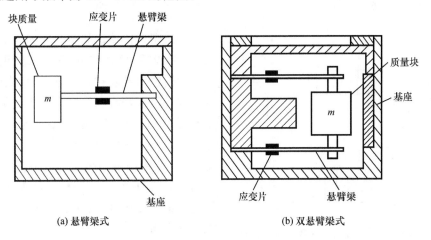

(a) 悬臂梁式   (b) 双悬臂梁式

图 3-16 应变式加速度传感器

第4章 电感式传感器及应用

利用电磁感应原理将被测非电量(如位移、压力、流量、振动等)转换成线圈自感系数 L 或互感系数 M 的变化,再由测量电路转换为电压或电流的变化量输出,这种装置称为电感式传感器,也叫电磁式传感器。

电感式传感器具有结构简单、工作可靠、测量精度高、零点稳定、输出功率较大等一系列优点,主要缺点是灵敏度、线性度和测量范围相互制约,传感器自身频率响应低,不适用于快速动态测量。这种传感器能实现信息的远距离传输、记录、显示和控制,在工业自动控制系统中被广泛采用。

电感式传感器种类很多,本章主要介绍自感式(变磁阻式)、互感式和电涡流式三种类型的电感式传感器。

4.1 变磁阻式传感器

4.1.1 工作原理

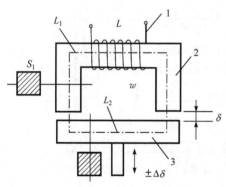

图 4-1 变磁阻式传感器结构示意图
1. 线圈;2. 铁心(定铁心);3. 衔铁(动铁心)

变磁阻式传感器的结构如图 4-1 所示,它由线圈、铁心和衔铁三部分组成。铁心和衔铁由导磁材料(如硅钢片或坡莫合金)制成,在铁心和衔铁之间有气隙,气隙厚度为 δ,传感器的运动部分与衔铁相连。当衔铁移动时,气隙厚度方发生改变,引起磁路中磁阻变化,从而导致电感线圈的电感值变化。因此,只要能测出这种电感量的变化,就能确定衔铁位移量的大小和方向。

根据电感定义,线圈中电感量可由下式确定:

$$L = \frac{\psi}{I} = \frac{w\Phi}{I} \tag{4-1}$$

式中,ψ 为线圈总磁链;I 为通过线圈的电流;w 为线圈的匝数;Φ 为穿过线圈的磁通。

由磁路欧姆定律,得

$$\Phi = \frac{Iw}{R_\mathrm{m}} \qquad\qquad (4-2)$$

式中，R_m 为磁路总磁阻。对于变隙式传感器，因为气隙很小，所以，可以认为气隙中的磁场是均匀的。若忽略磁路磁损，则磁路总磁阻为

$$R_\mathrm{m} = \frac{L_1}{\mu_1 S_1} + \frac{L_2}{\mu_2 S_2} + \frac{2\delta}{\mu_0 S_0} \qquad\qquad (4-3)$$

式中，μ_1 为铁心材料的导磁率；μ_2 为衔铁材料的导磁率；L_1 为磁通通过铁心的长度；L_2 为磁通通过衔铁的长度；S_1 为铁心的截面积；S_2 为衔铁的截面积；μ_0 为空气的导磁率；S_0 为气隙的截面积；δ 为气隙的厚度。

通常，气隙磁阻远大于铁心和衔铁的磁阻，即

$$\frac{2\delta}{\mu_0 S_0} \gg \frac{L_1}{\mu_1 S_1}$$
$$\frac{2\delta}{\mu_0 S_0} \gg \frac{L_2}{\mu_2 S_2} \qquad\qquad (4-4)$$

则式（4-3）可近似为

$$R_\mathrm{m} = \frac{2\delta}{\mu_0 S_0} \qquad\qquad (4-5)$$

联立式（4-1）、式（4-2）及式（4-5），可得

$$L = \frac{w^2}{R_\mathrm{m}} = \frac{w^2 \mu_0 S_0}{2\delta} \qquad\qquad (4-6)$$

上式表明，当线圈匝数为常数时，电感 L 仅仅是磁路中磁阻 R_m 的函数，只要改变 δ 或 S_0 均可导致电感变化。因此，变磁阻式传感器又可分为变气隙厚度 δ 的传感器和变气隙面积 S_0 的传感器。使用最广泛的是变气隙厚度 δ 式电感传感器。

4.1.2　输出特性

设电感传感器初始气隙为 δ_0，初始电感量为 L_0，衔铁位移引起的气隙变化量为 $\Delta\delta$，从式（4-6）可知，L 与 δ 之间是非线性关系，特性曲线如图 4-2 所示，初始电感量为

$$L_0 = \frac{\mu_0 S_0 w^2}{2\delta_0} \qquad\qquad (4-7)$$

当衔铁上移 $\Delta\delta$ 时，传感器气隙减小 $\Delta\delta$，即 $\delta = \delta_0 - \Delta\delta$，则此时输出电感为 $L = L_0 + \Delta L$，代入式（4-6）并整理，得

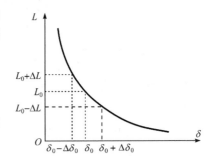

图 4-2　变隙式电感传感器的 $L\text{-}\delta$ 特性

$$L = L_0 + \Delta L = \frac{w^2 \mu_0 S_0}{2(\delta_0 - \Delta\delta)} = \frac{L_0}{1 - \frac{\Delta\delta}{\delta_0}} \qquad (4-8)$$

当 $\Delta\delta/\delta_0 \ll 1$ 时,可将上式用泰勒级数展开成级数形式为

$$L = L_0 + \Delta L = L_0 \left[1 + \frac{\Delta\delta}{\delta_0} + \left(\frac{\Delta\delta}{\delta_0}\right)^2 + \left(\frac{\Delta\delta}{\delta_0}\right)^3 + \cdots \right] \qquad (4-9)$$

由上式可求得电感增量 ΔL 和相对增量 $\Delta L/L_0$ 的表达式,即

$$\Delta L = L_0 \frac{\Delta\delta}{\delta_0} \left[1 + \frac{\Delta\delta}{\delta_0} + \left(\frac{\Delta\delta}{\delta_0}\right)^2 + \left(\frac{\Delta\delta}{\delta_0}\right)^3 + \cdots \right] \qquad (4-10)$$

$$\frac{\Delta L}{L_0} = \frac{\Delta\delta}{\delta_0} \left[1 + \frac{\Delta\delta}{\delta_0} + \left(\frac{\Delta\delta}{\delta_0}\right)^2 + \left(\frac{\Delta\delta}{\delta_0}\right)^3 + \cdots \right] \qquad (4-11)$$

同理,当衔铁随被测体的初始位置向下移动 $\Delta\delta$ 时,有

$$\Delta L = L_0 \frac{\Delta\delta}{\delta_0} \left[1 - \frac{\Delta\delta}{\delta_0} + \left(\frac{\Delta\delta}{\delta_0}\right)^2 - \left(\frac{\Delta\delta}{\delta_0}\right)^3 + \cdots \right] \qquad (4-12)$$

$$\frac{\Delta L}{L_0} = \frac{\Delta\delta}{\delta_0} \left[1 - \frac{\Delta\delta}{\delta_0} + \left(\frac{\Delta\delta}{\delta_0}\right)^2 - \left(\frac{\Delta\delta}{\delta_0}\right)^3 + \cdots \right] \qquad (4-13)$$

对式(4-11)、式(4-13)作线性处理忽略高次项,可得

$$\frac{\Delta L}{L_0} = \frac{\Delta\delta}{\delta_0} \qquad (4-14)$$

灵敏度为

$$K_0 = \frac{\frac{\Delta L}{L_0}}{\Delta\delta} = \frac{1}{\delta_0} \qquad (4-15)$$

由此可见,变间隙式电感传感器的测量范围与灵敏度及线性度相矛盾,所以,变隙式电感式传感器用于测量微小位移时是比较精确的。为了减小非线性误差,实际测量中广泛采用差动变隙式电感传感器。

图4-3所示为差动变隙式电感传感器的原理结构图。由图可知,差动变隙式电感传感器由两个相同的电感线圈Ⅰ、Ⅱ和磁路组成。测量时,衔铁通过导杆与被测位移量相连,当被测体上下移动时,导杆带动衔铁也以相同的位移上下移动,使两个磁回路中磁阻发生大小相等、方向相反的变化,导致一个线圈的电感量增加,另一个线圈的电感量减小,形成差动形式。当衔铁往上移动 $\Delta\delta$ 时,两个线圈的电感变化量 ΔL_1、ΔL_2 分别由式(4-10)及式(4-12)表示。当差动使用时,两个电感线圈接成交流电桥的相邻桥臂,另两个桥臂由电阻组成,电桥输出电压与 ΔL 有关,其具体表达式为

$$\Delta L = \Delta L_1 + \Delta L_2 = 2L_0 \frac{\Delta\delta}{\delta_0} \left[1 + \left(\frac{\Delta\delta}{\delta_0}\right)^2 + \left(\frac{\Delta\delta}{\delta_0}\right)^4 + \cdots \right] \qquad (4-16)$$

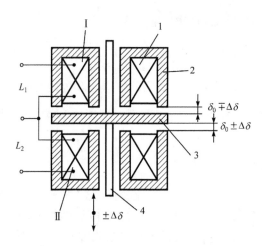

图 4-3　差动变隙式电感传感器结构示意图
1. 线圈；2. 铁心；3. 衔铁；4. 导杆

对上式进行线性处理忽略高次项得

$$\frac{\Delta L}{L_0} = 2\frac{\Delta\delta}{\delta_0} \tag{4-17}$$

灵敏度 K_0 为

$$K_0 = \frac{\dfrac{\Delta L}{L_0}}{\Delta\delta} = \frac{2}{\delta_0} \tag{4-18}$$

比较单线圈和差动两种变间隙式电感传感器的特性，可以得到如下结论：

（1）差动式比单线圈式的灵敏度高一倍。

（2）差动式的非线性项等于单线圈非线性项乘以 $(\Delta\delta/\delta_0)$ 因子，因为 $(\Delta\delta/\delta_0)\ll 1$，所以，差动式的线性度得到明显改善。

为了使输出特性能得到有效改善，构成差动的两个变隙式电感传感器在结构尺寸、材料、电气参数等方面均应完全一致。

4.1.3　测量电路

电感式传感器的测量电路有交流电桥式、交流变压器式及谐振式等几种形式。

1. 交流电桥式测量电路

图 4-4 所示为交流电桥式测量电路，把传感器的两个线圈作为电桥的两个桥臂 Z_1 和 Z_2，另外两个相邻的桥臂用纯电阻代替，对于高 Q 值（$Q=$

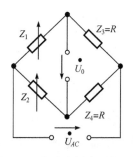

图 4-4　交流电桥式测量电路

$\omega L/R$)的差动式电感传感器,其输出电压为

$$\dot{U}_0 = \frac{\dot{U}_{AC}}{2}\frac{\Delta Z_1}{Z_1} = \frac{\dot{U}_{AC}}{2}\frac{j\omega\Delta L}{R_0 + j\omega L_0} \approx \frac{\dot{U}_{AC}}{2}\frac{\Delta L}{L_0} \qquad (4-19)$$

式中,L_0 为衔铁在中间位置时单个线圈的电感;ΔL 为两线圈电感的差量。

　　将 $\Delta L = 2L(\Delta\delta/\delta_0)$ 代入式(4-19)得 $\dot{U}_0 = \dot{U}_{AC}(\Delta\delta/\delta_0)$,电桥输出电压与 $\Delta\delta$ 有关。

　　2. 交流变压器式测量电路

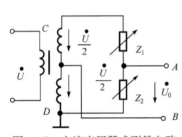

图 4-5　交流变压器式测量电路

　　交流变压器式测量电路如图 4-5 所示,电桥两臂 Z_1、Z_2 为传感器线圈阻抗,另外两桥臂为交流变压器次级线圈的 1/2 阻抗。当负载阻抗为无穷大时,桥路输出电压为

$$\dot{U}_0 = \frac{Z_1\dot{U}}{Z_1 + Z_2} - \frac{\dot{U}}{2} = \frac{Z_1 - Z_2}{Z_1 + Z_2}\frac{\dot{U}}{2} \qquad (4-20)$$

当传感器的衔铁处于中间位置时,即 $Z_1 = Z_2 = Z$,此时有 $\dot{U}_0 = 0$,电桥平衡。

　　当传感器衔铁上移时,即 $Z_1 = Z - \Delta Z$,$Z_2 = Z + \Delta Z$,此时,

$$\dot{U}_0 = -\frac{\dot{U}}{2}\frac{\Delta Z}{Z} = -\frac{\dot{U}}{2}\frac{\Delta L}{L} \qquad (4-21)$$

当传感器衔铁下移时,则 $Z_1 = Z + \Delta Z$,$Z_2 = Z - \Delta Z$,此时,

$$\dot{U}_0 = \frac{\dot{U}}{2}\frac{\Delta Z}{Z} = \frac{\dot{U}}{2}\frac{\Delta L}{L} \qquad (4-22)$$

　　从式(4-21)及式(4-22)可知,衔铁上下移动相同距离时,输出电压的大小相等,但方向相反,由于 $\dot{U}_0$ 是交流电压,输出指示无法判断位移方向,必须配合相敏检波电路来解决。

　　3. 谐振式测量电路

　　谐振式测量电路有谐振式调幅电路(如图 4-6 所示)和谐振式调频电路(如图 4-7 所示)。

　　在调幅电路中,传感器电感 L 与电容 C、变压器原边串联在一起,接入交流电源 $\dot{U}$,变压器副边将有电压 $\dot{U}_0$ 输出,输出电压的频率与电源频率相同,而幅值随着电感 L 而变化,图 4-6(b)所示为输出电压 $\dot{U}_0$ 与电感 L 的关系曲线,其中,L_0 为谐振点的电感值,此电路灵敏度很高,但线性差,适用于线性要求不高的场合。

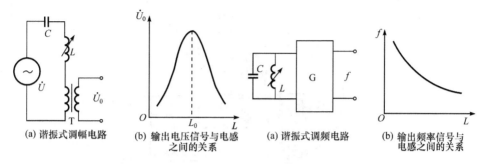

(a) 谐振式调幅电路　　(b) 输出电压信号与电感　　(a) 谐振式调频电路　　(b) 输出频率信号与
　　　　　　　　　　　　之间的关系　　　　　　　　　　　　　　　　　　　电感之间的关系

　　　图 4-6　谐振式调幅电路　　　　　　　　　图 4-7　谐振式调频电路

　　调频电路的基本原理是传感器电感 L 变化将引起输出电压频率的变化。一般是把传感器电感 L 和电容 C 接入一个振荡回路中,其振荡频率 $f = 1/[2\pi(LC)^{1/2}]$。当 L 变化时,振荡频率随之变化,根据 f 的大小即可测出被测量的值。图 4-7(b) 表示 f 与 L 的特性,其具有明显的非线性关系。

4.1.4　变磁阻式传感器的应用

　　图 4-8 所示是变隙电感式压力传感器的结构图,其由膜盒、铁心、衔铁及线圈等组成,衔铁与膜盒的上端连在一起。

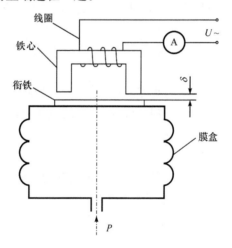

图 4-8　变隙式电感传感器结构示意图

　　当压力进入膜盒时,膜盒的顶端在压力 P 的作用下产生与压力 P 大小成正比的位移,于是衔铁也发生移动,从而使气隙发生变化,流过线圈的电流也发生相应的变化,电流表指示值就反映了被测压力的大小。

　　图 4-9 所示为变隙式差动电感压力传感器,其主要由 C 形弹簧管、衔铁、铁心和线圈等组成。

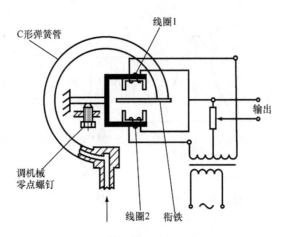

图 4 - 9　变隙式差动电感压力传感器结构示意图

当被测压力进入 C 形弹簧管时,C 形弹簧管产生变形,其自由端发生位移,带动与自由端连接成一体的衔铁运动,使线圈 1 和线圈 2 中的电感发生大小相等、符号相反的变化,即一个电感量增大,另一个电感量减小。电感的这种变化通过电桥电路转换成电压输出。由于输出电压与被测压力之间成比例关系,所以,只要用检测仪表测量出输出电压,即可得知被测压力的大小。

4.2　差动变压器式传感器

把被测的非电量变化转换为线圈互感量变化的传感器称为互感式传感器,这种传感器是根据变压器的基本原理制成的,并且次级绕组都用差动形式连接,故称差动变压器式传感器。

差动变压器结构形式较多,有变隙式、变面积式和螺线管式等,但其工作原理基本一样。非电量测量中,应用最多的是螺线管式差动变压器,它可以测量 1～100mm 范围内的机械位移,并具有测量精度高、灵敏度高、结构简单、性能可靠等优点。

4.2.1　工作原理

螺线管式差动变压器结构如图 4 - 10 所示,其由初级线圈、两个次级线圈和插入线圈中央的圆柱形铁心等组成。

差动变压器式传感器中两个次级线圈反向串联,并且在忽略铁损、导磁体磁阻和线圈分布电容的理想条件下,其等效电路如图 4 - 11 所示。当初级绕组 w_1 加以激励电压 $\dot{U}_1$ 时,根据变压器的工作原理,在两个次级绕组 w_{2a} 和 w_{2b} 中便会产生感应电势 $\dot{E}_{2a}$ 和 $\dot{E}_{2b}$。如果工艺上保证变压器结构完全对称,则当活动衔铁处于初始平衡位置时,必然会使两互感系数 $M_1 = M_2$。根据电磁感应原理,将有 $\dot{E}_{2a} = \dot{E}_{2b}$。由于变压器两次级绕组反向串联,因而 $\dot{U}_2 = \dot{E}_{2a} - \dot{E}_{2b} = 0$,即差动变压器输出电压为零。

当活动衔铁向上移动时,由于磁阻的影响,w_{2a} 中磁通将大于 w_{2b},使 $M_1 > M_2$,因而 $\dot{E}_{2a}$ 增加,而 $\dot{E}_{2b}$ 减小。反之,w_{2b} 增加,w_{2a} 减小。因为 $\dot{U}_2 = \dot{E}_{2a} - \dot{E}_{2b}$,所以,当 $\dot{E}_{2a}$、$\dot{E}_{2b}$ 随着衔铁位移 x 变化时,$\dot{U}_2$ 也必将随 x 变化。图 4 - 12 给出了变压器输出电压 $\dot{U}_2$ 与活动衔铁位移 x 的关系曲

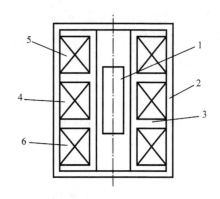

图 4 - 10　螺线管式差动变压器结构示意图
1. 活动衔铁;2. 导磁外壳;3. 骨架;
4. 匝数为 w_1 的初级绕组;5. 匝数为
w_{2a} 的次级绕组;6. 匝数为 w_{2b} 的次级绕组

线。实际上,当衔铁位于中心位置时,差动变压器输出电压并不等于零,我们把差动变压器在零位移时的输出电压称为零点残余电压,记作 $\dot{U}_x$,它的存在使传感器的输出特性不过零点,造成实际特性与理论特性不完全一致。零点残余电压产生的原因主要是传感器的两次级绕组的电气参数与几何尺寸不对称,以及磁性材料的非线性等问题引起的。

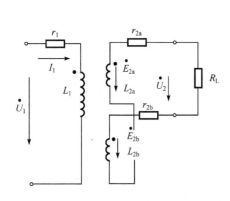

图 4 - 11　差动变压器等效电路

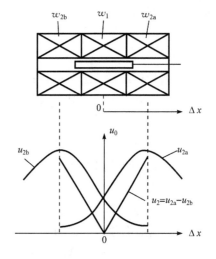

图 4 - 12　差动变压器的输出电压特性

零点残余电压的波形十分复杂,主要由基波和高次谐波组成。基波的产生主要是传感器的两次级绕组的电器参数,几何尺寸不对称,导致它们产生的感应电势幅值不等、相位不同,因此,不论怎样调整衔铁位置,两线圈中感应电势都不能完全

抵消。高次谐波中起主要作用的是三次谐波,产生的原因是由于磁性材料磁化曲线的非线性(磁饱和、磁滞)。零点残余电压一般在几十毫伏以下,在实际使用时,应设法减小 $\dot{U}_x$,否则将会影响传感器的测量结果。

4.2.2　基本特性

差动变压器等效电路如图 4-11 所示。当次级开路时,有

$$\dot{I}_1 = \frac{\dot{U}_1}{r_1 + j\omega L_1} \qquad (4-23)$$

式中,ω 为激励电压 $\dot{U}_1$ 的角频率;$\dot{U}_1$ 为初级线圈激励电压;$\dot{I}_1$ 为初级线圈激励电流;r_1、L_1 分别为初级线圈直流电阻和电感。

根据电磁感应定律,次级绕组中感应电势的表达式分别为

$$\dot{E}_{2a} = -j\omega M_1 \dot{I}_1 \qquad (4-24)$$

$$\dot{E}_{2b} = -j\omega M_2 \dot{I}_1 \qquad (4-25)$$

式中,M_1、M_2 分别为初级绕组与两次级绕组的互感系数。

由于次级两绕组反向串联,且考虑到次级开路,则由以上关系可得

$$\dot{U}_2 = \dot{E}_{2a} - \dot{E}_{2b} = -\frac{j\omega(M_1 - M_2)\dot{U}_1}{r_1 + j\omega L_1} \qquad (4-26)$$

输出电压的有效值为

$$\dot{U}_2 = -\frac{\omega(M_1 - M_2)\dot{U}_1}{[r_1^2 + (\omega L_1)^2]^{1/2}} \qquad (4-27)$$

下面分三种情况进行分析:

(1) 活动衔铁处于中间位置时,

$$M_1 = M_2 = M$$

故 $\dot{U}_2 = 0$。

(2) 活动衔铁向上移动,

$$M_1 = M + \Delta M, \quad M_2 = M - \Delta M$$

故 $\dot{U}_2 = 2\omega\Delta M \dot{U}_1 / [r_1^2 + (\omega L_1)^2]^{1/2}$,与 $\dot{E}_{2a}$ 同极性。

(3) 活动衔铁向下移动,

$$M_1 = M - \Delta M, \quad M_2 = M + \Delta M$$

故 $\dot{U}_2 = -2\omega\Delta M \dot{U}_1 / [r_1^2 + (\omega L_1)^2]^{1/2}$,与 $\dot{E}_{2b}$ 同极性。

4.2.3　差动变压器式传感器测量电路

差动变压器输出的是交流电压,若用交流电压表测量,只能反映衔铁位移的大

小,而不能反映移动方向。另外,其测量值中将包含零点残余电压。为了达到能辨别移动方向及消除零点残余电压的目的,实际测量时,常常采用差动整流电路和相敏检波电路。

1. 差动整流电路

这种电路是把差动变压器的两个次级输出电压分别整流,然后将整流的电压或电流的差值作为输出,图 4 - 13 给出了几种典型电路形式。图中,(a)、(c)适用于交流负载阻抗,(b)、(d)适用于低负载阻抗,电阻 R_0 用于调整零点残余电压。

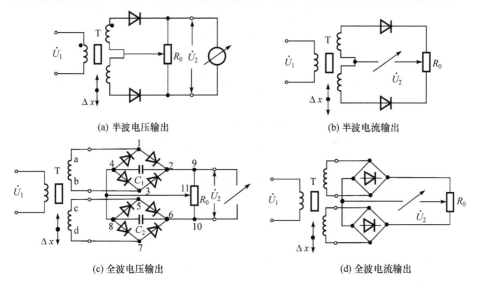

(a) 半波电压输出　　　　　　　　　　(b) 半波电流输出

(c) 全波电压输出　　　　　　　　　　(d) 全波电流输出

图 4 - 13　差动整流电路

下面结合图 4 - 13(c),分析差动整流工作原理。

从图 4 - 13(c)电路结构可知,不论两个次级线圈的输出瞬时电压极性如何,流经电容 C_1 的电流方向总是从 2 到 4,流经电容 C_2 的电流方向从 6 到 8,故整流电路的输出电压为

$$U_2 = U_{24} - U_{68} \tag{4 - 28}$$

当衔铁在零位时,因为 $U_{24} = U_{68}$,所以,$U_2 = 0$;当衔铁在零位以上时,因为 $U_{24} > U_{68}$,则 $U_2 > 0$;而当衔铁在零位以下时,因为 $U_{24} < U_{68}$,则 $U_2 < 0$。

差动整流电路具有结构简单、不需要考虑相位调整和零点残余电压的影响、分布电容影响小和便于远距离传输等优点,因而获得广泛应用。

2. 相敏检波电路

电路如图 4 - 14 所示。VD_1、VD_2、VD_3、VD_4 为四个性能相同的二极管,以同

一方向串联成一个闭合回路，形成环形电桥。输入信号 u_2（差动变压器式传感器输出的调幅波电压）通过变压器 T_1 加到环形电桥的一条对角线。参考信号 u_0 通过变压器 T_2 加入环形电桥的另一条对角线。输出信号 u_L 从变压器 T_1 与 T_2 的中心抽头引出。平衡电阻 R 起限流作用，避免二极管导通时变压器 T_2 的次级电流过大。R_L 为负载电阻。u_0 的幅值要远大于输入信号 u_2 的幅值，以便有效控制四个二极管的导通状态，且 u_0 和差动变压器式传感器激磁电压 u_1 由同一振荡器供电，保证两者同频、同相（或反相）。

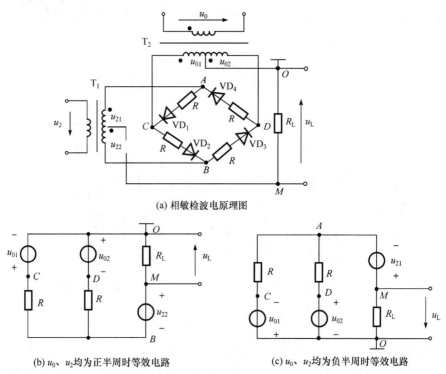

(a) 相敏检波电原理图

(b) u_0、u_2 均为正半周时等效电路 (c) u_0、u_2 均为负半周时等效电路

图 4-14　相敏检波电路

图 4-15 示出了图 4-14 中几个信号的波形。由图 4-15(a)、(c)、(d) 可知，当位移 $\Delta x > 0$ 时，u_2 与 u_0 同频同相，当位移 $\Delta x < 0$ 时，u_2 与 u_0 同频反相。

当 $\Delta x > 0$ 时，u_2 与 u_0 为同频同相，当 u_2 与 u_0 均为正半周时，如图 4-14(a) 所示，环形电桥中二极管 VD_1、VD_4 截止，VD_2、VD_3 导通，则可得图 4-14(b) 的等效电路。

根据变压器的工作原理，考虑到 O、M 分别为变压器 T_1、T_2 的中心抽头，则有

$$u_{01} = u_{02} = \frac{u_0}{2n_2} \tag{4-29}$$

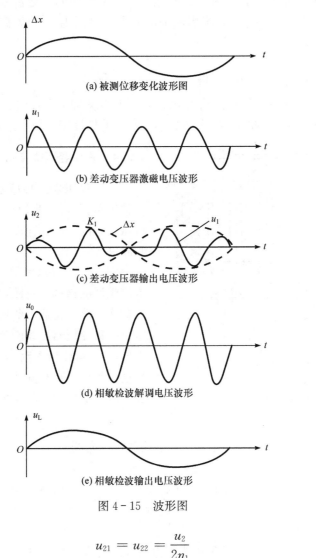

图 4 - 15　波形图

$$u_{21} = u_{22} = \frac{u_2}{2n_1} \qquad (4-30)$$

式中，n_1、n_2 为变压器 T_1、T_2 的变比。采用电路分析的基本方法，可求得图 4 - 14 (b)所示电路的输出电压 u_L 的表达式为

$$u_L = \frac{R_L u_2}{n_1(R_1 + 2R_L)} \qquad (4-31)$$

同理，当 u_2 与 u_0 均为负半周时，二极管 VD_2、VD_3 截止，VD_1、VD_4 导通，其等效电路如图 4 - 14(c)所示，输出电压 u_L 表达式与式(4-31)相同，说明只要位移 $\Delta x > 0$，不论 u_2 与 u_0 是正半周还是负半周，负载 R_L 两端得到的电压 u_L 始终为正。

当 $\Delta x < 0$ 时，u_2 与 u_0 为同频反相。采用上述相同的分析方法不难得到，当 $\Delta x < 0$ 时，不论 u_2 与 u_0 是正半周还是负半周，负载电阻 R_L 两端得到的输出电压 u_L 表达式总是为

$$u_L = - \frac{R_L u_2}{n_1(R_1 + 2R_L)} \tag{4-32}$$

所以，上述相敏检波电路输出电压 u_L 的变化规律充分反映了被测位移量的变化规律，即 u_L 的值反映位移 Δx 的大小，而 u_L 的极性则反映了位移 Δx 的方向。

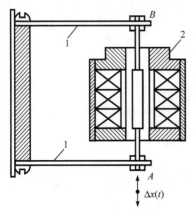

图 4-16　差动变压器式加速度传感器原理图
1. 悬臂梁；2. 差动变压器

4.2.4　差动变压式传感器的应用

差动变压器式传感器可以直接用于位移测量，也可以测量与位移有关的任何机械量，如振动、加速度、应变、比重、张力和厚度等。

图 4-16 所示为差动变压器式加速度传感器的结构示意图，它由悬臂梁 1 和差动变压器 2 构成。测量时，将悬臂梁底座及差动变压器的线圈骨架固定，而将衔铁的 A 端与被测振动体相连。当被测体带动衔铁以 $\Delta x(t)$ 振动时，导致差动变压器的输出电压也按相同规律变化。

4.3　电涡流式传感器

根据法拉第电磁感应原理，块状金属导体置于变化的磁场中或在磁场中做切割磁力线运动时，导体内将产生呈涡旋状的感应电流，此电流叫电涡流，以上现象称为电涡流效应。

根据电涡流效应制成的传感器称为电涡流式传感器。按照电涡流在导体内的贯穿情况，此传感器可分为高频反射式和低频透射式两类，但从基本工作原理上来说仍是相似的。

电涡流式传感器最大的特点是能对位移、厚度、表面温度、速度、应力、材料损伤等进行非接触式连续测量，另外，还具有体积小、灵敏度高、频率响应宽等特点，应用极其广泛。

4.3.1　工作原理

图 4-17 为电涡流式传感器的原理图,该图由传感器线圈和被测导体组成线圈——导体系统。

根据法拉第定律,当传感器线圈通以正弦交变电流 $\dot{I}_1$ 时,线圈周围空间必然产生正弦交变磁场 $\dot{H}_1$,使置于此磁场中的金属导体中感应电涡流 $\dot{I}_2$,$\dot{I}_2$ 又产生新的交变磁场 $\dot{H}_2$。根据楞次定律,$\dot{H}_2$ 的作用将反抗原磁场 $\dot{H}_1$,导致传感器线圈的等效阻抗发生变化。由上可知,线圈阻抗的变化完全取决于被测金属导体的电涡流效应。而电涡流效应既与被测体的电阻率 ρ、磁导率 μ 及几何形状有关,又与线圈几何参数、线圈中激磁电流频率有关,还与线圈与导体间的距离 x 有关。因此,传感器线圈受电涡流影响时的等效阻抗 Z 的函数关系式为

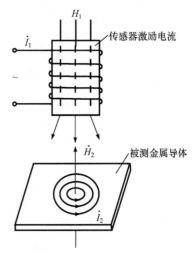

图 4-17　电涡流式传感器原理图

$$Z = F(\rho, \mu, r, f, x) \tag{4-33}$$

式中,r 为线圈与被测体的尺寸因子。

如果保持上式中其他参数不变,而只改变其中一个参数,传感器线圈阻抗 Z 就仅仅是这个参数的单值函数。通过与传感器配用的测量电路测出阻抗 Z 的变化量,即可实现对该参数的测量。

4.3.2　基本特性

电涡流传感器简化模型如图 4-18 所示。模型中,把在被测金属导体上形成的电涡流等效成一个短路环,即假设电涡流仅分布在环体之内,模型中 h 由以下公式求得:

$$h = \left(\frac{\rho}{\pi \mu_0 \mu_z f} \right)^{\frac{1}{2}} \tag{4-34}$$

式中,f 为线圈激磁电流的频率。

根据简化模型,可画出如图 4-19 所示等效电路图。图中,R_2 为电涡流短路环等效电阻,其表达式为

$$R_2 = \frac{2\pi \rho}{h \ln \dfrac{r_2}{r_1}} \tag{4-35}$$

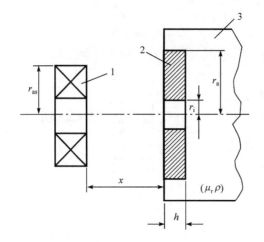

图 4 - 18　电涡流传感器简化模型

1. 传感器线圈;2. 短路环;3. 被测金属导体

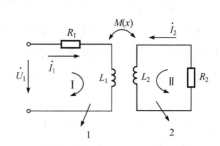

图 4 - 19　电涡流传感器等效电路

1. 传感器线圈;2. 电涡流短路环

根据基尔霍夫第二定律,可列出如下方程:

$$R_1 \dot{I}_1 + j\omega L_1 \dot{I}_1 - j\omega L_2 \dot{I}_2 = \dot{U}_1 \qquad (4-36)$$

$$-j\omega M \dot{I}_1 + R_2 \dot{I}_2 - j\omega L_2 \dot{I}_2 = 0 \qquad (4-37)$$

式中,ω 为线圈激磁电流角频率;R_1、L_1 分别为线圈电阻和电感;L_2 为短路环等效电感;R_2 为短路环等效电阻。

由式(4 - 36)和式(4 - 37)解得等效阻抗 Z 的表达式为

$$Z = \frac{\dot{U}_1}{\dot{I}_1} = \frac{R_1 + \omega^2 M^2 R_2}{R_2^2 + (\omega L_2)^2} + j\omega \frac{L_1 - \omega^2 M^2 L_2}{R_2^2 + (\omega L_2)^2} = R_{eq} + j\omega L_{eq} \qquad (4-38)$$

式中,$R_{eq} = (R_1 + \omega^2 M^2 R_2)/[R_2^2 + (\omega L_2)^2]$;$L_{eq} = (L_1 - \omega^2 M^2 R_2)/[R_2^2 + (\omega L_2)^2]$;$R_{eq}$ 为线圈受电涡流影响后的等效电阻;L_{eq} 为线圈受电涡流影响后的等效电感。

线圈的等效品质因数 Q 值为

$$Q = \frac{\omega L_{eq}}{R_{eq}} \qquad (4-39)$$

综上所述,根据电涡流式传感器的简化模型和等效电路,运用电路分析的基本方法得到的式(4 - 38)和式(4 - 39)即为电涡流基本特性。

4.3.3　电涡流形成范围

1. 电涡流的径向形成范围

线圈-导体系统产生的电涡流密度既是线圈与导体间距离 x 的函数,又是沿线圈半径方向 r 的函数。当 x 一定时,电涡流密度 J 与半径 r 的关系曲线如图4 - 20

所示,由图可知:

(1)电涡流径向形成的范围大约在传感器线圈外径 r_{as} 的 $1.8\sim2.5$ 倍范围内,且分布不均匀。

(2)电涡流密度在短路环半径 $r=0$ 处为零。

(3)电涡流的最大值在 $r=r_{as}$ 附近的一个狭窄区域内。

(4)可以用一个平均半径为 $r_{as}[r_{as}=(r_i+r_a)/2]$ 的短路环来集中表示分散的电涡流(图中阴影部分)。

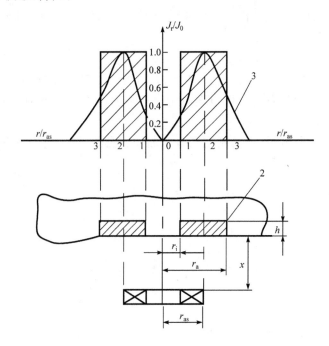

图 4-20　电涡流密度 J 与半径 r 的关系曲线

2. 电涡流强度与距离的关系

理论分析和实验都已证明,当 x 改变时,电涡流密度发生变化,即电涡流强度随距离 x 的变化而变化。根据线圈-导体系统的电磁作用,可以得到金属导体表面的电涡流强度为

$$I_2 = I_1\left[\frac{1-x}{(x^2+r_{as}^2)^{\frac{1}{2}}}\right] \qquad (4-40)$$

式中, I_1 为线圈激励电流; I_2 为金属导体中等效电流; x 为线圈到金属导体表面距离; r_{as} 为线圈外径。

根据上式作出的归一化曲线如图 4-21 所示。

以上分析表明：

(1) 电涡强度与距离 x 呈非线性关系，且随着 x/r_{as} 的增加而迅速减小。

(2) 当利用电涡流式传感器测量位移时，只有在 $x/r_{as} \ll 1$ (一般取 0.05 ~ 0.15)的范围才能得到较好的线性和较高的灵敏度。

3. 电涡流的轴向贯穿深度

由于趋肤效应，电涡流沿金属导体纵向 H_1 分布是不均匀的，其分布按指数规律衰减，可用下式表示：

$$J_d = J_0 e^{-d/h} \tag{4-41}$$

式中，d 为金属导体中某一点与表面距离；J_d 为沿 H_1 轴向 d 处的电涡流密度；J_0 为金属导体表面电涡流密度，即电涡流密度最大值；h 为电涡流轴向贯穿深度（趋肤深度）。

图 4-22 所示为电涡流密度轴向分布曲线。由图可见，电涡流密度主要分布在表面附近。

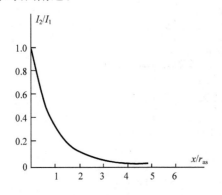

图 4-21　电涡流强度与距离归一化曲线

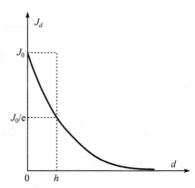

图 4-22　电涡流密度轴向分布曲线

由前面分析所得式(4-34)可知，被测体电阻率越大，相对导磁率越大，传感器线圈的激磁电流频率越低，则电涡流贯穿深度越大。

4.3.4　电涡流式传感器的应用

1. 低频透射式涡流厚度传感器

图 4-23 所示为透射式涡流厚度传感器结构原理图。在被测金属上方设有发射传感器线圈 L_1，在被测金属板下方设有接收传感器线圈 L_2。当在 L_1 上加低频电压 U_1 时，则 L_1 上产生交变磁场 Φ_1，若两线圈间无金属板，则交变磁场直接耦合至 L_2 中，L_2 产生感应电压 U_2。如果将被测金属板放入两线圈之间，则 L_1 线圈产

生的磁场将导致在金属板中产生电涡流。
此时,磁场能量受到损耗,到达 L_2 的磁场
将减弱为 Φ_1',从而使 L_2 产生的感应电压
U_2 下降。金属板越厚,涡流损失就越大,
U_2 电压就越小。因此,可根据 U_2 电压的
大小得知被测金属板的厚度,透射式涡流
厚度传感器检测范围可达 $1\sim100\text{mm}$,分
辨率为 $0.1\mu\text{m}$,线性度为 1%。

2. 高频反射式涡流厚度传感器

图 4-24 所示是高频反射式涡流测
厚仪测试系统原理图。为了克服带材不

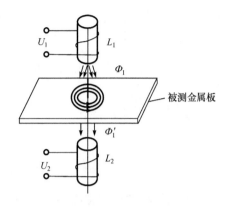

图 4-23 透射式涡流厚度
传感器结构原理图

够平整或运行过程中上下波动的影响,在带材的上、下两侧对称地设置了两个特性
完全相同的涡流传感器 S_1、S_2。S_1、S_2 与被测带材表面之间的距离分别为 x_1 和
x_2。若带材厚度不变,则被测带材上、下表面之间的距离总有 $x_1+x_2=$ 常数的关
系存在。两传感器的输出电压之和为 $2U_0$ 数值不变。如果被测带材厚度改变量
为 $\Delta\delta$,则两传感器与带材之间的距离也改变了一个 $\Delta\delta$,两传感器输出电压此时为
$2U_0+\Delta U$。ΔU 经放大器放大后,通过指示仪表电路即可指示出带材的厚度变化
值。带材厚度给定值与偏差指示值的代数和就是被测带材的厚度。

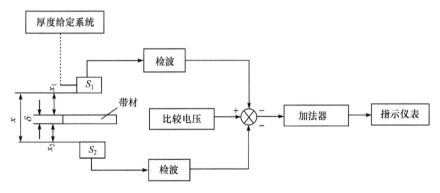

图 4-24 高频反射式涡流测厚仪测试系统原理图

3. 电涡流式转速传感器

图 4-25 所示为电涡流式转速传感器工作原理图。在软磁材料制成的输入轴
上加工一键槽,在距输入表面 d_0 处设置电涡流传感器,输入轴与被测旋转轴相连。

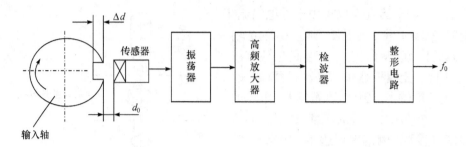

图 4 - 25   电涡流式转速传感工作原理图

当被测旋转轴转动时,输出轴的距离发生 $d_0 + \Delta d$ 变化。由于电涡流效应,这种变化将导致振荡谐振回路的品质因数变化,使传感器线圈电感随 Δd 的变化也发生变化,它们将直接影响振荡器的电压幅值和振荡频率。因此,随着输入轴的旋转,从振荡器输出的信号中包含有与转数成正比的脉冲频率信号,该信号由检波器检出电压幅值的变化量,然后经整形电路输出脉冲频率信号 f_0,该信号经电路处理便可得到被测转速。

这种转速传感器可实现非接触式测量,抗污染能力很强,可安装在旋转轴近旁长期对被测转速进行监视,最高测量转速可达 600000 转/分。

第 5 章　电容式传感器及应用

电容式传感器是指能将被测的物理量的变化转换为电容量变化的一种传感器,它结构简单、体积小、分辨率高,可非接触式测量,并能在高温、辐射和强烈振动等恶劣条件下工作,广泛应用于压力、差压、液位、振动、位移、加速度、成分含量等多方面测量。

电容式传感器种类很多,本章主要介绍常用的变极距型、变面积型和变介质型电容式传感器。

5.1　电容式传感器的工作原理和结构

由两块金属板中间充以绝缘介质就组成了最简单的平板电容器。如果不考虑边缘效应,其电容量为

$$C = \frac{\varepsilon A}{d} \tag{5-1}$$

式中,ε 为电容极板间介质的介电常数,$\varepsilon = \varepsilon_0 \varepsilon_r$,$\varepsilon_0$ 为真空介电常数,ε_r 为极板间介质相对介电常数;A 为电极面积;d 为极板间距。

由上式可知,当 d、A 和 ε 有变化时,电容 C 也随之变化,如果保持其中两个参数不变而改变其中一个参数,则就可把该参数的变化转换为电容量的变化,再通过一定测量电路将其转换为有用的电信号,根据此信号的大小来判定被测物理量的大小。因此,电容式传感器可分为变极距型、变面积型和变介质型三种类型。

5.1.1　变极距型电容式传感器

图 5-1 为变极距型电容式传感器的原理图。当传感器的 ε_r 和 A 为常数,初始极距为 d_0 时,由式(5-1)可知其初始电容量 C_0 为

$$C_0 = \frac{\varepsilon_0 \varepsilon_r A}{d_0} \tag{5-2}$$

若电容器极板间距离由初始值 d_0 缩小 Δd,电容量增大 ΔC,则有

$$C_1 = C_0 + \Delta C = \frac{\varepsilon_0 \varepsilon_r A}{d - \Delta d} = \frac{C_0}{1 - \dfrac{\Delta d}{d_0}} = \frac{C_0 \left(1 + \dfrac{\Delta d}{d_0}\right)}{1 - \dfrac{\Delta d^2}{d_0^2}} \tag{5-3}$$

由式(5-3)可知,传感器的输出特性 $C = f(d)$ 不是线性关系,而是如图 5-2 所示双曲线关系。

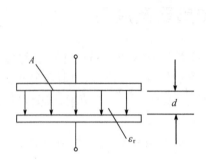

图 5-1　变极距型电容式传感器原理图

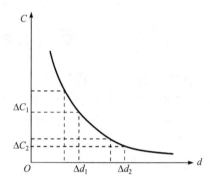

图 5-2　电容量与极板间距离的关系

在式(5-3)中,若 $\Delta d / d_0 \ll 1$ 时,$1 - \Delta d^2 / d_0^2 \approx 1$,则式(5-3)可以简化为

$$C_1 = C_0 + \frac{C_0 \Delta d}{d_0} \tag{5-4}$$

此时,C_1 与 Δd 近似呈线性关系,所以,变极距型电容式传感器只有在 $\Delta d / d_0$ 很小时才有近似的线性输出。

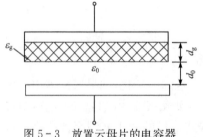

图 5-3　放置云母片的电容器结构示意图

另外,由式(5-4)可以看出,在 d_0 较小时,对于同样的 Δd 变化所引起的 ΔC 可以增大,从而使传感器灵敏度提高;但 d_0 过小,容易引起电容器击穿或短路。为此,极板间可采用高介电常数的材料(云母、塑料膜等)作介质(如图 5-3 所示),此时,电容 C 变为

$$C = \frac{A}{\dfrac{d_g}{\varepsilon_0 \varepsilon_g} + \dfrac{d_0}{\varepsilon_0}} \tag{5-5}$$

式中,ε_g 为云母的相对介电常数,$\varepsilon_g = 7$;ε_0 为空气的介电常数,$\varepsilon_0 = 1$;d_0 为空气隙厚度;d_g 为云母片的厚度。

云母片的相对介电常数是空气的 7 倍,其击穿电压不小于 1000kV/mm,而空气仅为 3kV/mm,因此有了云母片,极板间起始距离可大大减小。同时,式(5-5)中的($d_g / \varepsilon_0 \varepsilon_g$)项是恒定值,它能使传感器的输出特性的线性度得到改善。

一般,变极板间距离电容式传感器的起始电容在 20~100pF,极板间距离在 25~200μm 的范围内,最大位移应小于间距的1/10,故在微位移测量中应用最广。

5.1.2　变面积型电容式传感器

图 5-4 是变面积型电容式传感器原理结构示意图。被测量通过移动极板引起两极板有效覆盖面积 A 改变,从而得到电容的变化量。设动极板相对定极板沿长度方向的平移为 Δx,则电容为

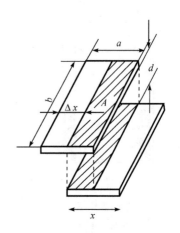

$$C = C_0 - \Delta C = \varepsilon_0 \varepsilon_r (a - \Delta x) \frac{b}{d} \qquad (5-6)$$

式中,$C_0 = \varepsilon_0 \varepsilon_r ba/d$ 为初始电容。电容相对变化量为

$$\frac{\Delta C}{C_0} = \frac{\Delta x}{a} \qquad (5-7)$$

图 5-4　变面积型电容式
传感器原理图

很明显,这种形式的传感器其电容量增量 ΔC 与水平位移 Δx 是线性关系。

图 5-5 是电容式角位移传感器原理图。当动极板有一个角位移 θ 时,与定极板间的有效覆盖面积就改变,从而改变了两极板间的电容量。当 $\theta = 0$ 时,

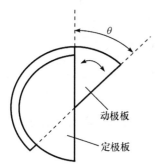

$$C_0 = \varepsilon_0 \varepsilon_r \frac{A_0}{d_0} \qquad (5-8)$$

式中,ε_r 为介质相对介电常数;d_0 为两极板间距离;A_0 为两极板间初始覆盖面积。

当 $\theta \neq 0$ 时,

$$C_1 = \varepsilon_0 \varepsilon_r A_0 \frac{1 - \dfrac{\theta}{\pi}}{d_0} = C_0 - \frac{C_0 \theta}{\pi} \qquad (5-9)$$

图 5-5　电容式角位移
传感器原理图

从式(5-9)可以看出,传感器的电容量 C 与角位移 θ 呈线性关系。

5.1.3　变介质型电容式传感器

图 5-6 是一种变极板间介质的电容式传感器用于测量液位高低的结构原理图。设被测介质的介电常数为 ε_1,液面高度为 h,变换器总高度为 H,内筒外径为 d,外筒内径为 D,则此时变换器电容值为气体介质间的电容量和液体介质间的电容量之和。

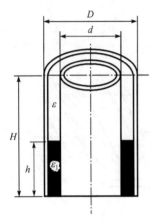

图 5-6　电容式液位变换
器结构原理图

气体介质间的电容量 C_1 为

$$C_1 = \frac{2\pi\varepsilon(H-h)}{\ln(D/d)}$$

液体介质间的电容量 C_2 为

$$C_2 = \frac{2\pi\varepsilon_1 h}{\ln(D/d)}$$

因此,总电容量 C 为

$$
\begin{aligned}
C = C_1 + C_2 &= \frac{2\pi\varepsilon(H-h)}{\ln(D/d)} + \frac{2\pi\varepsilon_1 h}{\ln(D/d)} \\
&= \frac{2\pi\varepsilon H}{\ln(D/d)} + \frac{2\pi(\varepsilon_1 - \varepsilon)h}{\ln(D/d)} \\
&= C_0 + \frac{2\pi(\varepsilon_1 - \varepsilon)h}{\ln(D/d)} \quad (5-10)
\end{aligned}
$$

式中,ε 为空气介电常数;C_0 为由变换器的基本尺寸决定的初始电容值。

由式(5-10)可见,此变换器的电容增量正比于被测液位高度 h。

变介质型电容式传感器有较多的结构形式,可以用来测量纸张、绝缘薄膜等的厚度,也可用来测量粮食、纺织品、木材或煤等非导电固体介质的湿度。图 5-7 是一种常用的结构形式。图中,两平行电极固定不动,极距为 d_0,相对介电常数为 ε_{r2} 的电介质以不同深度插入电容器中,从而改变两种介质的极板覆盖面积。传感器总电容量 C 为

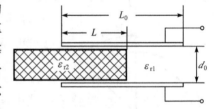

图 5-7　变介质型电容式传感器

$$C = C_1 + C_2 = \varepsilon_0 b_0 \frac{\varepsilon_{r1}(L_0 - L) + \varepsilon_{r2}L}{d_0} \quad (5-11)$$

式中,L_0,b_0 分别为极板长度和宽度;L 为第二种介质进入极板间的长度。

若电介质 $\varepsilon_{r1}=1$,当 $L=0$ 时,传感器初始电容 $C_0 = \varepsilon_0\varepsilon_{r1}L_0 b_0/d_0$。当介质 ε_{r2} 进入极间 L 后,引起电容的相对变化为

$$\frac{\Delta C}{C_0} = \frac{C - C_0}{C_0} = \frac{(\varepsilon_{r2} - 1)L}{L_0} \quad (5-12)$$

可见,电容的变化与电介质 ε_{r2} 的移动量 L 呈线性关系。

5.2　电容式传感器的灵敏度和非线性

由以上分析可知,除变极距型电容式传感器外,其他几种形式传感器的输入量

与输出电容量之间的关系均为线性的,故只讨论变极距型平板电容传感器的灵敏度及非线性。

由式(5-3)可知,电容的相对变化量为

$$\frac{\Delta C}{C_0} = \frac{\Delta d/d_0}{1 - \Delta d/d_0} = \frac{\Delta d}{d_0}\left(1 - \frac{\Delta d}{d_0}\right)^{-1} \qquad (5-13)$$

当 $|\Delta d/d_0| \ll 1$ 时,则上式可按级数展开,故得

$$\frac{\Delta C}{C_0} = \frac{\Delta d}{d_0}\left[1 + \frac{\Delta d}{d_0} + \left(\frac{\Delta d}{d_0}\right)^2 + \left(\frac{\Delta d}{d_0}\right)^3 + \cdots\right] \qquad (5-14)$$

由此可见,输出电容的相对变化量 $\Delta C/C$ 与输入位移 Δd 之间呈非线性关系。只有当 $\Delta d/d_0 \ll 1$ 时,可略去高次项,则得近似的线性关系式为

$$\frac{\Delta C}{C_0} \approx \frac{\Delta d}{d_0} \qquad (5-15)$$

电容传感器的灵敏度为

$$K = \frac{\Delta C}{\Delta d} = \frac{C_0}{d_0} \qquad (5-16)$$

它说明了单位输入位移所引起输出电容量相对变化的大小与 d_0 成反比关系。

如果考虑式(5-14)中的相对非线性项与二次项,则

$$\frac{\Delta C}{C_0} = \frac{\Delta d}{d_0}\left(1 + \frac{\Delta d}{d_0}\right) \qquad (5-17)$$

由此可得出传感器的相对非线性误差 δ 为

$$\delta = \frac{\left|\left(\dfrac{\Delta d}{d_0}\right)^2\right|}{\left|\dfrac{\Delta d}{d_0}\right|} \times 100\% = \left|\frac{\Delta d}{d_0}\right| \times 100\% \qquad (5-18)$$

由式(5-16)与式(5-18)可以看出,要提高灵敏度,应减小起始间隙 d_0,但非线性误差却随着 d_0 的减小而增大。

在实际应用中,为了提高灵敏度,减小非线性误差,大都采用差动式结构。图5-8是变极距型差动平板式电容传感器结构示意图。

在差动平板式电容传感器中,当动极板位移 Δd 时,电容器 C_1 的间隙 d_1 变为 $d_0 - \Delta d$,电容器 C_2 的间隙 d_2 变为 $d_0 + \Delta d$,则

$$C_1 = C_0 \frac{1}{1 - \dfrac{\Delta d}{d_0}} \qquad (5-19)$$

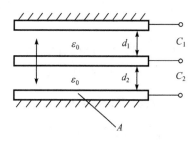

图 5-8　差动平板式电容
传感器结构示意图

$$C_2 = C_0 \frac{1}{1 + \dfrac{\Delta d}{d_0}} \tag{5-20}$$

在 $\Delta d / d_0 \ll 1$ 时,按级数展开为

$$C_1 = C_0 \left[1 + \frac{\Delta d}{d_0} + \left(\frac{\Delta d}{d_0}\right)^2 + \left(\frac{\Delta d}{d_0}\right)^3 + \cdots \right] \tag{5-21}$$

$$C_2 = C_0 \left[1 - \frac{\Delta d}{d_0} + \left(\frac{\Delta d}{d_0}\right)^2 - \left(\frac{\Delta d}{d_0}\right)^3 + \cdots \right] \tag{5-22}$$

电容值总的变化量为

$$\Delta C = C_1 - C_2 = C_0 \left[2\frac{\Delta d}{d_0} + 2\left(\frac{\Delta d}{d_0}\right)^3 + 2\left(\frac{\Delta d}{d_0}\right)^5 + \cdots \right] \tag{5-23}$$

电容值相对变化量为

$$\frac{\Delta C}{C_0} = 2\frac{\Delta d}{d_0}\left[1 + \left(\frac{\Delta d}{d_0}\right)^2 + \left(\frac{\Delta d}{d_0}\right)^4 + \cdots \right] \tag{5-24}$$

略去高次项,则 $\Delta C / C_0$ 与 $\Delta d / d_0$ 近似呈线性关系,即

$$\frac{\Delta C}{C_0} \approx \frac{2\Delta d}{d_0} \tag{5-25}$$

如果只考虑式(5-24)中的线性项和三次项,则电容式传感器的相对非线性误差 δ 近似为

$$\delta = \frac{2\left| \left(\dfrac{\Delta d}{d_0}\right)^2 \right|}{\left| 2\left(\dfrac{\Delta d}{d_0}\right) \right|} \times 100\% = \left(\frac{\Delta d}{d_0}\right)^2 \times 100\% \tag{5-26}$$

比较式(5-15)与式(5-25)及式(5-17)与式(5-26)可见,电容传感器做成差动式之后,灵敏度提高一倍,而且非线性误差大大降低了。

5.3　电容式传感器的信号调节电路

电容式传感器的电容值十分微小,必须借助于信号调节电路将这微小电容的增量转换成与其成正比的电压、电流或频率,这样才可以显示、记录及传输。

5.3.1　运算放大器式电路

这种电路的最大特点是能够克服变间隙电容式传感器的非线性而使其输出电压与输入位移(间隙变化)有线性关系。图 5-9 为这种线路的原理图,C_x 为传感器电容。

由 $\dot{U}_a=0,\dot{I}_a=0$,则有

$$\left.\begin{aligned}\dot{U}_i &=-\mathrm{j}\,\frac{1}{\omega C_0}\dot{I}_0\\[4pt]\dot{U}_0 &=-\mathrm{j}\,\frac{1}{\omega C_x}\dot{I}_x\\[4pt]\dot{I}_0 &=-\dot{I}_x\end{aligned}\right\} \qquad (5-27)$$

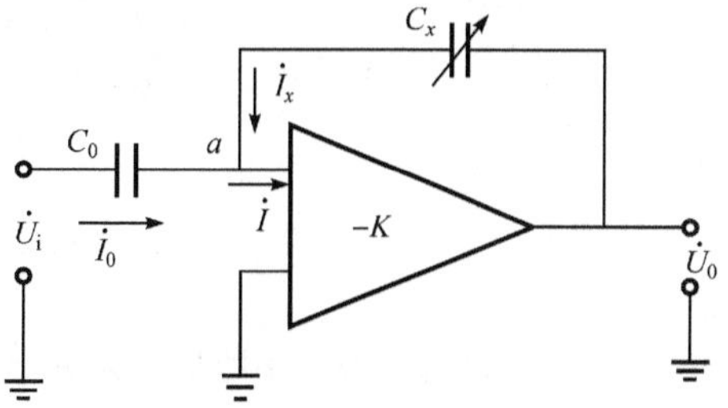

图 5-9　运算放大器式电路

解式(5-27)得

$$\dot{U}_0 =-\dot{U}_i\frac{C_0}{C_x} \qquad (5-28)$$

而 $C_x=\varepsilon A/d$,将其代入式(5-28),得

$$\dot{U}_0 =-\dot{U}_i\frac{C_0}{\varepsilon A}d \qquad (5-29)$$

由式(5-29)可知,输出电压 U_0 与极板间距 d 呈线性关系,这就从原理上解决了变间隙的电容式传感器特性的非线性问题。这里假设 $K=\infty$,输入阻抗 $z_1=\infty$,因此仍然存在一定非线性误差,但在 K 和 z_1 足够大时,这种误差相当小。

5.3.2　电桥电路

图 5-10 所示为电容式传感器的电桥测量电路。一般传感器包括在电桥内。用稳频、稳幅和固定波形的低阻信号源去激励,最后经电流放大及相敏整流得到直流输出信号。

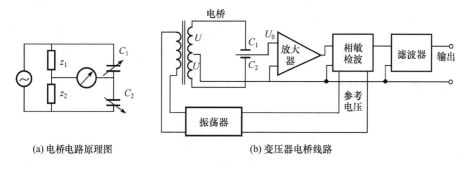

(a)电桥电路原理图　　　　　　　　(b)变压器电桥线路

图 5-10　电容式传感器的电桥测量电路

从图 5-10(a)可以看出平衡条件为

$$\frac{z_1}{z_1+z_2}=\frac{C_2}{C_1+C_2}=\frac{d_1}{d_1+d_2}$$

此处,C_1 和 C_2 组成差动电容,d_1 和 d_2 为相应的间隙。若中心电极移动了 Δd,电桥重新平衡时有

$$\frac{d_1 + \Delta d}{d_1 + d_2} = \frac{z'_1}{z_1 + z_2}$$

因此，

$$\Delta d = (d_1 + d_2)\frac{z'_1 - z_1}{z_1 + z_2} \tag{5-30}$$

z_1、z_2 通常设计成线性分压器，分压系数 $\dfrac{z_1}{z_1 + z_2}$ 在 $z_1 = 0$ 时为 0，而在 $z_2 = 0$ 时为 1。

于是，$\Delta d = (b-a)(d_1 + d_2)$，其中，$a = \dfrac{z_1}{z_1 + z_2}$，$b = \dfrac{z'_1}{z_1 + z_2}$ 分别为位移前后的分压系数。

　　分压器原则上用电阻、电感或电容制作均可。由于电感技术的发展，用变压器电桥能够获得精度较高且长期稳定的分压系数。用于测量小位移的变压器电桥线路如图 5-10(b) 所示。

$$\frac{2UZ_{C_2}}{Z_{C_1} + Z_{C_2}} = U_0 + U$$

$$U_0 = U\frac{Z_{C_2} - Z_{C_1}}{Z_{C_2} + Z_{C_1}} = U\frac{\dfrac{1}{C_2} - \dfrac{1}{C_1}}{\dfrac{1}{C_2} + \dfrac{1}{C_1}} = U\frac{C_1 - C_2}{C_1 + C_2}$$

$$= U\frac{\dfrac{\varepsilon A}{d_0 - \Delta d} - \dfrac{\varepsilon A}{d_0 + \Delta d}}{\dfrac{\varepsilon A}{d_0 - \Delta d} + \dfrac{\varepsilon A}{d_0 + \Delta d}} = U\frac{\Delta d}{d_0} \tag{5-31}$$

　　只要放大器输入阻抗很大，则输出电压与输入位移成理想的线性关系。

5.3.3　脉冲宽度调制电路

　　脉冲宽度调制电路如图 5-11 所示。

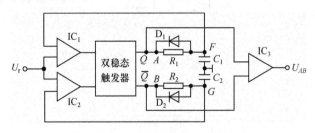

图 5-11　脉冲宽度调制电路图

图 5-11 中，C_1、C_2 为差动式电容传感器的两个电容，电阻 $R_1 = R_2$，IC_1、IC_2 为比

较器。当双稳态触发器处于某一状态,$Q=1,\overline{Q}=0,A$ 点高电位通过 R_1 对 C_1 充电,时间常数为 $\tau_1 = R_1 C_1$,直至 F 点电位高于参比电位 U_r,比较器 IC_1 输出正跳变信号。与此同时,因 $\overline{Q}=0$,电容器 C_2 上已充电流通过 V_{D2} 迅速放电至零电平。IC_1 正跳变信号激励触发器翻转,使 $Q=0,\overline{Q}=1$,于是 A 点为低电位,C_1 通过 V_{D1} 迅速放电,而 B 点高电位通过 R_2 对 C_2 充电,时间常数为 $\tau_2 = R_2 C_2$,直至 G 点电位高于参比电位 U_r,比较器 IC_2 输出正跳变信号,使触发器发生翻转,重复前述过程。电路各点波形如图 5-12 所示。

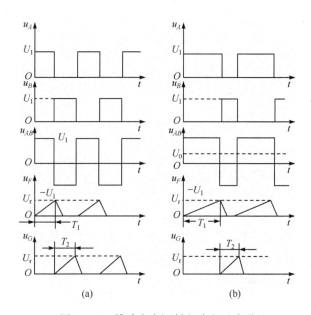

图 5-12　脉冲宽度调制电路电压波形

当差动电容器的 $C_1 = C_2$ 时,其平均电压值为零。当差动电容 $C_1 \neq C_2$,且 $C_1 > C_2$ 时,则 $\tau_1 = R_1 C_1 > \tau_2 = R_2 C_2$。由于充放电时间常数变化,使电路中各点电压波形产生相应改变。

如图 5-12(b)所示,此时,U_A、U_B 脉冲宽度不再相等,一个周期($t_1 + t_2$)时间内其输出电压 U_{AB} 平均值不再为零。经低通滤波器滤波后,可获得一直流输出电压为

$$U_0 = \frac{T_1 - T_2}{T_1 + T_2} U_1 \tag{5-32}$$

式中,U_1 为触发器输出高电平;T_1、T_2 为 C_1、C_2 充放电至 U_r 所需时间。

C_1、C_2 充放电时间为

$$T_1 = R_1 C_1 \ln \frac{U_1}{U_1 - U_r}$$

$$T_2 = R_2 C_2 \ln \frac{U_1}{U_1 - U_r}$$

因 $R_1 = R_2$，故将 T_1、T_2 两式代入式(5-32)得

$$U_0 = \frac{C_1 - C_2}{C_1 + C_2} U_1 \tag{5-33}$$

此式表明，直流输出电压 U_0 正比于电容 C_1 与 C_2 的差值，其极性可正可负。

把平行板电容的公式代入式(5-33)，在变间隙的情况下可得

$$U_0 = \frac{d_1 - d_2}{d_1 + d_2} U_1 \tag{5-34}$$

式中，d_1、d_2 分别为 C_1、C_2 极板间距离。

当差动电容 $C_1 = C_2 = C_0$，即 $d_1 = d_2 = d_0$ 时，$U_0 = 0$；若 $C_1 \neq C_2$，设 $C_1 > C_2$，即 $d_1 = d_0 - \Delta d, d_2 = d_0 + \Delta d$，则

$$U_0 = \frac{\Delta d}{d_0} U_1 \tag{5-35}$$

同样，在变面积电容器传感器中，则有

$$U_0 = \frac{\Delta A}{A_0} U_1 \tag{5-36}$$

由此可见，差动脉冲调制电路能适用于变间隙及变面积式差动式电容传感器，并具有线性特性，且转换效率高，经过低通放大器就有较大的直流输出，且调宽频率的变化对输出没有影响。

5.3.4　调频测量电路

调频测量电路把电容式传感器作为振荡器谐振回路的一部分。当输入量导致电容量发生变化时，振荡器的振荡频率就发生变化。虽然可将频率作为测量系统的输出量，用以判断被测非电量的大小，但此时系统是非线性的，不易校正，因此加入鉴频器，将频率的变化转换为振幅的变化，经过放大就可以用仪器指示或记录仪记录下来。调频测量电路原理框图如图5-13所示。

图 5-13　调频测量电路原理框图

图5-13中，调频振荡器的振荡频率为

$$f = \frac{1}{2\pi (LC)^{1/2}} \qquad (5-37)$$

式中，L 为振荡回路的电感；C 为振荡回路的总电容，$C = C_1 + C_2 + C_0 \pm \Delta C$。其中，$C_1$ 为振荡回路固有电容；C_2 为传感器引线分布电容；$C_0 \pm \Delta C$ 为传感器的电容。

当被测信号为 0 时，$\Delta C = 0$，则 $C = C_1 + C_2 + C_0$，所以，振荡器有一个固有频率 f_0 为

$$f_0 = \frac{1}{2\pi \left[(C_1 + C_2 + C_0)L \right]^{1/2}} \qquad (5-38)$$

当被测信号不为 0 时，$\Delta C \neq 0$，振荡器频率有相应变化，此时频率为

$$f_0 = \frac{1}{2\pi \left[(C_1 + C_2 + C_0 \pm \Delta C)L \right]^{1/2}} = f_0 \pm \Delta f \qquad (5-39)$$

调频电容传感器测量电路具有较高灵敏度，可以测至 $0.01~\mu m$ 级位移变化量。频率输出易于用数字仪器测量，抗干扰能力强，可以发送、接收以实现遥测遥控。

5.4 电容器式传感器的应用

5.4.1 电容式位移传感器

利用改变极板间的距离使电容变化的方法进行位移、形变、厚度的测量。

在厚度测量中，可进行非接触式测量。电容式传感器的极板为电容的一个极，被测工件或材料（导电体）通过与基座的接触成为另一个极。当传感器极板至基座表面的距离 D 为已知值时，测出气隙 δ 的大小，即可得到被测工件或材料的厚度为 $d = D - \delta$。

最典型的应用是电容测厚仪。电容测厚仪是用来测量金属带材在轧制过程中的厚度的，它的变换器就是电容式厚度传感器，其工作原理如图 5-14 所示。在被测带材的上下两边各放置一块面积相等、与带材距离相同的极板，这样，极板与带材就形成两个电容器（带材也作为一个极板）。把两块极板用导线连接起来，就成为一个极板，而带材则是电容器的另一个极板，其总电容 $C = C_1 + C_2$。

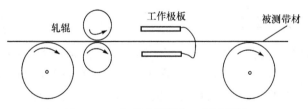

图 5-14 电容式测厚仪工作原理图

金属带材在轧制过程中不断向前送进，如果带材厚度发生变化，将引起它与上下两个极板间距变化，即引起电容量的变化，如果总电容量 C 作为交流电桥的一个臂，电容的变化 ΔC 引起电桥不平衡输出，经过放大、检波、滤波，最后在仪表上

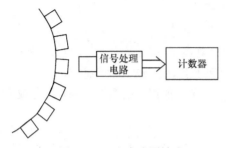

图 5-15　电容式测转速
及计数器工作原理图

显示出带材的厚度。这种测厚仪的优点是带材的振动不影响测量精度。

另外,在测转速时,也是采用改变极板的相对位置获得电容的变化,从而实现转速测量。如图 5-15 所示,当电容极板与齿顶相对时,电容量最大,而与齿隙相对时电容量最小。当齿轮旋转时,电容量就周期性地变化,计数器显示的频率对应着转速的大小,若齿数为 Z,由计数器得到的频率为 f,则转数 $N=f/Z$,除用于测转数外,也可用于产品的计数。

5.4.2　电容式荷重传感器

图 5-16 为电容式荷重传感器的结构示意图,它是在镍铬钼钢块上加工出一排尺寸相同且等距的圆孔,在圆孔内壁上黏接有带绝缘支架的平板式电容器,然后将每个圆孔内的电容器并联。当钢块端面承受重量 F 作用时,圆孔将产生变形,从而使每个电容器的极板间距变小,电容量增大。电容器容量的增值正比于被测载荷 F。

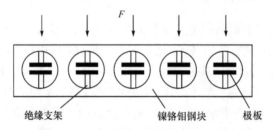

图 5-16　电容式荷重传感器的结构示意图

这种传感器主要的优点是由于受接触面的影响小,因此,测量精度较高。另外,电容器放于钢块的孔内也提高了抗干扰能力,它在地球物理、表面状态检测及自动检验和控制系统中得到了应用。

5.4.3　电容式压力传感器

电容式压力传感器在结构上有单端式和差动式两种形式,因为差动式的灵敏度较高,非线性误差也小,所以,电容式压力传感器大都采用差动形式。

图 5-17 是差动式电容压力传感器的结构示意图,它主要由一个膜式动电极和两个在凹形玻璃上电镀成的固定电极组成差动电容器。当被测压力或压力差作用于膜片并产生位移时,形成的两个电容器的电容量,一个增大,一个减小,该电容值的变化经测量电路转换成与压力或压力差相对应的电流或电压的变化。只要找出差动电容与压力的变化关系即可。

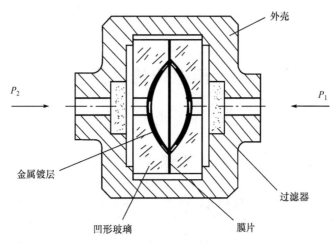

图 5-17　差动式电容压力传感器的结构示意图

　　差动式电容压力传感器的测量电路常采用双 T 形电桥电路。双 T 型电桥电路如图 5-18 所示。其中，e 为对称方波的高频信号源；C_1 和 C_2 为差动式电容传感器的一对电容；R_L 为测量仪表的内阻；VD_1 和 VD_2 为性能相同的两个二极管；$R_1 = R_2$ 为固定电阻。

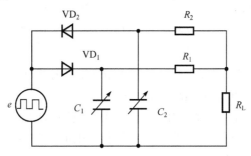

图 5-18　双 T 形电桥电路

　　当 e 为正半周时，VD_1 导通、VD_2 截止，电容 C_1 充电至电压 E，电流经 R_1 流向 R_L。与此同时，C_2 通过 R_2 向 R_L 放电。当 e 为负半周时，VD_2 导通、VD_1 截止，电容 C_2 充电至电压 E，电流经 R_2 流向 R_L。与此同时，C_1 通过 R_1 向 R_L 放电。

　　当 $C_1 = C_2$，亦即没有压力输给传感器时，在 e 的一个周期内流过负载 R_L 的平均值为零，R_L 上无信号输出。

　　当有压力作用在膜片上时，$C_1 \neq C_2$，在负载电阻上的平均电流不为零，R_L 上有信号输出，其输出在一个周期内的平均值为

$$U_0 \approx \frac{R(R + 2R_L)}{(R + R_L)^2} R_L U_i f(C_1 - C_2)$$

式中，f 为电源频率。

　　双 T 形电桥电路具有结构简单、动态响应快、灵敏度高等优点。

第6章 压电传感器及应用

6.1 压 电 效 应

压电效应是由居里兄弟于 1880 年首先在 α-石英晶体上发现的。

某些晶体受到外力作用发生形变时,在它的某些表面上会出现电荷,这种效应称为压电效应。晶体的这一性质为压电性(piezoelectricity),具有压电效应的晶体称为压电晶体(piezo-crystal)。

压电效应是可逆的,即晶体在外电场的作用下发生形变,这种效应称为逆压电效应或反向压电效应。

6.1.1 压电材料的主要特性参数

压电常数:压电常数是衡量材料压电效应强弱的参数,它直接关系到压电输出的灵敏度。

弹性常数:压电材料的弹性常数、刚度决定着压电器件的固有频率和动态特性。

介电常数:对于一定形状、尺寸的压电元件,其固有电容与介电常数有关,而固有电容又影响着压电传感器的频率下限。

机械耦合系数:在压电效应中,其值等于转换输出能量(如电能)与输入能量(如机械能)之比的平方根,它是衡量压电材料机电能量转换效率的一个重要参数。

电阻:压电材料的绝缘电阻将减少电荷泄漏,从而改善压电传感器的低频特性。

居里点:压电材料开始丧失压电特性的温度称为居里点。

常用压电材料性能如表 6-1 所示。

表 6-1　常用压电材料性能

压电材料 性　能	石　英	钛酸钡	锆钛酸铅 PZT-4	锆钛酸铅 PZT-5	锆钛酸铅 PZT-8
压电系数/(pC/N)	$d_{11}=2.31$ $d_{14}=0.73$	$d_{15}=260$ $d_{31}=-78$ $d_{33}=190$	$d_{15}\approx410$ $d_{31}=-100$ $d_{33}=230$	$d_{15}\approx670$ $d_{31}=-185$ $d_{33}=600$	$d_{15}\approx330$ $d_{31}=-90$ $d_{33}=200$
相对介电常数 ε_r	4.5	1200	1050	2100	1000

续表

压电材料　　　　性　能	石　英	钛酸钡	锆钛酸铅 PZT-4	锆钛酸铅 PZT-5	锆钛酸铅 PZT-8
居里点温度/℃	573	115	310	260	300
密度/(10^3 kg/m^3)	2.65	5.5	7.45	7.5	7.45
弹性模量/(10^3 N/m^2)	80	110	83.3	117	123
机械品质因数	$10^5 \sim 10^6$		$\geqslant$500	80	$\geqslant$800
最大安全应力/(10^5 N/m^2)	$95 \sim 100$	81	76	76	83
体积电阻率/($\Omega \cdot$ m)	$>10^{12}$	10^{10}(25℃)	$>10^{10}$	10^{11}(25℃)	
最高允许温度/℃	550	80	250	250	
最高允许湿度/%	100	100	100	100	

6.1.2　压电晶体的压电效应

实验证明，压电效应和反向压电效应都是线性的，即晶体表面出现电荷的多少和形变的大小成正比。当形变改变符号时（由拉伸形变到压缩形变，反之依然），电荷也改变符号；在外电场作用下，晶体形变的大小与电场强度成正比，当电场反向时，形变改变符号。

以 α-石英晶体为例，定性地解释压电效应。

晶体按其质点结合的性质可分为离子晶体、原子晶体、金属和分子晶体。石英是离子晶体，其化学组成是 SiO_2。硅离子和氧离子配置在六棱柱的晶格上。

晶体中，在应力作用下，其两端能产生最强电荷的方向称为电轴，α-石英中的 x 轴为电轴，z 轴为光轴，当光沿着 z 轴入射时，不产生双折射。通常，称 y 轴为机械轴（右手坐标系）。

硅离子带有四个正电荷，氧离子则带有两个负电荷。晶格中，离子的电荷互相平衡，从而整个晶体不显电性。

为了简化，把处在硅离子上边和下边的两个氧离子看做是带有四个负电荷的一个氧离子，这就得到如图 6-1 所示的石英晶体结构简图，利用该简图可以对形成压电效应的原因作一定性的解释。

（1）如果晶片受到沿 x 方向的压缩力作用，晶格沿 x 轴方向被压缩，如图 6-1（b）所示。这时，硅离子 1 就挤入氧离子 2 和 6 之间，而氧离子 4 挤入硅原子 3 和 5 之间，结果在表面 A 呈现负电荷，而在表面 B 呈现正电荷。这一现象称为纵向压电效应。

（2）当晶片受到沿 y 方向的压缩力作用时，晶格沿 y 方向压缩如图 6-1（c）所示。这时，硅离子 3 和氧离子 2，以及硅离子 5 和氧离子 6 都向内移动同样数值，

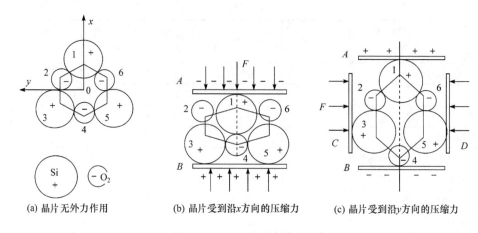

(a) 晶片无外力作用　　　　(b) 晶片受到沿x方向的压缩力　　　　(c) 晶片受到沿y方向的压缩力

图 6-1　石英晶体结构示意图

故在电极 C 和 D 上不呈现电荷,而在表面 A 和 B 上呈现电荷,但符号与图 6-1 (b)的相反,因为硅离子 1 和氧离子 4 向外移动,称为横向压电效应。

(3) 从所研究的模型可见,如果晶片是受到拉伸力不是压缩力,则电荷符号正好相反。

(4) 当沿 z 方向压缩或拉伸时,带电粒子的不对称位移将完全不存在,表面不呈现电荷。

同样,利用上面的石英晶体模型也可解反向压电效应。

对于压电石英晶体而言,不是在晶体的所有方向上都有压电效应。石英晶体化学式为 SiO_2,是单晶体结构。图 6-2(a)表示了天然结构的石英晶体外形,它是一个正六面体。石英晶体各个方向的特性是不同的。其中,纵向轴 z 称为光轴,经过六面体棱线并垂直于光轴的 x 轴称为电轴,与 x 和 z 轴同时垂直的轴称为机械轴。通常,把沿电轴 x 方向的力作用下产生电荷的压电效应称为"纵向压电效

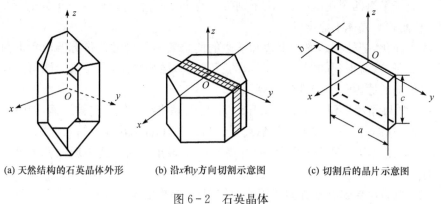

(a) 天然结构的石英晶体外形　　　(b) 沿x和y方向切割示意图　　　(c) 切割后的晶片示意图

图 6-2　石英晶体

应",而把沿机械轴 y 方向作用下产生电荷的压电效应称为"横向压电效应"。而沿光轴 z 方向受力时不产生压电效应。

若从晶体上沿 y 方向切下一块如图 6-2(c)所示晶片,当在 x 轴方向上施加作用力时,则在法向于 x 方向的平面上将产生电荷;在沿 y 轴方向上施加作用力时,则在法向于 x 方向的平面上也将产生电荷。而在 z 轴方向上施加作用力时,则在法向于 x 方向及 y 方向上的平面上均不会产生电荷。

6.1.3　压电陶瓷的压电效应

压电陶瓷是人工制造的多晶体,它的压电机理与压电晶体不同。如钛酸钡,它的晶粒内有许多自发极化的电畴。在极化处理以前,各晶粒内的电畴按任意方向排列,自发极化作用相互抵消,陶瓷内极化强度为零,如图 6-3(a)所示。当陶瓷上施加外电场 E 时,电畴自发极化方向转到与外加电场方向一致,如图 6-3(b)所示(为了简单起见,图中将极化后的晶粒画成单畴,实际上极化后的晶粒往往不是单畴),既然进行了极化,此时压电陶瓷具有一定极化强度。当电场撤销以后,各电畴的自发极化在一定程度上按原外加电场方向取向,陶瓷内极化强度不再为零,如图 6-3(c)所示,这种极化强度称为剩余极化强度。这样,在陶瓷片极化的两端就出现束缚电荷,一端为正电荷,另一端为负电荷,如图 6-4 所示。由于束缚电荷的作用,在陶瓷片的电极表面上很快吸附了一层来自外界的自由电荷,这些自由电荷与陶瓷片内的束缚电荷符号相反而数值相等,它起着屏蔽和抵消陶瓷片内极化强度的对外作用,因此,陶瓷片对外不表现极性。如果在压电陶瓷片上加一个与极化方向平行的外力,陶瓷片将产生压缩变形,片内的正、负束缚电荷之间距离变小,电畴发生偏转,极化强度也变小,因此,原来吸附在极板上的自由电荷,有一部分被释放而出现放电现象。当压力撤销后,陶瓷片恢复原状,片内正、负电荷之间的距离变大,极化强度也变大,因此,电极上又吸附一部分自由电荷而出现充电现象。这种由于机械效应转变为电效应,或者说由机械能转变为电能的现象,就是压电陶瓷的正压电效应。放电电荷的多少与外力的大小成比例关系,即在普遍情况下,晶体在应力作用下,晶格发生形变,正负电荷的中心有了偏移,使总的电偶极矩

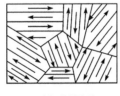
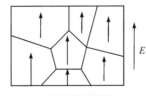
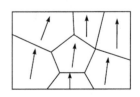

(a) 未极化的陶瓷　　　　　　(b) 正在极化的陶瓷　　　　　　(c) 极化后的陶瓷

图 6-3　压电陶瓷的极化

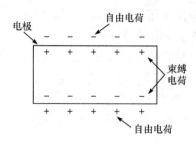

图 6-4　陶瓷片内的束缚电荷和电极表面吸附的自由电荷

发生改变,从而晶体表面产生电荷,这就是正向压电效应。反向压电效应是由于正负离子在电场库仑力的作用下发生相对位移,导致晶体产生内应力,最终使晶片发生宏观形变。

那么,力-形变、电场-电荷之间的数学关系就用压电方程表示。

6.2　压电方程

所谓压电方程,就是描述晶体的力学量(应力和应变)和电学量(电场强度和电位移)之间相互联系的关系式。当然,这些量还不可避免地与热学量(温度和熵)有关。

压电方程是由热力学函数推导出来的,最基本的压电方程为 d-型压电方程,即

$$\begin{cases} S_h = S_{hk}^E \cdot T_k + d_{jh} \cdot E_j, & h,k = 1,2,\cdots,6 \\ D_i = d_{ik} \cdot T_k + \varepsilon_{ij}^T \cdot E_j, & i,j = 1,2,3 \end{cases} \tag{6-1}$$

式中,S_h 为应变;S_{hk}^E 为在电场为定值时的弹性常数;T_k 为应力;d_{jh} 为压电常数;E_j 为电场;ε_{ij}^T 为在常应力下的介电常数。

通常是在恒应力或恒电场两种情况下使用。这里讨论这两种情况的特例,即电场为零和应力为零两种情况。

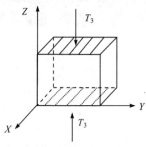

图 6-5　晶体仅受应力作用

6.2.1　电场为零

电场为零,即 $E=0$,晶体仅受应力作用,式(6-1)就成为

$$\begin{cases} S_h = S_{hk}^E \cdot T_k \\ D_i = d_{ik} \cdot T_k \end{cases} \quad （遵循胡克定律）$$

如图 6-5 所示,仅 Z 方向有力作用,则 $T_k = T_3$,则 Z 方向的应变和电位移为

$$\begin{cases} S_3 = S_{33}^E \cdot T_3 \\ D_3 = d_{33} \cdot T_3 \end{cases} \tag{6-2}$$

式中，S_3 为在 Z 方向的单位长度上的变化量；D_3 为法向于 Z 方向的单位面积上的电荷量。

6.2.2 应力为零

应力为零，即 $T = 0$，晶体仅受电场作用，式 (6-1)就成为

$$\begin{cases} S_h = d_{jh} \cdot E_j \\ D_i = \varepsilon_{ij}^T \cdot E_j \end{cases}$$

如图 6-6 所示，仅 Z 方向有电场作用，则 $E_j = E_3$，则 Z 方向的应变和电位移为

$$\begin{cases} S_3 = d_{33} \cdot E_3 \\ D_3 = \varepsilon_{33}^T \cdot E_3 \end{cases} \tag{6-3}$$

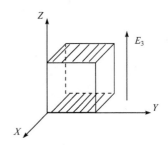

图 6-6 晶体仅受电场作用

这几个关系式在工程实践中非常有用。

但是，压电元件的输出信号是非常微弱的，因此需要信号处理。

以压电陶瓷 PZT-5A 为例：当压电元件受到力的作用时，会产生电荷 Q。由压电方程 $D_3 = d_{33} \cdot T_3$，得

$$Q_3 = d_{33} \cdot T_3 \cdot S = d_{33} \cdot F_3$$

PZT-5A 的压电常数 $d_{33} = 450 \text{pC/N}$，若给元件施加 1N 的力，即 $T_3 = 1\text{N}$，电极面积 $S = 1\text{m}^2$，则输出的电荷为

$$Q_3 = d_{33} \cdot F_3 = 450 \text{pC/N} \times 1\text{N} = 4.5 \times 10^{-10} \text{C}$$

由于工程中往往是用电压信号，主要是为了信号处理方便，如 A/D 转换不仅要求输入量为电压而且要求电压为伏级。

因此，压电元件在力的作用下产生的电荷量，最好将它转换成输出电压使用。

6.3 电荷放大器

6.3.1 电荷放大器的输出电压

由于被测信号很微弱，而 A/D 转换不仅要求输入量为电压，且为伏级，所以，必须采用放大器。放大器的性能直接影响到整机指标。因此，要求放大器必须满足下列要求：线性度好；具有高精度和高稳定性的放大倍数；具有高输入阻抗和低输出阻抗；零漂和噪声要小；抗干扰能力强；具有较快的反应速度和过载恢复时间。

理想的电荷放大器等效电路可用图 6-7 表示。

图 6-7 中，A 为高增益运放。由于运放具有极高的输入阻抗，因此，放大器的输

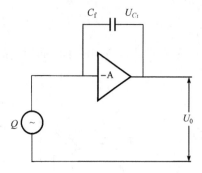

图6-7　理想电荷放大器的等效电路

入端几乎没有电流,电荷源只对 C_f 充放电,充放电电压接近放大器的输出电压,即

$$U_0 \approx U_{C_f} = -Q/C_f \qquad (6-4)$$

式(6-4)说明,在理想情况下,电荷放大器的输出电压(U_0)与输入电荷(Q)成正比,与反馈电容(C_f)成反比,而与其他电路参数、输入信号频率无关。

考虑到压电元件、电缆和放大器本身的电阻、电容对电荷放大器性能的影响,实际电荷放大器的等效电路如图6-8所示。

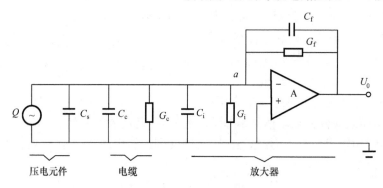

图6-8　电荷放大器的实际等效电路

图6-8中, C_s 为压电元件固有电容; C_c 为输入电缆等效电容; C_i 为放大器输入电容; C_f 为反馈电容; G_c 为输入电缆的漏电导; G_i 为放大器的输入电导; G_f 为反馈电导。

若将图6-8中压电元件的电荷源用作电压源代替,如图6-9所示。

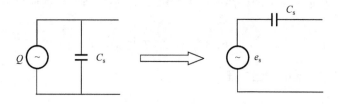

图6-9　电荷源用电压源代替

根据等效电路可得

$$(e_s - U_a)\mathrm{j}\omega C_s - U_a[(G_c + G_i) + \mathrm{j}\omega(C_c + C_i)] = (U_a - U_0)(G_f + \mathrm{j}\omega C_f)$$

$$(6-5)$$

式中, U_a 为 a 点电压。因 a 点为虚地点,即 $U_a = -U_0/A_d$,代入式(6-5)可得

$$U_0 = \frac{-j\omega C_s A_d e_s}{(G_f + j\omega C_f)(1+A_d) + G_i + G_c + j\omega(C_c + C_i + C_s)}$$

$$= \frac{-j\omega Q A_d}{(G_f + j\omega C_f)(1+A_d) + G_i + G_c + j\omega(C_c + C_i + C_s)}$$

$$= \frac{-j\omega Q A_d}{G_f(1+A_d) + G_i + G_c + j\omega C_f(1+A_d) + j\omega(C_c + C_i + C_s)}$$

$$(6-6)$$

显然,实际电荷放大器的输出电压不仅和输入电荷 Q 有关,而且和电路参数 G_f、G_c、G_i、C_i、C_c、C_s 及信号频率 f、开环增益 A_d 有关。

由于在通常情况下,G_c、G_i 和 G_f 均很小,则式(5-6)可简化为

$$U_0 = \frac{-A_d Q}{C_c + C_i + C_s + (1+A_d)C_f} \tag{6-7}$$

一般情况下,C_s 为几十到几百皮法,C_f 为 $10^2 \sim 10^5 \, pF$,C_c 约为 $100 \, pF/m$,所以,式(6-7)中,

$$(1+A_d)C_f \gg C_c + C_i + C_s$$

因此,式(6-7)可简化为

$$U_0 = \frac{-A_d Q}{(1+A_d)C_f} \approx -\frac{Q}{C_f} \tag{6-8}$$

由式(6-8)可见,电荷放大器的输出电压 U_0 与电缆电容 C_c 无关,且与压电传感器的电荷 Q 成正比,这是电荷放大器的最大优点。

6.3.2 实际电荷放大器的运算误差

若用 U_{io} 和 U_{po} 分别表示理想电荷放大器和实际电荷放大器的输出电压,则当 C_i 很小时,实际电荷放大器的测量误差与开环电压增益的关系为

$$\delta = \frac{U_{io} - U_{po}}{U_{io}} \times 100\%$$

$$= \frac{-\dfrac{Q}{C_f} - \left[-\dfrac{A_d Q}{C_s + C_c + (1+A_d)C_f} \right]}{-\dfrac{Q}{C_f}} \times 100\%$$

$$= \frac{C_c + C_s + C_f}{C_s + C_c + (1+A_d)C_f} \times 100\% \tag{6-9}$$

可见,当 $(1+A_d)C_f \gg C_c + C_s$ 时,运算误差与开环增益 A_d 成反比。因此,应选择较大 A_d 的放大器,以减小运算误差。

6.3.3　电荷放大器的下限截止频率

由式(6-6)

$$U_0 = \frac{-\mathrm{j}\omega QA_\mathrm{d}}{G_\mathrm{f}(1+A_\mathrm{d})+G_\mathrm{i}+G_\mathrm{c}+\mathrm{j}\omega C_\mathrm{f}(1+A_\mathrm{d})+\mathrm{j}\omega(C_\mathrm{c}+C_\mathrm{i}+C_\mathrm{s})}$$

此式为电荷放大器的频率特性表达式。

为了更清楚地表达 U_0 与 f 之间的关系,可将上式简化。由于开环增益 A_d 很大,通常满足(实部与实部比较,虚部与虚部比较)

$$G_\mathrm{f}(1+A_\mathrm{d}) \gg G_\mathrm{i}+G_\mathrm{c}, \quad C_\mathrm{f}(1+A_\mathrm{d}) \gg C_\mathrm{s}+C_\mathrm{c}+C_\mathrm{i}$$

则上式可表达为

$$U_0 = \frac{-\mathrm{j}\omega QA_\mathrm{d}}{(G_\mathrm{f}+\mathrm{j}\omega C_\mathrm{f})(1+A_\mathrm{d})} \approx \frac{-Q}{C_\mathrm{f}-\mathrm{j}\dfrac{G_\mathrm{f}}{\omega}} \qquad (6-10)$$

此式说明,电荷放大器的输出压电 U_0 不仅与输入电荷 Q 有关,而且和反馈网络参数 G_f、C_f 有关,当信号频率 f 较低时,$|G_\mathrm{f}/\omega|$ 就不能忽略。因此,式(6-10)是表达电荷放大器低频响应的。当 $\left|\dfrac{G_\mathrm{f}}{\omega}\right| = C_\mathrm{f}$ 时,输出电压幅值为

$$U_0 = \frac{Q}{\sqrt{2}C_\mathrm{f}} \qquad (C_\mathrm{f}-\mathrm{j}C_\mathrm{f},\text{其模为}\sqrt{2}C_\mathrm{f})$$

这就是下限截止频率点电压输出值,则相应的下限截止频率为

$$f_\mathrm{L} = \frac{1}{2\pi C_\mathrm{f}/G_\mathrm{f}} = \frac{1}{2\pi R_\mathrm{f}C_\mathrm{f}} \qquad (6-11)$$

式(6-11)是在 $G_\mathrm{i}/A_\mathrm{d} \ll G_\mathrm{f}$ 条件下得出的。如果 $\dfrac{G_\mathrm{i}}{A_\mathrm{d}}$ 与 G_f 可以相比拟,且当 $\left|\dfrac{G_\mathrm{f}+G_\mathrm{i}/A_\mathrm{d}}{\omega}\right| = C_\mathrm{f}$ 时,则 f_L 应由下式决定:

$$f_\mathrm{L} = \frac{G_\mathrm{f}+C_\mathrm{i}/A_\mathrm{d}}{2\pi C_\mathrm{f}} \qquad (6-12)$$

由式(6-11)和式(6-12)可见,若要设计下限截止频率 f_L 很低的电荷放大器,则需要选择足够大的反馈电容 C_f 及反馈电阻 $R_\mathrm{f} = \dfrac{1}{G_\mathrm{f}}$,也就是增大反馈电路时间常数 $R_\mathrm{f}C_\mathrm{f} = T_\mathrm{f}$。

由于反馈电阻 R_f 很大,则必须用高输入阻抗的运放才能保证有强的直流负反馈以减小输入级零点漂移。

例如,$R_\mathrm{f} = 10^{10}\,\Omega$, $C_\mathrm{f} = 100\mathrm{pF}$, $A_\mathrm{d} = 10^4$,则

$$f_\mathrm{L} = 0.16\mathrm{Hz}$$

若 $R_f = 10^{12}\,\Omega$, $C_f = 10^4\,\mathrm{pF}$,则

$$f_L = 0.16 \times 10^{-4}\,\mathrm{Hz}$$

电荷放大器的高频响应主要是受输入电缆分布电容、杂散电容的影响,特别是输入电缆很长时(几百米,甚至数千米),考虑 C_c 的影响,且当 $\left|\dfrac{G_c}{\omega}\right| = C_c + C_s$ 时,电荷放大器的上限截止频率为

$$f_H = \frac{1}{2\pi R_c (C_s + C_c)}$$

式中,R_c 和 C_c 分别为长电缆的直流电阻和分布电容;C_s 为传感器的电容。

例如,电缆为 100m,100pF/m,则 $C_c = 10^4\,\mathrm{pF}$。

传感器的电容一般为几千皮法,如 1000pF,电缆的直流电阻 $R_c = 10\Omega$(一般情况下很小),则

$$f_H = 1.6\mathrm{MHz}$$

若电缆为 1000m,$C_c = 10^5\,\mathrm{pF}$,则

$$f_H = 16\mathrm{MHz}$$

压电元件的串联谐振频率 f_s 一般在兆赫兹以下,而压电复合材料的更低,一般在小于几十千赫兹的范围,因此,通常不考虑电荷放大器的 f_H。

6.3.4　电荷放大器的噪声及漂移特性

如果构成换能器的压电元件的电容 C_s 很小,则换能器在低频时,容抗很大。因此,换能器的噪声就很大。

1. 噪声

由图 6-10 可分析等效输入噪声电压 U_n 与它在输出端产生的噪声输出电压 U_{on} 的关系。这时,只要将输入电荷 Q 及等效零漂 U_{off} 置零即可。

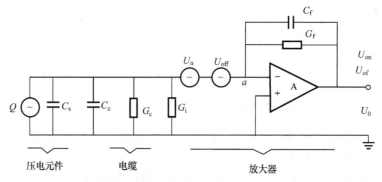

图 6-10　电荷放大器的噪声及零漂实际等效电路

由图 6-10 列出方程

$$U_n[j\omega(C_c+C_s)+G_i+G_c]=(U_{on}-U_n)(j\omega C_f+G_f)$$

解得

$$U_{on}=\left[1+\frac{j\omega(C_c+C_s)+G_i+G_c}{j\omega C_f+G_f}\right]U_n$$

当 $\omega(C_c+C_s)\gg(G_i+G_c)$，$\omega C_f\gg G_f$ 时，上式可简化为

$$U_{on}=\left(1+\frac{C_s+C_c}{C_f}\right)U_n \qquad (6-13)$$

由上式可见，当等效输入噪声压电 U_n 一定时，C_f 越大，输出噪声电压 U_{on} 越小(此时，应该注意上式的前提是：$\omega(C_c+C_s)\gg(G_i+G_c)$，因此，$(C_c+C_s)$ 增加，C_f 增加才能使 U_{on} 降低)。

除了输入器件及电缆引起噪声之外，50 Hz 的交流电压很容易通过杂散电容耦合到输入端。为了减小 50 Hz 的交流干扰电压，必须在电荷放大器的输入端进行严格的静电屏蔽。

2. 零漂

用同样的方法可求得电荷放大器的零漂 U_{of} 输出为

$$U_{of}=\left[1+\frac{j\omega(C_c+C_s)+G_i+G_c}{j\omega C_f+G_f}\right]U_{off}$$

由于零漂是一种变化缓慢的信号，即 $f=0$，代入上式可得

$$U_{of}=\left(1+\frac{C_i+G_c}{G_f}\right)U_{off} \qquad (6-14)$$

由上式可见，若要减小电荷放大器的零漂，必须提高放大器的输入电阻 R_i (即使 G_i 减小)及电缆的绝缘电阻 R_c (即使 G_c 减小)，同时要减小反馈电阻 R_f (即使 G_f 增加)。但是，减小 R_f 则下限截止频率就要相应提高。因此，减小零漂与降低下限截止频率是相互矛盾的，必须根据具体情况选择适当的 R_f 值。

6.4 压电传感器的应用

6.4.1 压电水下声学接收换能器——水听器

压电传感器的最初应用是在第一次世界大战期间，法国物理学家朗之万(Langevin)应法国政府的要求研究一种测潜水艇用的装置，朗之万经过多次试验后，最终用石英晶体做成了世界上第一个压电换能器，这就是著名的朗之万换能器。直到今天，这种类型的换能器仍得到应用，并得到改进和发展。因此，在介绍压电传

感器的应用时,不可避免地要介绍用于水下探测的压电换能器——水下声呐换能器(有发射型和接收型,水下声呐接收换能器通常称为水听器)。

目前,代替石英晶体的是价廉物美的压电陶瓷及其复合物。

水听器(hydrophone)的考核指标有很多,主要的有三个:灵敏度、指向性、工作频率。

1. 自由场电压接收灵敏度(FVRS)

自由场电压接收灵敏度 M_e 是换能器输出端的开路电压 V_{oc} 与声场中引入换能器前在放置换能器处的平面波自由场声压 P_f 的比值,单位是 V/Pa,即

$$M_e = \frac{V_{oc}}{P_f} \tag{6-15}$$

当用分贝表示时,又称自由场电压灵敏度级,通常仍称自由场电压灵敏度,单位是 dB。

在水下电声测量中,广泛地采用分贝制,有以下几个原因:

(1) 在声学,特别是生理声学上的传统或历史上的习惯。人耳对声音响度变化,如从 1 变到 10 个响度单位与从 10 变到 100 个响度单位,其感觉是近似一样的。也就是说,人耳是个对数检测器。因此,像分贝标尺这样的标尺或对数的测量系统是很有用的。

(2) 在人的听觉和各种声学现象中,信号的幅度变化范围极其宽,约 10^{12} 的数量级,而采用对数标尺是适宜和方便的。

(3) 在水下电声测量和声学的其他许多特殊的领域中,以及通信工程,人们的兴趣往往是信号的相对比值,并不是其绝对值,而比值用分贝来测量也是很方便的,表示式为

$$M_{el} = 20\lg \frac{M_e}{M_{eo}} \tag{6-16}$$

式中,M_{eo} 为电压灵敏度的基准值,所取单位与 M_e 相同,通常采用 $M_{eo}=1\text{V}/\mu\text{Pa}=10^6\,\text{V/Pa}$,则自由场电压灵敏度为

$$M_{el} = 20\lg M_e - 120(\text{dB}) \tag{6-17}$$

由压电方程

$$D_i = d_{ik}T_k$$

得

$$D_3 = d_{31}T_1 + d_{31}T_2 + d_{33}T_3 + d_{34}T_4 + d_{35}T_5 + d_{36}T_6$$

由于压电陶瓷的 $d_{34}=d_{35}=d_{36}=0$,$d_{32}=d_{31}$,而且在等静压状态下,$T_1=T_2=T_3=P$,因此,

$$D_3 = (d_{33} + 2d_{31})P = d_h P$$

式中,d_h 为等静压压电电荷常数。在等静压作用下,电极表面产生的电荷为

$$Q = d_h PS$$

式中,S 为电极面积。将 $Q=CV$ 代入上式得

$$V = d_h PS/C = d_h PSt/\varepsilon S = g_h P t$$

则

$$M_e = V/P = g_h t$$

式中,g_h 为等静压压电电压常数;t 为压电元件的厚度。则自由场电压灵敏度为

$$M_{el} = 20\lg(g_h t) - 120 \text{ (dB)} \tag{6-18}$$

由此得出,在选定压电元件时,应选 g_h 值和厚度较大的元件,$g_h = g_{33} - 2|g_{31}|$,也就是选择 g_{33} 大、g_{31} 小的压电元件,以获得较大的自由场电压接收灵敏度。

例如,要求自由场电压接收灵敏度为 -200dB,则由式(6-18)得

$$g_h t = 10^{-4}$$

若压电元件的厚度 $t=10\text{mm}$,则

$$g_h = 0.01\text{V} \cdot \text{m/N} = 10\text{mV} \cdot \text{m/N}$$

若要求自由场电压接收灵敏度为 -180dB,则由式(6-18)得

$$g_h t = 10^{-3}$$

压电元件的厚度仍为 $t=10\text{mm}$,则

$$g_h = 0.1\text{V} \cdot \text{m/N} = 100\text{mV} \cdot \text{m/N}$$

对于压电元件来讲,这样的指标是很难达到的。

压电元件的工作原理为一个有源电容器,因此,如果一个元件达不到设计所要求的灵敏度,则可将多个压电元件串联起来,组成串联阵列,即所谓的换能器基阵,这样,就相当于增加了厚度 t,则可达到提高灵敏度的要求。如上例,使 10 个压电元件在电路上串联,等效于使压电元件的厚度增加 10 倍,这样,可以利用 $g_h = 10\text{mV} \cdot \text{m/N}$ 的压电元件达到灵敏度为 -180dB 的目的。

2. 指向性(directivity)

对于同一个换能阵,如图 6-11 所示的线列阵组合平面阵,当声波相对于换能器的入射方向及声波的频率不同时,它的自由场电压灵敏度一般也有不同的值。通常,它在某个方向上有一个极大值。接收阵响应指向性的形成是由于接收阵处于待测声源的远场区,达到接收表面上的声波产生的总作用力是各子波干涉叠加的结果。一般,用归一化输出电压指向性函数来表达,表达式为

$$D(\alpha,\theta) = \frac{|V(\alpha,\theta)|}{|V(\alpha_0,\theta_0)|}$$

式中,$|V(\alpha,\theta)|$ 代表当接收阵位于待测声源远场区,声波沿 (α,θ) 方向入射时,接收阵输出电压的幅值;$|V(\alpha_0,\theta_0)|$ 代表声波沿接收阵最大响应方向 (α_0,θ_0) 入射时阵输出电压的幅值。图 6-12 为归一化的指向性图。

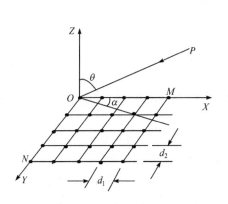

图 6-11　线列阵组合平面阵

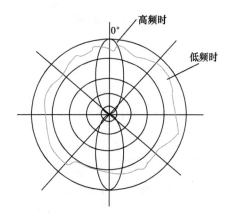

图 6-12　归一化的指向性图

事实上,指向性也是频率的函数。

由 N 行×M 列阵元均匀排列在平面上构成线列阵组合平面阵的指向性函数为

$$D(\alpha,\theta,w)=\frac{\sin\left(\dfrac{kMd_1}{2}\cos\alpha\sin\theta\right)}{M\sin\left(\dfrac{kd_1}{2}\cos\alpha\sin\theta\right)}\frac{\sin\left(\dfrac{kNd_2}{2}\sin\alpha\sin\theta\right)}{N\sin\left(\dfrac{kd_2}{2}\sin\alpha\sin\theta\right)}$$

式中,$k(2\pi f/c)$ 为波数。

对于压电换能器的平面基阵,如果要指向性水平全向,则换能器的尺寸至少要比入射声波的波长小 10 倍,波长的计算如下:

$$\lambda=\frac{v}{f}=\frac{150000}{5000}=30(\text{cm})$$

式中,λ 为声波波长;v 为声波在介质中的声速;f 为工作频率。

如果要指向性全向,则换能器的尺寸应不大于

$$30/10=3(\text{cm})$$

换能器可做成 $\phi3\text{cm}$ 的圆形或 $3\text{cm}\times3\text{cm}$ 的方形,则其在 5kHz 以下工作时,指向性为水平全向。

换能器阵的指向性在工程设计中有非常重要的作用,如用于军事目的的水下潜艇、水雷及用于开发水下资源的定点探测、捕鱼等。

3. 工作频率

水听器的工作频率范围低于压电元件的基波谐振频率。因为要求水听器在工作频率范围内,其灵敏度的输出要保持一致性,即灵敏度的频率特性要平坦。因此,在选用压电元件时,要注意给出的基波谐振频率。水听器的工作频率一般在几十赫兹以下。

6.4.2 压电式加速度传感器

1. 结构原理

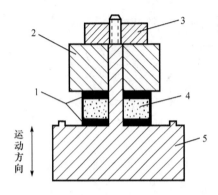

图 6-13 压电加速度传感器结构示意图

压电式加速度传感器结构一般有纵向效应型、横向效应型和剪切效应型三种。纵向效应是最常见的一种结构。如图 6-13 所示,压电陶瓷 4 和质量块 2 为环形,通过螺母 3 对质量块预先加载,使之压紧在压电陶瓷上。测量时,将传感器基座 5 与被测对象牢牢地紧固在一起。输出信号由电极 1 输出。

当传感器感受振动时,因为质量块相对被测体质量较小,所以,质量块感受与传感器基座相同的振动,并受到与加速度方向相反的惯性力,此力为 $F=ma$。同时,惯性力作用在压电陶瓷上产生电荷为

$$q = d_{33}F = d_{33}ma$$
$$q/a = d_{33}m$$

此式为加速度的灵敏度,表明电荷量直接反映加速度的大小,它的灵敏度与压电材料的压电系数和质量块质量有关。为了提高传感器灵敏度,一般选择压电系数大的压电陶瓷片。若增加质量块的质量会影响被测振动,同时会降低振动系统的固有频率,因此,一般不用增加质量的办法来提高传感器灵敏度。此外,用增加压电片的数目和采用合理的连接方法也可以提高传感器的灵敏度。

2. 动态响应

压电加速度传感器可用质量 m,弹簧 k、阻尼 C 的二阶系统来模拟,如图 6-14 所示。设被测振动体位移 x_0,质量块相对位移 x_m,则质量块与被测振动体的相对位移为 x_i,即

$$x_i = x_m - x_0$$

根据牛顿第二定律有

$$m\frac{\mathrm{d}^2 x_m}{\mathrm{d}t^2} = -c\frac{\mathrm{d}x_i}{\mathrm{d}t} - kx_i \qquad (6-19)$$

将 $x_i = x_m - x_0$ 代入式(6-19)得

$$m\frac{\mathrm{d}^2 x_m}{\mathrm{d}t^2} = -c\frac{\mathrm{d}}{\mathrm{d}t}(x_m - x_0) - k(x_m - x_0)$$

将上式改写为

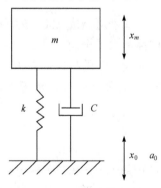

图 6-14 加速度传感器的
二阶模拟系统

$$\frac{\mathrm{d}^2(x_m-x_0)}{\mathrm{d}t^2}+\frac{c}{m}\frac{\mathrm{d}(x_m-x_0)}{\mathrm{d}t}+\frac{k}{m}(x_m-x_0)=-\frac{\mathrm{d}^2x_0}{\mathrm{d}t^2}$$

并设输入为加速度 $a_0=\dfrac{\mathrm{d}^2x_0}{\mathrm{d}t^2}$，输出为 (x_m-x_0)，并引入算子 $\left(D=\dfrac{\mathrm{d}}{\mathrm{d}t}\right)$，将上式变为

$$D^2(x_m-x_0)+\frac{c}{m}D(x_m-x_0)+\frac{k}{m}(x_m-x_0)=-a_0$$

$$(x_m-x_0)\left(D^2+\frac{c}{m}D+\frac{k}{m}\right)=-a_0$$

$$\frac{x_m-x_0}{a_0}=\frac{-1}{D^2+\dfrac{c}{m}D+\dfrac{k}{m}}=\frac{-\left(\dfrac{1}{\omega_0}\right)^2}{\dfrac{D^2}{\omega_0{}^2}+\dfrac{2\xi}{\omega_0}D+1}$$

$$\frac{x_m-x_0}{a_0}=\frac{K}{\dfrac{D^2}{\omega_0{}^2}+\dfrac{2\xi}{\omega_0}D+1} \tag{6-20}$$

此为二阶系统的运算传递函数。式中，$K=-\left(\dfrac{1}{\omega_0}\right)^2$ 为静态灵敏度；$\omega_0=\sqrt{\dfrac{k}{m}}$ 为固有频率；$\xi=\dfrac{C}{2\sqrt{km}}$ 为相对阻尼系数。

二阶传感器的频率传递函数为

$$W(\mathrm{j}\omega)=\frac{Y}{X}(\mathrm{j}\omega)=\frac{K}{\left(\dfrac{\mathrm{j}\omega}{\omega_0}\right)^2+\dfrac{2\xi\mathrm{j}\omega}{\omega_0}+1}$$

将式 (6-20) 写成频率传递函数，则有

$$\frac{x_m-x_0}{a_0}(\mathrm{j}\omega)=\frac{-\left(\dfrac{1}{\omega_0}\right)^2}{1-\left(\dfrac{\omega}{\omega_0}\right)^2+2\xi\dfrac{\omega}{\omega_0}\mathrm{j}} \tag{6-21}$$

其幅频特性为

$$\left|\frac{x_m-x_0}{a_0}\right|=\frac{\left(\dfrac{1}{\omega_0}\right)^2}{\sqrt{\left[1-\left(\dfrac{\omega}{\omega_0}\right)^2\right]^2+\left(2\xi\dfrac{\omega}{\omega_0}\right)^2}} \tag{6-22}$$

相频特性为

$$\phi = -\arctan\left[\frac{2\xi\left(\dfrac{\omega}{\omega_0}\right)}{1-\left(\dfrac{\omega}{\omega_0}\right)^2}\right] - 180° \qquad (6-23)$$

由于质量块与被测振动体相对位移 $x_m - x_0$，也就是压电元件受力后产生的变形量，于是有

$$F = k_y(x_m - x_0) \qquad (6-24)$$

式中，k_y 为压电元件的弹性常数。

当力 F 作用在压电元件上，则产生的电荷为

$$q = d_{33}F = d_{33}k_y(x_m - x_0) \qquad (6-25)$$

将上式代入式(6-22)，便得到压电式加速度传感器灵敏度与频率的关系式为

$$\frac{q}{a_0} = \frac{\dfrac{d_{33}k_y}{\omega_0^2}}{\sqrt{\left[1-\left(\dfrac{\omega}{\omega_0}\right)^2\right]^2 + \left(2\xi\dfrac{\omega}{\omega_0}\right)^2}} \qquad (6-26)$$

图 6-15 表示压电式加速度传感器的频率响应特性。由图中曲线看出，当被测体振动频率 ω 远小于传感器固有频率 ω_0 时，传感器的相对灵敏度为常数，即

$$\frac{q}{a_0} \approx \frac{d_{33}k_y}{\omega_0^2} \qquad (6-27)$$

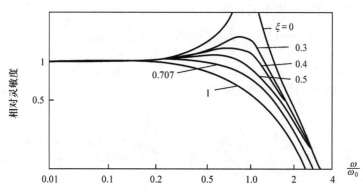

图 6-15　压电式加速度传感器的频响特性

压电式加速度传感器的敏感元件为压电换能器，在电路中等效为一个电容器，其等效电容为 C_0，则由式(6-27)可得压电式加速度传感器的电压灵敏度为

$$\frac{C_0 U}{a_0} \approx \frac{d_{33}k_y}{\omega_0^2}, \quad \frac{U}{a_0} \approx \frac{d_{33}k_y}{C_0\omega_0^2} \qquad (6-28)$$

由于传感器固有频率很高，因此，频率范围较宽，一般在几赫兹到几千赫兹。

6.4.3　压电式压力传感器

根据使用要求不同,压电式测压传感器有各种不同的结构形式,但它们的基本原理相同。图 6-16 为压电式测压传感器的原理简图,它由引线 1、壳体 2、基座 3、压电晶片 4、受压膜片 5 及导电片 6 组成。

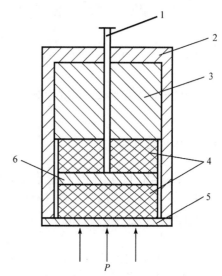

当膜片 5 受到压力 P 作用后,则在压电晶片上产生电荷。在一个压电晶片上所产生的电荷为(膜片的有效面积为 S)

$$q = d_{33}F = d_{33}SP \quad (6-29)$$

如果传感器只有一个压电晶片组成,则根据灵敏度的定义有

电荷灵敏度 $k_q = \dfrac{q}{P}$ 　　　$(6-30)$

电压灵敏度 $k_u = \dfrac{U_0}{P}$ 　　　$(6-31)$

图 6-16　压电式测压传感器的原理简图

根据式(6-29),电荷灵敏度可表示为

$$k_q = \frac{q}{P} = \frac{d_{33}SP}{P} = d_{33}S \quad (6-32)$$

因为 $U_0 = \dfrac{q}{C_0}$,电压灵敏度也可表示为

$$k_u = \frac{U_0}{P} = \frac{q}{PC_0} = \frac{d_{33}SP}{PC_0} = \frac{d_{33}S}{C_0} \quad (6-33)$$

式中,U_0 为压电片输出电压;C_0 为压电片等效电容。

第7章 光电与光纤传感器及应用

7.1 光电效应

光电器件的物理基础是光电效应。光电效应通常分为外光电效应和内光电效应两大类。

7.1.1 外光电效应

在光线作用下,物体内的电子逸出物体表面,向外发射的现象称为外光电效应。基于外光电效应的光电器件有光电管、光电倍增管等。

我们知道,光子是具有能量的粒子,每个光子具有的能量由下式确定:

$$E = h\nu \tag{7-1}$$

式中,$h = 6.626 \times 10^{-34}$ J·s 为普朗克常量;ν 为光的频率(s^{-1})。

若物体中电子吸收的入射光子能量足以克服逸出功 A_0 时,电子就逸出物体表面,产生光电子发射,故要使一个电子逸出,则光子能量 $h\nu$ 必须超过逸出功 A_0,超过部分的能量,表现为逸出电子的动能,即

$$h\nu = \frac{1}{2}mv_0^2 + A_0 \tag{7-2}$$

式中,m 为电子质量;v_0 为电子逸出速度。式(7-2)即称爱因斯坦光电效应方程。由该式可知:

(1) 光电子能否产生取决于光子的能量是否大于该物体的表面逸出功,这意味着每一种物体都有一个对应的光频阈值,称为红限频率。光线的频率小于红限频率,光子的能量不足以使物体内的电子逸出,因而小于红限频率的入射光,光强再大也不会产生光电子发射;反之,入射光频率高于红限频率,即使光线微弱,也会有光电子发射出来。

(2) 入射光的频谱成分不变,产生的光电与光强成正比。光越强,意味着入射光子数目越多,逸出的电子数也越多。

(3) 光电子逸出物体表面时具有初始动能,因此,光电管即便没加阳极电压,也会有光电流产生。为使光电流为零,必须加负的截止电压,而截止电压与入射光的频率成正比。

7.1.2 内光电效应

受光照的物体导电率发生变化,或产生光生电动势的效应叫内光电效应。内

光电效应又可分为以下两大类：

（1）光电导效应。在光线作用下，电子吸收光子能量从键合状态过渡到自由状态而引起材料电阻率的变化，这种现象称为光电导效应。基于这种效应的光电器件有光敏电阻。

要产生光电导效应，光子能量 $h\nu$ 必须大于半导体材料的禁带宽度 E_g，由此入射光能导出光电导效应的临界波长 λ_0 为

$$h\nu = \frac{hc}{\lambda_0}, \qquad \lambda_0 \approx \frac{1.24}{E_g}(\text{nm}) \qquad\qquad (7-3)$$

（2）光生伏特效应。在光线作用下能够使物体产生一定方向电动势的现象叫光生伏特效应。基于该效应的光电器件有光电池和光敏晶体管。

7.2　光敏电阻

光敏电阻又称光导管，是一种均质半导体光电器件，它具有灵敏度高、光谱响应范围宽、体积小、重量轻、机械强度高、耐冲击、耐振动、抗过载能力强和寿命长等特点。

7.2.1　光敏电阻的原理和结构

当光照射到光电导体上时，若光电导体为本征半导体材料，而且光辐射能量又足够强，光导材料价带上的电子将激发到导带上去，从而使导带的电子和价带的空穴增加，致使光导体的电导率变大。为实现能级的跃迁，入射光的能量必须大于光导材料的禁带宽度 E_g，即

$$h\nu = \frac{hc}{\lambda} = \frac{1.24}{\lambda} \geqslant E_g(\text{eV})$$

式中，ν 和 λ 为入射光的频率和波长。

也就是说，一种光电导体存在一个照射光的波长限 λ_c，只有波长小于 λ_c 的光照射在光电导体上，才能产生电子在能级间的跃迁，从而使光电导体电导率增加。

光敏电阻的结构很简单，图 7-1(a)所示为金属封装的 CdS 光敏电阻的结构图。管芯是一块安装在绝缘衬底上的带有两个欧姆接触电极的光电导体。光导体吸收光子而产生的光电效应只限于光照的表面薄层，虽然产生的载流子也有少数扩散到内部去，但扩散深度有限，因此，光电导体一般都做成薄层。为了获得高的灵敏度，光敏电阻的电极一般采用梳状图案，如图 7-1(b)所示，它是在一定的掩模下向光电导薄膜上蒸镀金或铟等金属形成的。这种梳状电极由于在间距很近的电极之间有可能采用大的灵敏面积，所以提高了光敏电阻的灵敏度。图 7-1(c)是光敏电阻的代表符号。

光敏电阻的灵敏度易受湿度的影响，因此，要将导光电导体严密封装在玻璃壳

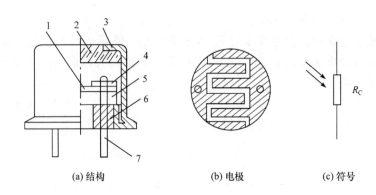

(a) 结构　　　　　　　　(b) 电极　　　　　　　　(c) 符号

图 7-1　CdS 光敏电阻的结构和符号

1. 光导层；2. 玻璃窗口；3. 金属外壳；4. 电极；5. 陶瓷基座；6. 黑色绝缘玻璃；7. 电极引线

体中。光敏电阻具有很高的灵敏度、很好的光谱特性，光谱响应可从紫外区到红外区范围内，而且体积小，重量轻，性能稳定，价格便宜，因此应用比较广泛。

7.2.2　光敏电阻的主要参数和基本特性

1. 暗电阻、亮电阻、光电流

光敏电阻在室温条件下，全暗后经过一定时间测量的电阻值称为暗电阻，此时流过的电流称为暗电流。

光敏电阻在某一光照下的阻值称为该光照下的亮电阻，此时流过的电流称为亮电流。

亮电流与暗电流之差称为光电流。

光敏电阻的暗电阻越大，而亮电阻越小则性能越好。也就是说，暗电流要小，光电流要大，这样的光敏电阻灵敏度就高。实际上，大多数光敏电阻的暗电阻往往超过 $1M\Omega$，甚至高达 $100M\Omega$，而亮电阻即使在正常白昼条件下也可降到 $1k\Omega$ 以下，可见光敏电阻的灵敏度是相当高的。

2. 光照特性

图 7-2(a)表示 CdS 光敏电阻的光照特性。不同类型光敏电阻光照特性不同，但光照特性曲线均呈非线性。因此，它不宜作为测量元件，这是光敏电阻的不足之处。一般来说，在自动控制系统中常作开关式光电信号传感元件。

3. 光谱特性

光谱特性与光敏电阻的材料有关。图 7-2(b)中的曲线 1、2、3 分别表示 CdS、CdSe、PbS 三种光敏电阻的光谱特性。从图中可知，PbS 光敏电阻在较宽的光谱范围内均有较高的灵敏度。光敏电阻的光谱分布不仅与材料的性质有关,而且与制造工艺有关。例如,CdS 光敏电阻随着掺铜浓度的增加,光谱峰值由 $50\mu m$ 移到 $64\mu m$;PbS 光敏电阻随薄层的厚度减小,光谱峰值位置向短波方向移动。

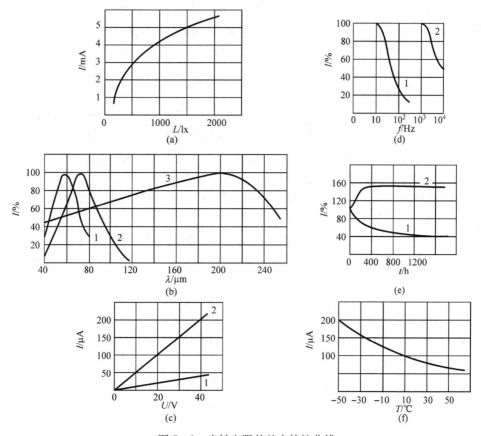

图 7-2 光敏电阻的基本特性曲线

4. 伏安特性

在一定照度下,光敏电阻两端所加的电压与光电流之间的关系称为伏安特性。图 7-2(c)中,曲线 1、2 分别表示照度为零及照度为某值时的伏安特性。由曲线可知,在给定偏压下,光照度越大,光电流也越大。在一定光照度下,所加的电压越大,光电流越大,而且无饱和现象。但是,电压不能无限地增大,因为任何光敏电阻都受额定功率、最高工作电压和额定电流的限制。

5. 频率特性

图 7-2(d)中,曲线 1 和 2 分别表示 CdS 和 PbS 光敏电阻的频率特性,从图中可看出,这两种光敏电阻的频率特性较差。这是因为光敏电阻的导电性与被俘获

的载流子有关,当入射光强上升时,被俘获的自由载流子达到相应的数值需要一定时间;同样,入射光强降低时,被俘获的电荷释放出来也比较慢,光敏电阻的阻值要经一段时间后才能达到相应的数值(新的平衡值),故其频率特性较差。有时,以时间常数的大小说明频率响应的好坏。当光敏电阻突然受到光照时,电导率上升到饱和值的 63% 所用的时间被称为上升时间常数。同样的,下降时间常数是指器件突然变暗时,其导电率降到饱和值的 37%(即降低 63%)所用的时间。

6. 稳定性

图 7-2(e)中,曲线 1、2 分别表示了不同型号的两种 CdS 光敏电阻的稳定性。初制成的光敏电阻,由于体内机构工作不稳定,以及电阻体与其介质的作用还没有达到平衡,因此性能是不够稳定的。但是,在人为地加温、光照及加负载情况下,经一至两个星期的老化,性能可达到稳定。光敏电阻在一开始一段时间的老化过程中,有些样品阻值上升,有些样品阻值下降,但最后达到一个稳定值后就不再变了。这是光敏电阻的主要优点。

光敏电阻的使用寿命在密封良好、使用合理的情况下几乎是无限长的。

7. 温度特性

光敏电阻和其他半导体器件一样,其性能受温度的影响较大。随着温度升高,灵敏度要下降。CdS 的光电流 I 和温度 T 的关系如图 7-2(f)所示。有时为了提高灵敏度,将元件降温使用。例如,可利用制冷器使光敏电阻的温度降低。

随着温度的升高,光敏电阻的暗电流上升,但亮电流增加不多。因此,它的光电流下降,即光电灵敏度下降。不同材料的光敏电阻,温度特性互不相同。一般来说,CdS 的温度特性比 CdSe 好,PbS 的温度特性比 PbCd 好。

光敏电阻的光谱特性也随温度变化。例如,PbS 光敏电阻在 +20℃ 与 -20℃ 温度下,随着温度的升高,其光谱特性向短波方向移动。因此,为了使元件对波长较长的光有较高的响应,有时也可采用降温措施。

7.2.3　光敏电阻与负载的匹配

每一光敏电阻都有允许的最大耗散功率 P_{max},如果超过这一数值,则光敏电阻容易损坏。因此,光敏电阻工作在任何照度下都必须满足

$$IU \leqslant P_{max} \quad 或 \quad I \leqslant \frac{P_{max}}{U} \quad\quad (7-4)$$

式中,I 和 U 分别为通过光敏电阻的电流和它两端的电压。因 P_{max} 数值一定,满足式(7-4)的图形为双曲线。图 7-3(b)中 P_{max} 双曲线在左下部分为允许的工作区域。由光敏电阻测量电路图 7-3(a)得电流 I 为

$$I = \frac{E}{R_L + R_G} \tag{7-5}$$

式中，R_L 为负载电阻；R_G 为光敏电阻；E 为电源电压。

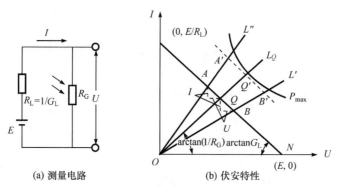

(a) 测量电路 （b) 伏安特性

图 7-3　光敏电阻的测量电路及伏安特性

图 7-3(b)中绘出光敏电阻的负载线 $NBQA$ 及伏安特性 OB、OQ、OA，它们分别对应的照度为 L'、L_Q、L''。设光敏电阻工作在 L_Q 照度下，当照度变化时，工作点 Q 将变至 A 或 B，它的电流和电压都改变，设照度变化时，光敏电阻值的变化为 ΔR_G，则此时电流为

$$I + \Delta I = \frac{E}{R_L + R_G + \Delta R_G} \tag{7-6}$$

由以上两式可解得信号电流 ΔI 为

$$\Delta I = \frac{E}{R_L + R_G + \Delta R_G} - \frac{E}{R_L + R_G} = \frac{-E \Delta R_G}{(R_L + R_G)^2} \tag{7-7}$$

式中，负号所表示的物理意义是：当照度增加时，光敏电阻的阻值减小，即 $\Delta R_G < 0$，而信号电流却增加，即 $\Delta I > 0$。

当电流为 I 时，由图 7-3(a)可求得输出电压 U 为

$$U = E - I R_L$$

当电流为 $I + \Delta I$ 时，其输出电压为

$$U + \Delta U = E - (I + \Delta I) R_L$$

由以上两式解得信号电压为

$$\Delta U = -\Delta I R_L = \frac{E \Delta R_G}{(R_L + R_G)^2} R_L \tag{7-8}$$

光敏电阻的 R_G 和 ΔR_G 可由实验或伏安特性曲线求得。由式(7-7)和式(7-8)可以看出，在照度的变化相同时，ΔR_G 越大，其输出信号电流 ΔI 及信号电压 ΔU 也越大。

当光敏电阻的 R_G 和 ΔR_G 及电源电压 E 已知，则选择最佳的负载电阻 R_L 有

可能获得最大的信号电压 ΔU，由式(7-8)不难求得，令

$$\frac{\partial(\Delta U)}{\partial R_{\mathrm{L}}} = \frac{\partial}{\partial R_{\mathrm{L}}}\left[\frac{E\Delta R_{\mathrm{G}}R_{\mathrm{L}}}{(R_{\mathrm{L}}+R_{\mathrm{G}})^2}\right] = 0$$

解得

$$R_{\mathrm{L}} = R_{\mathrm{G}}$$

即选负载电阻 R_{L} 与光电阻 R_{G} 相等时，可获得最大的信号电压。

当光敏电阻在较高频率下工作时，除选用高频响应好的光敏电阻外，负载 R_{L} 应取较小值，否则时间常数较大，对高频影响不利。

7.3　光　电　池

光电池是利用光生伏特效应把光直接转变成电能的器件，由于它广泛用于把太阳能直接变电能，因此又称为太阳电池。通常，把光电池的半导体材料的名称冠于光电池(或太阳电池)名称之前以示区别。例如，硒光电池、砷化镓光电池、硅光电池等；一般来说，能用于制造光电阻器件的半导体材料，如Ⅳ族、Ⅵ族单元素半导体和Ⅱ～Ⅵ族、Ⅲ～Ⅴ族化合物半导体，均可用于制造光电池。目前，应用最广、最有发展前途的是硅光电池。硅光电池的价格便宜，光电转换效率高、寿命长，比较适于接受红外光。硒光电池虽然光电转换效率低(只有 0.02%)、寿命短，但出现得最早，制造工艺较成熟，适于接收可见光(响应峰值波长为 0.56μm)，所以仍是制造照度计量适宜的元件。砷化镓光电池的理论光电转换效率比硅光电池稍高一点，光谱响应特性则与太阳光谱最吻合，而且工作温度最高，更耐受宇宙射线的辐射。因此，它在宇宙电源方面的应用是有发展前途的。

7.3.1　光电池的结构原理

常用的硅光电池的结构如图 7-4 所示。制造方法是：在电阻率为 $0.1\sim1\Omega\cdot\mathrm{cm}$ 的 N 型硅片上，扩散硼形成 P 型层；然后分别用电极引线把 P 型和 N 型层引出，形成正、负电极。如果在两电极间接上负载电阻 R_{L}，则受光照后就会有电流流过。为了提高效率，防止表面反射光，在器件的受光面上要进行氧化，以形成 SiO_2 保护膜。此外，向 P 型硅单晶片扩散 N 型杂质，也可以制成硅光电池。

光电池工作原理如图 7-5 所示，当 N 型半导体和 P 型半导体结合在一起构成一块晶体时，由于热运动，N 区中的电子就向 P 区扩散，而 P 区中的空穴则向 N 区扩散，结果在 N 区靠近交界处聚集起较多的空穴，而在 P 区靠近交界处聚集起较多的电子，于是在过渡区形成了一个电场。电场的方向由 N 区指向 P 区，这个电场阻止电子进一步由 N 区向 P 区扩散，阻止空穴进一步由 P 区向 N 区扩散，但它却能推动 N 区中的空穴(少数载流子)和 P 区中的电子(也是少数载流子)分别向对方运动。

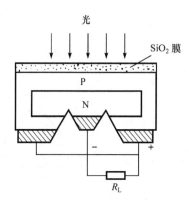

图 7-4　硅光电池的构造图

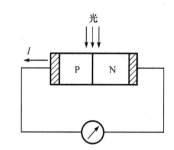

图 7-5　光电池工作原理示意图

当光照到 PN 结区时,如果光子能量足够大,就将在结区附近激发出电子-空穴对。在 PN 结电场的作用下,N 区的光生空穴被拉向 P 区,P 区的光生电子被拉向 N 区,结果,在 N 区就聚积了负电荷,P 区聚积了正电荷,这样,N 区和 P 区之间就出现了电位差。若将 PN 结两端用导线连起来,电路中就有电流流过,电流的方向由 P 区流经外电路至 N 区。若将外电路断开,就可以测出光生电动势。

光电池的表示符号、基本电路及等效电路如图 7-6(a)、(b)、(c)所示。

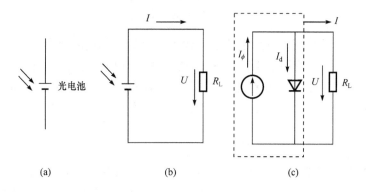

图 7-6　光电池符号及其电路

7.3.2　基本特性

1. 光照特性

图 7-7(a)、(b)分别表示硅光电池和硒光电池的光照特性,即光生电动势和光电流与照度的关系。由图可看出光电池的电动势,即开路电压 U_{oc} 与照度 L 为非线性关系,当照度为 2000lx 时便趋向饱和。光电池的短路电流 I_{sc} 与照度呈线性关系,而且受光面积越大,短路电流也越大。所以,当光电池作为测量元件时应

取短路电流的形式。

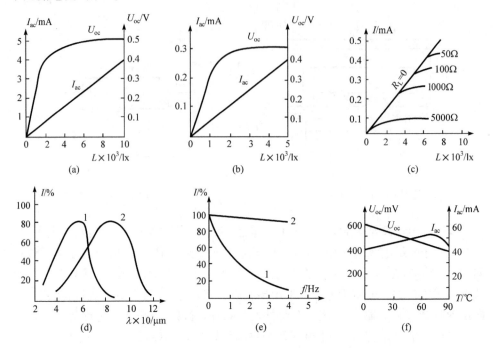

图 7-7　光电池的基本特性曲线

所谓光电池的短路电流,指外接负载相对于光电池内阻而言是很小的。光电池在不同照度下,其内阻也不同,因而应选取适当的外接负载近似地满足"短路"条件。图7-7(c)表示硒光电池在不同负载电阻时的光照特性,从图中可以看出,负载电阻 R_L 越小,光电流与强度的线性关系越好,且线性范围越宽。

2. 光谱特性

光电池的光谱特性决定于材料,图7-7(d)中曲线1和2分别表示硒和硅光电池的光谱特性。从图中可看出,硒光电池在可见光谱范围内有较高的灵敏度,峰值波长在 $54\mu m$ 附近,适宜测可见光。硅光电池应用的范围 $40\sim110\mu m$,峰值波长在 $85\mu m$ 附近,因此,硅光电池可以在很宽的范围内应用。

实际使用中可以根据光源性质来选择光电池,反之,也可根据现有的光电池来选择光源。

3. 频率响应

光电池作为测量、计算、接收元件时常用调制光输入。光电池的频率响应就是指输出电流随调制光频率变化的关系。图7-7(e)是光电池的频率响应曲线。由图可知,硅光电池具有较高的频率响应,如曲线 2,而硒光电池则较差,如曲线 1。因此,在高速计算器中一般采用硅光电池。

4. 温度特性

光电池的温度特性是指开路电压和短路电流随温度变化的关系,由于它关系到应用光电池仪器设备的温度漂移,影响到测量精度和控制精度等重要指标,因此,温度特性是光电池的重要特性之一。

图 7-7(f)为硅光电池在 1000lx 照度下的温度特性曲线。从图中可以看出,开路电压随温度上升而下降很快,当温度上升 1℃时,开路电压约降低 3mV;但短路电流随温度的变化却是缓慢的。例如,温度上升 1℃时,短路电流只增加 $2×10^{-6}$A。

由于温度对光电池的工作有很大影响,因此,当它作为测量元件使用时,最好保证温度恒定,或采取温度补偿措施。

7.3.3　光电池的转换效率及最佳负载匹配

光电池的最大输出电功率和输入光功率的比值称为光电池的转换效率。

在一定负载电阻下,光电池的输出电压 U 与输出电流 I 的乘积,即为光电池输出功率,记为 P,其表达式如下:

$$P = IU$$

在一定的辐射照度下,当负载电阻 R_L 由无穷大变到零时,输出电压的值将从开路电压值变到零,而输出电流将从零增大到短路电流值。显然,只有在某一负载电阻 R_j 下,才能得到最大的输出功率 $P_j(P_j=I_jU_j)$。R_j 称为光电池在一定辐射照度下的最佳负载电阻。同一光电池的 R_j 值随辐射照度的增强而稍微减少。

P_j 与入射光功率的比值即光电池的转换效率 η。硅光电池转换效率的理论值最大可达 24%,而实际上只达到 10%~15%。

可以利用光电池的输出特性曲线直观地表示出输出功率值。在图 7-8 中,通过原点、斜率为 $\tan\theta = I_H/U_H = 1/R_L$ 的直线,就是未加偏压的光电池的负载线,此负载线与某一照度下的伏安特性曲线交于 P_H 点,P_H 点在 I 轴和 U 轴上的投影即分别为负载电阻为 R_L 时的输出电流 I_H 和输出电压 U_H。此时,输出功率等于矩形 $OI_HP_HU_H$ 的面积。

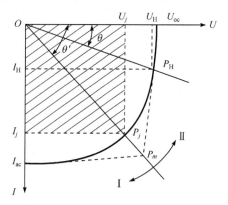

图 7-8　光电池的伏安特性及负载线

为了求取某一照度下最佳负载电阻,可以分别从该照度下的电压-电流特性曲线与两坐标轴交点(U_{oc},I_{oc})作该特性曲线的切线,两切线交于P_m点,连接P_mO的直线即负载线。此负载线所确定的阻值$(R_j=1/\tan\theta')$即取得最大功率的最佳负载电阻R_j。上述负载线与特性曲线交点P_j在两坐标轴上的投影U_j、I_j分别为相应的输出电压和电流值。图7-8中画阴影线部分的面积等于最大输出功率值。

由图7-8可看出,R_j负载线把电压-电流特性曲线分成Ⅰ、Ⅱ两部分,在第一部分中,$R_L<R_j$,负载变化将引起输出电压大幅度变化,而输出电流变化却很小;在第Ⅱ部分中,$R_L>R_j$,负载变化将引起输出电流大幅度的变化,而输出电压却几乎不变。

应该指出,光电池的最佳负载电阻是随入射光照度的增大而减小的,由于在不同照度下的电压-电流曲线不同,对应的最佳负载线不同,因此,每个光电池的最佳负载线不是一条,而是一簇。

7.4　光敏二极管和光敏三极管

7.4.1　光敏管的结构和工作原理

光敏二极管是一种PN结单向导电性的结型光电器件,与一般半导体二极管类似,其PN结装在管的顶部,以便接受光照,上面有一个透镜制成的窗口,可使光线集中在敏感面上。光敏二极管在电路中通常工作在反向偏压状态,其原理电路图如图7-9所示。在无光照时,处于反偏的光敏二极管工作在截止状态,这时,只有少数载流子在反向偏压的作用下渡越阻挡层形成微小的反向电流,即暗电流。

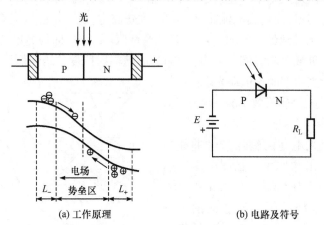

(a) 工作原理　　　　　　　(b) 电路及符号

图7-9　光敏二极管工作原理

当光敏二极管受到光照时,PN结附近受光子轰击,吸收其能量而产生电子空穴对,从而使P区和N区的少数载流子浓度大大增加,因此,在外加反偏电压和内电场的作用下,P区少数载流子渡越阻挡层进入N区,N区的少数载流子渡越阻挡层进入P区,从而使通过PN结的反向电流大为增加,这就形成了光电流。

光敏三极管与光敏二极管的结构相似,内部有两个 PN 结。和一般三极管不同的是,它发射极一边做得很小,以扩大光照面积。

当基极开路时,基极-集电极处于反偏。当光照射到 PN 结附近时,使 PN 结附近产生电子-空穴对,它们在内电场作用下,定向运动形成增大了的反向电流即光电流,由于光照射集电结产生的光电流相当于一般三极管的基极电流,因此,集电极电流被放大了$(\beta+1)$倍,从而使光敏三极管具有比光敏二极管更高的灵敏度。

锗光敏三极管由于其暗电流较大,为使光电流与暗电流之比增大,常在发射极-基极之间接一电阻(5kΩ 左右)。对应硅平面光敏三极管,由于暗电流很小(小于 10^{-9} A),一般不备有基极外接引线,仅有发射极、集电极两根引线。光敏三极管原理、电路和符号如图 7 - 10 所示。

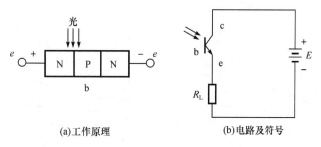

(a)工作原理　　　　　(b)电路及符号

图 7 - 10　光敏三极管工作原理

7.4.2　光敏管的基本特性

1. 光谱特性

在照度一定时,输出的光电流(或相对光谱灵敏度)随光波波长的变化而变化,这就是光敏管的光谱特性。

如果照射在光敏二(三)极管上的是波长一定的单色光,若具有相同的入射功率(或光子流密度)时,则输出的光电流会随波长而变化。对于一定材料和工艺做成的光敏管,必须对应一定波长范围(即光谱)的入射光才会响应,这就是光敏管的光谱响应。图 7 - 11 为硅和锗光敏二(三)极管的光谱线。由图可见,硅光敏二(三)极管的响应光谱的长波限为 110μm,锗为180μm,而短波限一般在 40～50μm。

两类材料的光敏二(三)极管的光谱响应峰值所对应的波长各不相同。以硅为材料的为 80～90μm,以锗为材料的为

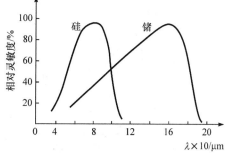

图 7 - 11　硅和锗光敏二(三)极管
的光谱曲线

140~150μm，都是近红外光。

2. 伏安特性

图 7-12 为硅光敏二(三)极管在不同照度下的伏安特性曲线。由图可见，光敏三极管的光电流比相同管型二极管的光电流大上百倍。此外，从曲线还可以看出，在零偏压时，二极管仍有光电流输出，而三极管则没有，这是由于光电二极管存在光生伏特效应的缘故。

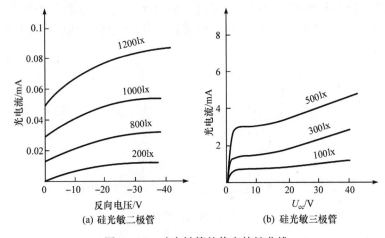

图 7-12　硅光敏管的伏安特性曲线

3. 光照特性

图 7-13 为硅光敏二(三)极管的光照特性曲线。可以看出，光敏二极管的光照特性曲线的线性较好，而三极管在照度较小(弱光)时，光电流随照度增加较小，并且在大电流(光照度为几千 lx)时有饱和现象(图中未画出)，这是由于三极管的电流放大倍数在小电流和大电流时都要下降的缘故。

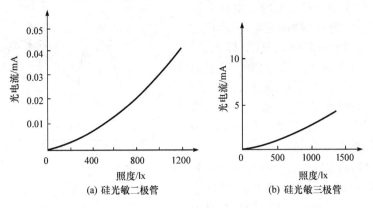

图 7-13　硅光敏管的光照特性曲线

4. 频率响应

　　光敏管的频率响应是指具有一定频率的调制光照射时,光敏管输出的光电流(或负载上的电压)随频率的变化关系。光敏管的频率响应与本身的物理结构、工作状态、负载及入射光波长等因素有关。图 7 - 14 为硅光敏三极管的频率响应曲线。由曲线可知,减小负载电阻 R_L 可以提高响应频率,但同时却使输出降低。因此,在实际使用中,图 7 - 14 中硅光敏三极管的频率响应曲线应根据频率来选择最佳的负载电阻。

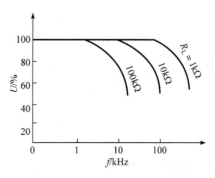

图 7 - 14　硅光敏三极管的频率响应曲线

　　光敏三极管的频率响应通常比同类二极管差得多,这是由于载流子的形成距基极-集电极结的距离各不相同,因而各载流子到达集电极的时间也各不相同的原因。锗光敏三极管,其截止频率约为 3kHz,而对应的锗光敏二极管的截止频率为 50kHz。硅光敏三极管的响应频率要比锗光敏三极管高得多,其截止频率达 50kHz 左右。

5. 暗电流-温度特性

　　图 7 - 15(a)为锗和硅光敏管的暗电流-温度特性曲线。由图可见,硅光敏管的暗电流比锗光敏管的小得多(约为锗的百分之一到千分之一)。

　　暗电流随温度升高而增加的原因是热激发造成的。光敏管的暗电流在电路中是一种噪声电流。在高照度下工作时,由于光电流比暗电流大得多(信噪比大),温度的影响相对比较小。但在低照度下工作时,因为光电流比较小,暗电流的影响就不能不考虑(信噪比小的情况)。如果电路的各极间没有隔直电容,对于锗光敏管在高温低照度情况下使用时,输出信号的稳定性就很差,以致产生误差信号。为此,在实际使用中,应在线路中采取适当的温度补偿措施。对于调制光交流放大电路,由于隔直电容存在,可使暗电流隔断,消除温度影响。

6. 光电流-温度特性

　　图 7 - 15(b)为光敏三极管的光电流-温度特性曲线。在一定温度范围内,温度变化对光电流的影响较小,其光电流主要是由光照强度决定的。

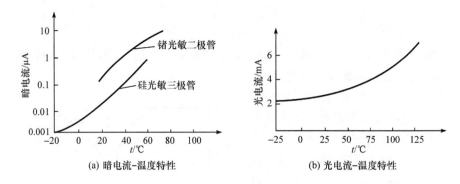

(a) 暗电流-温度特性　　　　　　　　(b) 光电流-温度特性

图 7 - 15　光敏三极管的温度特性

7.4.3　光敏晶体管电路的分析方法

光敏晶体管的原理和伏安特性与一般晶体管类似,差别仅在于前者由光照度或光通量控制光电流,后者则由基极电流 I_b 控制集电极电流。因此,分析计算方法可仿照共射极晶体管放大器进行。

例7.4.1　光敏二极管 GG 的连接和伏安特性如图 7 - 16(a)、(b)所示。若光敏二极管上的照度发生变化,$L = (100 + 100\sin(\omega t))\text{lx}$,为使光敏二极管上有 10V 的电压变化,求所需的负载电阻 R_L 和电源电压 E,并绘出电流和电压的变化曲线。

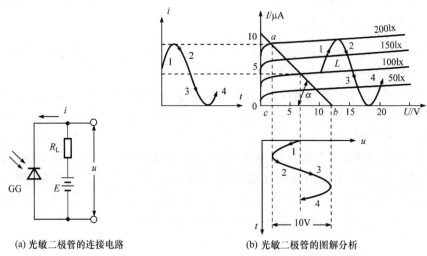

(a) 光敏二极管的连接电路　　　　　(b) 光敏二极管的图解分析

图 7 - 16　光敏二极管的连接和图解分析

解:与晶体管的图解法类似,找出照度为 200lx 这条伏安特性曲线上的弯曲处 a 点,它在电压 U 轴(X 轴)上的投影 c 点设为 2V。因为照度变至零时改变电压 10V,所以,电源电压为

$$E = 2 + 10 = 12(\text{V})$$

在电压 U 轴上找到 12V 的 b 点。连接 a、b 二点的直线即所求负载线。从图上可得 a 点的电流为 $10\mu\text{A}$，所需负载电阻为

$$R_{\text{L}} = \frac{1}{\tan\alpha} = \frac{bc}{ac} = \frac{12-2}{10 \times 10^{-6}} = 10^6(\Omega)$$

与晶体管放大器图解法类似，当照度变化时，其电流和电压的波形如图 7-16(b) 所示。如果光敏二极管特性的线性度较好，则电流和电压的交变分量亦作正弦变化。从上述图解法可知，加大负载电阻 R_{L} 和电源电压 E 可使输出的电压变化加大，但 R_{L} 增大使时间常数增大，响应速度降低，所以，当照度的变化频率较高时，R_{L} 的选取要同时照顾输出电压和响应速度两个方面。

7.5　光电传感器的类型及应用

7.5.1　光电传感器的类型

光电传感器可应用于测量多种非电量。由光通量对光电元件的作用原理不同制成的光学装置是多种多样的，按其输出量性质可分为两类。

第一类光电传感器测量系统是把被测量转换成连续变化的光电流，它与被测量间呈单值对应关系。一般有下列几种情形：

(1) 光辐射源本身是被测物，如图 7-17(a) 所示。被测物发出的光通量射向光电元件。这种形式的光电传感器可用于光电比色高的温度计中，它的光通量和光谱的强度分布都是被测温度的函数。

(2) 恒光源是白炽灯(或其他任何光源)，如图 7-17(b) 所示。光通量穿过被测物，部分被吸收后到达光电元件上，吸收量决定于被测物介质中被测的参数，如测量液体、气体的透明度、浑浊度的光电比色计。

(3) 恒光源发出的光通量到被测物，如图 7-17(c) 所示，再从被测物体表面反射后投射到光电元件上。被测体表面反射条件决定于表面性质或状态，因此，光电元件的输出信号是被测非电量的函数。例如，测量表面光洁度、粗糙度等仪器中的传感器等。

(4) 从恒光源发射到光电元件的光通量遇到被测物，被遮蔽了一部分，如图 7-17(d) 所示，由此改变了照射到光电元件上的光通量。在某些测量尺寸或振动等仪器中，常采用这种传感器。

第二类光电传感器测量系统是把被测量转换成断续变化的光电流，系统输出为开关量的电信号，属于这一类的传感器大多用在光电继电器式的检测装置中。如电子计算机的光电输入机及转速表的光电传感器等。

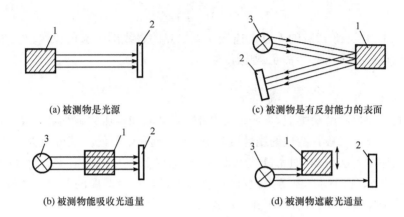

(a) 被测物是光源　　　　　　　　　(c) 被测物是有反射能力的表面

(b) 被测物能吸收光通量　　　　　　(d) 被测物遮蔽光通量

图 7-17　光电元件的应用形式

1. 被测物；2. 光电元件；3. 恒光源

7.5.2　应用

光电传感器在自动检测仪表和自动控制系统中有着广泛的应用,这里仅就光耦合器和光电转速传感器的转速检测中的应用加以介绍。

1. 光电耦合器

光电耦合器是由一发光元件和一光电元件同时封装在一个外壳内组合而成的转换元件。

1) 光电耦合器的结构

光电耦合器的结构有金属密封型和塑料密封型两种。

金属密封型如图 7-18(a)所示,采用金属外壳和玻璃绝缘的结构,在其中部对接,采用环焊以保证发光三极管和光敏三极管对准,以此来提高其灵敏度。

塑料密封型如图 7-18(b)所示,是采用双立直插式用塑料封装的结构。管芯先装于管脚上,中间再用透明树脂固定,具有集光作用,故此种结构灵敏度较高。

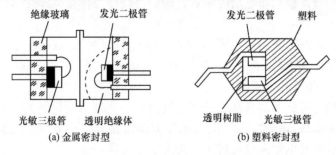

(a) 金属密封型　　　　　　　　　　(b) 塑料密封型

图 7-18　光电耦合器结构图

2) 砷化镓发光二极管

光电耦合器中的发光元件采用的砷化镓发光二极管是一种半导体发光器件，和普通二极管一样，管芯由一个 PN 结组成，也具有单向导电的特性。当给 PN 结加以正向电压后，空间电荷区势垒下降，引起载流子的注入，P 区的空穴注入 N 区，注入的电子和空穴相遇而产生复合，释放出能量。对于发光二极管来说，复合时放出的能量大部分以光的形式出现。此光为单色光，对于砷化镓发光二极管来说，波长为 $94\mu m$ 左右。随正向电压的提高，正向电流增加，发光二极管产生的光通量亦增加，其最大值受发光二极管最大允许电流的限制。

3) 光电耦合器的组合形式

光电耦合器的组合形式有四种，如图 7-19 所示。图 7-19(a)所示的形式结构简单、成本低，通常用于 50kHz 以下工作频率的装置内。图 7-19(b)为采用高速开关管构成的高速光电耦合器，适用于较高频率的装置中。图 7-19(c)的组合形式采用了放大三极管构成的高传输效率的光电耦合器，适用于直接驱动和较低频率的装置中。图 7-19(d)为采用固体功能器件构成的高速、高传输效率的光电耦合器。

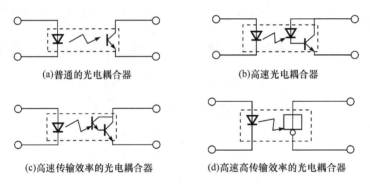

(a)普通的光电耦合器　　　　　　　　(b)高速光电耦合器

(c)高速传输效率的光电耦合器　　　(d)高速高传输效率的光电耦合器

图 7-19　光电耦合器的组合形式

近年来，也有将发光元件和光敏元件做在同一个半导体基片上，以构成全集成化的光电耦合器。无论哪一种组合形式，都要使发光元件与光敏元件在波长上得到最佳匹配，保证其灵敏度为最高。

4) 光电耦合器的特性曲线

光电耦合器的特性曲线是输入发光元件和输出光电元件的特性曲线合成的。作为输入元件的砷化镓发光二极管与输出元件的硅光敏三极管合成的光电耦合器的特性曲线如图 7-20 所示。

光电耦合器的输入量是直流电流 I_F，而输出量也是直流电流 I_C。从图中可以看出，该器件的直线性较差，但可采用反馈技术对其非线性失真进行校正。

2. 光电转速计

在被测转轴上装码盘或粘贴反光标记,如图 7-21 所示的系统,光源经过光学系统将一束光照射到被测转轴的端面上,轴每转一周反射光投射到光电元件上的强弱发生一次改变,故光电元件可产生一脉冲信号,此信号经整形放大后送计数器记数,在计数器直接显示转数,从而可得转轴的转速。这里,光敏二极管也可用光电池。光源一般为白炽灯泡。

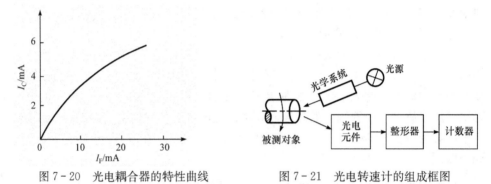

图 7-20　光电耦合器的特性曲线　　　　　图 7-21　光电转速计的组成框图

图 7-22 所示为选用光敏二极管时的典型电路,其中包括一级整型电路。

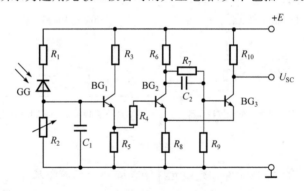

图 7-22　光敏二极管的整型放大电路

3. 火焰探测报警器

图 7-23 是采用 PbS 光敏电阻为探测元件的火焰探测器电路图。PbS 光敏电阻的暗电阻为 1MΩ,亮电阻为 0.2MΩ(光照度 0.01W/m² 下测试),峰值响应波长为 2.2μm。PbS 光敏电阻处于 V_1 管组成的恒压偏置电路,其偏置电压约为 6V,电流约为 6μA。V_2 管集电极电阻两端并联 68μF 的电容,可以抑制 100Hz 以上的高频,使其成为只有几十赫兹的窄带放大器。V_2、V_3 构成二级负反馈互补放大

器,火焰的闪动信号经二级放大后送给中心控制站进行报警处理。采用恒压偏置电路是为了在更换光敏电阻或长时间使用后,器件阻值的变化不至于影响输出信号的幅度,保证火焰报警器能长期稳定地工作。

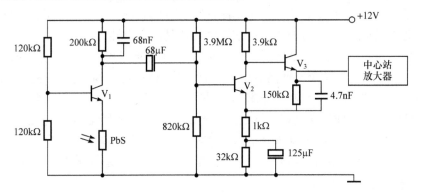

图 7-23　火焰探测报警器电路图

4. 光电式纬线探测器

光电式纬线探测器是应用于喷气织机上判断纬线是否断线的一种探测器。图 7-24 为光电式纬线探测器原理电路图。

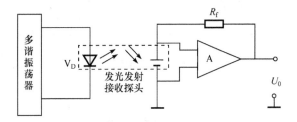

图 7-24　光电式纬线探测器原理电路图

当纬线在喷气作用下前进时,红外发射管 V_D 发出的红外光经纬线反射,由光电池接收,如光电池接收不到反射信号时,说明纬线已断。因此,利用光电池的输出信号,通过后续电路放大、脉冲整形等,控制机器正常运转还是关机报警。

由于纬线线径很细,又是摆动着前进,形成光的漫反射削弱了反射光的强度,而且还伴有背景杂散光,因此,要求探纬器具备高的灵敏度和分辨力。为此,红外发光二极管采用占空比很小的强电流脉冲供电,这样既保证发光管使用寿命,又能在瞬间有强光射出,以提高检测灵敏度。一般来说,光电池输出信号比较小,需经放大、脉冲整型以提高分辨力。

5. 燃气热水器中脉冲点火控制器

由于煤气是易燃、易爆气体,所以,对燃气器具中点火控制器的要求是安全、稳定、可靠。为此,电路中有这样一个功能,即打火针确认产生火花,才可打开燃气阀门;否则燃气阀门关闭,这样就保证使用燃气器具的安全性。

图7-25为燃气热水器中的高压打火确认电路原理图。在高压打火时,火花电压可达一万多伏,这个脉冲高电压对电路工作影响极大,为了使电路正常工作,采用光电耦合器VB进行电平隔离,大大增强了电路抗干扰能力。当高压打火针对打火确认针放电时,光电耦合器中的发光二极管发光,耦合器中的光敏三极管导通,经 V_1、V_2、V_3 放大,驱动强吸电磁阀,将气路打开,燃气碰到火花即燃烧。若打火针与确认针之间不放电,则光电耦合器不工作,V_1 等不导通,燃气阀门关闭。

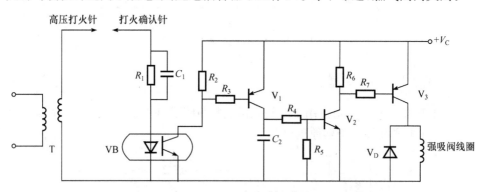

图7-25 燃气热水器中的高压打火确认电路原理图

7.6 光纤传感器

光纤传感器是20世纪70年代中期发展起来的一种新型传感器,它是光纤和光通信技术迅速发展的产物,与以电为基础的传感器相比有本质的区别。光纤传感器用光而不用电来作为敏感信息的载体;用光纤而不用导线来作为传递敏感信息的媒质。因此,光纤传感器同时具有光纤及光学测量的一些极其宝贵的特点。

(1) 电绝缘。因为光纤本身是电介质,而且敏感元件也可用电介质材料制作,因此,光纤传感器具有良好的电绝缘性,特别适用于高压供电系统及大容量电机的测试。

(2) 抗电磁干扰。这是光纤测量及光纤传感器的极其独特的性能特征,因此,光纤传感器特别适用于高压大电流、强磁场噪声、强辐射等恶劣环境中,能解决许多传统传感器无法解决的问题。

(3) 非侵入性。由于传感头可做成电绝缘的,而且其体积可以做得最小(最小可做到只稍大于光纤的芯径),因此,它不仅对电磁场是非侵入式的,而且对速度场也是非侵入式的,故对被测场不产生干扰,这对于弱电磁场及小管道内流速、流量等的监测特别具有实用价值。

(4) 高灵敏度。高灵敏度是光学测量的优点之一。利用光作为信息载体的光纤传感器的灵敏度很高,它是某些精密测量与控制的必不可少的工具。

(5) 容易实现对被测信号的远距离监控。由于光纤的传输损耗很小(目前,石英玻璃系光纤的最小光损耗可低达 0.16dB/km),因此,光纤传感器技术与遥测技术相结合,很容易实现对被测场的远距离监控,这对于工业生产过程的自动控制及对核辐射、易燃、易爆气体和大气污染等进行监测尤为重要。

7.6.1 光导纤维导光的基本原理

光是一种电磁波,一般采用波动理论来分析导光的基本原理。然而,根据光学理论中指出的:在尺寸远大于波长而折射率变化缓慢的空间,可以用"光线"即几何光学的方法来分析光波的传播现象,这对于光纤中的多模光纤是完全适用的。为此,我们采用几何光学的方法来分析。

光纤的模:在光纤内只能离散地传输某些以特定角度入射的光。通常,把这样离散传输的光线组称之为"模"。在光纤内只能传输一定数量的模。

多模光纤:纤芯直径在 $50\mu m$ 以上、纤芯和包层的折射率差在 1% 以上的光纤,能够传输几百个以上的模,称为多模光纤。

单模光纤:纤芯直径较细($2\sim12\mu m$)、折射率较小(通常小到 0.5%)的光纤,只能传输一个模,称之为单模光纤。

1. 斯乃尔定理(Snell's law)

斯乃尔定理指出:当光由光密物质(折射率大)出射至光疏物质(折射率小)时,发生折射,如图 7-26(a)所示,其折射角大于入射角,即 $n_1 > n_2$ 时,$\theta_r > \theta_i$。n_1、n_2、θ_r、θ_i 之间的数学关系为

$$n_1 \sin\theta_i = n_2 \sin\theta_r \tag{7-9}$$

由式(7-9)可以看出,入射角 θ_i 增大时,折射角 θ_r 也随之增大,且始终 $\theta_r > \theta_i$。当 $\theta_r = 90°$ 时,$\theta_i < 90°$,此时,出射光线沿界面传播如图 7-26(b)所示,称为临界状态。这时有

$$\sin\theta_r = \sin90° = 1$$
$$\sin\theta_{i0} = n_2/n_1$$
$$\theta_{i0} = \arcsin(n_2/n_1) \tag{7-10}$$

式中,θ_{i0} 为临界角。

当 $\theta_i > \theta_{i0}$ 继续增大时,$\theta_r > 90°$,这时便发生全反射现象,如图 7 – 26(c)所示,其出射光不再折射而全部反射回来。

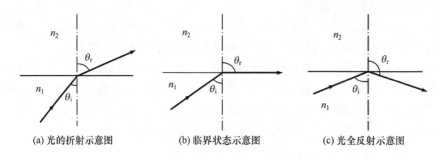

(a) 光的折射示意图   (b) 临界状态示意图   (c) 光全反射示意图

图 7 – 26　光在不同物质分界面的传播

2. 光纤结构

要分析光纤导光原理,除了应用斯乃尔定理外,还须结合光纤结构来说明。光纤呈圆柱形,通常由玻璃纤维芯(纤芯)和玻璃包皮(包层)两个同心圆柱的双层结构组成,如图 7 – 27 所示。

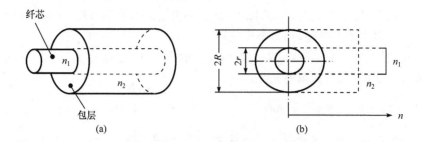

图 7 – 27　光纤结构示意图

纤芯位于光纤的中心部位,光主要在这里传输。纤芯折射率 n_1 比包层折射率 n_2 稍大些,两层之间形成良好的光学界面,光线在这个界面上反射传播。

3. 光纤导光原理及数值孔径 NA

由图 7 – 28 可以看出,入射光线 AB 与纤维轴线 OO 相交角为 θ_i,入射后折射(折射角为 θ_j)至纤芯与包层界面 C 点,与 C 点界面法线 DE 成 θ_k 角,并由界面折射至包层,CK 与 DE 夹角为 θ_r。由图 7 – 28 可得

$$n_0 \sin\theta_i = n_1 \sin\theta_j \qquad (7-11)$$

$$n_1 \sin\theta_k = n_2 \sin\theta_r \qquad (7-12)$$

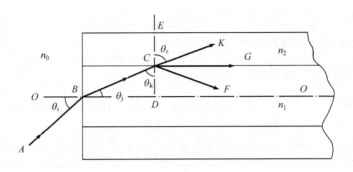

图 7 - 28　光纤导光原理示意图

由式(7 - 11)可推出

$$\sin\theta_i = (n_1/n_0)\sin\theta_j$$

因 $\theta_j = 90° - \theta_k$，所以，

$$\sin\theta_i = (n_1/n_0)\sin(90° - \theta_k) = \frac{n_1}{n_0}\cos\theta_k = \frac{n_1}{n_0}\sqrt{1 - \sin^2\theta_k} \qquad (7 - 13)$$

由式(7 - 12)可推出 $\sin\theta_k = (n_2/n_1)\sin\theta_r$，并代入式(7 - 13)得

$$\sin\theta_i = \frac{n_1}{n_0}\sqrt{1 - \left(\frac{n_2}{n_1}\sin\theta_r\right)^2} = \frac{1}{n_0}\sqrt{n_1^2 - n_2^2\sin^2\theta_r} \qquad (7 - 14)$$

式中，n_0 为入射光线 AB 所在空间的折射率，一般皆为空气，故 $n_0 \approx 1$；n_1 为纤芯折射率；n_2 为包层折射率。当 $n_0 = 1$，由式(7 - 14)得

$$\sin\theta_i = \sqrt{n_1^2 - n_2^2\sin^2\theta_r} \qquad (7 - 15)$$

当 $\theta_r = 90°$的临界状态时，$\theta_i = \theta_{i0}$，

$$\sin\theta_{i0} = \sqrt{n_1^2 - n_2^2} \qquad (7 - 16)$$

纤维光学中，把式(7 - 16)中 $\sin\theta_{i0}$ 定义为数值孔径(numerical aperture)，NA。由于 n_1 与 n_2 相差较小，即 $n_1 + n_2 \approx 2n_1$，故式(7 - 16)又可因式分解为

$$\sin\theta_{i0} \approx n_1\sqrt{2\Delta} \qquad (7 - 17)$$

式中，$\Delta = (n_1 - n_2)/n_1$ 称为相对折射率差。

由式(7 - 15)及图 7 - 28 可以看出，$\theta_r = 90°$时，

$$\sin\theta_{i0} = \text{NA}$$

$$\theta_{i0} = \arcsin\text{NA}$$

$\theta_r > 90°$时，光线发生全反射，由图 7 - 28 夹角关系可以看出

$$\theta_i < \theta_{i0} = \arcsin\text{NA}$$

$\theta_r < 90°$时，式(7 - 15)成立，可以看出，$\sin\theta_i > \text{NA}$，$\theta_i > \arcsin\text{NA}$，光线消失。这说明 $\arcsin\text{NA}$ 是一个临界角，凡入射角 $\theta_i > \arcsin\text{NA}$ 的那些光线进入光纤后都不能传播而在包层消失；相反，只有入射角 $\theta_i < \arcsin\text{NA}$ 的那些光线才可以进入光

纤被全反射传播。

7.6.2 光纤传感器及其应用

1. 光纤传感器结构原理

我们知道,以电为基础的传统传感器是一种把测量的状态转变为可测的电信号的装置,是由电源、敏感元件、信号接收和信号处理及导线组成,如图 7-29 所示。光纤传感器则是一种把被测量的状态转变为可测的光信号的装置。由光发送器、敏感元件(光纤或非光纤的)、光接收器、信号处理系统及光纤构成,如图 7-30 所示。由光发送器发出的光经源光纤引导至敏感元件。在这里,光的某一性质受到被测量的调制,已调光经接收光纤耦合到光接收器,使光信号变为电信号,最后经信号处理系统处理得到我们所期待的被测量。

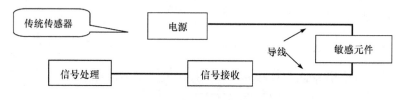

图 7-29　传统传感器测量原理示意图

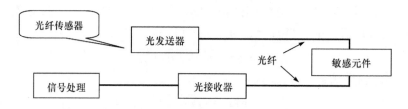

图 7-30　光纤传感器测量原理示意图

由图 7-29、图 7-30 可见,光纤传感器与以电为基础的传统传感器相比较,在测量原理上有本质的差别。传统传感器是以机-电测量为基础,而光纤传感器则以光学测量为基础。下面简单分析光纤传感器光学测量的基本原理。

从本质上分析,光就是一种电磁波,其波长范围从极远红外的 1 mm 到极远紫外线的 10nm。电磁波的物理作用和生物化学作用主要因其中的电场而引起。因此,在讨论光的敏感测量时必须考虑光的电矢量 E 的振动,通常用下式表示:

$$E = A\sin(\omega t + \varphi) \tag{7-18}$$

式中,A 为电场 E 的振幅矢量;ω 为光波的振动频率;φ 为光相位;t 为光的传播时间。

由式(7-18)可见,只要使光的强度、偏振态(矢量 A 的方向)、频率和相位等参量之一随被测量状态的变化而变化,或者说受被测量调制,则就有可能通过对光的强度调制、偏振调制、频率调制或相位调制等进行解调,获得我们所需要的被测量的信息。

2. 光纤传感器的类型

光纤传感器是基于被测信号对在光导纤维及其组件中传输的可见光或红外线的调制作用来实现测量的,依其工作原理可大致分为以下两种类型。

(1) 传感型。传感型又称功能型,它是以光纤本身作为敏感元件,使光纤兼有感受和传递被测信息的作用。对功能型光纤的要求是必须对外界因素(如温度、压力、电场、磁场等)的作用敏感,在传输过程中又要保持光纤受感后所产生的特殊相位、波长及偏振态等特征。这种类型的特点是作为敏感元件的光纤长度可较长,检测灵敏度较高,但对所使用的光学部件要求较高,容易受到环境条件的干扰,在使用中必须十分注意。

(2) 传光型。传光型又称非功能型,它是把由被测对象所调制的光信号输入光纤,通过在输出端进行光信号处理而进行测量的。在这种传感器中,光纤仅作为被调制光的传输线路使用。由于这种应用类型的传输功能和调制功能是分开的,所以,结构简单,容易制作,可靠性高,应用领域宽,易于实用化。对于非功能型光纤的主要要求是必须具有较强的受光本领,以提高它与光敏探测元件之间的耦合效率。因此,通常采用数值孔径和纤芯直径较大的多模光纤。

光纤检测系统通常是由光纤波导、激光源、光电探测器及信号处理、显示、记录装置等组合而成的系统,它具有一系列特点:由于光纤体积小、重量轻、可塑性好,因此,可以进入小孔和缝隙等难以探测到的地方进行小面积范围内的检测,而且对被测场的扰动很小;由于光纤的绝缘性能和耐热性能好,不受电磁干扰,因此,适于在高温、高电压的场合及许多较恶劣的工业环境中使用;光纤传感器的灵敏度高,动态范围大,可实现远距离测量和控制,并可与计算机连接实现智能化。

3. 应用举例

1) 光纤温度传感器

利用光纤传感器测量温度有多种方案,既可采用传感型,也可采用传光型结构,光信号的调制方式也可以是光强、相位、波长和偏振调制等多种方式。

图 7-31 所示为应用半导体的光物理特性来测量温度的传光型光纤传感器。

研究结果表明,大多数半导体材料具有陡急的基本光吸收沿,其对应波长 λ_0 随着温度的升高而向长波方向移动,如图 7-31(a)所示。凡是波长比 λ_0 短的光,几乎都被该半导体所吸收。因此,如果某半导体材料的 λ_0 包含在光源的发光光谱范围内,若把该半导体与光源及光接收器用多模光纤连接起来,则透过半导体的光

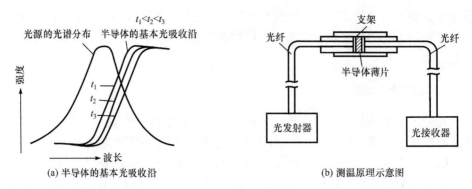

(a) 半导体的基本光吸收沿   (b) 测温原理示意图

图 7-31 光纤传光型温度传感器

强将随着温度的升高而减少,于是,根据光导纤维输出的光强度即可确定被测温度。图 7-31(b)示出了这种传感器的结构。由于这种传感器是把温度的变化转换成光强的变化来进行测量的,所以,光导纤维的传输损耗和各种光连接器的损耗所引起的光强度变化是这种传感器的主要误差来源。目前,已经制成的这种温度传感器测量范围在 $-30 \sim 300℃$,误差不超过 $\pm 0.5℃$。图 7-32(a)为光纤辐射温度计的原理框图。

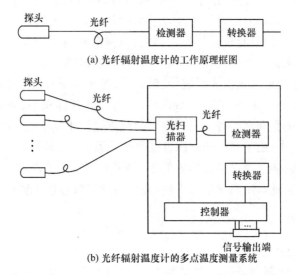

(a) 光纤辐射温度计的工作原理框图

(b) 光纤辐射温度计的多点温度测量系统

图 7-32 光纤辐射温度计

光纤探头接收由被测物体温度决定的辐射能,并经光纤传输到检测器,由光电器件转换成电信号,再经电路转换、处理后显示出被测温度值。这种光纤辐射温度计与一般的辐射高温计相比,其明显的优点是测量探头可以不用水冷而靠近 $1000℃$ 以上高温的被测物(最近可达 6cm),从而有利于克服环境的干扰,适于在恶劣的工作条件下应用。由于光纤直径细小且可弯曲性好,因此,也可用于狭窄的或视场不好的场所。此外,还可由多个探头,借助于光扫描器进行转换,构成多点温度测量系统,如图 7-32(b)所示。这种温度测量装置的测量范围为 80～1600℃,测定误差可控制在测定值的±1.5%以内。

2) 光纤液位传感器

图 7-33 所示的光纤液位传感器是采用光强调制方式,基于光从光纤的内芯和包层漏出(即所谓光能损失)的原理工作的,它由敏感元件、信号传输光纤及进行发光、受光和信号处理的装置构成。

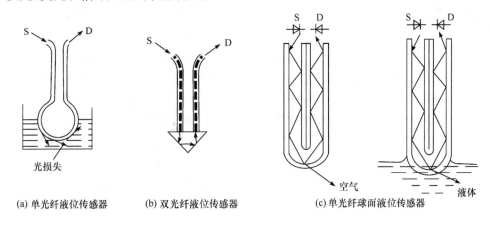

(a) 单光纤液位传感器　　　(b) 双光纤液位传感器　　　(c) 单光纤球面液位传感器

图 7-33　光纤液位传感器
S. 光源;D. 光电探测器

所谓敏感元件,可以是一根环形光纤,如图 7-33(a)所示;也可以由两根光纤(一根输入,一根输出)与一个直角玻璃棱镜胶合在一起而成,如图 7-33(b)所示;或者采用图 7-33(c)所示的端部为球面的单光纤。由于敏感元件和信号传输部分都由玻璃光纤构成,因此,在耐电磁感应噪声和绝缘性方面具有显著的特点。下面以图 7-33(c)为例,说明该传感器的检测原理。由发光器件 S 射出的光线通过传输光纤被送到敏感元件的球面端部,有一部分透射出去,而其余的光被反射回来,并被光电探测器 D 所接收。当敏感元件的端部与液体相接触时(与处于空气中相比),其球面端部的光透射系数增大(光损失增加),而反射光强减少。因此,从探测器 D 接收到的反射光强的多少即可知道敏感元件是否与液体接触,由此可判定被测液位之高低。反射光强的大小取决于敏感元件(玻璃纤维或棱镜)的折射率和被测介质的折射率。被测介质的折射率愈大,透射的光损失愈大,反射光强则愈小。

这种光纤液位传感器还可用于测量两种液体的界面。例如,当油和水分层存在时,由于两者的折射率相差较大,所以,从敏感元件漏出的光能损失也相差较大,反射光强的多少也就相差比较明显。若传感器的敏感元件插在浮于水面的油层中,从敏感元件端部反射回来的反射光强就较小;若敏感元件继续向深处探测,当敏感元件的反射光强突然增大时,则表明敏感元件已接触到水面。由此可判定油与水的分界面位置。

此外,由于液体的浓度不同时,其折射率也不同,因此,利用这种传感器还能根据反射光强来推定溶液的浓度。

3) 光纤气体分析传感器

图 7-34 是一种传光型光纤气体分析传感器的构成图。图中,由宽频谱发光二极管光源发出的光用多模光纤导入观测用气室。气室中充满被测气体。不同成分的气体具有不同的分子吸收光谱。入射光符合分子吸收波长的光谱成分被气体所吸收。因此,用多模光纤将气室的出射光导入受光部,利用分光分析器便可测定气体的种类和浓度。由于被测气体对入射光中分子吸收波长以外的光谱成分不产生吸收,因此,若将该波长范围内的光作为参考光,在信号通道之外另设一参考通道,则可以设法排除光纤传输损耗和弯曲损耗等影响,实现高精度检测。

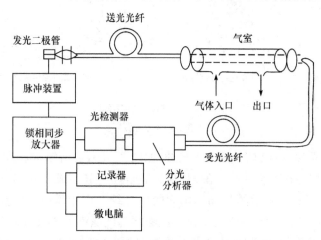

图 7-34 传光型光纤气体分析传感器

第8章　集成化与数字化传感器及应用

8.1　集成传感器

8.1.1　概述

集成传感器(integrated sensor)是在半导体集成技术、分子合成技术、微电子技术及计算机技术等基础上发展起来的,其种类很多,可大致归为以下两种类型:传感器本身的集成化和传感器与后续电路的集成化。

1. 传感器本身的集成化

传感器本身的集成化可分为两种情况:

一种是具有同样功能的传感器的集成化。如电荷耦合器件(CCD)就是在一块半导体芯片上集成了许多光电传感器的集成化器件,又如将多个相同的光敏二极管"集成"在同一芯片上成为摄像仪中的光敏器件。这种集成化的特点是把对一个点的测量扩展成对一条线、一个平面或对空间的测量。

另一种是不同功能传感器的集成化,使一个传感器具有多种功能。如把温度和湿度传感器集成在一起,可同时检测温度和湿度。

2. 传感器与后续电路的集成化

此类集成化也可分为两种情况:

一种是传感器和输出电路的集成化。如光电传感器和其放大电路集成在一起,可减少干扰,提高灵敏度;在硅片上制造薄膜传感器及放大器而构成的加速度传感器等。

另一种是将传感器和后续数据处理电路集成在一起。如微机化的传感器,既具备传感器的功能,又具有记忆及运算的功能、信息处理及非线性滤波的功能、多重输入系统的构成与同一数据的周期重复处理功能,以及系统的调节与控制的功能等。因此,这种传感器是一种多功能化的传感器。

总的来说,集成传感器具有如下特点:

(1) 成本低。由于集成电路工艺已十分完善,利用这种技术可降低产品的成本。

(2) 小型化。以硅技术为基础,将多个相同或不同的器件集成在一起,使许多引线变为芯片的内部连线,可使体积大大缩小。

(3) 性能改善。集成传感器可以把温度补偿、信号放大及处理电路做在同一块芯片上,这样就使环境温度变化和电源波动等外界因素对输出信号的影响减至最小。

(4) 可靠性提高。由于集成化的结果,使外引线变为内引线,器件的焊点大大减少,可靠性得以提高。

(5) 接口灵活性增加。可在传感器芯片上设计阻抗变换电路、电平变换电路等,以适应不同的要求,便于与外电路连接。

8.1.2 集成压阻式传感器

1. 压阻效应

对半导体材料施加应力时,除了产生形变外,材料的电阻率也要发生变化,且这种变化是各向异性的,这种现象称为压阻效应(piezoresistive effect),其表达式为

$$\frac{\Delta\rho}{\rho} = \pi_L\sigma = \pi_L E\varepsilon \tag{8-1}$$

式中,ρ 为半导体材料的电阻率;$\Delta\rho$ 为受应力后的电阻率变化量;E 为材料的弹性模量;π_L 为沿某晶向 L 的压阻系数;σ、ε 为沿晶向 L 的应力、应变。

压阻式传感器就是利用这种效应制成的,主要用于测量力、压力、加速度、载荷和扭矩等物理量。硅晶体有良好的弹性形变性能和显著的压阻效应,利用硅的压阻效应和集成电路技术制成的扩散硅型压阻式传感器(diffused silicon type piezoresistive transducer/sensor),具有灵敏度高、动态响应快、测量精度高、稳定性好、工作温度范围宽、使用方便等特点,是一种应用日益广泛、发展非常迅速的传感器。

2. 扩散硅型压阻式传感器原理

图 8-1 所示的扩散硅型压阻式传感器主要由外壳、硅膜片和引线等组成,其核心部分是做成杯状的硅膜片,通常叫做硅杯,用于感受被测压力。

在硅膜片上,用半导体工艺的扩散掺杂法在不同位置制作四个等值的电阻,经蒸镀铝电极及连线,接成惠斯通电桥,再用压焊法与外引线相连。膜片的一侧是和被测系统相连接的高压腔,另一侧是低压腔,通常和大气相通。当膜片两边存在压力差而发生形变时,膜片各点所产生的应力不同,从而使处于不同位置的扩散电阻的阻值不再相等,电桥失去平衡并输出相应的电压,其电压大小就反映了膜片所受的压力差值。

通常,硅膜片在受压时的形变非常微小,其弯曲挠度远小于硅膜片的厚度,并且膜片常取圆形,因而求膜片上的应力分布可以归结为弹性力学中的小挠度圆薄板应变问题。

设均布压力为 p,则薄板上各点的

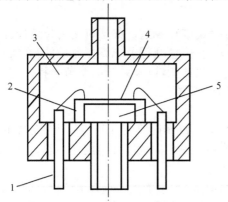

图 8-1　扩散硅型压阻式传感器结构示意图

1. 引线;2. 硅杯;3. 低压腔;4. 硅膜片;5. 高压腔

应力与其作用半径 r 有如下关系：

$$\sigma_r = \frac{3p}{8h^2}[a^2(1+\mu) - r^2(3+\mu)] \tag{8-2}$$

$$\sigma_t = \frac{3p}{8h^2}[a^2(1+\mu) - r^2(1+3\mu)] \tag{8-3}$$

式中，σ_r 为径向应力（N/m^2）；σ_t 为切向应力（N/m^2）；h 为硅膜片厚度（m）；r 为膜片工作面的有效半径（m）；μ 为泊松比（对硅膜片可取 $\mu=0.35$）。

硅膜片上的应力分布如图 8-2 所示。由图可见，均布压力 p 产生的应力是不均匀的，且有正应力区和负应力区。根据式（8-2）和式（8-3），当 $r \approx 0.635a$ 时，$\sigma_r=0$；$r<0.635a$ 时，$\sigma_r>0$，即拉应力；$r>0.635a$ 时，$\sigma_r<0$，即为压应力。当 $r=0.812a$ 时，$\sigma_t=0$，仅有 σ_r 存在且 $\sigma_r<0$（即应力）。亦即在 $r=0.635a$ 之内与之外，径向应力 σ_r 的极性将发生反转。利用这一特性，选择适当的位置布置扩散电阻（如图中的 R_1、R_2、R_3、R_4），使其接入电桥的四臂中，且使阻值增加的两个电阻和阻值减小的两个电阻分别对接，如图 8-3 所示。这样，既提高输出灵敏度，又可部分地消除阻值随温度而变化的影响。假设四个扩散电阻的初始阻值都相等且为 R，若在硅膜片上扩散电阻时选择适当的晶向，使四个扩散电阻的阻值变化率的绝对值相等且为 $\Delta R/R$，则该电桥的输出电压 U_{sc} 与 $\Delta R/R$ 成正比，亦即与被测压力 P 成正比。

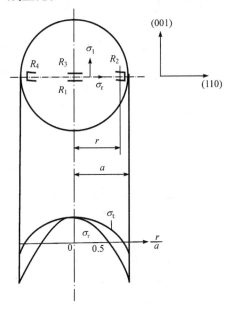

图 8-2　硅膜片的应力分布

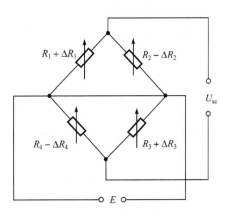

图 8-3　全桥电路

$$U_{sc} = E \frac{\Delta R}{R} \qquad\qquad (8-4)$$

式中，E 为电桥的电源电压，电源电压的大小及其稳定性均将影响测量结果。因此，通常采用恒压源给电桥供电。

3. 压阻式集成压力传感器

采用半导体集成技术将扩散硅型压阻式压力敏感元件与温度补偿网络和放大器等集成在同一基片上，即构成了压阻式集成压力传感器。下面介绍几种不同形式的集成压力传感器。

1) 带温度补偿的集成压力传感器

环境温度变化对集成压力传感器造成的影响主要有两方面：一是零点漂移，二是灵敏度漂移。为了提高传感器的性能和精确度，必须对这两方面实施温度补偿。

所谓零点漂移，即指传感器在不受压力时的输出变化量。零点漂移是由于各扩散电阻的阻值随温度变化不一致而引起的，一般可通过在扩散电阻桥路的适当桥臂并联或串联电阻的方法进行补偿。然而，由于压阻式压力敏感元件本身的输出电压较小，往往需要后级放大，而放大的同时又引入了相关电路（如放大器）的温度系数，所以，对于传感器的零点漂移实施温度补偿应从整个电路系统考虑，通常是与灵敏度漂移的温度补偿综合考虑，通过引入无源电阻元件，调节作用于传感器上的激励电压来达到补偿目的。

所谓灵敏度漂移，是由于灵敏度随温度变化而引起的传感器校准曲线斜率的变化（亦即传感器满量程输出的变化）。研究结果表明，压阻式集成压力传感器输出电压的幅值随温度的升高而降低。由于在任意固定压力下，传感器的输出电压与所加的激励电压成比例，故最常用的补偿方法就是设法使加于传感器的激励电压随着温度的升高而增大，反之亦然。

图 8-4 给出了两种补偿电路。图 8-4(a)是利用正温度系数的热敏电阻的阻值随温度而变化的特性来改变运算放大器的输出电压，从而改变作用于传感器的激励电压大小，以达到补偿目的。图 8-4(b)则是利用三极管的基极与发射极间 PN 结的温度敏感特性，使三极管的输出电流发生变化，改变其管压降，从而改变传感器桥路的激励电压，以此达到温度补偿目的。

图 8-5 所示为一种典型的带温度补偿的集成压力传感器内部电路，其工作原理与图 8-4(b)相同，该集成压力传感器把温度补偿电路与力敏电阻电桥集成在一起，使两者具有良好的温度一致性，可取得比外部温度补偿更好的效果，而且其温度补偿电路简单，补偿效果良好，因此得到了广泛的应用。

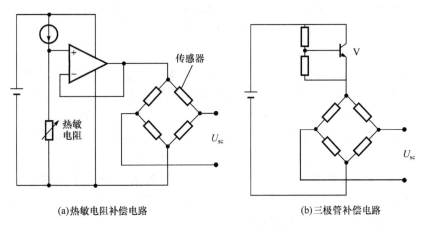

(a)热敏电阻补偿电路　　　　　　　(b)三极管补偿电路

图 8-4　灵敏度漂移补偿电路

2) 带放大器的集成压力传感器

这种集成传感器把力敏电阻桥路、电压放大电路和温度补偿电路采用集成电路工艺制作在一起,使用方便,灵敏度高,其电路如图 8-6 所示。图中,电阻 $R_1 \sim R_4$ 是制作在硅膜上的力敏电阻桥路,它的输出信号经 BG_1、BG_2 等元件组成的差分放大器后输出,D_1、D_2 为温度补偿元件。由于桥路的信号先经过放大再输出,使信号幅度增大,抗干扰能力增强。

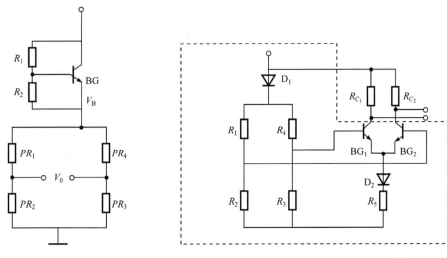

图 8-5　带温度补偿的　　　　图 8-6　带放大器的集成压力传感器
集成压力传感器

由于压阻系数具有负的温度系数,因此,在恒压供电时,其灵敏度将随温度的升高而下降。另外,在工作电压一定的条件下,差分放大器的跨导与热力学温度成反比,因此,为了改善整个电路的压力灵敏度系数,利用二极管 D_1、D_2 的正向压降具有负温度系数的特性来对电路进行整体补偿。

　　3) 混合集成压力传感器

　　带放大器的单片集成压力传感器虽然具有体积小、灵敏度高等优点,但由于受到引线和制作工艺的诸多限制,精度难以做得很高,且由于器件的不一致性问题,每个器件都需要对它的零点失调、放大器增益等参数进行独立调节,给使用带来不便。目前,有许多集成压力传感器是采用混合集成电路制成的。这种传感器出厂前都经过调节,其精度比较高,互换性也较好,使用方便。

　　图 8-7 为混合集成压力传感器的内部电路原理图,该电路主要由稳压电源、带温度补偿的力敏电阻桥路、三个运算放大器和一些电阻构成。三个运算放大器中 1 和 2 用作跟随器,3 用作放大器。

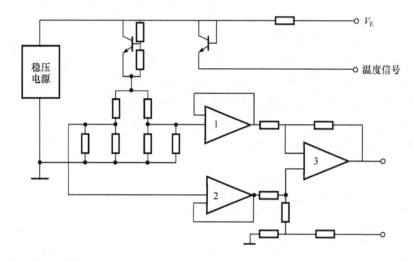

图 8-7　混合集成压力传感器电路

　　这种传感器使用十分方便,一个损坏的集成压力传感器可以用同型号的器件直接插入代换。电路的总精度在 1% 以上,温漂优于 $0.03\%/℃$,利用片内的感温三极管可得到片上的温度信息供外部补偿电路使用。

8.1.3　集成霍尔式传感器

1. 霍尔效应

　　图 8-8 为霍尔效应原理图。在与磁场垂直的半导体薄片上通以电流 I,假设载流子为电子(N 型半导体材料),它沿与电流 I 相反的方向运动。由于洛伦兹力 f_L 的作用,电子将向一侧偏转(如图中虚线方向),并使该侧形成电子的积累。而另一侧形成正电荷积累,于是元件的横向便形成了电场。该电场阻止电子继续向

侧面偏移,当电子所受到的电场力 f_E,与洛伦兹力 f_L 相等时,电子的积累达到动态平衡。这时,在两端横面之间建立的电场称为霍尔电场 E_H,相应的电势称为霍尔电势 U_H。

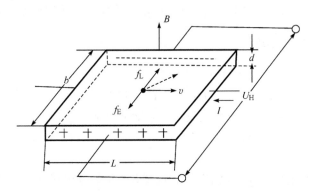

图 8-8　霍尔效应原理图

设电子以相同的速度 v 按图示方向运动,在磁感应强度 B 的磁场作用下并设其正电荷所受洛伦兹力方向为正,则电子受到的洛伦兹力可用下式表示:

$$f_L = -evB \tag{8-5}$$

式中,e 为电子电量。

与此同时,霍尔电场作用于电子的力 f_E 可表示为

$$f_E = (-e)(-E_H) = e\frac{U_H}{b} \tag{8-6}$$

式中,$-E$ 为指电场方向与所规定的正方向相反;b 为霍尔元件的宽度。

当达到动态平衡时,二力代数和为零,即 $f_L = f_E = 0$,于是得

$$vB = \frac{U_H}{b} \tag{8-7}$$

又因为

$$j = -nev$$

式中,j 为电流密度;n 为单位体积中的电子数;负号表示电子运动方向与电流方向相反。

于是,电流强度 I 可表示为

$$I = -nevbd$$
$$v = -I/nebd \tag{8-8}$$

式中,d 为霍尔元件的厚度。

将式(8-8)代入式(8-7),得

$$U_H = -IB/ned \tag{8-9}$$

若霍尔元件采用 P 型半导体材料,则可推导出

$$U_H = -IB/ped \qquad (8-10)$$

式中,p 为单位体积中空穴数。

由式(8-9)及式(8-10)可知,根据霍尔电势的正负可以判别材料的类型。

2. 霍尔系数和灵敏度

设 $R_H = 1/ne$,则式(8-11)可写成

$$U_H = -R_H IB/d \qquad (8-11)$$

式中,R_H 称为霍尔系数,其大小反映出霍尔效应强弱。

由电阻率公式 $\rho = 1/ne\mu$ 得

$$R_H = \rho\mu \qquad (8-12)$$

式中,ρ 为材料的电阻率;μ 为载流子的迁移率,即单位电场作用下载流子的运动速度。

一般来说,电子的迁移率大于空穴的迁移率,因此,制作霍尔元件时多采用 N 型半导体材料。

若设

$$K_H = -R_H/d = -1/ned \qquad (8-13)$$

将上式代入式(8-11),则有

$$U_H = K_H IB \qquad (8-14)$$

式中,K_H 称为元件的灵敏度,表示霍尔元件在单位磁感应强度和单位控制电流作用下霍尔电势的大小,单位是 $mV/(mA \cdot T)$。

由式(8-13)说明:

(1) 由于金属的电子浓度很高,因此,它的霍尔系数或灵敏度都很小,不适宜制作霍尔元件。

(2) 元件的厚度 d 愈小,灵敏度愈高。因此,制作霍尔片时可采取减小 d 的方法来增加灵敏度,但不能认为 d 愈小愈好,因为这会导致元件的输入和输出电阻增加,锗元件更是不希望如此。

还应指出,当磁感应强度 B 和霍尔片平面法线 n 成角度 θ 时(如图 8-9 所示),实际作用于霍尔片的有效磁场是其法线方向的分量,即 $B\cos\theta$,则其霍尔电势为

$$U_H = K_H IB\cos\theta \qquad (8-15)$$

由上式可知,当控制电流转向时,输出电

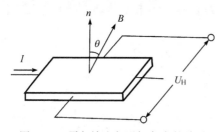

图 8-9　霍尔输出与磁场角度的关系

势方向也随之变化;磁场方向改变时亦如此。但是,若电流和磁场同时换向,则霍尔电势方向不变。

通常应用时,霍尔片两端加的电压为 E,如果将式(8-15)中电流 I 改写成电压 E,可使计算方便。根据材料电阻率公式 $\rho = 1/ne\mu$ 及霍尔片电阻表达式,

$$R = \rho \frac{l}{S}$$

式中,S 为霍尔片横截面,$S=bd$;L 为霍尔片的长度。

于是,式(8-14)代入 $I=E/R$ 经整理可改写为

$$U_H = -\frac{b}{L}\mu EB \tag{8-16}$$

由式(8-16)可知,适当地选择材料迁移率(μ)及霍尔片的宽长比(b/L)可以改变霍尔电势 U_H 值。

3. 材料及结构特点

霍尔片一般采用 N 型锗、锑化铟和砷化铟等半导体材料制成。锑化铟元件的霍尔输出电势较大,但受温度的影响也大;锗元件的输出虽小,但它的温度性能和线性度却比较好;砷化铟与锑化铟元件比较前者输出电势小,受温度影响小,线性度较好。因此,采用砷化铟材料作霍尔元件受到普遍重视。

霍尔元件的结构比较简单,它由霍尔片、引线和壳体组成,如图 8-10 所示。霍尔片是一块矩形半导体薄片。

在短边的两个端面上焊出两根控制电流端引线(见图 8-10 中 1、1′),在长边中点以点焊形式焊出两根霍尔电势输出端引线(见图 8-10 中 2、2′),焊点要求接触电阻小(即为欧姆接触)。霍尔片一般用非磁性金属、陶瓷或环氧树脂封装。

在电路中,霍尔元件常用如图 8-11 所示的符号表示。

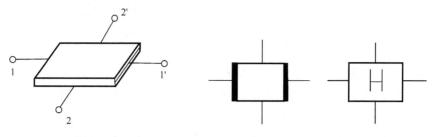

图 8-10　霍尔元件示意图　　　　图 8-11　霍尔元件的符号

霍尔元件型号命名法如图 8-12 所示。

4. 基本电路形式

霍尔元件的基本测量电路如图 8－13 所示。控制电流由电源 E 供给，R 为调整电阻，以保证元件中得到所需要的控制电流。霍尔输出端接负载 R_L。R_L 可以是一般电阻，也可以是放大器输入电阻或表头内阻等。

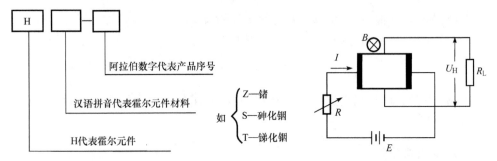

图 8－12　霍尔元件型号命名法　　　　图 8－13　霍尔元件的基本电路

5. 电磁特性

(1) U_H-I 特性。当磁场恒定时，在一定温度下测定控制电流 I 霍尔电势 U_H，可以得到良好的线性关系，如图 8－14 所示，其直线斜率称为控制电流灵敏度，以符号 K_i 表示，可写成

$$K_i = (U_H/I)B = \text{const} \tag{8-17}$$

由式(8－14)及式(8－17)还可得到

$$K_i = K_H B \tag{8-18}$$

但是，灵敏度大的元件其霍尔电势输出并不一定大，这是因为霍尔电势的值与控制电流成正比的缘故。

由于建立霍尔电势所需的时间很短(10～12s)，因此，控制电流采用交流时频率可以很高(如几千兆赫兹)，而且元件的噪声系数较小，如锑化铟的噪声系数约 7.66dB。

(2) U_H-B 特性。当控制电流保持不变时，元件的开路霍尔输出随磁场的增加不完全呈线性关系，而有非线性偏离。图 8－15 给出了这种偏离程度，从图中可以看出，锑化铟的霍尔输出对磁场的线性度不如锗。对锗而言，沿着(100)晶面切割的晶体其线性度优于沿着(111)晶面的晶体，如 HZ-4 由(100)晶面制作，HZ-1、2、3 是采用(111)晶面制作的。

通常，霍尔元件工作在 0.5T 以下时线性度较好。在使用中，若对线性度要求很高时，可以采用 HZ-4，它的线性偏离一般不大于 0.2%。

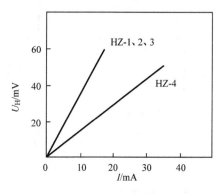

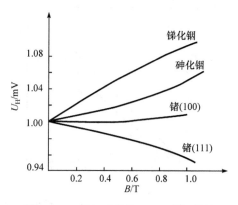

图 8 - 14　霍尔元件的 U_H-I 特性曲线　　　　图 8 - 15　霍尔元件的 U_H-B 特性曲线

6. 误差分析及其补偿方法

1) 元件几何尺寸及电极焊点的大小对性能的影响

在霍尔电势的表达式中,我们是将霍尔片的长度 L 看作无限大来考虑的。实际上,霍尔片具有一定的长宽比 L/b,存在着霍尔电场被控制电流极短路的影响,因此,应在霍尔电势的表达式中增加一项与元件几何尺寸有关的系数。这样,式(8 - 14)可写成如下形式:

$$U_H = K_H IB f_H(L/b) \qquad (8-19)$$

式中,$f_H(L/b)$ 为元件的形状系数。

元件的形状系数与长宽比之间的关系如图 8 - 16 所示。由图可知,当 $L/b>2$ 时,形状系数 $f_H(L/b)$ 接近 1。因此,为了提高元件的灵敏度,可适当增大 L/b 值,但实际设计时取 $L/b=2$ 已经足够了,因为 L/b 过大反而使输入功耗增加,以致降低元件的效率。

霍尔电极的大小对霍尔电势的输出也存在一定影响,如图 8 - 17 所示。按理想元件的要求,控制电流的电极应与霍尔元件是良好的点接触,而霍尔电极与霍尔元件为面接触。实际

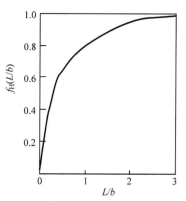

图 8 - 16　霍尔元件的形状系数曲线

上,霍尔电极有一定的宽度 l,它对元件的灵敏度和线性度有较大的影响。研究表明,当 $l/L<0.1$ 时,电极宽度的影响可忽略不计。

2) 不等位电势 U_0 及其补偿

不等位电势是产生零位误差的主要因素。由于制作霍尔元件时,不可能保证将霍尔电极焊在同一等位面上,如图 8 - 18 所示,因此,当控制电流 I 流过元件时,

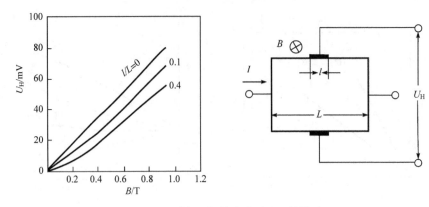

图 8-17　霍尔电极的大小对 U_H 的影响

即使磁感应强度等于零,在霍尔电势极上仍有电势存在,该电势称为不等位电势 U_0。在分析不等位电势时,可以把霍尔元件等效为一个电桥,如图 8-19 所示。电桥的四个桥臂电阻分别为 r_1、r_2、r_3 和 r_4,若两个霍尔电势极在同一等位面上,$r_1 = r_2 = r_3 = r_4$,则电桥平衡,输出电压 U_0 等于零。当霍尔电极不在同一等位面上时(如图 8-18 所示),因 r_3 增大而 r_4 减小,则电桥的平衡被破坏,使输出电压 U_0 不等于零。恢复电桥平衡的办法是减小 r_2 和 r_3。如果经测试确知霍尔电极偏离等位面的方向,则可以采用机械修磨或用化学腐蚀的方法来减小不等位电势以达到补偿的目的。

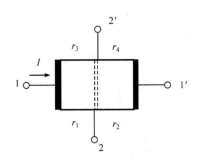

图 8-18　不等位电势示意图

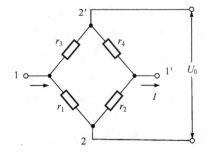

图 8-19　霍尔元件的等效电路

　　一般情况下,采用补偿网络进行补偿是一种行之有效的方法,常见的几种补偿网络如图 8-20 所示。

　　3) 寄生直流电势

　　由于霍尔元件的电极不可能做到完全的欧姆接触,在控制电流极和霍尔电极上都可能出现整流效应。因此,当元件在不加磁场的情况下通入交流控制电流时,它的输出除了交流不等位电势外,还有一直流分量,这个直流分量被称为寄生直流电势,其大小与工作电流有关,随着工作电流的减小,直流电势将迅速

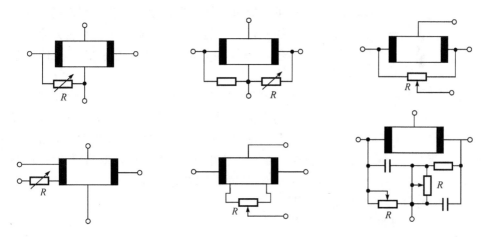

图 8 - 20 不等位电势的集中补偿线路

减小。

产生寄生直流电势的原因,除上面所说的因控制电流极和霍尔电势极的欧姆接触不良造成整流效应外,霍尔电势极的焊点大小不同,导致两焊点的热容量不同而产生温差效应,也是形成直流附加电势的一个原因。

寄生直流电势很容易导致输出产生漂移,为了减小其影响,在元件的制作和安装时应尽量改善电极的欧姆接触性能和元件的散热条件。

4)感应电势

霍尔元件在交变磁场中工作时,即使不加控制电流,由于霍尔电势的引线布局不合理,在输出回路中也会产生附加感应电势,其大小不仅正比于磁场的变化频率和磁感应强度的幅值,并且与霍尔电势极引线所构成的感应面积成正比,如图8-21(a)所示。

为了减小感应电势,除合理布线外,如图8-21(b)所示,还可以在磁路气隙中安置另一辅助霍尔元件。如果两个元件的特性相同,就可以起到显著的补偿效果。

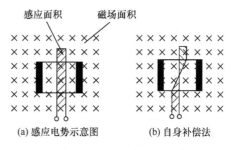

(a) 感应电势示意图 (b) 自身补偿法

图 8 - 21 感应电势及其补偿

5)温度误差及其补偿

霍尔元件与一般半导体器件一样,对温度变化十分敏感,这是由于半导体材料的电阻率、迁移率和载流子浓度等随温度变化的缘故。因此,霍尔元件的性能参数(如内阻、霍尔电势等)都将随温度变化。为了减少霍尔元件的温度误差,除选用温度系数小的元件(如砷化铟)或采用恒温措施外,还可采用恒流源供电,这

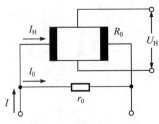

图 8-22　温度补偿线路

样可以减小元件内阻随温度变化而引起的控制电流的变化。但是,采用恒流源供电不能完全解决霍尔电势的稳定问题,因此还应采用其他补偿方法。

图 8-22 是一种行之有效的补偿线路。在控制电流极并联一个适当的补偿电阻 r_0,当温度升高时,霍尔元件的内阻迅速增加,使通过元件的电流减小,而通过 r_0 的电流增加。利用元件内阻的温度特性和补偿电阻,可自动调节霍尔元件的电流大小,从而起到补偿作用。

补偿电阻 r_0 的数值选择如下:

设在某一基准温度 T_0 时,有

$$I = I_{H0} + I_0 \tag{8-20}$$

$$I_{H0}R_0 = I_0 r_0 \tag{8-21}$$

式中,I 为恒流源输出电流;I_{H0} 表示温度为 T_0 时霍尔元件的控制电流;I_0 表示温度为 T_0 时 r_0 上通过的电流;R_0 表示温度为 T_0 时霍尔元件的内阻;r_0 表示温度为 T_0 时补偿电阻值。

将式(8-20)代入式(8-21),经整理后得

$$I_{H0} = \frac{r_0}{R_0 + r_0} I \tag{8-22}$$

当温度上升为 T 时,同理可得

$$I_H = \frac{r}{R + r} I \tag{8-23}$$

式中,R 表示温度为 T 时霍尔元件的内阻,$R = R_0(1 + \beta t)$,β 是霍尔元件的内阻温度系数,$t = T - T_0$ 为相对基准温度的温差;r 表示温度为 T 时补偿电阻的值,$r = r_0(1 + \delta t)$,δ 是补偿电阻的温度系数。

当温度为 T_0 时,霍尔电势 U_{H0} 为

$$U_{H0} = K_{H0} I_{H0} B \tag{8-24}$$

式中,K_{H0} 表示温度为 T_0 时霍尔元件的灵敏度系数。当温度为 T 时,霍尔电势 U_H 为

$$U_H = K_H I_H B = K_{H0}(1 + \alpha t) I_H B \tag{8-25}$$

式中,K_H 表示温度为 T 时霍尔元件的灵敏度系数;α 为霍尔元件灵敏度的温度系数。

设补偿后输出霍尔电势不随温度变化,则应满足条件

$$U_H = U_{H0} \tag{8-26}$$

即

$$K_{H0}(1+\alpha t)I_H B = K_{H0}I_{H0}B \tag{8-27}$$

将式(8-22)和式(8-23)代入式(8-27)，并经整理后得到

$$(1+\alpha t)(1+\delta t) = 1 + \frac{R_0\beta + r_0\delta}{R_0 + r_0}t \tag{8-28}$$

将式(8-28)展开，略去 $\alpha\delta t^2$ 项(温度 $t<100℃$ 此项可以忽略)，则有

$$r_0\alpha = R_0(\beta - \alpha - \delta) \tag{8-29}$$

$$r_0 = \frac{\beta - \alpha - \delta}{\alpha}R_0 \tag{8-30}$$

由于霍尔元件灵敏度温度系数 α 和补偿电阻的温度系数 δ 比霍尔元件内阻温度系数 β 小得多，即 $\alpha\ll\beta,\delta\ll\beta$，则式(8-30)可以简化为

$$r_0 \approx \frac{\beta}{\alpha}R_0 \tag{8-31}$$

式(8-31)说明，当元件的 α、β 及内阻 R_0 确定后，补偿电阻 r_0 便可求出，当霍尔元件选定后，其 α 和 β 值可以从元件参数表中查出，而元件内阻 R_0 则可由测量得到。

　　试验表明，补偿后霍尔电势受温度的影响极小，而且对霍尔元件的其他性能也无影响，只是输出电压稍有下降，这是由于通过元件的控制电流被补偿电阻 r_0 分流的缘故。只要适当增大恒流源输出电流，使通过霍尔元件的电流达到额定值，输出电压可保持原来的数值。

　　此外，还可以采用热敏电阻进行温度补偿，图 8-23 所示为锑化铟霍尔元件采用热敏电阻 R_0 补偿的原理图。

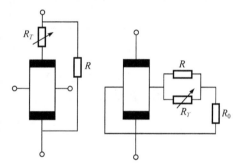

图 8-23　热敏电阻进行
温度补偿的原理图

7. 霍尔线性集成传感器

1) 霍尔线性集成传感器的结构及工作原理

　　霍尔线性集成传感器的输出电压与外加磁场强度呈线性比例关系，这类传感器一般由霍尔元件、恒流源和线性放大器组成，做在一个芯片上，它的输出为模拟电压信号，并且与外加磁感应强度呈线性关系。因此，霍尔线性传感器广泛用于位置、力、重量、厚度、速度、磁场、电流等的测量或控制。

　　霍尔线性集成传感器有单端输出和双端输出两种，它们的电路结构分别如图 8-24 和图 8-25 所示。

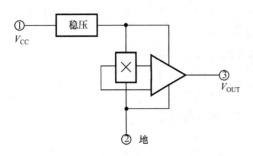

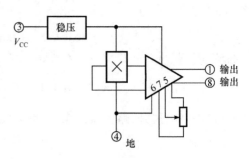

图 8-24   单端输出传感器的电路结构   图 8-25   双端输出的电路结构

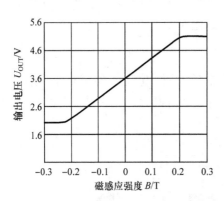

图 8-26   SL3501T 传感器的
输出特性曲线

单端输出的传感器是一个三端器件，它的输出电压对外加磁场的微小变化能做出线性响应。通常，将输出电压用电容交连到外接放大器，将输出电压放大到较高的水平，其典型产品是 SL3501T。

双端输出的传感器是一个 8 脚双列直插封装器件，它可提供差动射极跟随输出，还可提供输出失调调零，其典型的产品是 SL3501M。

2) 霍尔线性集成传感器的主要技术特性

传感器的输出特性如图 8-26 和图 8-27 所示。

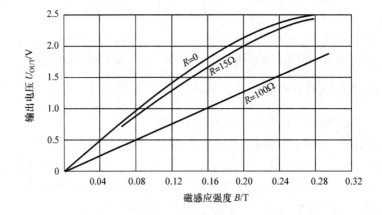

图 8-27   SL3501M 传感器的输出特性曲线

8. 霍尔开关集成传感器

霍尔开关集成传感器是利用霍尔效应与集成电路技术结合而制成的一种磁敏传感器,它能感知一切与磁信息有关的物理量,并以开关信号形式输出。霍尔开关集成传感器具有使用寿命长、无触点磨损、无火花干扰、无转换抖动、工作频率高、温度特性好、能适应恶劣环境等优点。

1) 霍尔开关集成传感器的结构及工作原理

霍尔开关集成传感器是以硅为材料,利用硅平面工艺制造的。硅材料制作霍尔元件是不够理想的,但在霍尔开关集成传感器上,由于 N 型硅的外延层材料很薄,可以提高霍尔电压 U_H。如果应用硅平面工艺技术将差分放大器、施密特触发器及霍尔元件集成在一起,可以大大提高传感器的灵敏度。

图 8-28 是霍尔开关集成传感器的内部结构框图,它主要由稳压电路、霍尔元件、放大器、整形电路、开路输出五部分组成,它输出的是高、低电平数字式信号。稳压电路可使传感器在较宽的电源电压范围内工作,开路输出可使传感器方便地与各种逻辑电路接口。

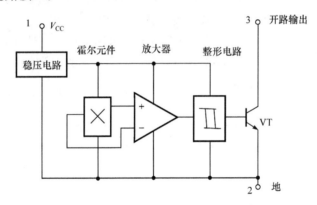

图 8-28　霍尔开关集成传感器的内部结构框图

霍尔开关集成传感器的原理及工作过程可简述如下:当有磁场作用在传感器上时,根据霍尔效应原理,霍尔元件输出霍尔电压 U_H,该电压经放大器放大后,送给施密特整形电路。当放大后的 U_H 电压大于“开启”阈值时,施密特整形电路翻转,输出高电平,使半导体管 V 导通,且具有吸收电流的负载能力,这种状态我们称它为开状态。当磁场减弱时,霍尔元件输出的 U_H 电压很小,经放大器放大后其值也小于施密特整形电路的“关闭”阈值,施密特契形器再次翻转,输出低电平,使半导体管 V 截止,这种状态我们称它为关状态。这样,一次磁场强度的变化就使传感器完成了一次开关动作。

图 8-29 是霍尔开关集成传感器的外形及典型应用电路。

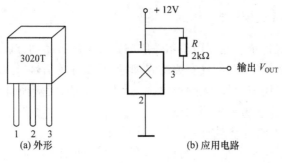

图 8-29　霍尔开关集成传感器的外形及应用电路

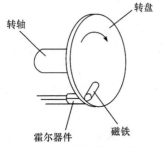

图 8-30　常用霍尔式转速
传感器的结构示意图

2）霍尔开关集成传感器的应用

霍尔开关集成传感器的基本用途包括以下一些领域：点火系统、保安系统、转速、里程测定、机械设备的限位开关、按钮开关、电流的测定与控制、位置及角度的检测等。

（1）霍尔式转速传感器。图 8-30 为常用的霍尔式转速传感器的结构示意图。

（2）霍尔计数装置。图 8-31 示出了霍尔传感器对钢球计数的装置的工作原理示意图及电路图。

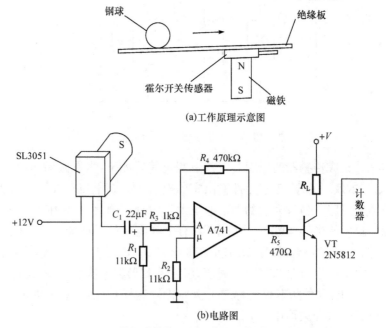

图 8-31　霍尔计数装置的工作原理示意图及电路图

因为钢球为强磁性物体，所以，在装置中将永久磁铁固定，当有钢球滚过时，磁场就发生一次变化，传感器输出的霍尔电压也变化一次，这相当于输出一个脉冲，该脉冲信号经运算放大器放大后，送入三极管的基极，三极管便导通一次，在三极管的集电极上接一个计数器，即可对滚过的钢球计数。

（3）霍尔接近开关（如图 8 - 32 所示）。运动部件上装有一块永久磁铁，它的轴线与传感器的轴线处在同一直线上。当磁铁随运动部件移动到距传感器几毫米至几十毫米（由设计确定）时，传感器的输出由高电平变为低电平，经驱动电路使继电器吸合或释放，运动部件停止。

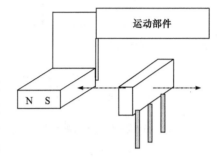

图 8 - 32　霍尔接近开关工作原理示意图

9. 霍尔元件在电流测量上的应用

在现代工程技术中，往往要测量直流电流，有时直流电流值高达 10kA 以上，过去多采用电阻器分流的方法来测量这样大的电流。这种方法有许多缺点，如分流器结构复杂、笨重、耗电、耗铜等。利用霍尔效应原理测量大电流可以克服上述一些缺点。霍尔效应大电流计结构简单、成本低、准确度高，在很大程度上与频率无关，便于远距离测量，测量时不需要断开回路。

用霍尔元件测量电流，都是通过霍尔元件检测通电导线周围的磁场来实现的。下面介绍几种用霍尔元器件测量大电流的方法。

1）导线旁测法

这种方法是一种最简单的方法，将霍尔元件放在通电导线的附近，给霍尔元件通以恒定电流，用霍尔元件测量被测电流产生的磁场，就可以从元件输出的霍尔电压中确定被测电流值（如图 8 - 33 所示）。

这种方法虽然结构简单，但测量精度较差，受外界干扰也大，只适用一些不重要的场合。

2）导线贯串磁心法

如果用铁磁材料做成磁导体的铁心，使被测通电导线贯串它的中央，将霍尔元件或霍尔集成传感器放在磁导体的气隙中，这样，可以通过环形铁心集中磁力线，如图 8 - 34 所示。当导线中有电流流通时，导线周围产生磁场，使导磁体铁心化成暂时性磁铁，在环形气隙中就会形成一个磁场，导体中的电流越大，气息处的磁感应强度就越大，霍尔元器件输出的霍尔电压 V_R 就越大。于是，我们就可以通过霍尔电压检测导线中的电流。这种方法可以提高电流测量的精度。

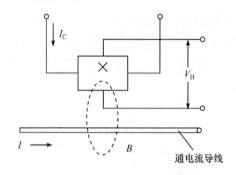

图 8-33　导线旁测法原理图

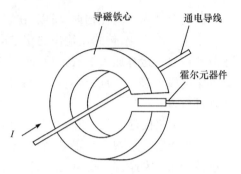

图 8-34　导线贯串磁心法原理图

　　在实际应用中,为了测量的方便,还可以把导磁铁心做成钳式形状,或非闭合磁路的形状,如图 8-35 所示。

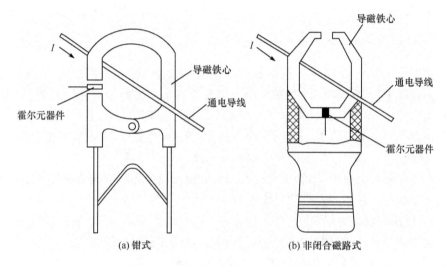

(a) 钳式　　　　　　　　　　(b) 非闭合磁路式

图 8-35　导线贯串磁心法的应用形式

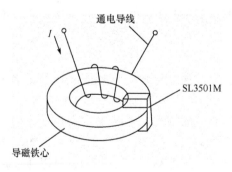

图 8-36　磁心绕线法原理图

3) 磁心绕线法

　　这种方法如图 8-36 所示,它由标准环形导磁铁心和 SL350M 霍尔线性集成传感器组合而成。被测通电导线绕在导磁铁心上,每 1 安 1 匝在气隙处可产生0.0056T 的磁感应强度。若测量范围是0~20A 时,则导线绕制 9 匝便可产生约0.1T 的磁感应强度,SL350M 会有 1.4V的电压输出。

10. 霍尔元件在磁性材料研究上的应用

在磁性材料特性研究中,往往需要复杂的过程才能得到 B-H 曲线或磁场分布图,而使用霍尔元件来研究磁性材料的特性则是极为方便的。研究闭合试样在交流电流的磁特性可以采用图 8-37 所示的线路来进行。因为霍尔电压同铁心磁化绕组的电流关系 $V_R = f(I_m)$ 同样反映了磁感应强度 B 与磁场强度 H 之间的关系 $B = f(H)$,所以,可以直接用示波器来观察这个关系。

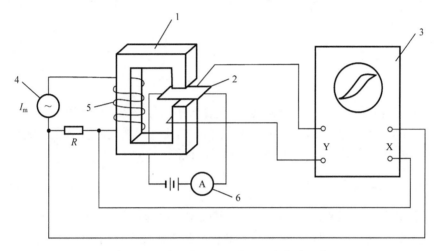

图 8-37　闭合材料试样磁特性研究线路示意图

1. 材料试件;2. 霍尔元件;3. 示波器;4. 交流信号源;5. 磁化绕组;6. 电流表

11. 霍尔汽车点火器

传统的汽车点火器装置是利用机械装置使触点闭合和打开,在点火线圈断开的瞬间感应出高电压供火花塞点火。这种方法容易造成开关的触点产生磨损、氧化,使发动机的性能变坏,也使发动机性能的提高受到限制。

图 8-38 是霍尔汽车点火器的结构示意图。图中的霍尔传感器采用 SL3020。在磁轮鼓上嵌有永久磁铁的磁鼓和软铁制成的轭铁磁路,它和霍尔传感器保持适当的间隙。由于永久磁铁按磁性交替排列并等分地嵌在磁轮鼓的圆周上,因此,当磁轮鼓转动时,磁铁的 N 极及 S 极便交替地在霍尔传感器的表面通过,霍尔传感器的输出端便输出脉冲信号,用这个脉冲信号去触发功率开关管,使它导通或截止,在点火线圈中便产生 15kV 的感应高电压,以点燃汽缸中的燃油,随着发动机的转动,上述过程将周而复始地进行下去。

采用霍尔传感器制成的汽车点火器,和传统的汽车点火器相比具有以下优点:

(1) 由于无触点,因此无须维护,使用寿命长。

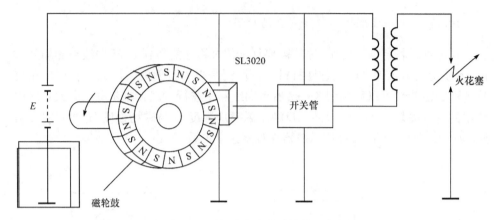

图 8-38　霍尔汽车点火器结构示意图

（2）启动方便，汽车在低速爬坡和高速行驶中不会发生熄火现象。

（3）由于点火能量大，汽缸中气体燃烧充分，排气对大气的污染明显减少。

（4）由于点火时间准确，可提高发动机的性能。

12. 霍尔无刷直流电机

采用霍尔元件做直流电机的整流子可以实现高速度转换、可靠性高、转矩-重量比高、速度-转矩的线性度好、用低功率信号控制等要求。由于除去了电刷，不存在电刷磨损问题，使电机的使用寿命大大增加。

霍尔无刷直流电机的结构如图 8-39 所示。电机的磁场由永久磁铁做成的转

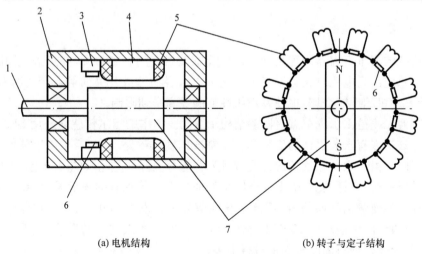

(a) 电机结构　　　　　　　　　　　(b) 转子与定子结构

图 8-39　霍尔无刷直流电机结构示意图

1. 轴；2. 外壳；3. 电路；4. 定子；5. 线圈；6. 霍尔元件；7. 永磁转子

子产生。在定子上安有 12 只霍尔元件,各与一个线圈相连,线圈被安放在定子槽中。各线圈由霍尔元件的输出电压激发,使其产生一个磁场,与相应的霍尔元件相差 90°,超前于转子磁场 90°,这时,转子为了要跟上电枢线圈产生的定子磁场,于是就转动起来。当转子的磁通通过霍尔元件时,磁场反相,使霍尔元件输出的极性也反相,结果,相应的线圈磁场就产生了磁场转换,使定子的磁场始终超前转子磁场 90°,从而使定子沿同一方向继续转动。

8.2　数字传感器

8.2.1　概述

数字传感器(digital transducer/sensor)是指输出信号为数字量(或数字编码)的传感器。

由于数字传感器能直接将被测的非电量转换为数字量,不需要经过 A/D 转换即可进行数字显示或与计算机联机,因此,不但可提高系统的可靠性和精确度,而且具有抗干扰能力强、适宜远距离传输等优点,是传感器的发展方向之一。

根据数字传感器的工作原理,可按其输出信号形式分为脉冲式(如光栅传感器)、频率式(如谐振式传感器)、数码式(如光电码盘)等不同形式。这些传感器目前应用都较为广泛。

8.2.2　振弦式传感器

所谓谐振式传感器(resonance transducer/sensor),是利用谐振原理,将被测量变化转换成谐振频率变化的传感器。谐振式传感器的敏感元件(谐振元件)可以是被张紧的金属丝(振弦)、金属膜片(振膜)或薄壁圆筒(振筒)等机械式谐振元件,也可以是压电谐振元件(压电振子)。

本节以振弦式传感器(vibrating string transducer/sensor)和压电式谐振传感器为例来说明频率式数字传感器的工作原理。

1. 工作原理

振弦式传感器是利用金属弦的固有振动频率 f 与弦所承受的张力 F_r 之间的关系来进行测量的。金属弦(振弦)放置在永久磁铁所产生的磁场内,它同时是电气线路的组成部分。当振弦的固有频率随着它所承受的张力而变化时,电路的输出信号频率也发生相应的变化。因此,可以通过测量电振荡频率来间接测量被测量的变化。

弦在振荡时,由于空气对它的摩擦阻力很小,可以忽略。这时,若将振弦置于永磁磁场中用电流来激振,激励电流流经振弦时,可把振弦等效为 LC 并联电路,

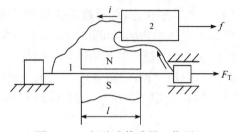

图 8-40　振弦式传感器工作原理
1. 振弦；2. 振荡与放大电路

从而实现机械量与电量之间的等效模拟。

如图 8-40 所示,若弦振动时的摩擦阻力忽略不计,则施加在弦上的电流 i 所产生的激振电磁作用力 F 必被振弦的惯性反作用力 F_c 与弹性反作用力 F_L 所平衡,即

$$F = F_c + F_L \qquad (8-32)$$

这样,就可以把激振电流 i 分解成对应于 F_c 与 F_L 的两个电流分量 i_c 与 i_L,于是

$$F = Bli = Bli_c + Bli_L \qquad (8-33)$$

式中,l 为弦置于磁场中的有效长度;B 为永磁磁场的磁感应强度。

弦的惯性反作用力(F_c)为弦的质量 m 与弦的振动加速度之乘积,即

$$F_c = m\frac{\mathrm{d}v}{\mathrm{d}t}$$

由此得到

$$Bli_c = m\frac{\mathrm{d}v}{\mathrm{d}t} \qquad (8-34)$$

式(8-34)两边同时对时间积分,得速度表达式为

$$v = \int \frac{Bl}{m}i_c\mathrm{d}t = \frac{Bl}{m}\int i_c\mathrm{d}t$$

振弦以速度 v 在磁场中切割磁力线运动必然要感应出电动势,如下:

$$e = Blv = \frac{(Bl)^2}{m}\int i_c\mathrm{d}t \qquad (8-35)$$

已知一般电容器充电公式为

$$e_c = \frac{1}{C}\int i_c\mathrm{d}t \qquad (8-36)$$

将式(8-35)和式(8-36)相比较可以看出,在磁场中运动的质量为 m 的振弦相当于一个电容的作用,其等效电容为

$$C = \frac{m}{B^2 l^2} \qquad (8-37)$$

如上所述,振弦作为一个质量为 m 的惯性体被加速,从而吸收了一部分电磁力,用于克服惯性而使之以速度 v 运动;与此同时,振弦又作为一个具有横向刚度的弹簧在起作用,因此,又要用一部分电磁力来平衡弹性反作用力 F_L。假设在某一时刻,振弦偏离初始平衡位置产生一横向位移 x,又设振弦的横向刚度系数为 k,则其弹性反作用力为

$$F_L = -kx$$

上式两边同时对时间 t 求一阶导数,得

$$\frac{\mathrm{d}F_L}{\mathrm{d}t} = -k\frac{\mathrm{d}x}{\mathrm{d}t} = -kv$$

$$v = -\frac{1}{k}\frac{\mathrm{d}F_L}{\mathrm{d}t} \tag{8-38}$$

因为振弦上流过的电流分量 i_L 形成的电磁作用力用来平衡 F_L,所以有

$$F_L = Bli_L$$

对 t 求一阶导数,得到

$$\frac{\mathrm{d}F_L}{\mathrm{d}t} = Bl\frac{\mathrm{d}i_L}{\mathrm{d}t} \tag{8-39}$$

由式(8-38)和式(8-39)可得

$$Blv = Bl\left(-\frac{1}{k}\frac{\mathrm{d}F_L}{\mathrm{d}t}\right) = -\left(\frac{B^2 l^2}{k}\right)\frac{\mathrm{d}i_L}{\mathrm{d}t} \tag{8-40}$$

又根据物理学对自感电动势的定义,

$$e_L = -L\frac{\mathrm{d}i_L}{\mathrm{d}t} \tag{8-41}$$

将式(8-40)与式(8-41)相比较可看出,一根位于磁场中张紧的弦产生横向振动时,又相当于一个电感的作用,其等效电感为

$$L = \frac{B^2 l^2}{k} \tag{8-42}$$

由式(8-41)与式(8-42)可知,一根位于磁场中张紧的弦通以激励电流 i 时,其作用如同一个并联的 LC 回路。这一等效的 LC 振荡回路的振荡频率也可按一般 LC 回路的方法来计算,即

$$f = \frac{1}{2\pi\sqrt{LC}}$$

将 L 与 C 值代入后,便可求得振弦的固有振动频率为

$$f = \frac{1}{2\pi\sqrt{(B^2 l^2/k)(m/B^2 l^2)}} = \frac{1}{2\pi}\sqrt{k/m} \tag{8-43}$$

式中,k 为振弦的横向刚度系数;m 为振弦的质量。

振弦传感器检测各种物理量一般都是通过改变弦上的张力 F_T 来实现的,张力(F_T)与振弦的横向刚度系数 k 之间的关系为

$$k = (\pi^2/l)F_T \tag{8-44}$$

式中,l 为振弦的长度。

将式(8-44)代入式(8-45)得

$$f = \frac{1}{2}\sqrt{\frac{F_T}{ml}} = \frac{1}{2l}\sqrt{\frac{F_T l}{m}} \tag{8-45}$$

根据弦的拉伸应力 σ 与应变 ε 的关系,有

$$\sigma = \frac{F_T}{A} = E\varepsilon$$

式中,A 为弦的横截面积。

弦材料密度 ρ 的表达式为

$$\rho = lA$$

由式(8-45)得

$$f = \frac{1}{2l}\sqrt{\frac{F_T/A}{m/lA}} = \frac{1}{2l}\sqrt{\frac{E\varepsilon}{\rho}} \tag{8-46}$$

式中,E 为振弦材料的拉、压弹性模量。

式(8-46)所示为振弦的自振频率 f 与弦的应变 ε 之间的关系,这就是振弦传感器工作原理的基本关系式。

2. 应用举例

振弦式传感器由于具有精确度高、分辨率高、数字量输出、功耗低、工艺简单、便于批量生产等优点,在力、压力测量及称重等领域得到了广泛应用。

图8-41所示为振弦式称重传感器的工作原理。振弦作为振荡电路的一部分,置于永久磁铁的 N 极和 S 极之间,且与磁力线方向垂直。在没有外力作用时,当振弦中通过电流后,由磁铁产生的磁场将会对载流导线(振弦)施加电磁作用力,导致振弦按图中所示箭头方向运动。振弦运动后输出一个电信号,该信号通过电容 C 经放大器放大后输出,放大后的信号又通过电阻 R_1 正反馈给振弦,进一步加强和激励振弦朝相同方向运动。而振弦在磁场中运动时,由于切割磁力线而产生相反的电流,使振弦受到电磁力的反作用而得以平衡,然后朝相反方向运动。这时,振弦就输出一个相反的电信号,该信号也通过电容 C 经放大器放大后输出,并又通过 R_1 正反馈给振弦,激励振弦朝相反方向运动。振弦在激励电流的作用下如此周而复始地进行振动,传感器就输出一个初始频率信号。

在外力作用下的振弦如图8-42所示。在有外力作用时,外力(被测重力 W)通过传感器弹性体的杠杆比传递给振弦,使得振弦受到张力作用而拉紧,其拉紧程度与所受力(重力 W)有关,即弦所受的张力 F_T 与加在传感器上的负荷 W 成正比

$$F_T = W\frac{L_1}{L_1 + L_2} \tag{8-47}$$

式中,L_1、L_2 为弹性体横梁长度。由式(8-47),振弦的频率 f 随张力 F_T 的变化而

变化,张力越大,频率越高,即

$$f \propto \sqrt{F_T} \propto \sqrt{W}$$

或

$$f^2 \propto W$$

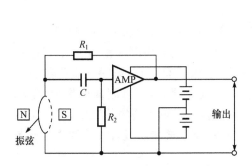

图 8-41　振弦式称重传感器工作原理图

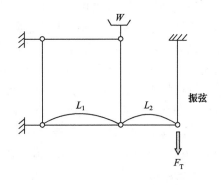

图 8-42　在外力作用下的振弦

由此可见,加在传感器上的被测重力转换成振弦所受张力,通过测量振弦式传感器的输出频率即可确定被测物体的重力。振弦式传感器的输出频率可采用图 8-43所示方法进行测量。在外加载荷 W 作用下,振弦式传感器的输出频率由计数器进行计数并测出频率 f,然后经放大计算电路处理成 f^2,由于 f^2 与称重传感器上所承受的被测重力 W 成正比,所以可得出

$$W = K(f^2 - f_i^2) \tag{8-48}$$

式中,K 为常数;f_i 为初始频率;f 为与被测重力 W 对应的频率。

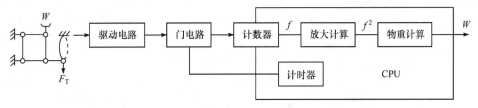

图 8-43　振弦式传感器输出频率测量电路框图

据文献介绍,振弦式称重传感器的各项性能指标已达到 0.02 级电阻应变式称重传感器的水平,且生产成本可大幅度下降,不足之处是目前仅限应用于小量程范围。

8.2.3　压电式谐振传感器

压电式谐振传感器的核心部分是用压电材料制成的振子。基于逆压电效应将加在振子(压电元件)电极上的输入电压转换成振子的机械振动。

作为一种振动系统,压电谐振器可以看作是由振子、振子表面敷层(包括激励电极)、紧固件和周围介质等结构元件所构成。在振动过程中,结构元件之间会发生相互作用(能量交换),这种相互作用决定着压电谐振器作为电路元件的性能及其幅值-频率特性。当采用压电式谐振传感器进行测量时,被测参数调制压电谐振器结构元件的特征参数和这些元件间的相互作用,因而改变了压电谐振器的幅值-频率特性。这就是压电式谐振传感器的工作原理。

绝大多数的压电式谐振传感器是根据被测参数对谐振器频率进行调制的原理制成的。在这种情况下,被测量主要是对振子或振子的表面敷层施加作用,以改变振动系统的柔度(与振子的尺寸和弹性性能有关)及质量(与压电振子表面敷层的质量改变有关),从而调制谐振器的频率。根据此类原理,可以制成质量-频率转换、温度-频率转换、力-频率转换及应变-频率转换等多种类型的传感器,广泛应用于力、应变、重力、加速度、压电、流量、温度、湿度、微小质量和混合气体的成分等多种参数的检测。

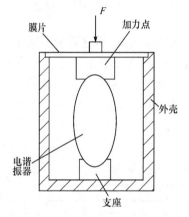

图 8-44 压电谐振式称重传感器结构示意图

以图 8-44 所示的压电谐振式称重传感器为例,在称重过程中,由重物所产生的作用力 F 作用于压电谐振器时,压电谐振器将产生变形,这时,压电谐振器的频率变化取决于其机械应力的性质和大小。分析结果表明,压电谐振器的频率变化 Δf 与外加作用力 ΔF 呈线性关系,即

$$\Delta f = K\Delta F \qquad (8-49)$$

式中,K 为力-频灵敏度系数。

图 8-45 是这种压电谐振式称重传感器的电子线路原理图。振荡电路用于激励压电谐振器振荡并提取频率信号输出,而差频整形电路则将压电谐振器的输出频率 f_1 与一个基准频率 f_0 进行比较,从而输出一个方波信号(f_1-f_0);若压电谐振器的基频也是 f_0,则当力 F 作用于压电谐振器时,其频率将发生如下变化:

$$f_1 - f_0 = (f_0 + \Delta f) - f_0 = \Delta f \qquad (8-50)$$

差频后输出的频率信号即可反映传感器的受力情况。

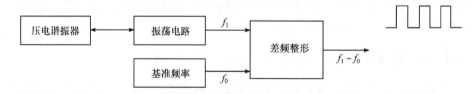

图 8-45 压电谐振式称重传感器电子线路原理图

基于这种原理的数字化称重传感器由于成本低、性能可靠稳定,具有很好的开发应用前景。

8.2.4 光栅传感器及应用

1. 光栅

光栅是指刻有大量按一定规律排列的刻槽(或线条)的透光和不透光(或反射)的光学零件,通常是在一块平面玻璃或金属片上刻上平行等宽、等距刻线(狭缝),由此大量相同的狭缝等间隔平行地排列就构成了一个光栅,其结构如图 8-46 所示。其中,光栅常数 $W=a+b$,通常为 $10^{-2} \sim 10^{-3}$ mm 数量级。

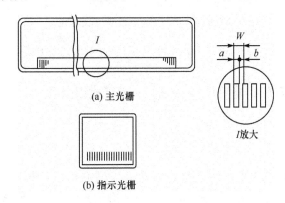

(a) 主光栅

(b) 指示光栅

图 8-46 光栅结构示意图

光栅的种类很多,按工作原理可分为物理光栅和计量光栅。

(1)物理光栅。物理光栅刻线细密,利用光的衍射现象,主要用于光谱分析和光波长等量的测量。

(2)计量光栅。主要利用莫尔现象实现长度、角度、速度、加速度、振动等几何量的测量。

按其透射形式,光栅可分为透射式光栅和反射式光栅两大类,均由光源、光栅副、光敏元件三大部分组成。

(1)透射式光栅。刻画基面采用玻璃材料,如图 8-47 所示。

(2)反射式光栅:刻画基面采用金属材料,如图 8-48 所示。

按栅线形式,光栅可分为黑白光栅和相位光栅。

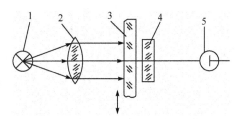

图 8-47 透射式光栅
1. 光源;2. 透镜;3. 主光栅;
4. 指示光栅;5. 光敏元件

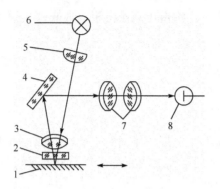

图 8-48　反射式光栅
1. 反射主光栅；2. 指示光栅；3. 场镜；4. 反射镜；
5. 聚光镜；6. 光源；7. 物镜；8. 光电电池

（1）黑白光栅（幅值光栅）。利用照相复制加工而成，栅线与缝隙为黑白相间结构。

（2）相位光栅（闪耀光栅）。横断面呈三角状或锯齿状。

2. 光栅传感器的工作原理

1）工作原理

光栅传感器的基本工作原理是利用计量光栅的莫尔条纹现象进行精密测量的，其主要由标尺光栅、指示光栅、光路系统和测量系统四部分组成，如图 8-49 所示。图标 3、4 为两块光栅常数相同的光栅，光栅 3 称主光栅，它可以移动（或固定不动）；光栅 4 只取一小块，称为指示光栅，它可以移动（或固定不动），这两者刻线面相对，中间留有很小的间隙相叠合，便组成光栅副。将其置于由光源 1 和透镜 2 形成的平行光束的光路中。在透射式直线光栅中，把主光栅与指示光栅的刻线面相对叠和在一起，中间留有很小的间隙，则在近似垂直于栅线方向上就显现出比栅距 W 宽得多的明暗相间的条纹 6，这就是莫尔条纹，其信号光强分布如曲线 7 所示，中间为亮带，上下为两条暗带。当标尺光栅沿垂直于栅线的 x 方向每移过一个栅距时，莫尔条纹近似沿栅线方向移过一个条纹间距。用光电二极管 5 接收莫尔条纹信号，经电路处理后用计数器计数可得标尺光栅移过的距离。在理想情况下，当 $a=b=W/2$ 时，光强亮度变化曲线呈三角形分布，但实际上因为刻画误差的存在造成亮度不均，使光强亮度变化呈近似正弦波曲线。

在增量式光栅中，为了寻找坐标原点、消除误差积累，在测量系统中需要有零位标记（位移的起始点），因此，在光栅尺上除了主光栅刻线外，还必须刻有零位基准的零位光栅。

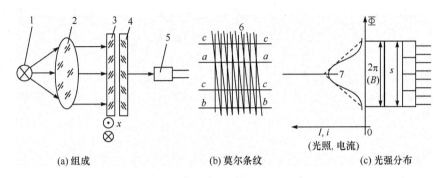

(a) 组成　　　　　(b) 莫尔条纹　　　　　(c) 光强分布

图 8 - 49　光栅传感器工作原理图

1. 光源；2. 透镜；3、4. 光栅；5. 光电二极管；6. 莫尔条纹；7. 光强分布曲线图

2）莫尔条纹测位移原理

按照光学原理，对于栅距远大于光波长的粗光栅，可以利用几何光学的遮光原理来解释莫尔条纹的形成。如图 8 - 50 所示，当两个有相同栅距的光栅合在一起，其栅线之间倾斜一个很小的夹角 θ，于是在近乎垂直于栅线的方向上出现了明暗相间的条纹。例如，在 h-h 线上，两个光栅的栅线彼此重合，从缝隙中通过光的一半，透光面积最大，形成条纹的亮带；在 g-g 线上两光栅的栅线彼此错开，形成条纹的暗带；当 $a=b=W/2$ 时，g-g 线上是全黑的。

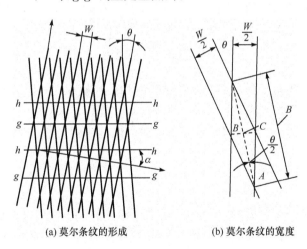

(a) 莫尔条纹的形成　　　　　(b) 莫尔条纹的宽度

图 8 - 50　莫尔条纹的原理

横向莫尔条纹的宽度 B 与栅距 W 和倾斜角 θ 之间的关系由图 8 - 50(b)求出（当 θ 角很小时），即

$$B = \frac{W(\text{mm})}{\theta(\text{rad})} \qquad (8-51)$$

光栅每移过一个栅距 W，莫尔条纹就移过一个间距 B。通过测量莫尔条纹移过的数目，即可得出光栅的位移量。由于光栅的遮光作用，透过光栅的光强随莫尔条纹的移动而变化，变化规律接近于一直流信号和一交流信号的叠加。固定在指示光栅一侧的光电转换元件的输出，可以用光栅位移量 x 的正弦函数表示。只要测量出波形变化的周期数 N（等于莫尔条纹移动数）就可知道光栅的位移量 x，其数学表达式为

$$x = NW \tag{8-52}$$

当主光栅沿栅线垂直方向移动时，莫尔条纹沿着夹角 θ 平分线（近似平行于栅线）方向移动，莫尔条纹移动时的方向和光栅夹角的关系如表 8-1 所示。

表 8-1　莫尔条纹和光栅移动方向与夹角转向之间的关系

标尺光栅相对指示光栅的转角方向	标尺光栅移动方向	莫尔条纹移动方向
顺时针方向	向左	向上
	向右	向下
逆时针方向	向左	向下
	向右	向上

当光电元件接收到明暗相间的正弦信号时，将光信号转换为电信号；当主光栅移动一个栅距 W 时，电信号则变化了一个周期；光电信号的输出电压 U 可以用光栅位移 x 的正弦函数来表示，光敏元件输出的波形为

$$u = u_0 + u_n \sin \frac{2\pi x}{W} \tag{8-53}$$

当检测到的光电信号波形重复到原来的相位和幅值时，相当于光栅移动了一个栅距 W，如果光栅相对位移了 N 个栅距，此时位移 $x = NW$。因此，只要记录移动过的莫尔条纹数 N，就知道光栅的位移量 x 值。这就是利用光栅莫尔条纹测量位移的原理。

3. 辨向原理

光敏元件都产生相同的正弦信号，是无法分辨移动方向的。为此，必须设置辨向电路。如果传感器只安装一套光电元件，则在实际应用中，无论光栅作正向移动还是反向移动，位移测量传感器必须能辨向，否则只能作为增量式位移传感器使用，如图 8-51 所示，为辨别主光栅的移动方向，需在莫尔条纹信号取两个具有相位差 90° 的信号来辨别移动方向；在相隔 $B/4$ 条纹间隔的两个狭缝 AB 和 CD 位置安装两只光敏元件，两个狭缝在结构上相差 $\pi/2$，所以，它们在光电元件上取得的信号必然是相差 $\pi/2$。当莫尔条纹移动时，两个狭缝的亮度变化规律完全一样，相位相差 $\pi/2$。

如图 8-52 所示,设 AB 为主信号,CD 为门控信号。差动放大电路是为了消除光电信号的直流分量,施密特电路起整形作用;两路微分电路和门电路画在一起。当主光栅作正向运动时,CD 产生的信号只允许 AB 产生的正脉冲通过,门电路输出计数脉冲,并送到计数器的 UP端(加法端)做加法计数;当主光栅

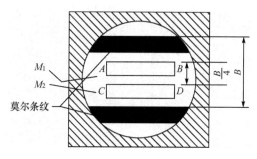

图 8-51　辨向结构图

作反向运动时,CD 产生的负值信号只允许 AB 产生的负脉冲通过,门电路输出计数脉冲,并送到计数器的 DOWN 端(减法端)做减法计数,完成辨向过程。

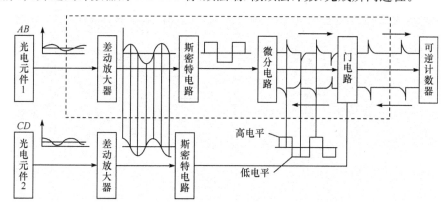

图 8-52　辨向原理电路框图

4. 细分技术

细分电路能在不增加光栅刻线数(线数越多,成本越昂贵)的情况下提高光栅的分辨力。目前工艺水平,若进行高精度几何量测量(如纳米测量)无法实现。需要对栅距进一步细分,才可能获得更高的测量精度。目前使用的细分方法有以下几种:

(1) 增加光栅刻线密度。

(2) 倍频法。对电信号进行电子插值,把一个周期变化的莫尔条纹信号再细分,即增大一个周期的脉冲数。在电子细分中又可分为直接细分、电桥细分、示波管细分和锁相细分等。

(3) 机械和光学细分。

四倍频细分法指在一个莫尔条纹宽度上并列放置四个光电元件,产生四路电信号波形如图 8-53 所示,得到相位分别相差 $\pi/2$ 的四个正弦周期信号,用图 8-54(a) 逻辑电路处理这一列信号:AB 和 CD 两光电元件输出的 U_1 和 U_4 经方波发生器后

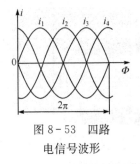

图 8-53 四路
电信号波形

变成方波,并相差 π/2。在 1、3 点的方波经倒相器倒相一次,便得到 2、4 点两个方波倒相电压。经微分后获得 5、6、7、8 四点的正脉冲,同时送到与非门得到输出 9 点的 12 个输出脉冲为原来任意一路的四倍,实现了四倍频细分,如图 8-54(b)所示。四倍频细分法通过用计数器对这一列脉冲信号计数,就可以得到 1/4 个莫尔条纹宽度的位移量(即光栅固有分辨率的四倍)。

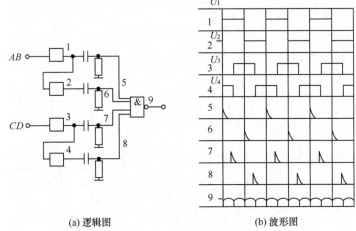

(a) 逻辑图   (b) 波形图

图 8-54 四倍频细分法图

5. 光栅传感器的应用

1) 数控机床位置检测系统

光栅传感器分为敞开式和封闭式两类。敞开式为高精度型,产品型号为 JCT,输出波形为正弦波,主要用于精密仪器的数字化改造,最高分辨率可达 0.1μm。封闭式则主要用于普通机床、仪器的数字化改造,输出波形为方波适合于非接触式动态测量,易于实现自动控制,因此,广泛用于数控机床和精密测量设备中。图 8-55 所示为光栅数字传感器用于数控机床的位置控制系统示意图。位置检测装置分辨率的大小对数控机床加工精度的高低起着至关重要的作用。由控制系统生成的位置指令 $\chi_{名义}$ 控制工作台移动。工作台在移动过程中,光栅数字传感器不断检测工作台的实际位置进行位置反馈,构成闭环控制,从而进行高精度的加工。

2) 光栅转速计

在被测转轴上装上光栅元件,如图 8-56 所示的测速系统,光源经过光学系统将一束光照射到被测转轴的光栅元件上,转轴每转一周透射的光投射到光电元件

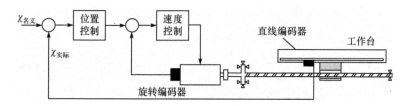

图 8-55　数控机床位置控制系统示意图

上,由于光栅的结构使光电元件接受的光强弱发生变化,故光电元件可产生一脉冲信号,此信号经整形放大后送入计数器记数,在计数器直接显示转数,从而可得转轴的转速。该测速系统在智能汽车设计制作中,用于测量汽车运行实际速度,光源一般为激光红外光线。

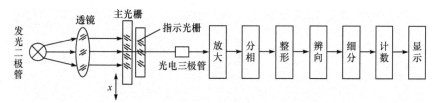

图 8-56　光栅转速计工作原理示意图

3) 光纤光栅温度传感器

光纤光栅是利用掺杂光纤(如掺锗、掺磷等)的光敏特性,使光纤折射率沿轴向呈周期性或非周期性变化。光纤光栅的作用可等效为纤芯内形成一个窄带的(透射或反射)滤波器或发射镜。光纤光栅种类很多,折射率沿轴向周期均匀变化的光栅称为光纤布拉格光栅(FBG),如图 8-57 所示。

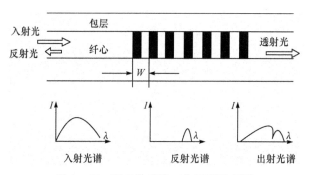

图 8-57　FBG 传感器工作原理示意图

反射光波波长与栅距 W 的关系式如下:

$$\lambda_B = 2n_{eff}W \tag{8-54}$$

式中,n_{eff} 为光栅的等效折射率。当被测温度作用于光栅时,则引起光栅周期 Λ 或 n_{eff} 变化,从而调制反射光波波长。同时,由于热膨胀也引起栅距的变化,不考虑波

导效应,光纤光栅波长的变化与环境温度的变化关系由下式给出:

$$\frac{\Delta \lambda_B}{\lambda_B} = (a + \xi)\Delta T \qquad\qquad (8-55)$$

式中,a 为光纤的热膨胀系数,一般为 $0.55 \times 10^{-6}/℃$;ξ 为光纤光栅的热光系数,常温下约 $6.3 \times 10^{-6}/℃$;ΔT 为温度变化。由上式可知,光纤光栅波长的变化与环境温度的变化呈线性关系。

　　光纤光栅温度传感器除了具有普通光纤温度传感器的许多优点外,还有一些明显优于光纤温度传感器的地方,其中最重要的就是它的传感信号为波长调制,这一传感机制的好处在于能方便地使用波分复用技术在一根光纤中串接多个布拉格光栅进行分布式温度测量。

第 9 章　模拟及数字式仪表

在工业过程的测量与控制领域,不但要用传感器把各种过程变量检测出来,往往还要把测量结果准确直观地显示或记录下来,以便人们对被测对象有所了解,并进一步对其进行控制。

早期的检测仪表是把测量与显示功能合为一体的。随着科学技术的进步和工业过程自动化水平的不断提高,逐步将工业自动化仪表的测量与显示功能分开,并把显示与记录仪表集中在控制室的仪表屏上,而将传感器获取的测量信号通过一定的传输方式远传给显示仪表,以实现集中监测与控制。

显示仪表(display instrument)和记录仪表(recording instrument)可以按不同的方法分类。

从显示方式而言,可以分为模拟式、数字式以及图形显示等三种显示方式。若从仪表的结构特点而言,可以分为带微处理器和不带微处理器的两大类型。目前,除模拟式显示仪表和数字式显示仪表早已得到广泛应用外,数字-模拟混合式记录仪和无纸记录仪等微机化显示记录仪表的应用也日益广泛。本章介绍几种典型的模拟式显示仪表及数字式显示仪表基本构成及工作原理。

9.1　模拟式显示仪表

模拟式显示仪表是以模拟量(如指针的转角、记录笔的位移等)来显示或记录被测值的一种自动化仪表。在工业过程测量与控制系统中,比较常见的模拟式显示仪表可按其工作原理分为以下几种类型:

(1) 磁电式显示与记录仪表,如动圈式显示仪表。

(2) 自动平衡式显示与记录仪表,如自动平衡电位差计、自动平衡电桥等。

(3) 光柱式显示仪表,如 LED 光柱显示仪。

模拟式显示仪表一般具有结构简单可靠、价格低廉的优点,其最突出的特点是可以直观地反映测量值的变化趋势,便于操作人员一目了然地了解被测变量的总体状况。因此,即使在数字式和微机化仪表技术快速发展的今天,模拟式显示仪表仍然在许多场合得到广泛应用。

9.1.1　动圈式显示仪表

在工业自动化领域,动圈式显示仪表发展较早,是工业生产中常用的一种模拟式显示仪表,其特点是体积小、重量轻、结构简单、造价低,既能单独用做显示仪表,又能兼有显示、调节、报警功能。动圈式显示仪表可以和热电偶、热电阻相配合来显示温度,也可以与压力变送器相配合显示压力等参数。温度、压力等被测参数首先由传感器转换成电参数,然后由测量电路转换成流过动圈的电流,该电流的大小由与动圈连在一起的指针的偏转角度指示出来。

1. 动圈式显示仪表的工作原理

动圈式仪表由测量线路和测量机构(又称表头)两部分组成。测量线路的任务是把被测量(热电势或热电阻值等)转换为测量机构可以直接接收的毫伏信号,转换方法因被测量而异。测量机构是动圈仪表中的核心部分,其工作原理如图 9-1 所示。

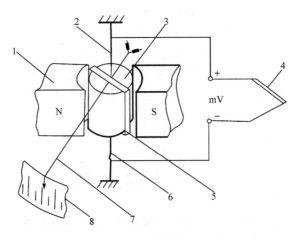

图 9-1　动圈式显示仪表的工作原理
1. 永久磁铁;2、6. 张丝;3. 软铁心;4. 热电偶;
5. 动圈;7. 指针;8. 刻度面板

动圈仪表的测量机构是一个磁电式毫伏计。其中,动圈是用具有绝缘层的细铜线绕成的矩形无骨框架。动圈处于永久磁钢的空间磁场中,当有直流毫伏信号在动圈上时,便有电流流过动圈,此时,该载流线圈将受到电磁力矩作用而转动。动圈的支撑是张丝,张丝同时还兼作导流丝。动圈的转动使张丝扭转,于是,张丝就产生反抗动圈转动的力矩,这个反力矩随着张丝扭转角的增大而增大。当电磁力矩和张丝反作用力矩平衡时,线圈就停留在某一位置上,这时,动圈偏转角度的大小与输入毫伏信号相对应。当面板直接刻成温度标尺时,装在动圈上的指针就指示出被测对象的温度值。

2. 动圈式显示仪表的测量机构

1) 测量机构的力矩分析

(1) 电磁力矩。由动圈仪表测量机构的工作原理可知,流过线圈的电流和磁场相互作用,在动圈的两有效边上产生了电磁力 F,如图 9-2 所示。

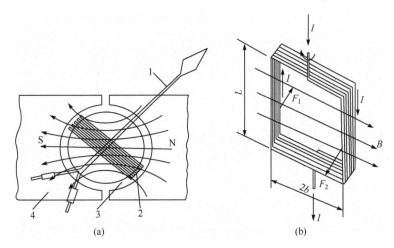

(a)　　　　　　　　(b)

图 9-2　动圈测量机构
1. 指针;2. 动圈;3. 空气隙;4. 永久磁铁

由于动圈两有效边上电流流动的方向相反,因此,这一对力的大小相等、方向相反,从而对转动轴产生转矩,使动圈产生偏转。由电磁理论知,该力的大小为

$$F = NLBI \tag{9-1}$$

式中,N 为动圈的匝数;L 为有效边长度;B 为磁场的磁感应强度;I 为动圈中流过的电流。

通常,将仪表的磁场设计成使其磁力线在圆形气隙中处处都与动圈平面的夹角为 $0°$,从而使动圈在磁场中受到的作用力矩 M_z 为

$$M_z = 2bF = 2bNLBI = NABI = kI \tag{9-2}$$

式中,$2b$ 为动圈的宽度;A 为动圈的有效面积,$A=2bL$;k 为比例系数,$k=NAB$。

(2) 反作用力矩。式(9-2)表明,动圈所受到的电磁作用力矩仅与流过动圈的电流成正比。但是,如果没有一个反作用力矩来平衡这个电磁作用力矩,则只要线圈中有电流流过,动圈就会一下子偏转到头。显然,这样的动圈测量机构只能反映被测量的有无,而不能反映被测量的大小。因此,为了使指针能显示出被测量的大小,必须有一个反作用力矩来平衡偏转力矩,这个力矩应该与动圈的偏转角度成正比,这样,当动圈受到偏转力矩的同时,也受到一个反作用力矩。当两种力矩相平衡时,仪表指针就稳定在某一刻度位置。

产生反作用力矩的方法取决于动圈支撑结构。目前,用得较多的是张丝支撑结构,其反作用力矩靠张丝的扭转来产生;另一种是轴尖-轴承支撑,其反作用力矩靠游丝的卷曲产生。反作用力矩 M_f 为

$$M_f = K\theta \tag{9-3}$$

式中,θ 为动圈的偏转角度;K 为产生反作用力矩的弹性元件刚度。

动圈在磁场中运动时会感应出阻尼电势,并由此引起阻尼力矩 M_c 为

$$M_c = C\frac{d\theta}{dt} \tag{9-4}$$

式中,C 为阻尼系数。阻尼力矩的大小与动圈的角速度成正比,其方向与动圈的转动方向相反。

2) 测量机构的特性方程

综上所述,当有信号电流 I 通过动圈时,动圈将受到电磁力矩 M_z、反作用力矩 M_f 和阻尼力矩 M_c 的共同作用,根据力矩平衡关系可以得到动圈测量机构的动态方程为

$$M_z - M_f - M_c = J\frac{d^2\theta}{dt^2}$$

或

$$J\frac{d^2\theta}{dt^2} + C\frac{d\theta}{dt} + K\theta = kI \tag{9-5}$$

式中,J 为动圈测量机构可动部分的转动惯量。

式(9-5)描述了动圈式显示仪表的动态特性,若信号电流 I 为直流,达到稳定后,式(9-5)中的两个微分项为零,于是得到

$$\theta = \frac{k}{K}I = SI \tag{9-6}$$

式(9-6)描述了动圈式显示仪表的静态特性。静态时,动圈的转角 θ 与电流强度 I 成正比。式中,$S = k/K$ 称为动圈测量机构的静态灵敏度,当仪表的结构和材料选定后,S 为常数。

3) 测量机构的串并联电阻和温度补偿

测量机构的等效线路如图9-3所示。由图可知,线路中有若干电阻,下面介绍各个电阻的作用。

(1) 串联电阻 R_{ch}。为便于成批生产,要求能用统一的测量机构适用于不同的量程。为此,测量机构的表头必须

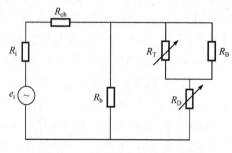

图9-3　测量机构等效线路图

根据最小量程所需要的灵敏度进行设计。当测量大量程的电流信号时，只要串联一个电阻 R_{ch}，就可使流过动圈的电流减小。适当地选取 R_{ch} 的值，就可在测量上限时，使指针能正确地指在满刻度上。因此，通过改变 R_{ch} 的大小就可以达到改变量程的目的。

R_{ch} 由锰铜丝绕制，以使其电阻值不随环境温度而变化。R_{ch} 的阻值大小由仪表制造厂在出厂前对仪表进行分度时确定。

（2）并联电阻 R_b。在某些动圈式仪表的测量机构中，还有一个 R_b 电阻，它起着改善阻尼特性的作用。对于小量程仪表，由于 R_{ch} 不会取得很大，因此，其阻尼特性一般不会太坏。而对于大量程仪表，R_{ch} 必然要取得较大，此时，由于整个回路的电阻太大，而使其阻尼特性变为"欠阻尼"。动圈仪表在欠阻尼条件下工作时，其阶跃响应过渡过程为衰减振荡过程。由于欠阻尼衰减过程过于缓慢，从而使得指针易受激励而摆动频繁。在这种情况下，在线路中并接一锰铜电阻 R_b，可以改善阻尼特性。

（3）温度补偿电阻 R_T。动圈测量机构的动圈是用铜丝绕制的。铜的电阻温度系数较大，所以，环境温度的变化必然引起动圈电阻的变化，给测量造成附加误差。为此，在图 9-3 所示线路中接入了 R_T 和 R_B 电阻，以便对动圈电阻进行温度补偿。R_T 是具有负温度系数的热敏电阻，其电阻值随温度变化的趋势恰好与动圈电阻的变化趋势相反。但由于动圈铜电阻 R_D 的温度特性近似为线性，而热敏电阻 R_T 的温度特性是非线性的，故单用一个 R_T 补偿效果不理想。如果在热敏电阻 R_T 旁再并联一个适当的锰铜电阻 R_B，就可以使它们并联后的等效电阻 R_K 的

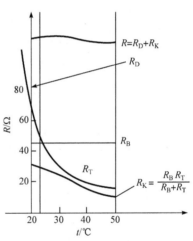

图 9-4　温度补偿曲线

温度特性近似于线性并具有符合仪表要求的温度系数。将 R_K 与动圈电阻 R_D 相串联时，可以使得 $R=R_D+R_K$ 基本不随温度变化，从而得到较好的补偿效果（如图 9-4 所示）。

除动圈电阻 R_D 随温度变化外，空气隙中的磁感应强度 B 也将随着温度的升高而减小，导致指针偏转角减小，从而引起附加的测量误差。另一方面，张丝的弹性模量随温度升高而降低，导致反作用力矩减小，使指针指示偏高。由于这两项温度误差的方向相反，因此，它们对测量结果的影响可以相互抵消一部分。所以，可以认为测量机构随温度变化而产生的附加误差主要是由动圈电阻随温度变化而引起的。

3. 动圈式显示仪表的测量线路

1) 配热电阻的动圈仪表测量线路

动圈仪表与热电阻配套用于测量温度时,必须首先将电阻随温度的变化值转换成毫伏信号。常用的方法是采用图 9-5 所示的不平衡电桥。

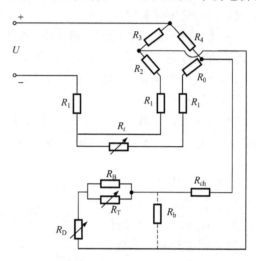

图 9-5　配热电阻的动圈仪表

如图 9-5 所示,热电阻 R_t 与电阻 R_0、R_2、R_3、R_4 组成不平衡电桥。当被测温度为仪表刻度的始点温度 t_0 时,$R_t = R_{t_0}$ 使电桥平衡。取

$$R_3 = R_4, \quad R_1 + R_2 = R_{t_0} + R_1 + R_0$$

式中,R_1 为连接导线的电阻,统一规定为 $R_1 = 5\Omega$。当电桥平衡时,流过动圈的电流为零。当被测温度升高时,热电阻阻值增大,$R_t > R_{t_0}$,电桥失去平衡。被测温度越高,电桥输出的不平衡电压越大,流过动圈的电流也越大,仪表指针的偏转角也越大。测量桥路采用稳压电源供电,以避免电源的电压波动对测量精度产生影响。

2) 配热电偶的动圈仪表测量线路

动圈式显示仪表的测量机构是一个磁电式毫伏表头,要求输入信号为直流毫伏信号。因此,当动圈仪表与热电偶配套测量温度时,两者可以直接相连。

配用热电偶的动圈仪表的几个具体问题如下:

(1) 冷端温度补偿。与热电偶配套的动圈仪表是直接按照热电偶的分度表进行刻度的,即热电偶的冷端温度处于 0℃ 条件下刻度的。如果热电偶冷端温度不是 0℃,则动圈仪表的读数便不能真实地反映被测温度值,并产生一个随冷端温度变化而变化的误差。因此,在实际测温中,必须考虑冷端温度补偿问题。

使用冷端补偿电桥和补偿导线。

当仪表所处室温在较大范围内变化时,最好将补偿电桥和补偿导线一起配合使用,其测量线路如图 9-6 所示。

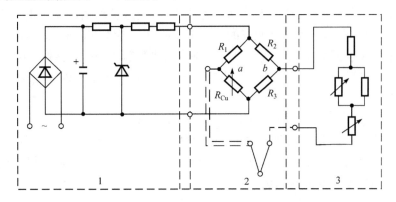

图 9-6 配用冷端补偿电桥和补偿导线的测量线路
1. 桥路稳压电源;2. 热电偶及冷端补偿电桥;3. 动圈测量机构

应该注意,热电偶的热电势和桥路补偿电压两者随温度变化的特性是不完全一样的。在温度变化较小时,补偿电压 U_{ab} 与温度的关系可认为是线性的,而热电偶的热电特性则是非线性,因此,温度补偿将是不完全的,误差仍会存在。但如果选取一小段较小的温度范围,并通过合理的设计,可以使桥路输出的补偿电压 U_{ab} 与热电偶冷端的附加电势 $E_{AB}(t_0,0)$ 近似相等,这就减小了因补偿不完全而带来的误差。为使所需补偿温度范围尽量小,通常在 0~50℃ 的温度范围内选取 20℃ 为基准点,因为仪表所处的室温总是接近 20℃ 的。因此,补偿电桥就设计在 20℃ 时平衡。这样,当热电偶的冷端温度 t_0 高于或低于 20℃ 时,补偿电桥所产生的附加电压 U_{ab} 只要能够补偿 t_0 与 20℃ 之差对被测热电势的影响,就可以使误差减到最小,但此时仪表的机械零点必须调在 20℃。

使用冷端补偿电桥时,还必须注意不同分度号的热电偶要配用不同型号的补偿电桥,且当接入测量系统时应注意正负极性,不可接反。

(2) 只用补偿导线。当仪表只配用补偿导线时,如图 9-7 所示,且冷端温度 $t_0 > 0$ 为已知值,热电偶的热电特性也已知时,则 $E_{AB}(t_0,0)$ 是一个可以确定的值,仪表输入的毫伏数加 $E_{AB}(t_0,0)$ 所对应的温度值就是实际的被测温度。在现场使用时,为使工作方便起见,可先把冷端温度 t_0 测量出来,然后把仪表机械零点调到温度 t_0 点上,相当于

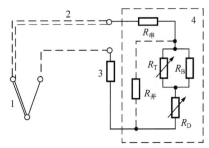

图 9-7 配热电偶的动圈仪表测量线路
1. 热电偶;2. 补偿导线和连接导线;3. 外线路调节电阻;4. 动圈测量机构

把 $E_{AB}(t_0,0)$ 预先加在仪表上，这样，仪表的读数就是实际的被测温度值。

（3）外线路电阻。由于动圈仪表是通过电流来测量直流毫伏信号的，因此，对于相同的毫伏值，如果整个测量回路电阻值不同，流过动圈的电流值也会不同，则指针的指示也不同，这是不能允许的。为了保证仪表测量的准确性，一律规定动圈仪表的外线路电阻为 15Ω。当动圈仪表与热电偶配套使用时，外线路电阻是热电偶电阻、冷端补偿电桥等效电阻、补偿导线电阻、铜导线电阻及外线路调整电阻的总和，即

$$R_{外} = R_{热} + R_{桥} + R_{补} + R_{铜} + R_{调} = 15(\Omega)$$

应当注意，$R_{热}$ 是热电偶经常使用的温度条件下的电阻值。$R_{调}$ 是外线路调整电阻，即当外线路电阻不足 15Ω 时，就借助 $R_{调}$ 补足 15Ω，$R_{调}$ 是锰铜丝绕制的。外线路电阻调整时要准确测量。

4. 动圈仪表改量程

在实际工作中，根据测量的要求，有时需要改变仪表的测量范围或量程；有时作为测温的动圈仪表，往往会遇到已有仪表和所要使用的热电偶不相配的情况，为了把这个动圈仪表利用起来，也必须改变仪表的刻度（量程）。

前面已经介绍过，改变测量线路中的串联电阻 $R_{串}$ 可以改变仪表的量程。因此，在测量机构不变的情况下（即张丝力矩不变），动圈仪表的改量程（刻度）工作就是重新确定所需要的 $R_{串}$ 值。

1）$R_{串}$ 值的计算

在改变仪表量程（刻度）时，应使改变前、后仪表动圈所流过的满度电流不变，设改变前、后仪表量程电阻分别为 $R_{串1}$、$R_{串2}$，则由图 9-7 可得流过动圈的满度电流分别为

$$I_m = \frac{E_1}{R_D + R_{串1} + R_K + R_{外}}$$

$$I_m = \frac{E_2}{R_D + R_{串2} + R_K + R_{外}}$$

式中，E_1、E_2 分别为改变前后所对应的量程值；$R_K = R_T R_B / (R_T + R_B)$ 为动圈的温度补偿电阻。

由上式可求得新的量程电阻 $R_{串2}$ 为

$$R_{串2} = \frac{E_2}{I_m} - R_D - R_K - R_{外}$$

或

$$R_{串2} = \frac{E_2}{E_1}(R_D + R_{串1} + R_K + R_{外}) - R_D - R_K - R_{外} \tag{9-7}$$

2）改变量程后仪表刻度标尺的计算

仪表指针的偏转角与输入量（被测量）或与电势值成正比关系，这样，新的刻度标尺可按下式计算，即

$$L_t = \frac{L_{\max} E_t}{E_2} \qquad (9-8)$$

式中，E_t 为仪表刻度后对应的任一电势值，若该仪表配用热电偶的话，则 E_t 就是对应于 $t℃$ 时的电势（mV）；$L_{\max}$ 为仪表标尺长度（mm）；E_2 为改刻度后的仪表量程（mV）；L_t 为对应于 E_t 时的仪表刻度的直线长度（即从刻度起点量起）。

5. 动圈仪表的误差

动圈仪表与所有其他仪表一样，总不可避免地存在着基本误差和附加误差。

1）基本误差

基本误差是由仪表本身的内部特性和质量等方面的缺陷所引起的误差。动圈仪表基本误差主要由下列几部分组成：

（1）变差。是由仪表可动部分的摩擦和间隙带来的。对采用张丝支承的仪表，则由于无摩擦而变差极小。

（2）不完全平衡误差。是由于仪表可动部分的重心与转轴不重合而形成的重力矩所带来的误差。如果可动部分发生变形，也可造成不完全平衡误差。

（3）刻度误差与调整误差。对于仪表刻度不准所引入的误差；还有对预先制好标尺的仪表，则有装配及调整不准所带来的误差。

2）附加误差

附加误差是由于仪表在不符合正常规定条件下工作所带来的误差，主要表现在外线路电阻上。由前面讨论可知，配热电偶使用的动圈仪表，其外线路电阻一律规定为 15Ω，仪表正是在外线路电阻为 15Ω 的情况下进行刻度的，使用时必须满足这一条件。由于环境温度的变化，原来调好的 15Ω 电阻也将随环境温度的变化而改变，这时将引起附加误差，现计算如下：

如果仪表是与热电偶配套使用，由图 9-7 可知，动圈仪表的内阻 $R_内 = R_D + R_K + R_串$，外线路电阻 $R_外 = 15Ω$，测量系统的总电阻为 $\sum R = R_内 + R_外$。当被测温度为 t 时，则热电偶输出的直流毫伏信号为 E_t，流过动圈的电流为

$$I_t = \frac{E_t}{\sum R} = \frac{E_t}{R_内 + R_外}$$

若环境温度改变，则外线路电阻变为 $R'_外$，而被测温度仍为 t，此时流过动圈的电流变为

$$I'_t = \frac{E_t}{R_内 + R'_外}$$

由于被测温度 t 没有变化而环境温度变化,从而导致流过动圈电流的变化为 $\Delta I_t = I'_t - I_t$,故得相对附加误差为

$$\frac{\Delta I_t}{I_t} = \frac{I'_t - I_t}{I_t} = \frac{R_外 - R'_外}{R_内 + R'_外} = \frac{\pm \Delta R_外}{R_内 + R'_外}$$

因为

$$R_内 \gg \Delta R_外$$

所以,

$$R_内 + R_外 \approx R_内 + R'_外$$

即

$$\frac{\Delta I_t}{I_t} = \frac{\pm \Delta R_外}{R_内 + R_外} = \frac{\pm \Delta R_外}{R_D + R_K + R_串 + R_外}$$

由于动圈仪表的指针转角与动圈电流成正比关系,因此,动圈电流的相对误差可以用仪表指针转角的相对误差表示,即

$$\frac{\Delta \theta_t}{\theta_t} = \frac{\pm \Delta R_外}{R_D + R_K + R_串 + R_外} = \frac{\pm \Delta R_外}{\sum R} \tag{9-9}$$

由上式可知,增大 $\sum R$,可使因环境温度变化而引起的相对附加误差减少。显然,增大用锰铜丝绕制的 $R_串$ 可以减小该误差。但对于小量程仪表,$R_串$ 只能取较小的数值,因此,其精度必然要受到一定影响;如要在小量程增大 $R_串$ 的值,就必须在提高测量机构(表头)灵敏度的基础上才能实现,这又给仪表的调平衡工作带来困难,因此,动圈仪表的测量精度不可能做得很高,目前最高为1级。

在动圈仪表安装时,应使仪表和连接导线等尽量远离强的电磁场,如大电机、大变压器及大电炉等,以减小外电磁场对仪表的影响。

6. 动圈仪表型号命名

(1) 工业仪表产品型号由三节组成。

第一节以大写汉语拼音字母表示,一般不超过三位。

第二节以阿拉伯数字表示,一般不超过三位;尾注以大写汉语拼音字母表示,以一位为限;普通型不加尾注。

第三节以一位阿拉伯数字表示统一设计的序号,第一次统一设计不加第三节。

型号组成形式如下:

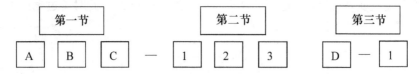

（2）本型号适用于全国统一设计动圈式指示仪表和动圈式指示调节仪表。

（3）动圈式显示仪表型号各节、各位的代号及所表示的意义如表 9-1 所示。

表 9-1 动圈式显示仪表型号各节、各位的代号及所表示的意义

第一节					第二节			
第一位		第二位		第三位		第一位		第二位		第三位	
代号	意义	代号	意义	代号	意义	代号	意义	代号	意义	代号	意义
X	显示仪表	C	动圈式	Z	指示仪	1	单标尺	0		1	配接热电偶
			磁电式	T	指示调节仪		表示设计序列或种类		表示调节功能	2	配接热电阻
						1	高频振荡固定参数	0	二位调节	3	配接霍尔变送器
								1	三位调节（狭中间带）	4	配接压力变送器
								2	三位调节（宽中间带）		
						2	高频振荡可变参数	3	时间比例调节（脉冲式）		
								4	时间比例二位调节		
								5	时间比例加时间比例		
						3	时间程序式高频振荡固定参数	6	比例积分微分（连续输出式）加二位调节		
								8	比例调节（连续输出式）		
								9	比例积分微分（连续输出式）		

型号示例：XCT-131，即为动圈式指示调节仪，高频振荡固定参数，时间比例调节（脉冲式），配热电偶。

9.1.2 自动平衡电位差计

自动平衡式显示与记录仪表的发展历史悠久，品种很多，应用也很广泛。自动平衡电位差计与自动平衡电桥均属于采用零值法进行测量的自动平衡式显示与记录仪表。

为说明零位平衡式显示与记录仪表的工作原理，先分析一下手动平衡电位差计是如何工作的。图 9-8 给出了手动电位差计的原理图。E 为工作电池，由它产生的工作电流 I 流过电位器 W 形成压降 u_W。测量时，将开关 K 置向 2。用手调整电位器 W 的滑动触点，以获得一个压降 u_s 来平衡被测的输入电压 u_i。当两电压平衡时，串联在该回路中的高灵敏度检流计指零。这时，从电位器 W 的滑动触点（指针）位置，即可读出 u_s 的数值，它代表了被测电压 u_i 的数值。手动平衡电位

差计是一种标准毫伏信号测试仪器,它广泛地应用于热电偶的校验及各种毫伏信号显示仪表的校验。

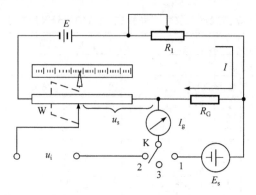

图 9-8　手动平衡电位差计原理图

上述电位差计的平衡过程是靠手动来实现的。如果将电位器 W 的滑动触点由伺服电动机(可逆电动机)通过机械传动机构来带动,而伺服电动机则根据测量回路信号 Δu 的极性不同,可以正转或反转,这样就变成了自动平衡式电位差计。

1. 自动平衡电位差计的工作原理

自动平衡电位差计的基本原理已如前述。图 9-9 所示是一种与热电偶配套的自动平衡电位差计,其输入信号是热电偶传感器输出的热电势。

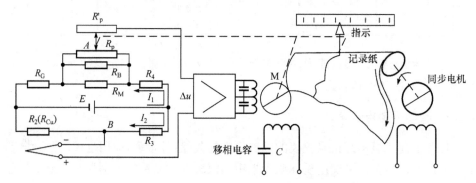

图 9-9　自动平衡电位差计原理图

如图 9-9 所示,热电偶的热电势与不平衡电桥的输出电压叠加比较之后,送到放大电路的输入端。不平衡电桥由起始调零电阻 R_G、冷端温度补偿电阻 R_2、限流电阻 R_3 与 R_4 及滑线电阻 R_p 组成。通过滑动 R_p 电阻的滑动触点 A,就可以在电桥的输出端 A、B 获得不同的电压 u_s。此类仪表就是利用 u_s 来平衡被测的热电势 u_t 的,其具体工作过程如下:

设原被测温度为 t_1，热电势 u_{t_1} 正好与电桥输出 u_{s_1} 平衡，后来温度从 t_1 升高到 t_2，热电势增大到 u_{t_2}，使得

$$\Delta u(= u_{t_2} - u_{s_1}) > 0$$

正极性的偏差电压 Δu 输入到相敏放大器，使放大器输出的交流电流极性正好使可逆电机 M 正转。电机 M 正转时，一方面拖动指针与记录笔右移，指示温度升高；另一方面又拖动滑线电阻 R_p 的滑动触点 A 也右移，使 u_s 升高。当升高到 u_{s_2} 等于 u_{t_2} 时，因

$$\Delta u = u_{t_2} - u_{s_1} = 0$$

放大器的输入 Δu 为零，其输出亦为零，电机 M 停止转动。滑动触点 A 便停留在使电桥输出为 u_{s_2} 的位置上，指针与记录笔停在对应温度为 t_2 的位置上，系统又恢复平衡，但它是在 t_2 温度下的平衡。此后，若温度下降到 $t_3 < t_2$，系统重新失去平衡，且 $\Delta u = u_{t_3} - u_{s_{12}} < 0$，负极性的 Δu 使电机 M 反转，并拖动指针与记录笔左移，指示温度下降，与此同时，滑动触点 A 左移，使 u_s 下降到重新平衡时为止。该系统就是这样使指针与记录笔跟随被测温度 t 变化。

记录纸由同步电动机带动，图 9-9 中所示记录仪的记录纸是长条形的，图中的水平方向位移表示温度的高低，垂直方向表示测定的时间，于是可以得到被测温度随时间的变化曲线。

2. 桥路电阻的作用

图 9-9 所示电桥中的各个电阻，除热电偶的冷端温度补偿电阻 R_2 为铜电阻外，其他都是采用电阻温度系数很小的锰铜电阻，具有较高的温度稳定性。

限流电阻 R_4 与 R_3 的作用是：用 R_4 限定电桥上支路的电流为恒定的 4mA，用 R_3 限定下支路的电流在标准环境温度 20℃时为 2mA。

调零电阻 R_G 实际上由两个电阻串联而成，即 $R_G = R_G' + r_G$。r_G 用作微调：增大 r_G 时，仪表指针向温度 t 减小的方向偏移；减小 r_G 时，指针向 t 增大的方向偏移。

滑线电阻 R_p 的电阻丝要求绕制均匀，非线性度小于 0.2%，满足 0.5 级仪表的精度要求。由于相邻两匝绕线之间的阻值是一个微小的跳变，所以，电阻增量值若小于相邻两匝之间的电阻阶跃变化值，则该增量将不可分辨。

工艺电阻 R_B 与滑线电阻 R_p 并联，且使并联后之阻值正好等于 $(90 \pm 0.1)\Omega$。若不等于 $(90 \pm 0.1)\Omega$，则通过调整 R_B 的阻值使之为 $(90 \pm 0.1)\Omega$。这样，就可以适当降低对于 R_p 的绕制精度要求，有利于批量生产。

量程调整电阻 R_M 实际上是由电阻 R_M 与 r_M 串联而成的，用 R_M 来变换量程，用 r_M 来微调量程。因 R_M、R_{Mp}、R_B 并联，所以，R_M 越大则量程越大，反之亦然。

R_p' 是便于滑动臂滑动的辅助滑线电阻，兼起引出线的作用。

3. 测量电路的设计计算

1) 下支路电阻的设计计算

通常,取电桥供电电压 $E=1V$,下支路电流 I_2 在 20℃ 时为 $2mA$。因已知 E 与 I_2,则

$$R_{Cu}^{t_0} + R_3 = \frac{E}{I_2}$$

设 $\eta R_3 + R_3 = \dfrac{E}{I_2}$,则

$$R_3 = \frac{E}{I_2(1+\eta)} \tag{9-10}$$

式中,$\eta = R_{Cu}^{t_0}/R_3$ 为温度补偿的比例系数(下支路电阻比值);$R_{Cu}^{t_0}$ 为在标准环境温度 $t_0=20℃$ 时的热电偶冷端补偿电阻值。

进一步可计算出

$$R_{Cu}^{t_0} = \eta R_3$$

η 值决定补偿的强弱,与被补偿的热电偶型号有关,也与冷端温度的变化范围有关。当热电偶冷端温度由环境温度下限 t_{01} 变化到环境上限 t_{02} 时,则热电势将减少 $E(t_{02},t_{01})$;而冷端温度补偿电阻将由 $R_{Cu}^{t_{01}}$ 变化到 $R_{Cu}^{t_{02}}$,下支路电流将由 $I_2^{t_{01}}$ 变化到 $I_2^{t_{02}}$,即

$$E(t_{02},t_{01}) = I_2^{t_{02}} R_{Cu}^{t_{02}} - I_2^{t_{01}} R_{Cu}^{t_{01}} = \frac{E}{R_{Cu}^{t_{02}} + R_3} R_{Cu}^{t_{02}} - \frac{E}{R_{Cu}^{t_{01}} + R_3} R_{Cu}^{t_{01}}$$

$$= \frac{R_3(R_{Cu}^{t_{02}} - R_{Cu}^{t_{01}})E}{R_3^2 + R_3(R_{Cu}^{t_{02}} + R_{Cu}^{t_{01}}) + R_{Cu}^{t_{02}} R_{Cu}^{t_{01}}}$$

式中,$R_{Cu} \ll R_3$,故可略去分母中 $R_{Cu}^{t_{02}} R_{Cu}^{t_{01}}$ 项;又由于

$$R_{Cu}^{t_{02}} = R_{Cu}^{t_0}[1 + \alpha_{t_0}(t_{02} - t_0)]$$
$$R_{Cu}^{t_{01}} = R_{Cu}^{t_0}[1 + \alpha_{t_0}(t_{01} - t_0)]$$

将其代入上式得

$$E(t_{02},t_{01}) = \frac{R_{Cu}^{t_{02}} - R_{Cu}^{t_{01}}}{R_3 + R_{Cu}^{t_{02}} + R_{Cu}^{t_{01}}} E$$

$$= \frac{R_{Cu}^{t_0}[1 + \alpha_{t_0}(t_{02} - t_0)] - R_{Cu}^{t_0}[1 + \alpha_{t_0}(t_{01} - t_0)]}{R_3 + R_{Cu}^{t_0}[1 + \alpha_{t_0}(t_{02} - t_0)] + R_{Cu}^{t_0}[1 + \alpha_{t_0}(t_{01} - t_0)]} E$$

$$= \frac{R_{Cu}^{t_0} \alpha_{t_0}(t_{02} - t_{01})}{R_3 + R_{Cu}^{t_0}\{2 + a_{t_0}[(t_{02} - t_{01}) - 2(t_0 - t_{01})]\}} E$$

将 $\eta = R_{Cu}^{t_0}/R_3$ 代入上式并整理得

$$\eta = \frac{E(t_{02}, t_{01})}{E\alpha_{t_0}(t_{02} - t_{01}) - E(t_{02}, t_{01})\{2 + \alpha_{t_0}[(t_{02} - t_{01}) - 2(t_0 - t_{01})]\}}$$

(9-11)

式中，$E(t_{02}, t_{01})$ 为补偿冷端温度变化而需要补偿的热电势；t_{01}、t_{02} 分别为冷端温度变化范围的下限和上限温度；E 为电桥供电电压，通常取 $E = 1V$；α_{t_0} 为 t_0（$= 20℃$）时铜电阻的温度系数（$1/℃$）。

2）上支路电阻的设计计算

上支路的设计主要是计算 R_M、R_4 与 R_G。滑动臂 A 从最右端移到最左端所扫过的电压降（即电位差计的量程）$\Delta E_M(t_{max}, t_{min})$ 为

$$\Delta E_M = I_1(1 - 2\lambda)R_{np}$$

式中，$R_{nP} = R_P // R_B // R_M = 90 // R_M = 90R_M/(90 + R_M)$。

把 R_{np} 代入上式，得量程电阻为

$$R_M = \frac{90\Delta E_M}{90I_1(1 - 2\lambda) - \Delta E_M}$$

(9-12)

当标准环境温度为 t_0，热电偶的热端温度为 t_{min} 时，滑线电阻的滑触点应位于起始端位置，电桥的输出电压与输入的热电势相平衡，即

$$E(t_{min}, t_0) = I_1(R_G + \lambda R_{np}) - I_2^{t_0} R_{Cu}^{t_0}$$

由此可求得调零电阻 R_G 为

$$R_G = \frac{E(t_{min}, t_0)}{I_1} + \frac{I_2^{t_0} R_{Cu}^{t_0}}{I_1} - \lambda R_{np}$$

(9-13)

上支路电流为恒定电流，且

$$I_1 = \frac{E}{R_G + R_{np} + R_4}$$

由此可求限流电阻 R_4 为

$$R_4 = \frac{E}{I_1} - R_{np} - R_G$$

(9-14)

这样，根据仪表的量程范围、配用热电偶的分度号、铜补偿电阻的温度系数及环境温度的变化情况，便可按式（9-12）～式（9-14）分别求出各桥臂的电阻值，它既可用于测量桥路的设计，也可用于现成仪表的改量程。

例如，当不改变仪表所配热电偶的分度号，只改变量程时，则需改变量程电阻 R_M、起始电阻 R_G 和限流电阻 R_4 即可；如仪表所配分度号也改变，则除 R_M、R_4 与 R_G 改变外，$R_{Cu}^{t_0}$、R_{np} 也要改变，这属于测量桥路的重新设计问题。

计算举例：已知仪表量程为 $0 \sim 800℃$，配用 K 分度号热电偶，桥路电源电压 $E = 1V$，上支路电流 $I_1 = 4mA$，下支路电流 $I_2^0 = 2mA$，环境温度 $t_0 = 25℃$，$t_{02} =$

$55℃$, $t_{01} = 5℃$, 铜电阻在 $25℃$ 时的 $a_{t_0} = 3.84 \times 10^{-3}/℃$, $\lambda = 3\%$。

根据已知条件查表可得

$$E(t_{max}, t_0) = E(800, 25) = 32.29mV, \quad E(t_{min}, t_0) = E(0, 25) = -1mV$$

$$E(t_{02}, t_{01}) = E(55, 5) = 2.03mV, \quad \Delta E_M(t_{max}, t_{min}) = E(800, 0) = 33.29mV$$

计算

$$\eta = \frac{E(t_{02}, t_{01})}{E\alpha_{t_0}(t_{02} - t_{01}) - E(t_{02}, t_{01})\{2 + \alpha_{t_0}[(t_{02} - t_{01}) - 2(t_0 - t_{01})]\}}$$

$$= \frac{2.03}{1 \times 10^3 \times 3.84 \times 10^{-3} \times (55 - 5) - 2.03 \times \{2 + 3.84 \times 10^{-3} \times [(55 - 5) - 2 \times (25 - 5)]\}}$$

$$= 0.0108$$

$$R_3 = \frac{E}{I_2^{t_0}(1 + \eta)} = \frac{1000}{2 \times (1 + 0.0108)} = 494.65(\Omega)$$

$$R_{Cu}^{t_0} = \eta R_3 = 0.0108 \times 494.65 = 5.33(\Omega)$$

$$R_M = \frac{90\Delta E_M}{90 I_1(1 - 2\lambda) - \Delta E_M} = \frac{90 \times 33.29}{90 \times 4 \times (1 - 0.06) - 33.29} = 9.82(\Omega)$$

$$R_G = \frac{E(t_{min}, t_0)}{I_1} + \frac{I_2^{t_0} R_{Cu}^{t_0}}{I_1} - \lambda R_{np} = \frac{-1}{4} + \frac{2}{4} \times 5.33 - 0.03 \times \frac{90 R_M}{90 + R_M}$$

$$= -\frac{1}{4} + \frac{2}{4} \times 5.33 - 0.03 \times \frac{90 \times 9.82}{90 + 9.82} = 2.15(\Omega)$$

$$R_4 = \frac{E}{I_1} - R_{np} - R_G = \frac{100}{4} - \frac{90 \times 9.82}{90 - 9.82} - 2.15 = 238.99(\Omega)$$

计算结果应尽量准确到小数点后面两位。实际生产中,要求线绕电阻符合计算值,误差一般不超过 $\pm 0.1\Omega$。

测量毫伏或毫安信号时的测量桥路计算的说明:测量毫伏或毫安信号时的测量桥路与测温时测量桥路的工作原理是一样的,差别仅在于不需要冷端温度补偿。因此,在进行桥路计算时,下支路两臂电阻的比值 η 就可以比较自由地选择,R_2 采用锰铜丝绕制而成。

通常,当电压量程 $\Delta E_M \leqslant 100mV$ 时,取 $\eta = 1/124$,即当 $I_2 = 2mA$ 时,$R_2 = 4\Omega$,$R_3 = 496\Omega$;当电压量程 $\Delta E_M > 100mV$ 时,取 $\eta = 1/49$,即当 $I_2 = 2mA$ 时,$R_2 = 10\Omega$,$R_3 = 490\Omega$。

选定了 η 之后,其余计算方法和步骤均与测温电位差计相同。

对于毫安输入时,可在仪表输入端跨接一标准电阻,这样就获得了电压信号。在设计计算时,首先应合理地确定标准电阻 R_1 的阻值,然后根据被测电流量程 ΔI_M,转换成相应的电压量程 ΔE_M,即

$$\Delta E_\mathrm{M} = \Delta I_\mathrm{M} R_1$$

选择 R_1 时,应考虑使得 ΔE_M 足够大,一般应使 $\Delta E_\mathrm{M} \geqslant 5\mathrm{mV}$,如果电压量程过小,仪表的制造比较困难。但 R_1 太大也不好,由于它是串接在放大器的输入回路中,太大则可能影响测量桥路的电压灵敏度。对 DDZ-Ⅱ 型仪表,被测电流信号为 $0\sim 10\mathrm{mA}$,通常选 $R_1 = 1\Omega$,故电压量程为 $\Delta E_\mathrm{M} = 10\mathrm{mV}$。确定了电压量程以后,其余计算方法均与测毫伏信号的测量桥路一样。

9.1.3 自动平衡电桥

自动平衡电桥可与热电阻 R_t 配合用于测量温度。自动平衡电桥的工作原理与自动平衡电位差计相比较,只是输入测量电路不同,因此,本节着重讨论输入电路。

1. 自动平衡电桥的工作原理

图 9-10 给出自动平衡电桥的工作原理。由图可知,热电阻 R_t 接在测量桥路中,当被测温度为 t_1 时,热电阻 R_t 的阻值为 R_{t_1},若电桥正好处于平衡,则电桥的输出端 A、B 之间的电位差 $U_{AB} = 0$。如果温度升高到 $t_2 > t_1$,则有 $R_{t_2} > R_{t_1}$,电桥失去平衡,此时,电桥的输出电压 $U_{AB} > 0$。U_{AB} 输入到调制放大器,使伺服电机 M 正转,并带动指针及记录笔右移,指示温度升高;与此同时,电机 M 又拖动滑线电阻的滑动臂 A 向左移,直到电桥在新的输入 R_{t_2} 下重新平衡为止。此后,若温度又从 t_2 下降到 t_3,则有 $R_{t_3} < R_{t_2}$,电桥失去平衡,其输出电压 $U_{AB} < 0$,电机 M 反转,并使指针左移、滑动臂 A 右移,直到重新达到平衡为止。每次达到平衡后,指针、记录笔和滑动臂 A 的位置都与当时的被测温度相对应。

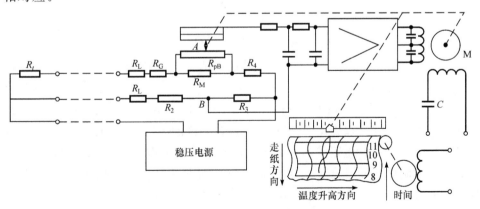

图 9-10 自动平衡电桥工作原理

2. 测量电路的设计计算

自动平衡电桥的等效简化电路如图 9-11 所示。对于直流电桥,在设计计算时,一般取供电电压 $E=1V$,流过 R_t 支路的桥臂电流最大值 I_{1M} 要小于 6mA,以免 R_t 发热造成误差。一般取 $I_1=3mA$。

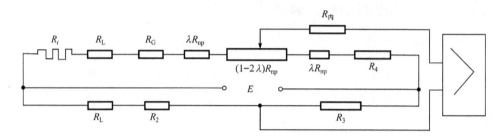

图 9-11　自动平衡电桥的等效电路

在进行桥路计算时,常分成中量程、小量程和大量程情况进行计算,现分别计算如下。

1) 电阻值的变化范围在 $10\sim100\Omega$ 的中量程仪表桥路的计算

对于直流电桥,一般采用 $E=1V$ 的电源,取 $R_2=R_3=R_4$,这时,由于热电阻连接导线随环境温度变化所产生的附加最大温度误差只有 10^{-4} 数量级,故计算时不予考虑。

下面推导各电阻的计算公式。

(1) 量程电阻 R_M。在仪表刻度起始点时,热电阻值最小,流过热电阻的电流最大,这时,桥路上支路的总电阻 R'_Σ 为

$$R'_\Sigma = \frac{E}{I_{t_0}}$$

式中,$R'_\Sigma = R_{t_0} + R_L + R_G + R_{np} + R_4$。

若被测温度 t 为下限温度 $t=t_0$,则 $R_t=R_{t_0}$。电桥平衡时,滑动臂应在最右端,其平衡方程式为

$$[R_{t_0} + R_L + R_G + (1-\lambda) R_{np}]R_3 = (R_L + R_2)(R_4 + \lambda R_{np}) \quad (9-15)$$

式中,$R_{np}=R_{pB}//R_M$,取 $R_{pB}=90\Omega$;R_L 为连接导线的等值电阻,取 $R_L=2.5\Omega$;R_G 为调零电阻;λ 为滑线电阻两端不工作部分所占的份额,取 $\lambda=0.03\sim0.05$。

若被测温度为上限温度 $t=t_M=t_0+\Delta t_M$,则 $R_t=R_{t_M}=R_{t_0}+\Delta R_{t_M}$,电桥平衡时,滑线电阻的滑动臂应在最左端,平衡方程式为

$$(R_{t_0} + \Delta R_{t_M} + R_L + R_G + \lambda R_{np})R_3 = (R_L + R_2) [R_4 + (1-\lambda)R_{np}]$$

由上式减式(9-15)得

$$(\Delta R_{t_M} + 2\lambda R_{np} - R_{np}) R_3 = (R_{np} - 2\lambda R_{np})(R_L + R_2)$$

整理后得

$$R_{np} = \frac{R_3 \Delta R_{t_M}}{(1-2\lambda)R_3 + (1-2\lambda)(R_L + R_2)}$$

$$= \frac{R_3}{(1-2\lambda)(R_L + R_2 + R_3)}\Delta R_{t_M}$$

$$= \frac{1}{(1-2\lambda)(1+i)}\Delta R_{t_M} \qquad (9-16)$$

式中，i 为桥路的电阻比（与自动平衡电位差计下支路电阻比 η 意义相同），$i = \dfrac{R_L + R_2}{R_3}$ 算出 R_{np} 后，就可以计算量程电阻 R_M。因为 $R_{np} = \dfrac{90R_M}{90 + R_M}$，所以

$$R_M = \frac{90R_{np}}{90 - R_{np}} \qquad (9-17)$$

（2）桥臂电阻 R_2、R_3 与 R_4。

① 用上支路总电阻 R'_{Σ} 计算。由仪表的动作原理可知，当热电阻从仪表下限 R_{t_0} 变化到仪表上限 R_{t_1} 时，则对应的滑线电阻的变化值为 $(1-2\lambda)R_{np}$。因此，当滑线电阻变化 λR_{np}，则相应的热电阻变化应为

$$\Delta R_{t_\lambda} = \frac{R_{t_1} - R_{t_0}}{(1-2\lambda)R_{np}}\lambda R_{np} = \frac{\lambda}{1-2\lambda}\Delta R_{t_M}$$

假设滑线电阻的滑触点位于最右端 λR_{np} 以外位置时，则对应的热电阻应为 $R_{t_0} - \Delta R_{t_\lambda}$，则电桥具有下列平衡关系，即

$$(R_{t_0} - \Delta R_{t_\lambda} + R_L + R_G + R_{np})R_3 = (R_L + R_2)R_4$$

因为 $R_2 = R_3 = R_4$，由上式得

$$R_{t_0} - \frac{\lambda}{1-2\lambda}\Delta R_{t_M} + R_L + R_G + R_{np} = R_L + R_2 \qquad (9-18)$$

考虑到 $R'_{\Sigma} = R_{t_0} + R_L + R_G + R_{np} + R_4$，则式（9-18）可写成

$$R'_{\Sigma} - R_4 - \frac{\lambda}{1-2\lambda}\Delta R_{t_M} = R_L + R_2 \qquad (9-19)$$

所以，

$$R_2 = R_3 = R_4 = \frac{1}{2}\left(R'_{\Sigma} - \frac{\lambda}{1-2\lambda}\Delta R_{t_M} - R_L\right) \qquad (9-20)$$

② 用下支路总电阻 R_{Σ} 计算。先选择下支路桥臂电流 I_2，如取 $I_2 = I_1 = 3\text{mA}$，则下支路总电阻 R_{Σ} 为

$$R_{\Sigma} = \frac{E}{I_2} = \frac{1}{3} \times 10^3 (\Omega)$$

由于

$$R_\Sigma = R_L + R_2 + R_3 = \frac{R_L + R_2}{R_3} R_3 + R_3 = (i+1)R_3$$

所以，

$$R_3 = \frac{R_\Sigma}{1+i} \qquad (9-21)$$

③ 调零电阻 R_G。由式(9-15)可得

$$R_G = (R_4 + \lambda R_{np}) \frac{R_L + R_2}{R_3} - R_{t_0} - R_L - (1-\lambda)R_{np}$$

$$= i(R_4 + \lambda R_{np}) - (1-\lambda)R_{np} - R_{t_0} - R_L \qquad (9-22)$$

或式(9-18)得

$$R_G = R_2 + \frac{\lambda}{1-2\lambda} \Delta R_{t_M} - R_{t_0} - R_{np} \qquad (9-23)$$

由式(9-15) 计算结果与由式(9-18) 计算结果相同。

　　热电阻的阻值变化范围为 $10\sim100\Omega$ 的中量程仪表是工业上最常用的,若用于和热电阻配套测量温度,则对应的温度范围也是相当宽的。在此范围内的仪表桥路电阻的计算均采用

$$I_{t_0} = 3\text{mA}, \quad R_2 = R_3 = R_4 = 165(\Omega)$$

这样,电阻值的变化在此范围内时的仪表改变量程,或改变所配分度号或两者同时改变,都只需改变起始刻度电阻 R_G 和量程电阻 R_M 即可。

　　例 9.1.1　已知仪表配分度号为 Pt100 的热电阻,仪表量程为 $0\sim50℃$, $I_{t_M}=6\text{mA}$, $R_{t_0}=100\Omega$, $R_{t_1}=119.7\Omega$, $\Delta R_{t_M}=19.7\Omega$,供电电压 $E=1\text{V}$, $\lambda=0.03$,求直流电桥桥路参数。

　　解:由题意知,该热电阻的变化范围为 $\Delta R_{t_M}=19.7\Omega$,是属于中量程范围,所以取

$$R_2 = R_3 = R_4 = 165 \pm 0.5(\Omega)$$

此时,必须重新计算 R'_Σ ,再求通过热电阻支路的电流是否超过规定的最大限值,由式(9-19)可得

$$R'_\Sigma = 2R_2 + \frac{\lambda}{1-2\lambda} \Delta R_{t_M} + R_L$$

$$= 2 \times 160 + \frac{0.03}{1-2\times0.03} \times 19.7 + 2.5 = 333.13(\Omega)$$

则 $I_{t_0} = E/R'_\Sigma = 1000/333.13 = 3\text{mA} < 6\text{mA}$。

　　由计算知道通过热电阻支路的电流符合要求。继续计算,由式(9-16)得

$$R_{np} = \frac{\Delta R_{t_M}}{(1-2\lambda)(1+i)} = \frac{19.7}{\left(1+\dfrac{R_L+R_2}{R_3}\right)(1-2\times0.03)}$$

$$= \frac{19.7}{\left(1+\dfrac{2.5+165}{165}\right)\times0.94} = 10.4(\Omega)$$

由式(9-17)得

$$R_M = \frac{90R_{np}}{90-R_{np}} = \frac{90\times10.4}{90-10.4} = 11.76(\Omega)$$

由式(9-23)得

$$R_G = R_2 + \frac{\lambda}{1-2\lambda}\Delta R_{t_M} - R_{t_0} - R_{np}$$

$$= 165 + \frac{0.03}{1-0.06}\times19.7 - 100 - 10.4 = 55.229(\Omega)$$

实际制作时可取

$$R_M = 11.5\pm0.2(\Omega)$$

$$R_G = 55\pm0.5(\Omega)$$

2) 对于小量程($\Delta R_{t_M}<10\Omega$)和大量程($\Delta R_{t_M}>100\Omega$)时的特殊情况的桥路计算

(1) 小量程($\Delta R_{t_M}<10\Omega$)仪表测量桥路的设计计算。

对于小量程仪表,因 ΔR_{t_M} 较小;而上支路电流 I_1 也受被测电阻热效应的影响,不能取得太大,必须小于或等于 6mA,一般是 3mA。所以,为了提高桥路电压灵敏度,就必须减小下支路臂比 i,通常在设计时,取

$$R_3 = R_4, \quad i<1$$

的办法,具体算法与中量程相同。

(2) 大量程($\Delta R_{t_M}>100\Omega$)仪表测量桥路的设计计算。

对于大量程仪表,应提高 i,常采用

$$R_3 = R_4, \quad i\geqslant2$$

$$R_2 = iR_3 - R_L$$

的方法,然后再采用中量程的计算方法,可得大量程的计算公式(对于小量程亦适用)如下:

$$R_3 = R_4 = \frac{1}{1+i}\left(R'_\Sigma - \frac{\lambda}{1-2\lambda}\Delta R_{t_M}\right) \tag{9-24}$$

$$R_2 = \frac{i}{1+i}\left(R'_\Sigma - \frac{\lambda}{1-2\lambda}\Delta R_{t_M}\right) - R_L \tag{9-25}$$

滑线电阻 R_{np}、量程电阻 R_M、调零电阻 R_G 的计算公式与中量程时相同。

为了使大量程仪表的量程电阻 R_M 的绕制和调整方便，通常取

$$R_3 = R_4 = 80(\Omega)$$

$$R_2 = 250(\Omega)$$

因此，大量程仪表的改量程或改分度号或两者同时改，仅须改变 R_M 和 R_G 即可。

例 9.1.2 已知仪表配用分度号为 Pt100 的热电阻，仪表量程为 $0 \sim 500℃$，$R_{t_0} = 100\Omega, \Delta R_{t_M} = 183.8\Omega, I_{t_M} \leqslant 6mA$。供电电压 $E = 1V, \lambda = 0.03$，求桥路参数。

解：取

$$R_3 = R_4 = 80 \pm 0.5(\Omega)$$

$$R_2 = 250 \pm 0.3(\Omega)$$

此时，下支路臂比为

$$i = \frac{R_L + R_2}{R_3} = \frac{2.5 + 250}{80} = 3.156$$

由于 R_2、R_3 和 R_4 采用固定数值，所以须计算 R'_Σ，然后算出 I_1 是否满足小于或等于 6mA 的规定。由式(9-24)可得

$$R'_\Sigma = (1+i)R_3 + \frac{\lambda}{1-2\lambda}\Delta R_{t_M} = (1+3.156) \times 80 + \frac{0.03}{0.94} \times 183.8 = 338.366(\Omega)$$

所以，$I_{t_0} = E/R'_\Sigma = 1000/338.366 \approx 3mA < 6mA$，$I_{t_0}$ 符合规定。

$$R_{np} = \frac{\Delta R_{t_M}}{(1-2\lambda)(1+i)} = \frac{183.8}{(1+3.156)(1-2\times0.03)} = 47.045(\Omega)$$

$$R_M = \frac{90R_{np}}{90 - R_{np}} = \frac{90 \times 47.045}{90 - 47.045} = 98.377(\Omega)$$

$$R_G = R_2 + \frac{\lambda}{1-2\lambda}\Delta R_{t_M} - R_{t_0} - R_{np}$$

$$= 250 + \frac{0.03}{1-0.06} \times 183.8 - 100 - 47.045 = 108.821(\Omega)$$

实际取

$$R_M = 98.3 \pm 0.2(\Omega)$$

$$R_G = 108.5 \pm 0.5(\Omega)$$

9.2 数字式显示仪表

9.2.1 概述

数字式显示仪表是一种以十进制数码形式显示被测量值的仪表，它可按以下方法分类：

（1）按仪表结构分类。可分为带微处理器和不带微处理器的两大类型。

（2）按输入信号形式分类。可分为电压型和频率型两类。电压型数字式显示仪表的输入信号是模拟式传感器输出的电压、电流等连续信号；频率型数字显示仪表的输入信号是数字式传感器输出的频率、脉冲、编码等离散信号。

（3）按仪表功能分类。可大致分为如下几种：

① 显示型。与各种传感器或变送器配合使用，可对工业过程中的各种工艺参数进行数字显示。

② 显示报警型。除可显示各种被测参数，还可用作有关参数的越限报警。

③ 显示调节型。在仪表内部配置有某种调节电路或控制机构，除具有测量、显示功能外，还可按照一定的规律将工艺参数控制在规定范围内。常用的调节规律有继电器节点输出的两位调节、三位调节、时间比例调节、连续 PID 调节等。

④ 巡回检测型。可定时地对各路信号进行巡回检测和显示。

与模拟式显示仪表相比，数字显示仪表具有读数直观方便、无读数误差、准确度高、响应速度快、易于和计算机联机进行数据处理等优点。目前，数字式显示仪表普遍采用中、大规模集成电路，线路简单，可靠性好，耐振性强，功耗低，体积小，重量轻。特别是采用模块化设计的数字式显示仪表的机芯由各种功能模块组合而成，外围电路少，配接灵活，有利于降低生产成本，便于调试和维修。

9.2.2　数字式显示仪表的构成及工作原理

1. 数字式显示仪表的基本构成

数字式显示仪表的基本构成方式如图 9 - 12 所示，图中各基本单元可以根据需要进行组合，以构成不同用途的数字式显示仪表。将其中一个或几个电路制成专用功能模块电路，若干个模块组装起来，即可制成一台完整的数字式显示仪表。

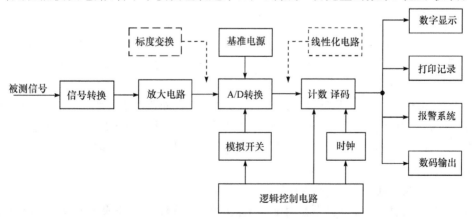

图 9 - 12　数字式显示仪表的基本构成

数字式显示仪表的核心部件是 A/D 转换器，它可以将输入的模拟信号转换成数字信号。以 A/D 转换器为中心，可将显示仪表内部电路分为模拟和数字两大部分。

仪表的模拟部分一般设有信号转换和放大电路、模拟切换开关等环节。信号转换电路和放大电路的作用是将来自各种传感器或变换器的被测信号转换成一定范围内的电压值并放大到一定幅值，以供后续电路处理。有的仪表还设有滤波环节，以提高信噪比。仪表的数字部分一般由计数器、译码器、时钟脉冲发生器、驱动显示电路及逻辑控制电路等组成。经放大后的模拟信号由 A/D 转换器转换成相应的数字量后，经译码、驱动，送到显示器件去进行数字显示。常用的数字显示器件如发光二极管、液晶显示器等。

数字式显示仪表除以数字显示形式输出外，还可以进行报警或打印记录。在必要时，还可以数码形式输出，供计算机进行数据处理。

逻辑控制电路也是数字式显示仪表不可缺少的环节之一，它对仪表各组成部分的工作起着协调指挥作用。目前，在许多数字式显示仪表中已经采用微处理器等集成电路芯片来代替常规数字仪表中的逻辑控制电路，从而由软件来进行程序控制。

对于工业过程检测用数字式显示仪表，往往还设有标度变换和线性化电路。标度变换电路用于对信号进行量纲换算，将仪表显示的数字量和被测物理量统一起来。而线性化电路的作用是为了克服某些传感器（如热电偶、热电阻等）的非线性特性，使显示仪表输出的数字量与被测参数间保持良好的线性关系。这两个环节的功能既可以在数字仪表的模拟部分实现，也可以在数字部分实现，还可以用软件来实现。除上述诸环节外，高稳定度的基准电源和工作电源也是数字式显示仪表的重要组成部分。

2. A/D 转换器

由于在工业过程检测技术领域，被测信号通过各种传感器或变送器转换后，一般都是随时间连续变化的模拟电信号，因此，将模拟电信号转换成数字信号是实现数字显示的前提。

按照转换方式，A/D 转换器可分为反馈比较型（如逐次逼近型）、电压-时间变换型（如双积分型）、电压-频率变换型等多种类型，每种类型的 A/D 转换器又可分别制成不同型号的集成芯片。下面介绍几种典型的 A/D 转换器的基本原理及其集成芯片。

1）逐次逼近型 A/D 转换器

逐次逼近型 A/D 转换器是目前应用较广的 A/D 转换器，其基本原理如图 9-2 所示。将来自传感器的模拟输入信号 U_{IN} 与一个推测信号 U_i 相比较，根据 U_i 大于

还是小于 U_{IN} 来决定增大还是减小该推测信号 U_i,以便向模拟输入信号 U_{IN} 逼近。由于推测信号 U_i 即 D/A 转换器的输出信号,所以,当推测信号 U_i 与模拟输入信号 U_{IN} 相等时,向 D/A 转换器输入的数字量也就是对应于模拟输入量 U_{IN} 的数字量。

其工作过程是:当逻辑控制电路加上启动脉冲时,使二进制计数器(输出锁存器)中的每一位从最高位起依次置 1,按照时钟脉冲的节拍控制 D/A 转换器依次给出数值不同的推测信号 U_i,并逐次与被测模拟信号 U_{IN} 进行比较。若 $U_{IN} > U_i$,则比较器输出为 1,并使该位保持为 1;反之,则比较器输出为零,并使输出锁存器的对应位清零(亦即去掉这一位)。如此进行下去,直至最低位的推测信号 U_i 参与比较为止。此时,输出锁存器的最后状态(亦即 D/A 转换器的数字输入)即对应于待转换模拟输入信号的数字量。将该数字量输出就完成了 A/D 转换过程。

图 9-13 所示的 AD574A 是美国模拟器件(Analog Devices)公司生产的一种 12 位逐次逼近型 A/D 转换器。如图 9-14 所示,它是由模拟芯片和数字芯片组成的混合集成芯片。其中,模拟芯片就是该公司生产的 AD565A 型快速 12 位单片集成 A/D 转换器芯片,数字芯片则包括高性能比较器、逐次比较逻辑寄存器、时钟电路、逻辑控制电路及三态输出数据锁存器等。

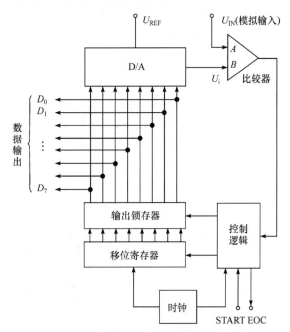

图 9-13 逐次逼近型 A/D 转换器工作原理

AD574A 有两个模拟输入端,其输入信号可为单极性模拟信号(0～10V 或 0～20V),也可为双极性模拟信号(±5V 或 ±10V)。输出为 12 位,转换速度最大为

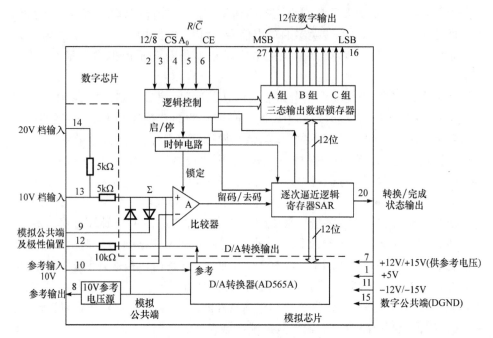

图 9 - 14　AD574A 的内部结构框图

$35\mu s$。AD574A 片内具有三态输出缓冲电路，因而可直接与各种典型的 8 位或 16 位微处理器相连，且能与 CMOS(complementary metal-oxide semiconductor，互补型金属-氧化物半导体)及 TTL(transisitor-transistor logic，晶体管-晶体管逻辑电路)电平兼容。AD574A 片内包含高精度的参考电压源和时钟电路，因而可在不需任何外部电路和时钟信号的情况下完成一切 A/D 转换功能，应用非常方便。AD574 系列产品有 AD574A、AD674A、AD674B、AD774B、AD1674 等，作为一种价格适中的 A/D 转换器，得到了广泛的应用。

2) 双积分型 A/D 转换器

(1) 基本原理。双积分型 A/D 转换器的原理如图 9 - 15 所示，其工作过程分为采样和测量两个阶段。

① 采样阶段。开始工作前，图 9 - 15 中的开关 K 接地，积分器的起始输出电压为零。采样阶段开始，控制电路发出的控制脉冲将开关 K 与被测电压 V_x 接通，使积分器对 V_x 进行积分。与此同时，计数器开始计数。经过一段预先设定的时间 t_1 后，计数器计满 N_1 值，计数器复零并发出一个溢出脉冲，使控制电路发出控制信号将开关 K 接向与被测电压极性相反的基准电压(+V_R 或-V_R)，采样阶段至此结束。积分器的输出电压 V_0 从开始时的 0V，经 t_1 时间积分到 V_{01}，如下：

$$V_{01} = -\frac{1}{RC}\int_0^{t_1} V_x(t)\,\mathrm{d}t$$

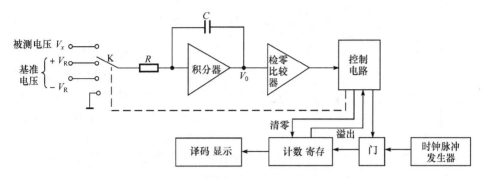

图 9 - 15　双积分型 A/D 转换器原理图

则被测电压 V_x 在 t_1 时间间隔的平均值 $\overline{V}_x$ 为

$$\overline{V}_x = -\frac{1}{t_1}\int_0^{t_1} V_x(t)\,dt$$

结合以上两式得在 t_1 时间的 V_{01} 值为

$$V_{01} = -\frac{t_1}{RC}\overline{V}_x \tag{9-26}$$

② 测量阶段。当开关 K 接向基准电压后,积分器开始反方向积分(放电过程),其输出电压从原来的 V_{01} 值开始下降。与此同时,计数器又从零开始计数。当积分器输出电压下降至零时,检零比较器动作,使控制电路发出控制信号,计数器停止计数。此时,计数器的计数值 N_2 即为 A/D 转换的结果。在这一段时间 t_2 内,是用基准电压 V_R 与积分电容 C 上已有电压 V_{01} 进行比较,此时的 V_0 为 V'_{01}。

$$V'_{01} = V_{01} - \frac{1}{RC}\int_{t_1}^{t_1+t_2}(-V_R)\,dt = 0$$

由于基准电压 V_R 是固定值,则由上式得

$$V_{01} + \frac{1}{RC}V_R t_2 = 0$$

把式(9-26)代入上式得

$$t_2 = \frac{t_1}{V_R}\overline{V}_x \tag{9-27}$$

由于采样积分时间 t_1 和基准电压 V_R 是固定值,所以,反向积分时间 t_2 与被测电压 V_x 在 t_1 时间内的平均值 $\overline{V}_x$ 成正比,因而完成了 $\overline{V}_x$ 到 t_2 的转换;又由于在反向积分时间内,门电路是打开的,故计数器记下了 t_2 时间内由时钟脉冲所发出的脉冲数 N,这脉冲数 N 是与反向积分时间 t_2 的大小成正比关系,这就完成了 t_2 到脉冲数(数字量)N 的转换,因而最后完成了被测电压的平均值到数字显示值 N 的转换,即

$$N_2 = \frac{N_1}{V_R}\overline{V}_x = K\overline{V}_x \qquad (K \text{ 为常数}) \qquad (9-28)$$

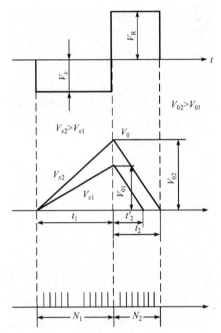

图 9-16 是积分器输出电压 V_0 的波形图。由图可知,输入的被测电压 V_x 越大,则积分器输出的最大值 V_0 也越大,因而对应的反向积分时间 t_2 也越长;即当 $V_{x2} > V_{x1}$ 时,则 $V_{02} > V_{01}$,对应的 $t'_2 > t_2$,当然对应的数字量 $N_2 > N_1$,从而完成了电压-数字的转换。

由于这种转换器在一次转换过程中进行了两次积分,故称为双积分 A/D 转换器。

(2) 性能特点如下:

① 对积分元件 R、C 要求大大降低。由式(9-28)可知,t_2 与 R、C 无关,这是由于采样积分与反向积分均采用同一积分器,它们的影响正好抵消,这有利于提高仪表精度。

② 对时标的要求大大降低。一般的

图 9-16 双积分型 A/D 转换器波形图

数字电路对时标(时钟频率)的要求很高,而双积分转换器,因 t_2、t_1 均采用同一脉冲源,即使不十分准确,只要保持 t_2/t_1 的比值不变,就能实现对被测量的精确测量。

③ 抗干扰能力强。前面所介绍的逐次逼近反馈编码型 A/D 转换是对被测电压的瞬时值转换;而双积分型则是对被测电压在 t_1 时间内的平均值进行转换。因此,其具有很强的抗常态干扰能力,对混入信号中的高频噪声有良好的抑制能力,特别对于对称干扰,抑制能力更强。一般使用现场的干扰大多来自工频网络,若将采样积分时间 t_1 取为工频周期(20ms)或工频周期的整数倍($20n$ms),则这种对称工频干扰可以完全消除。

由于上面三方面的优点,双积分 A/D 转换器可应用于环境较为恶劣的生产现场。

图 9-17 所示的 ICL7106 是美国 Intersil 公司生产的一种双积分式 A/D 转换器,满幅输入电

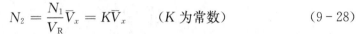

1	VDD	CP1	40
2	1D	CP2	39
3	1C	CP3	38
4	1B	TEST	37
5	1A	VREFH	36
6	1F	VREFL	35
7	1G	CR	34
8	1E	CR	33
9	2D	COM	32
10	2C	INH	31
11	2B	INL	30
12	2A	AZ	29
13	2F	BUF	28
14	2E	INT	27
15	3D	VSS	26
16	3B	2G	25
17	3F	3C	24
18	3E	3A	23
19	AB4	3G	22
20	POL	BP	21

图 9-17 ICL7106 管脚图

压一般取 2000mV,该芯片集成度高,转换精度高,A/D 转换准确度达 ±0.05%,转换速率通常选 2~5 次/s,具有自动调零、自动判定极性等功能,抗干扰能力强,输出可直接驱动 LCD 液晶数码管,只需要很少的外部元件,就可以构成数字仪表模块。

3. 数字式显示仪器的非线性补偿(线性化)

在实际工作中,很多检测元件或传感器的输出信号与被测变量之间往往为非线性关系,如热电偶的热电势与被测温度之间,流体流经节流元件的差压与流量之间,皆为非线性关系。

非线性补偿的方法很多,一类是用硬件的方式实现,一类是以软件的方式实现(常用在屏幕显示仪表中)。

硬件非线性补偿,可放在 A/D 转换前的称为模拟式线性化;放在 A/D 转换之后的称为数字线性化;在 A/D 转换中进行非线性补偿的称为非线性 A/D 转换。模拟式线性化精度较低,但调整方便、成本低;数字线性化精度高;非线性 A/D 转换则介于上面两者之间,补偿精度可达 0.1%~0.3%,价格适中。

1) 模拟式线性化

线性化器在仪表构成中,可用串联方式接入,也可用反馈方式接入。

(1) 串联方式接入。图 9-18 示出串联式线性化的原理框图。由于检测元件或传感器的非线性,当被测变量 x 被转换成电压量 U_1 时,它们之间为非线性关系,而放大器一般具有线性特性,故经放大后的 U_2 与 x 之间仍为非线性关系,因此应加入线性化器。利用线性化器的非线性静特性来补偿检测元件或传感器的非线性,使 A/D 转换之前的 U_0 与 x 之间具有线性关系。求取线性化器的静特性,可以采取解析的方法或图解的方法。

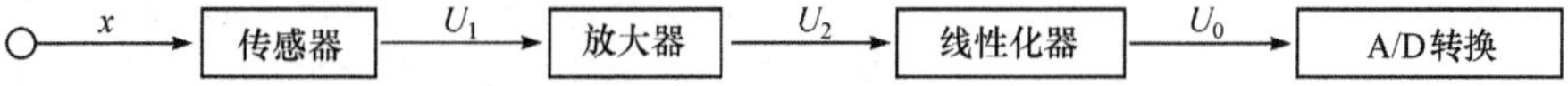

$$\circ \xrightarrow{x} \boxed{传感器} \xrightarrow{U_1} \boxed{放大器} \xrightarrow{U_2} \boxed{线性化器} \xrightarrow{U_0} \boxed{A/D转换}$$

图 9-18　串联式线性化原理图

① 用解析法求取线性化器的静特性。设有图 9-19 所示的测温系统,其测温关系为

$$E_t = f(t) = at + bt^2 \tag{9-29}$$

式中,a、b 为常系数,其值可以按不同热电偶的热电势和温度关系查表求出。以 E 分度热电偶为例,若测量上限 $t_{max}=500℃$,下限 $t_{min}=\dfrac{1}{2}t_{max}=250℃$,按式(9-29)可分别写出

$$E_{t_{max}} = at_{max} + bt_{max}^2$$
$$E_{t_{min}} = at_{min} + bt_{min}^2$$

$$t_{\min} = \frac{1}{2} t_{\max}$$

对上式联立求解可得系数

$$a = \frac{4E_{t_{\min}} - E_{t_{\max}}}{t_{\max}} = \frac{4 \times 18.76 - 40.15}{500} = 6.98 \times 10^{-2}$$

$$b = \frac{2E_{t_{\max}} - 4E_{t_{\min}}}{t_{\max}^2} = \frac{2 \times 40.15 - 4 \times 18.76}{500^2} = 2.1 \times 10^{-5}$$

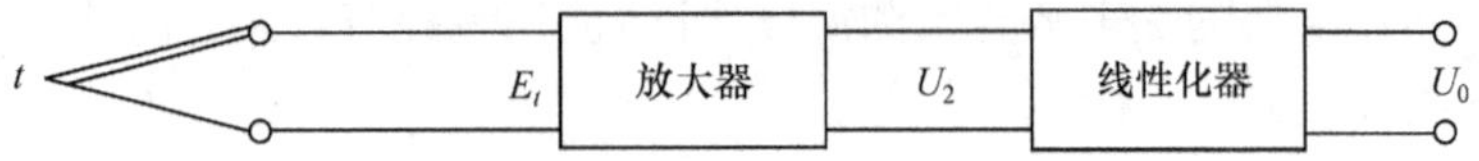

图 9-19　热电偶测温系统框图

设放大器输出电压的解析式为

$$U_2 = KE_t \tag{9-30}$$

要使 U_0 和 t 之间的关系为线性,应有

$$U_0 = St \tag{9-31}$$

对式(9-29)~式(9-31)联立求解,消去变量 E_t 和 t 得

$$U_2 = K \left(a \frac{U_0}{S} + b \frac{U_0^2}{S^2} \right) \tag{9-32}$$

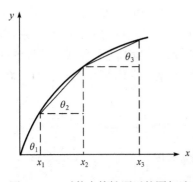

图 9-20　对静态特性逼近的图解法

式(9-32)就是所求的线性化器的静特性解析式,式中,a、b 已经求出,K 为放大器的放大倍数,S 为整机灵敏度,皆由设计者根据具体情况选定,故为已知数,所以,式(9-32)就被唯一地确定。

有时,用解析法求取线性化器静特性比较麻烦或根本无法求取,故常采用图解法。一般来说,图解法比解析法简单实用。

无论是解析法还是图解法求取线性化器的静特性,最后还要用折线逼近的方法才能以硬件实现之。

对静态特性逼近的方法如图 9-20 所示。$y=f(x)$ 是其静特性,是非线性的,将它分成数段,分别用折线来逼近原来的曲线,然后根据各转折点的斜率来设计电路。

$$y = K_1 x_1 + K_2 (x_2 - x_1) + K_3 (x_3 - x_2) + \cdots + K_n (x_n - x_{n-1})$$

式中,$K_1, K_2, \cdots, K_n$ 为各段折线斜率,$K_1 = \tan\theta_1$, $K_2 = \tan\theta_2$, $\cdots$, $K_n = \tan\theta_n$。

采用这种方法,转折点越多,精度越高,但转折点过多时,电路也随之复杂,带来的误差也随之增加。

②　用图解法求取线性化器的静特性。其方法示于图 9 - 21 中，作图方法为：首先，将传感器的非线性曲线 $U_1 = f_1(x)$ 绘在直角坐标的第 I 象限，被测量 x 作横坐标，传感器的输出电压 U_1 为纵坐标。其次，将放大器的线性特性曲线 $U_2 = KU_1$ 绘在第 II 象限，放大器的输入量 U_1 为纵坐标，输出量 U_2 为横坐标。再次，将希望达到的线性关系 $U_0 = Sx$ 特性曲线绘在第 IV 象限，被测量 x 为横坐

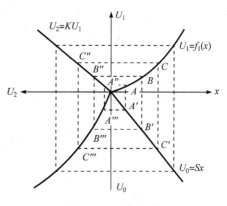

图 9 - 21　图解法

标，输出量 U_0 为纵坐标，如图中所示。最后，以输出量 U_0 为纵坐标，以 U_2 为横坐标，即可在第 III 象限求得所需的线性化器的静特性曲线 $U_0 = f(U_2)$，再用折线逼近，然后求出各折线段的斜率，就可以设计电路了。

（2）反馈式线性化。所谓反馈式线性化，就是利用反馈补偿原理，引入非线性的负反馈环节，用负反馈环节本身的非线性特性来补偿检测元件或传感器的非线性，使 U_0 和 x 之间的关系具有线性特性。那么，满足这种条件下的负反馈环节，即线性化器应该具有什么样的特性呢？同样可以用解析法或图解法求取之。

闭环式线性化的原理框图示于图 9 - 22 中。

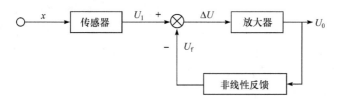

图 9 - 22　反馈式线性化原理图

根据图 9 - 22 不难求出非线性反馈环节的特性式，设检测元件或传感器的特性式为

$$U_1 = ax^2$$

由于放大器的放大倍数 K 很大，所以，

$$U_1 - U_f \approx 0$$

即

$$U_f = U_1 = ax^2$$

若非线性反馈环节完全补偿检测元件或传感器的非线性的话，则

$$U_0 = Sx$$

式中，S 为整机灵敏度，是常数，可根据具体情况确定。

由以上两式可得反馈环节的特性式为

$$U_t = a\frac{U_0^2}{S^2} = \frac{a}{S^2}U_0^2$$

式中，a 为检测元件的常系数，可根据具体情况确定。该式就是非线性反馈环节的解析式。

当检测元件或传感器的非线性特性很复杂，则可用图解法求取非线性反馈环节的静特性，如图 9-23 所示，其作法简述如下：

首先，在直角坐标的第 I 象限绘出传感器的非线性曲线 $U_1 = f_1(x)$，横坐标取为被测量 x，纵坐标表示传感器的输出量 U_1。

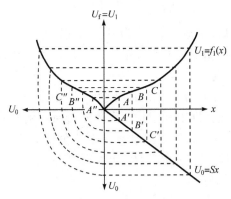

图 9-23　负反馈非线性补偿特性的图解法

其次，将希望达到的线性关系 $U_0 = Sx$ 特性曲线绘在 IV 象限，x 是横坐标，U_0 为纵坐标。

再次，由于主通道放大器的放大倍数 K 足够高，因此，$U_1 \approx U_f$，故可将 U_1 坐标轴同时兼作 U_f 坐标轴，则所求取的线性化器的特性曲线可以放在第 II 象限，这时横坐标表示 U_0。

最后，根据精度要求，将 x 轴分成数段，作图，便获得图 9-23 中示于第 II 象限的线性化器的静特性曲线。

需要指出的是，上述图解法的前提是主放大器的放大倍数足够高，只有这样才能满足 $U_1 \approx U_f$，这在工程上是容易达到的。

（3）线性化器设计实例。线性化器的例子较多，不同条件下有不同的应用。线性化器大多是采用非线性元件组成折点电路来实现，这里仅举一简单例子。

图 9-24 是 K 分度热电偶非线性补偿电路原理图，使用范围为 $0 \sim 900℃$，假如将整个测量范围分成三段，然后用折线近似，即 $O \sim e_{01}$、$e_{01} \sim e_{02}$、$e_{02} \sim e_{03}$，其工作过程分析如下：

第一折线段（$O \sim e_{01}$），因输入电压较低，所以，输出电压低于 E_2、E_3，故 D_2、D_3 不导通，反馈电阻为 R_{f1}，此时放大倍数为

$$K_1 = R_{f1}/R_1$$

第二折线段（$e_{01} \sim e_{02}$），此时 $e_{02} > e_{01}$，所以，运算放大器的输出电压高于 E_2，但低于 E_3，故 D_2 导通，D_3 不导通，因此，反馈电阻为 $R_{f1}//R_{f2}$，此时放大倍数为

$$K_2 = \frac{R_{f1}//R_{f2}}{R_1}$$

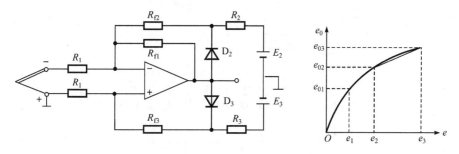

图 9 - 24　热电偶非线性补偿电路原理图

第三折线段($e_{02} \sim e_{03}$),此时 $e_{03} > e_{02}$,故运算放大器输出高于 E_2、E_3,D_2、D_3 均导通,此时除负反馈电阻 $R_{f1}//R_{f2}$ 接入外,正反馈电阻 R_{f3} 也接入,放大倍数为

$$K_3 = \frac{(R_{f1}//R_{f2})(R_1 + R_{f3})}{R_1[R_{f3} - (R_{f1}//R_{f2})]}$$

2)A/D 转换线性化(非线性 A/D 转换)

它是通过 A/D 转换直接进行线性化处理的一种方法。例如,利用 A/D 转换后的不同输出,经过逻辑处理后发出不同的控制信号,反馈到 A/D 转换网络中去改变 A/D 转换的比例系数,使 A/D 转换最后输出的数字量 N 与被测量 x 呈线性关系。常用的有电桥平衡式非线性A/D 转换。

图 9 - 25 为电桥平衡式非线性 A/D 转换的典型电路。图中热电阻 R_t 是电桥的一个桥臂,其余桥臂电阻分别为 R_1、R_4、$R_2 + R_3$ 和权电阻网络。由 $R \sim R/100$ 组成的权电阻与 R_2 并联,各权电阻由译码器通过相应的模拟开关控制。

当电桥平衡时,检零器输出为零,计数器不计数。随着温度升高,热电阻 R_t 阻值增加,电桥不平衡,检零器输出高电平,打开 CP 脉冲控制门,计数器进行加法计数,计数输出控制模拟开关,直至电桥平衡。模拟开关根据计数值决定接上哪几只权电阻,一是使电桥趋于平衡,二是完成非线性校正。

由图 9 - 25 可见,电桥平衡时,

$$R_t = \frac{R_1 R_4}{R_x} = \frac{R_1 R_4}{R_3 + R_2//R_q}$$

上式表明,热电阻 R_t 与接入的权电阻 R_q 成非线性关系。通过恰当地选取电桥的有关参数,可使被测温度 t 与热电阻 R_t 表达式呈线性关系。

3)数字线性化

数字线性化是在 A/D 转换之后的计数过程中进行系数运算而实现非线性补偿的一种方法。基本原则仍然是"以折代曲"。将不同斜率的斜线段乘以不同的系数,就可以使非线性的输入信号转换为有着同一斜率的线性输出,达到线性化的目的。

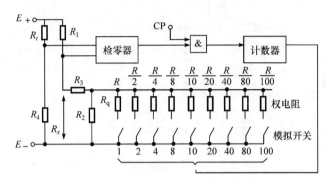

图 9-25　电桥平衡式非线性 A/D 转换器

设数字仪表输入信号的非线性,如图 9-26 第 Ⅰ 象限的 OD 曲线,这里横坐标表示被测温度,纵坐标表示热电势值,同时在第 Ⅱ 象限绘出了计数器的静特性如 OG 所示。

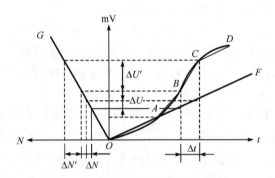

图 9-26　数字线性化的原理示意图

现把输入信号的非线性特性 OD 曲线用折线 $OABCD$ 逼近,这样每段折线的斜率都不相同,若以 OA 折线为基础,则其他各段折线的斜率分别乘以不同的系数 K_i,就能与 OA 段的斜率相同,然后以 OA 段为基础进行转换,就达到了线性化的目的。具体转换计算如下:延长 OA 至 F,设输入的温度变化为 Δt(如图 9-26 所示),则对应 OF 折线的电势变化为 ΔU,而对应 BC 段折线的电热变化为 $\Delta U'$,若要使 BC 段对应的 $\Delta U'$ 与 OF 段对应的 ΔU 相等,则必须乘以系数 K_3,即

$$K_3 \Delta U' = \Delta U$$
$$K_3 = \Delta U / \Delta U' \tag{9-33}$$

若对任一段折线,则有 $K_i = \Delta U / \Delta U'$,式中,$\Delta U$ 为基础段的电势增量,$\Delta U'$ 为除基础段(OF 段)之外的任一段的电势增量。因此,K_i 可以通过静特性的折线化关系按式(9-33)计算。

下面再进行电势到计数器显示的计算,由图 9-26 可知,对应于 ΔU 的计数器

脉冲是 ΔN,即

$$\Delta N = C\Delta U = CK_i \Delta U' \tag{9-34}$$

式中,C 是计数器常数,即直线 OG 的斜率,其数值为 $\Delta N/\Delta U$;K_i 为基础折线段电势增量与除基础段之外任一段电势增量的比值。

图 9-27 为实现变系数运算的逻辑原理图。图中的系数控制器及系数运算器等组成数字线性化器,按照图示逻辑原理可以实现变系数的自动运算。

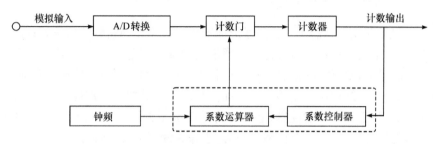

图 9-27　数字线性化器逻辑原理

参照图 9-26,当输入信号为第一折线 OA 时,系数控制器使系数运算器进行乘 K_i 运算,计数器的输出脉冲可以记为

$$N_1 = CK_1 U_1$$

且一直到 N_1 结束和 N_2 开始之前,均进行乘 K_1 运算。当计满 K_1 需切换至 AB 段时,计数器发出信号至系数控制器,使系数运算器进行乘 K_2 运算,计数脉冲又可记为

$$N_2 = C[K_1 U_1 + K_2(U_2 - U_1)]$$

依次下去,若有 n 段折线,则计数器所计脉冲数

$$N_n = C[K_1 U_1 + K_2(U_2 - U_1) + \cdots + K_{2n}(U_n - U_{n-1})]$$

通常取第一折线段作为全量程线性化的基础段,即 $K_1 = 1$,这样,一个非线性的输入量就能作为近似的线性来显示了。显然,精确的程度取决于"以折代曲"的程度,折线逼近曲线的程度越好,所得线性的程度越高。

另一种方法是查表法线性化。它是以 A/D 转换后的数字量作为 EPROM 的地址,去选取事先编在 EPROM 中的数据,然后进行数字显示。由于 EPROM 的内存较多,可做到逐点校正,因而精确度较高。

图 9-28 为查表法线性化原理框图。输入信号 U_x 经 A/D 转换后输出的数字量由锁存器锁存,当锁

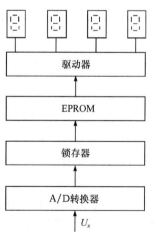

图 9-28　查表法线性化
原理框图

存器的输出作为地址码访问 EPROM 时,EPROM 中存放的表格就被取出,经显示驱动器由数码管显示其读数。表格编制方法将在 9.2.3 节中举例部分详细介绍。

查表法线性化的特点是:精确度高,非线性误差很小;无须微机,成本低;使用广泛,当传感器的数学关系式比较复杂而离散性又较大时,只要有实测数据,都可用查表法进行非线性校正。

4. 信号的标准化及标度变换

由检测元件或传感器送来的信号的标准化或标度变换是数字信号处理的一项重要任务,也是数字显示仪表设计中必须解决的基本问题。

一般情况下,由于需测量和显示的过程参数(包括其他物理量)多种多样,因而仪表输入信号的类型、性质千差万别。即使是同一种参数或物理量,由于检测元件和装置的不同,输入信号的性质、电平的高低等也不相同。以测温为例,用热电偶作为测温元件,得到的是电势信号;以热电阻作为测温元件,输出的是电阻信号;而采用温度变送器时,其输出又变换为电流信号。不仅信号的类别不同,且电平的高低也相差极大,有的高达伏级,有的低至微伏级。这就不能满足数字仪表或数字系统的要求,尤其在巡回检测装置中,会使输入部分的工作发生困难。因此,必须将这些不同性质的信号,或者不同电平的信号统一起来,这就叫输入信号的规格化,或者称为参数信号的标准化。

当然,这种规格化的统一输出信号可以是电压、电流或其他形式的信号。但由于各种信号变换为电压信号比较方便,且数字显示仪表都要求输入电压信号,因此,都将各种不同的信号变换为电压信号。目前,国内采用的统一直流信号电平有以下几种:0~10mV,0~30mV,0~40.95mV,0~50mV 等。采用较高的统一信号电平能适应更多的变送器,可以提高对大信号的测量精度。而采用较低的统一信号电平,则对小信号的测量精度高。所以,统一信号电平高低的选择应根据被显示参数信号的大小来确定。

对于过程参数测量用的数字显示仪表的输出,往往要求用被测变量的形式显示,如温度、压力、流量、物位等,这就存在一个量纲还原问题,通常称之为"标度变换"。

图 9-29 为一般数字仪表组成的原理性框图,其刻度方程可以表示为

$$y = S_1 S_2 S_3 x = Sx$$

式中,S 为数字显示仪表的总灵敏度或称标度变换系数;S_1、S_2、S_3 分别为模拟部分、A/D 转换部分、数字部分的灵敏度或标度变换系数。因此,标度变换可以通过改变 S 来实现,且使显示的数字值的单位和被测变量或物理量的单位相一致。通常,当 A/D 转换装置确定后,则 A/D 转换系数 S_2 也就确定了,要改变标度变换系数 S,可以改变模拟转换部分的转换系数 S_1,如传感器的转换系数及前置放大级的放大系数等;也可以通过改变数字部分的转换系数 S_3 来实现。前者称为模拟量

的标度变换,后者称为数字量的标度变换。因此,标度变换可以在模拟部分进行,也可在数字部分进行。下面举例说明。

图 9 - 29　数字仪表的标度变换

1) 模拟量标度变换

（1）电阻信号的标度变换。为了将热电阻的电阻变化转变为电压信号的输出,通常采用不平衡电桥作电阻-电压转换。由不平衡电桥的测温原理（如图 9 - 30 所示）可得

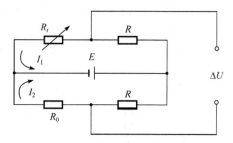

图 9 - 30　电阻信号的标度变换

$$\Delta U = \frac{E}{R + R_t}R_t - \frac{E}{R + R_0}R_0$$

当被测温度处于下限时,$R_t = R_{t0} = R_0$,则

$$\frac{E}{R + R_{t_0}} = \frac{E}{R + R_0}$$

且桥路设计时使得 $R \gg R_{t_0}$,故被测温度处于任一值时,都有

$$I_1 = \frac{E}{R + R_t} \approx \frac{E}{R + R_0} = I_2 = I$$

则

$$\Delta U = I(R_t - R_0) = I\Delta R_t$$

上式说明了可由不平衡电桥的转换关系,通过改变桥路参数来实现标度变换。

用 Cu50 铜电阻测温时,若所测温度为 0～50℃,则电阻变化值 $\Delta R_t = 10.70\Omega$,为了也能显示"50"的数字值,可这样进行:设数字仪表的分辨力为 $100\mu V$,即末位跳一个字需 $100\mu V$ 的输入信号,则满刻度显示"50"时,就需要 $50 \times 100 = 5mV$ 的信号,或者说电阻值变化 10.70Ω 时,应该产生 5mV 的信号,于是,根据上式可得

$$I = \frac{\Delta U}{\Delta R_t} = \frac{5}{10.70} = 0.47(mA)$$

该 I 值可通过适当选取 E 或 R 来得到。当仪表的分辨力或显示位数改变时,桥路参数也要适当予以调整。

（2）电压信号的标度变换。当数字仪表以热电偶的热电势作为输入信号时,若热电势在仪表规定的输入信号范围以内,则可将信号送入仪表中,通过适当选取前置放大器的放大倍数来实现标度变换。例如,国产 CX-100 型数字测温仪表,配用 K 热电偶,满度显示为"1023",此时,放大器的输出为 4V,而 K 热电偶 1000℃

时的电势值为 41.27mV，其标度变换就是通过选取前置放大器的放大倍数来解决的。

具体计算为：数字仪表显示"1023"时，前置放大器须提供 4V 电压，若显示"1000"时，则前置放大器须提供 4000/1023×1000＝3910mV 的电压。而此时热电偶的热电势是 41.27mV，故前置放大器的放大倍数 K 应该是 3910/41.27＝94.7，才能保证放大器的输出为 3910mV，这样就能保证数字仪表的显示正好表示温度值。但这里没有考虑热电势和温度之间的非线性关系，因而精度不高。

(3) 电流信号的标度变换。数字显示仪表与具有标准输出的变送器配套（如与电动单元组合仪表的变送器配套）使用时，可用简单的电阻网络实现标度变换，即将变送器输出的标准直流毫安信号转换为规格化的电压信号，如图 9-31 所示。

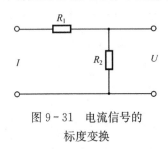

图 9-31　电流信号的标度变换

这里是将在 R_2 上取出的电压作为数字仪表的输入信号，因此，电阻网络阻值的大小应满足已确定的仪表分辨力的要求，并与所接的放大器的阻抗相匹配。同时，以电阻网络与仪表输入阻抗并联作为变送器的负载，也应满足变送器对负载阻抗匹配的要求。再者，对 R_2 的精度要求较高，应注意元件允许的误差等有关问题。

(4) 频率信号的标度变换。数字仪表的输入为频率信号（如涡轮流量计的输出）时，可以采用频率-电压转换器，将频率转换为电压；也可采用计数累积的办法等来实现标度变换。由于频率计数的办法较容易实现，所以，对频率信号的标度变换通常是在数字部分用乘系数的办法来解决。

以上介绍的模拟量标度变换方法简单、可靠，但通用性较差，仅适用于专用装置，而且精度也不算太高。

2) 数字量标度变换

数字量的标度变换是在 A/D 转换之后，进入计数器之前，通过系数运算而实现的。进行系数运算，即乘以（或除以）某系数，扣除多余的脉冲数，可使被测物理量和显示数字值的单位得到统一。系数运算的原理可以通过图 9-32 所示的"与"门电路来说明。

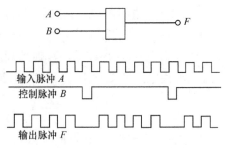

图 9-32　系数运算的原理示意图

从"与"门的真值表可知，只有当 A、B 端均为高电位时，F 端才为高电位，A、B 端如有一个低电位则 F 为低电位，因此控制 A、B 任一端的电位，就可以扣除进入计数器的脉冲数。图 9-32 所示的是每 10 个脉冲扣除了 2 个脉冲的情况，即相当于乘了一个 0.8 的系数。如某装置被测温度为 1000℃，经 A/D 转换输出 1250 个脉冲,则利用这个系数乘法器可实现标度变换。

随着集成电路技术的发展,目前已研制出了集成数字运算器,其转换精度与速度均大为提高。

由上面讨论可知,数字线性化中的系数运算和标度变换中的系数运算是有区别的,虽然其目的都是为了实现输入和输出之间的某种转换关系,但它们的要求不同。数字线性化中所进行的系数运算则是为了使非线性的输入和线性的数字输出达到一致,因而系数 K_i 值应根据非线性特性曲线被折线化之后的折线斜率的变化而自动变化,所以是一种变系数运算;而标度变换中的系数运算是为了实现被测物理量和输出数字量的数值一致,所以系数的大小是按照“数值一致”的要求,事先整定好一次输入的,在一个量程范围内或者一次测量中是固定不变的,而且这种转换是基于线性条件而实现的,所以,应确切地称之为“线性标度变换”。如果输入和输出之间某种转换都可看做标度变换,那么,数字线性化可称为“非线性标度变换”。

9.2.3　数字显示仪表举例——热电偶数字温度表

热电偶数字温度表的种类很多,本节介绍一种采用查表法进行非线性补偿的数字温度表。图 9-33 为热电偶数字温度表原理框图,该仪表由冷端补偿器、前置放大器、A/D 转换器、锁存器、EPROM 线性化器、译码器和 LED 等组成。

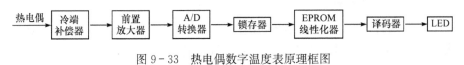

图 9-33　热电偶数字温度表原理框图

1. 冷端补偿器

热电偶冷端补偿一般是利用冷端补偿器获得补偿电势,然后与热电偶测得的热电势相叠加,从而获得真实电势。近年来,国外已广泛利用半导体二极管或三极管的 PN 结温度特性作温度补偿。PN 结在 $-100 \sim +100$℃范围内,其端电压与温度有较理想的线性关系,温度系数约为 $-2.33\text{mV}/$℃,因此是理想的温度补偿器件。采用二极管作为冷端补偿,精确度可达 $0.3 \sim 0.8$℃;也可采用单片集成温度传感器(如 AD590)进行冷端补偿。

2. 前置放大器

由于热电偶信号微弱且变化缓慢,因而要选用漂移及失调极为微小的高精确度放大器作为前置放大器。如选用 ICL7650(国内 5G7650)CMOS 斩波稳零单片集成运放,它具有极低的输入失调电压(典型值为 $\pm1\mu\text{V}$);失调电压的温漂和长时间漂移也极低,分别为 $0.01\mu\text{V}/$℃和 3.33nV/d。也可选用 OP-07 超低失调运算放大器作为前置放大器,虽然失调电压和漂移比 ICL7650 大,在一般情况下仍能满足热电偶数字温度表的测量精确度要求。

前置放大器的输出应满足 A/D 转换器的电平要求。该仪表中,在满量程时 A/D 转换器的输入电压为 1V,要求前置放大器的放大倍数为

$$A = \frac{1000}{满度电势值(mV)}$$

例如,选用镍铬-镍硅(分度号为 K)的热电偶,要求测量范围为 0～999℃,满度 999℃时的热电势值为 41.230mV,前置放大器的放大倍数 A_1 为

$$A_1 = \frac{1000}{41.230} \approx 24.25$$

若选用镍铬-铜镍(分度号为 E)的热电偶,要求测量范围为 0～799℃,满度 799℃时的热电势值为 60.944mV,放大器的放大倍数 A_1 为

$$A_1 = \frac{1000}{60.994} \approx 16.4$$

如果一台数字仪表选用两种或两种以上的热电偶测温时,则通过切换开关改变放大器的放大倍数;使之满度时的放大器输出为 1V。

3. A/D 转换器

A/D 转换器是将放大了的热电势模拟量转换成数字量,再将数字量按查表的方式进行非线性校正,得到与被测温度成正比的数字量。

如果选用 5G14433A/D 转换器,则被测电压 U_x 与基准电压 U_R 之间有严格的比例关系。如果满量程时被测电压 $U_x = 1V$,基准电压 $U_R = 2V$,采样时间 ΔT_1(又称为积分时间 t_1)的计数脉冲为 2000,应用式(9-29)可得转换时间间隔 $\Delta T_x(t_2)$ 内计数脉冲,即最大输出读数为

$$N = \frac{U_x}{U_R} \times 2000 = \frac{1}{2} \times 2000 = 1000$$

4. 锁存器

5G14433A/D 转换器的转换结果采用 BCD 码动态扫描输出,因此,每位数字要增加一个四位的锁存器,把经过多路组合的数据分离出来,并寄存在相应的锁存器内(如图 9-34 所示)。

由 5G14433 的多路调制选通脉冲 $DS_4 \sim DS_2$ 控制 $Q_0 \sim Q_3$ BCD 码三位数据的输出,经个位、十位和百位锁存器锁存,输出个、十、百三位 2/10 进制数码。由于 EPROM 的寻址方式是二进制码,为此增设了 2/10 进制-2 进制变换器,以满足 EPROM 寻址的要求。

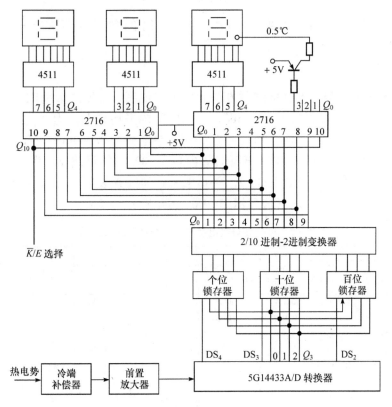

图 9-34　基于热电偶的数字温度测试仪的工作原理图

5. EPROM 线性化器

A/D 转换器的输出作为地址码访问 EPROM 时, EPROM 存放的表格内容将被取出, 送入显示器以显示被测的温度。

表格的编制方法如下: 首先根据热电偶的 E-t 特性曲线, 在 E 坐标上进行有限等分。例如, K 分度号的镍铬-镍硅(镍铝)热电偶用于测量 $0 \sim 999℃$。设要求量化单位 q 为 $1℃$ 的 mV 数。E-t 的量化曲线如图 9-35 所示。

显然, A/D 转换器的量化误差 δ 是与量化单位 q、输入函数 $x(t)$ 有关, 其误差可表示为

$$-\frac{q}{2} \leqslant \delta[q, x(t)] \leqslant +\frac{q}{2}$$

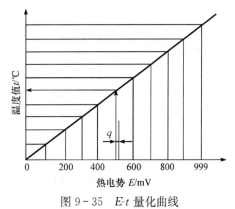

图 9-35　E-t 量化曲线

由此可见,非线性校正误差的大小取决于量化单位的大小,且在 $-\dfrac{q}{2} \sim +\dfrac{q}{2}$ 范围之内,其最大误差为 $\pm\dfrac{q}{2}$。

以 K 分度号热电偶表格编制方法为例加以说明。温度测量范围 $0 \sim 999℃$,$999℃$ 时的热电势查表为 41.230mV。$0 \sim 999℃$ 内平均热电势为 $0.0413\text{mV}/℃$,即量化单位 $q = 0.0413\text{mV}$。当温度为 $0℃$ 时,热电势为 0.000mV,A/D 转换器输出地址(16 进制,下同)为 0000,EPROM 内写入 000.0 数,读数显示为 000.0(如表 $9-2$ 所示)。当热电偶输出为 $10q = 0.413\text{mV}$ 时,查表得出 $10℃$ 的热电势为 0.397mV。显然,0.413mV 应显示 $10.4℃$,实际显示 $10.5℃$。

表 $9-2$　K 分度号热电势与 EPROM 温度值对照表

序号	热电势/mV	对应热电势的温度值	A/D 输出地址(16 进制)	EPROM 内的温度值	序号	热电势/mV	对应热电势的温度值	A/D 输出地址(16 进制)	EPROM 内的温度值
0	0.000	0.00	0000	000.0	510	21.048	509.57	01FE	509.5
10	0.413	10.40	000A	010.5	520	21.461	519.26	0208	519.5
20	0.825	20.68	0014	020.5	530	21.874	528.95	0212	529.0
30	1.238	30.85	001E	031.0	540	22.286	538.60	021C	538.5
40	1.651	40.98	0028	041.0	550	22.699	548.29	0226	548.5
50	2.064	51.00	0032	051.0	560	23.112	557.98	0230	558.0
60	2.476	60.98	003C	061.0	570	23.525	567.67	023A	567.5
70	2.889	70.93	0046	071.0	580	23.937	577.33	0244	577.5
80	3.302	80.88	0050	081.0	590	24.350	587.05	024E	587.0
90	3.714	90.80	005A	091.0	600	24.763	596.74	0258	596.5
100	4.127	100.76	0064	101.0	700	28.890	694.31	02BC	694.5
200	8.254	202.95	00C8	203.0	800	33.017	793.66	0320	793.5
300	12.381	304.19	012C	304.0	900	37.144	895.48	0384	895.5
400	16.509	402.69	0190	402.5	990	40.859	989.33	03DE	989.5
500	20.636	499.91	01F4	500.0	999	41.230	999.00	03E7	999.0

为了节省成本,这里没有显示 $0.0 \sim 0.9$ 用的小数点数码管,而是用个位数码管的小数点以代表 $0.5℃$ 或 $0.0℃$ 显示(如图 $9-34$ 所示),即小数点亮,代表 $0.5℃$,小数点不亮,代表 $0.0℃$。因而设计时采取如下取舍方法。当小于或等于 $0.25℃$ 时,舍去小数点后的读数;当大于 $0.25℃$ 小于 $0.75℃$ 时,显示 $0.5℃$;当大于或等于 $0.75℃$ 时,进位显示 $1℃$。由此可见,这样设计可使最低位指示出 $0.5℃$。因此,EPROM 的转换误差为 $0.5/2℃$,即 $0.25℃$,从而提高了测量精确度。

当热电势为 4.127mV,A/D 转换器输出地址为 0064,查表得出 4.127mV 应为 $100.76℃$,根据上述取舍原则,$0.76 > 0.75$ 故进为 $1℃$,EPROM 内写入

101.0℃数值。当热电势为 20.636mV，A/D 转换器输出地址为 01F4，查表得出 20.636mV 应为 499.91℃，EPROM 内写入 500.0℃数值。以此类推，得出表 9-2 K 分度号热电势与 EPROM 温度值的对照表。

表 9-3 为 E 分度号热电势与 EPROM 温度值对照表。温度测量范围 0～ 799℃，799℃时的热电势查表为 60.944mV，分成 999 格后，每一格的热电势为 0.061mV（约 0.8℃）。采用与上述相同的方法，算出每一格的热电势，然后查表得出对应热电势的温度值，根据相同的取舍原则，写入 EPROM 内。当 A/D 转换器的输出作为地址码访问 EPROM 时，EPROM 中的数值被取出，并进行温度显示。

表 9-3 E 分度号热电势与 EPROM 温度值对照表

序号	热电势 /mV	对应热电势 的温度值	A/D 输出地址 （16 进制）	EPROM 内的温度值	序号	热电势 /mV	对应热电势 的温度值	A/D 输出地址 （16 进制）	EPROM 内的温度值
0	0.000	0.00	1000	000.0	500	30.503	419.46	11F4	419.5
1	0.061	1.03	1001	001.0	600	36.603	495.10	1258	495.0
2	0.122	2.07	1002	002.0	700	42.704	570.52	12BC	570.5
3	0.183	3.12	1003	003.0	800	48.804	646.20	1320	646.0
4	0.244	4.15	1004	004.0	900	54.905	722.54	1384	722.5
5	0.305	5.17	1005	005.0	910	55.515	730.22	138E	730.2
50	3.050	50.05	1032	050.0	920	56.125	737.91	1398	738.0
100	6.101	96.79	1064	097.0	930	56.735	745.61	13A2	745.5
150	9.151	141.03	1096	141.0	940	57.345	753.32	13AC	753.5
200	12.201	183.45	10C8	183.5	950	57.955	761.04	13B6	761.0
250	15.251	224.56	10FA	224.5	960	58.565	768.76	13C0	769.0
300	18.302	264.70	112C	264.5	970	59.175	776.50	13CA	776.5
350	21.352	304.09	115E	304.0	980	59.785	784.25	13D4	784.5
400	24.402	342.92	1190	343.0	990	60.395	792.01	13DE	792.0
450	27.452	381.34	11C2	381.5	999	60.944	799.00	13E7	799.0

图 9-34 中选用了两块 2K×8 位的 2716EPROM，存放 K 分度号及 E 分度号两种热电偶的 E-t"表格"内容。由于输出的温度值是 3 位 BCD 码，另加一位 0.5℃的信号，输出数据为

$$D = 3 \times 4 + 1 = 13（位）$$

由于 2716 为 8 位 EPROM，因此须再用一块 2716 进行位扩展，扩展可达到 16 位（实际只用 13 位），以满足测量需要。

A/D 转换器输出的 BCD 码经锁存和 2/10 进制-2 进制转换后输出 Q_0～Q_9，Q_0～Q_9 为 10 位数据线，可寻址 1K 的地址单元。一种热电偶检测元件的量化数，

只占用 EPROM 中的 1K 区域。现将 2K EPROM 分为前后各半的 2 个 1K 区域，每一区域内恰好存放一种检测元件的表格内容。图 9-22 中 2716 的 0 区域存 K 分度号温度值（EPROM 的地址为 0×××），1 区域存放 E 分度号温度值（EPROM 的地址为 1×××）。通过最高位地址 Q_{10} 的控制决定选用何种测温元件。如 $\overline{K}/E$＝"0"，选择 0 区域的 K 分度号温度值；如 $\overline{K}/E$＝"1"，选择 1 区域的 E 分度号温度值。

整机工作过程如下：当选用 K 分度号热电偶测温时，若被测热电势为 20.636mV，经前置放大器放大 24.25 倍后，A/D 转换器输入电压约为 0.5004V，A/D 转换器输出读数为

$$N = \frac{U_x}{U_R} \times 2000 = \frac{0.5004}{2} \times 2000 \approx 500$$

A/D 转换器输出的 BCD 码为 0101 0000 0000，用 16 进制表示为 01F4。在 2716 地址为 01F4 存储单元中，写入的数字为 500.0，用 BCD 码表示为 0101 0000 0000。2716 的个、十、百位输出分别送入相应的 4511。4511 为 BCD-7 段锁存器/解码器/驱动器，它将输入 BCD 代码转换成 7 段输出，直接驱动共阴极型 7 段 LED，进行读数显示，显示温度为 500.0℃。

当选用 E 分度号热电偶测温时，若被测热电势为 27.452mV，前置放大器的放大倍数由选择器自动切换到 16.4 倍，则前置放大器输出为 0.450V。

A/D 转换器的输出读数为

$$N = \frac{U_x}{U_R} \times 2000 = \frac{0.450}{2} \times 2000 \approx 450$$

A/D 转换器输出的 BCD 码为 0100 0101 0000，用 16 进制表示为 01C2。由于 E 分度号热电偶读数存放在 1××× 区域，故 16 进制的地址码为 11C2。在 2716 中的地址为 11C2 存储单元写入 381.5℃。因此，当 EPROM 的 11C2 地址被访问时，就显示 381.5℃。

用上述方法，编制出 K 分度号和 E 分度号的表格，如表 9-3 和表 9-4 所示，其他测量参数的表格编制方法与上类同。

综上所述，用查询固化在 EPROM 中校正值的非线性补偿方法，为仪表设计者提供了一种新的非线性补偿用的电路设计途径。这种校正方法的最大特点是对测温传感器的全量程实现线性化校正，因而具有较高的校正精确度。被测变量与传感器输出电压之间没有确定的关系式，而只能利用实测数据，这种查表法的优越性在于不仅实现了全量程的非线性补偿，而且标度变换也通过查表一起完成，故简化了电路设计。

EPROM 校正方法不仅适于热电偶、热电阻等测温传感器的非线性补偿，也适用于其他方面的非线性补偿。

第10章 多传感器信息融合

人类本能地通过眼、耳、鼻等功能器官感知信息并与先验知识进行综合,能够对周围的环境和正在发生的事件做出估计,这一处理过程是复杂的,也是自适应的。多传感器信息融合实际上是对人脑综合处理复杂问题的一种功能模拟,充分利用多个传感器资源,通过对这些传感器及其观测信息的合理支配和使用,把多个传感器在时间或空间上的冗余或互补信息依据某种准则来进行组合,以获得被测对象的一致性解释或描述,使该信息系统由此而获得比它的各组成部分的子集所构成的系统更优越的性能。

10.1 概　　述

10.1.1 多传感器信息融合技术的产生与发展

多传感器信息融合又称数据融合,是对多种信息的获取、表示及其内在联系进行综合处理和优化的技术。信息融合的概念始于 20 世纪 70 年代初期,来源于军事领域中的 C3I(command,control,communication and intelligence)系统的需要,当时称为多源相关、多传感器混合信息融合,并于 80 年代建立其技术。多传感器信息融合已广泛应用于军事领域,如海上监视、空-空和地-空防御、战场情报、监视和获取目标及战略预警等。

随着科学技术的进步,多传感器信息融合至今已形成和发展成为一门信息综合处理的专门技术,并很快推广应用到工业机器人、智能检测、自动控制、交通管理和医疗诊断等多种领域。我国从 20 世纪 90 年代也开始了多传感器信息融合技术的研究和开发工作,并在工程上开展了多传感器识别、定位等同类信息融合的应用系统的开发。现在,多传感器信息融合技术越来越受到人们的普遍关注。

信息融合得以成为目前研究的热点,是实际需要和巨大的应用前景所决定的。利用多传感器信息融合,可以获得许多潜在的好处。由于各个传感器信息在时间和空间上的冗余性和互补性,可以扩展系统时间、空间及频率覆盖范围、避免单传感器工作盲区,可提高信息收集率和更新率;同类多源测量信息的融合能提高系统的工作性能指标,不同类型传感器获得目标、事件的多侧面属性信息,能提高结论的可信度,增加系统的容错能力。

10.1.2 多传感器信息融合的必要性

多传感器信息融合在国内外已成为日益受到重视的新的研究方向,随着自动化技术在各个领域内的深入渗透,有效地运用传感器所提供的信息进行信号的综合处理,提高系统的性能,满足系统完成各种复杂任务的需要,显得越来越重要。

(1) 通过多传感器信息融合提高系统容错性。单一传感器系统若其中一个传感器出现问题,整个系统就可能出错,不能正常工作。而在多传感器信息融合系统中,通过融合处理,可以排除出错传感器的影响,使系统依旧能正常工作,这就增加了系统的可靠性和容错能力。

(2) 通过多传感器信息融合提高系统检测精度。单一传感器系统中各传感器是对某一个方面反映对象信息。而在多传感器信息融合系统中,通过各传感器信息的互补性,能够更加有效地获得对象的共性反映,降低不确定性认识,提高信息的利用率,提高系统检测精度。

(3) 通过多传感器信息融合提高系统实时性。单一的传感器很难保证其输入信息的准确性和可靠性,这必然给系统对周围环境的理解及系统决策带来影响。而在多传感器信息融合系统中,能在相同的时间获得更多的信息,提高系统的实时性。

(4) 通过多传感器信息融合提高系统经济性。与传统的单一传感器相比,多传感器系统能够在相同的时间内获得更多的信息,因而降低了获得信息的费用,这一点在实时性要求较高的系统中尤为明显。

10.1.3 多传感器信息融合的定义

多传感器信息融合到目前为止还没有一个能被普遍接受的定义,现阶段给出的定义大都是基于某一特定领域而得出的。

Waltz 等将其定义为这样一个过程:信息融合是一种多层次、多方面的处理过程,这个过程处理多源数据的检测、关联、相关、估计和组合以获得精确的状态估计和身份估计及完整、及时的态势评估和威胁估计。

简单地说,多传感器信息融合是利用计算机等相关技术对获得的若干传感器的检测信息分析、综合并进而完成所需的决策和估计任务而进行的信息处理过程。

10.2 多传感器信息融合的层次与结构模型

多传感器信息融合是将来自多传感器或多源的信息和数据模仿人类专家的综合信息处理能力进行智能化处理,从而获得更为全面、准确和可信的结论。信息融合过程包括多传感器、数据预处理、信息融合中心和输出部分,图 10 - 1 为多传感器信息融合过程。其中,多传感器的功能是实现信号检测,它将获得的非电信号转换成电信号后,再经过 A/D 转换为能被计算机处理的数字量,数据预处理用以滤掉数据采集过程中的干扰和噪声,然后融合中心对各种类型的数据按适当的方法进行特征(即被测对象的各种物理量)的提取和融合计算,最后输出结果。

图 10 - 1 多传感器信息融合过程

10.2.1 信息的融合的层次模型

多传感器信息融合与经典信号处理方法之间存在本质的区别,其关键在于信息融合所处理的多传感器信息具有更为复杂的形式,而且可以在不同的信息层次上出现,这些信息表征层次可以按照对原始数据的抽象化程度分为数据层(即像素层)、特征层和决策层(即证据层)。

信息的数据融合是对多源数据进行多级处理,按其在传感器信息处理层次中的抽象程度,可以分为以下三个层次。

1. 数据层融合

数据层融合也称低级或像素级融合。如图 10 - 2 所示,首先将全部传感器的观测数据融合,然后从融合的数据中提取特征向量,并进行判断识别。这便要求传感器是同质的,即传感器观测的是同一个物理现象。如果多个传感器是异质的,则数据只能在特征层或决策层进行融合。

数据层融合的主要优点如下:

(1) 不存在数据丢失的问题,能保持尽可能多的现场数据。

(2) 提供其他融合层次所不能提供的细微信息,得到的结果也是最准确的。

数据层融合的局限性如下:

(1) 处理的传感器数据量大,处理代价高,实时性差。

(2) 传感器原始信息存在不确定性、不完全性和不稳定性,这就要求融合需具较高的纠错能力。

(3) 各传感器信息需来自同质传感器。

(4) 数据通信量较大,抗干扰能力较差,对通信系统的要求较高。

数据层融合通常以集中式融合体系结构进行,其常用融合技术有经典的检测和估计方法等。数据层融合广泛应用于多源图像复合、图像分析与理解、同类(同

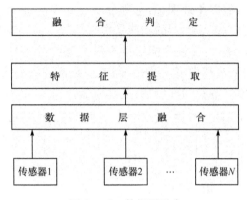

图 10-2　数据层融合

质)雷达波形的直接合成等领域。

2. 特征层融合

特征层融合也称中级或特征级融合。如图 10-3 所示,它首先对来自传感器的原始信息进行特征提取,然后对特征信息进行综合分析和处理。

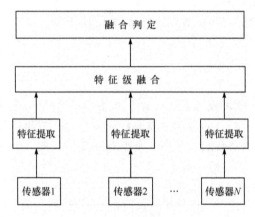

图 10-3　特征层融合

特征层融合的优点在于可实现可观的信息压缩,有利于实时处理,并且由于所提取的特征直接与决策分析有关,其融合结果能最大限度地给出决策分析所需要的特征信息。在许多不可能的或期望以像素级将多源等同数据组合的情况下,特征级信息融合常常是有效的实用方法,但不同类型传感器可测量的特征常常是相互不等同的。特征层融合采用分布式或集中式的融合体系。

3. 决策层融合

决策层融合也称高级或决策级融合。如图 10-4 所示,不同类型的传感器观测同一个目标,每个传感器在本地完成基本的处理(包括预处理、特征抽取、识别或判决)并建立对所观察目标的初步结论,然后通过关联处理进行决策层融合判决,得出最终的联合推断结果。

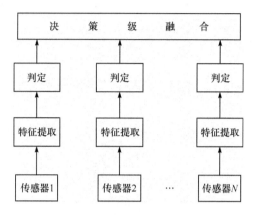

图 10 - 4　决策层融合

理论上,这个联合决策比任何单传感器决策更精确或更明确。决策层所采用的主要方法有贝叶斯推理、D-S 证据理论、模糊集理论、专家系统方法等。另外,决策层融合还采用一些启发式的信息融合方法,来进行仿人融合判决。

决策层融合的主要优点如下:

(1) 灵活性较强,融合中心处理代价低,对信息传输带宽要求较低。

(2) 容错性较强,当一个或多个传感器出现错误时,系统亦能获得正确的结果。

(3) 适用性广泛,传感器可以是同质,也可以是异质的,因此能有效利用环境或目标的不同侧面与不同类型的信息。

目前,有关信息融合的大量研究成果都是在决策层上取得的,并且构成了信息融合研究的一个热点。但由于环境和目标的时变动态特性、先验知识获取的困难、知识库的巨量特性、面向对象的系统设计要求等,决策层融合理论与技术的发展仍受到阻碍。

10.2.2　信息融合的结构模型

多传感器信息融合的结构可以概括为串行、并行与分散式融合等几种结构。串行融合结构示意图如图 10 - 5 所示,并行融合结构示意图如图 10 - 6 所示。图 10 - 7 是一种分散式融合结构,它将若干个传感器分为一组进行第一次初级融合,初级融合的结果再进行一次融合,得到最后的融合结果。

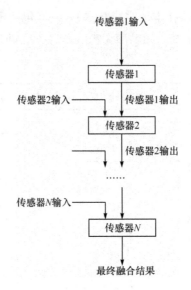

图 10-5　串行融合结构

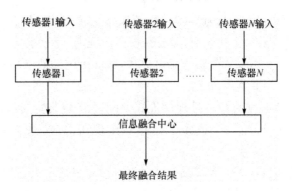

图 10-6　并行融合结构

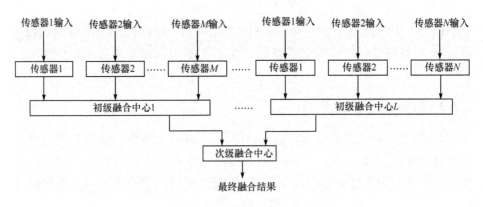

图 10-7　分散式融合结构

10.3　多传感器信息融合算法

10.3.1　算法分类

信息融合作为一种数据综合和处理技术,实际上是许多传统学科和新技术的集成和应用。信息融合所采用的信息表示和处理方法涉及通信、模式识别、决策论、不确定性推理、信号处理、估计理论、最优化技术、计算机科学、人工智能和神经网络等学科领域。图 10-8 列举了一些常见的多传感器融合的算法,并进行了简单归类。

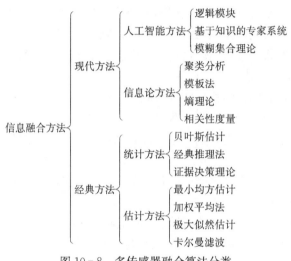

图 10-8　多传感器融合算法分类

1. 基于估计的融合方法

基于物理模型的目标分类和识别是将传感器实际观测数据与各物理模型或预先存储的目标信号进行匹配来实现的。卡尔曼滤波、极大似然估计和最小方差逼近等估计方法是常用的匹配判别方法。

2. 基于统计的融合方法

基于统计的融合方法有古典概率推理、贝叶斯法和 D-S 证据理论。

古典概率推理技术的主要缺点是:用于分类物体或事件的观测量的概率密度函数难以得到;在多变量数据情况下,计算的复杂性加大;一次只能评估两个假设事件;无法直接应用先验似然函数这个有用的先验知识。因此古典概率推理在信息融合中使用较少。

贝叶斯推理技术解决了古典概率推理的某些困难,贝叶斯融合方法将多传感器提供的不确定信息表示成概率,并用贝叶斯条件概率公式进行处理。

D-S方法是贝叶斯理论的一般化,它考虑对每个命题(如某一目标属于一个特定的类型)的支持度分布的不确定性,不仅考虑命题本身,同时也考虑包括这个命题的整体。下节将对这两种方法进行较为详细的介绍。

3. 应用信息论的融合方法

信息论方法的共同点是将自然分组和目标类型相联系,即实体的相似性反映了观测参数的相似性,不需要建立变量随机方面的模型,这些方法包括参数化模板法、聚类算法、神经网络、投票法、嫡度量方法等。

参数化模板法是通过对观测数据与先验模板匹配处理,来确定观测数据是否支持模板所表征的假设,即在参数化模板中多传感器数据在一个时间段中得到,多源信息和预挑选的条件进行匹配,以决定观测是否包含确认实体的证据。模板可用于时间检测、态势评估和单个目标确认。

聚类算法是将利用生物科学和社会科学中众所周知的一组启发式算法,根据预先指定的相似标准把观测分为一些自然集合或类别,再把自然组与目标预测类型相关。所有的聚类算法都要求一个描述任何两个特征向量之间的接近度的相似度矩阵或相关性度量。

神经网络是经过样本训练过的硬件或软件系统,它把输入数据矢量经过非线性转换投影到网络输出端产生输出矢量,输入数据到输出分类的变换由人工神经元模仿生物神经系统的功能完成,这样一种转换就使得人工神经网络具有数据分类功能。虽然这种分类功能在某种程度上类似于聚类分析法,但是,特别当输入数据中混有噪声时,人工神经网络的优点更加突出。

投票法结合多个传感器的检测或分类,将每个传感器的检测结果按照多数、大多数或决策树规则进行投票。

嫡度量方法借用了通信理论中的信息嫡的术语,用事件发生的概率来度量事件中的信息的重要性。经常发生的消息或数据的嫡比较小,而偶然或很少发生的事件的嫡较大,度量信息嫡的函数随着收到的信息的概率的增大而减小。

4. 基于认知的模型

基于认知的模型尝试模拟和自动执行人脑分析的决策过程,它包括逻辑模板、基于知识的系统和模糊集合理论。

逻辑模板法是用预决定和存储的模式对观测数据进行匹配,以推断目标意或对态势进行评估。比较实时的模式和存储的模式的参数化模板可以用逻辑模板得到,如布尔关系。模糊逻辑也可用子模式匹配技术,它说明了观测数据或用于定义的模式的逻辑关系的不确定性。逻辑模板法自 20 世纪 70 年代中期以来就成功地用于信息融合系统,主要用于时间探测或态势估计所进行的信息融合,也用于单个目标的特征估计。

专家系统通过寻找知识库,并把论据、算法和规则应用到输入数据上来进行推理。基于知识的专家系统将已知的专家规则或其他知识合并以自动执行目标确认过程。当推理信源不再有用时,仍可利用专家知识。基于计算机的专家系统通常包括知识库、全局数据库、推理机制与人机交互界面。系统的输出是最终给用户的推荐行为的集合。专家系统或知识库系统能实现较高水平的推理,但由于专家系统方法依赖于知识的表示,要通过数字特点、符号特点和基于推理的特点来表示对象的特征,其灵活性很大。因此,要成功地设计和开发一个应用信息融合的专家系统是很困难的。

模糊逻辑实质上是一种多值逻辑,在多传感器数据融合中,将每个命题及推理算子赋予 0 到 1 间的实数值,以表示其在登记处融合过程中的可信程度,又被称为确定性因子,然后使用多值逻辑推理法,利用各种算子对各种命题(即各传感源提供的信息)进行合并运算,从而实现信息的融合。

10.3.2　贝叶斯推理算法

贝叶斯推理是融合静态环境中多传感器低层数据的一种常用方法,其信息描述为概率分布,适用于具有可加高斯噪声的不确定性信息。假定完成任务所需的有关环境的特征物用向量 f 表示,通过传感器获得的数据信息用向量 d 来表示,d 和 f 都可看做是随机向量。信息融合的任务就是由数据 d 推导和估计环境 f。

1. 贝叶斯推理的基本原理

贝叶斯推理的基本原理是:给定一个前面的似然估计后,若又增加一个证据(测量),则可以对前面的(关于目标属性的)似然估计加以更新。也就是说,随着测量值的到来,可以将给定假设的先验密度更新为后验密度。贝叶斯推理的另一个特点是它适用于多假设情况。

假设 $p(f,d)$ 为随机向量 f 和 d 的联合概率分布密度函数,则有

$$p(f,d) = p(f|d) \cdot p(d) = p(d|f) \cdot p(f) \qquad (10-1)$$

式中,$p(f|d)$ 表示在已知 d 的条件下,f 关于 d 的条件概率密度函数;$p(d|f)$ 表示在已知 f 的条件下,d 关于 f 的条件概率密度函数;$p(d)$ 和 $p(f)$ 分别表示 d 和 f 的边缘分布密度函数。

概率论中的贝叶斯公式就是在已知 d 的条件下要推断 f。由下式可知,只需掌握 $p(f|d)$ 即可。

$$p(f|d) = p(d|f) \cdot p(f)/p(d) \qquad (10-2)$$

贝叶斯推理的主要缺点在于:定义先验概率函数较困难;要求所有的概率都是独立

的;不能解决一般的不确定性问题。

2. 贝叶斯方法在多传感器信息融合中的应用

贝叶斯推理方法可以对多传感器测量信息进行融合,以计算出给定假设为真的后验概率。设有 n 个传感器,它们可能是不同类的,它们共同对一个目标进行探测。再设目标有 m 个属性需要进行识别,即有 m 个假设或命题 A_i,$i=1,2,\cdots,m$。

基于贝叶斯推理的多级进行多传感器信息融合在实现上的一般过程如下:

(1) 在传感器一级,将测量信息依其获取的信息特性与要识别的目标属性联系进行分类,最终给出关于目标属性的一个说明 $B_1,B_2,\cdots,B_n$,它依赖于测量数据和传感器分类算法。

(2) 计算每个传感器的说明(证据)在各假设为真条件下的似然函数。

(3) 依贝叶斯公式计算多测量证据下各个假设为真的后验概率。

这里,计算目标身份的融合概率应分两步。首先,计算出诸假设 A_i 条件下,n 个证据的联合似然函数,当各传感器独立探测时,即 $B_1,B_2,\cdots,B_n$ 相互独立,该联合似然函数为

$$P(B_1,B_2,\cdots,B_n|A_i)=P(B_1|A_i)P(B_2|A_i)\cdots P(B_n|A_i) \qquad (10-3)$$

然后应用贝叶斯公式得到 n 个证据条件下,诸假设的后验概率为

$$P(A_i|B_1,B_2,\cdots,B_n)=\frac{P(B_1,B_2,\cdots,B_n|A_i)P(A_i)}{P(B_1,B_2,\cdots,B_n)} \qquad (10-4)$$

(4) 最后依一定的判定逻辑,以产生属性判定结论。一般可直接选取 $P(A_k|B_1,B_2,\cdots,B_n)=\max\limits_{1\leqslant i\leqslant m}P(A_i|B_1,B_2,\cdots,B_n)$ 或按判定门限选取具有最大后验联合概率的目标属性。

10.3.3　D-S证据推理算法

1. D-S证据理论

Dempster 和 Shafer 在 20 世纪 70 年代提出的证据理论是对概率论的扩展。证据理论用来处理集合的不确定性,通过建立命题和集合之间的一一对应,把命题的不确定性问题转化为集合的不确定性问题。证据理论引入了信任函数,能区分不确定和不知道的差异。当概率值已知时,证据理论就变成了概率论。因此,可以把概率论看成证据理论的一个特例。当先验概率很难获得时,证据理论就比概率论合适。证据理论自诞生之日起就一直受到人们的普遍关注。20 世纪 80 年代,它就在人工智能领域引起了广泛的应用,并逐渐发展为一类重要的不确定性推理方法,近年来在理论和应用上都取得了很大的进展。

证据理论的基本策略是把证据集合划分为若干不相关的部分(独立的证据),

并分别利用它们对识别框独立进行判断。每一证据下对识别框中每个假设都存在一组判断信息(概率分布),称之为该证据的信任函数,其相应的概率分布为该信任函数所对应的基本概率分配函数。根据不同证据下对某一假设的判断,按照某一规则进行组合(或称为信息融合),即对该假设进行各信任函数的综合,可形成综合证据(信任函数)下对该假设的总的信任程度,进而分别求出所有假设在综合证据下的信任程度。

2. D-S证据推理在多传感器信息融合中的应用

单个传感器数据信息是检测对象的一定程度的反映,多传感器数据信息在一定程度上更能综合反映这方面的情况。根据不同传感器数据信息可能得出几种可能的不同决策信息,因此,需要分析每一数据作为支持某种决策证据的支持程度,并将不同传感器数据的支持程度进行组合(即证据组合),以得出现有组合证据支持程度最大的决策作为信息融合的结果。

基于D-S证据推理的多传感器信息融合的一般过程如下:

(1) 首先对单个传感器数据信息每种可能决策的支持程度给出度量。

(2) 采用一种证据组合方法或规则,利用已知的一组传感器数据,联合给出对决策支持程度的度量。

(3) 通过反复运用组合规则,最终得出全体数据信息的联合体对某决策总的支持程度。得到最大证据支持决策,即信息融合的结果。

可见,利用证据组合进行数据融合的关键在于:选择合适的数学方法描述证据、决策和支持程度;建立快速、可靠并且便于实现的通用证据组合算法结构。

3. D-S证据推理融合的特点

D-S证据推理融合方法的优点如下:

(1) 对多种传感器数据间的物理关系不必准确了解,即无须准确地建立多种传感器数据体的模型。

(2) 通用性好,可以建立一种独立于各类具体信息融合问题背景形式的证据组合方法,有利于设计通用的信息融合软、硬件产品。

(3) 人为的先验知识可以视同数据信息一样,赋予对决策的支持程度,参与证据组合运算。

D-S证据推理融合方法的缺点如下:

(1) 需要定义每个证据体对命题的支持度,这是一个与实际应用密切相关的问题。

(2) 当对象或环境的识别特征数增加时,证据组合的计算量会以指数速度增长。

10.3.4　神经网络融合算法

人工神经网络(artificial neural networks,ANN)简称神经网络(neural networks,NN),是对人脑神经系统的近似模拟。神经网络由许多人工神经元(简称神经元)互连组成,能接收并处理信息,网络的信息处理由神经元之间的连接权值来实现。BP(back propagation)神经网络是一种最为常用的神经网络,其结构模型如图 10-9 所示,图 10-10 为网络的单个神经元的模型。BP 神经网络是一种多层前向型神经网络,具有很强的非线性映射功能。寻找其映射是靠学习实践的,只要学习数据足够完备,就能够描述任意未知的复杂系统。

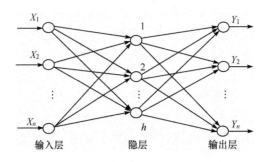

图 10-9　BP 神经网络结构模型

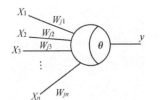

图 10-10　单个神经元的模型

目前,用神经网络进行多传感器信息融合,大多是利用神经网络的非线性逼近能力及它的自学习功能,通过对大量样本的离线学习之后,在线融合多源信息。

用神经网络进行多传感器信息融合,与传统的以概率理论为基础的融合方法相比,无需任何先验信息,克服了证据理论融合方法中的证据难以获得、计算量大的缺陷。

1. 人工神经网络的本质特点

(1)分布式信息存储。其信息的存储分布在不同的位置,神经网络是用大量神经元之间的链接及对各连接权值的分布来表示特定的信息,从而使网络在局部网络受损或输入信号因各种原因发生部分畸变时仍能保证网络的正确输出,提高网络的容错性和鲁棒性。

(2)并行协同信息处理。神经网络中的每个神经元都可根据接收到的信息进行独立的运算和处理,并输出结果,同一层中的各个神经元的输出结果可被同时计算出来,然后传输给下一层做进一步处理,这体现了神经网络并行运算的特点,这一特点使网络具有非常强的实时性。

（3）信息处理与存储合二为一。神经网络的每个神经元都兼有信息处理和存储功能，神经元之间的连接强度的变化，既反映了对信息的记忆，同时由于神经元对激励的响应一起反映了信息的处理。

（4）对信息的处理具有自组织、自学习的特点，便于联想、综合和推广。神经网络的神经元之间的连接强度用权值大小来表示，这种权值可以通过对训练样本的学习而不断变化，而且随着训练样本量的增加和反复学习，这些神经元之间的连接强度会不断增加，从而提高神经元对这些样本特征的反应灵敏度。

2. 人工神经网络的基本功能

（1）非线性映射。设计合理的神经网络通过对系统输入输出样本对进行自动学习，能够以任意精度逼近任意复杂的非线性映射。神经网络的这一优良性能使其可以作为多维非线性函数的通用数学模型，该模型的表达可以是非解析的，输入输出数据之间的映射规则由神经网络在学习阶段自动抽取并分布式存储在网络的所有连接中。

（2）联想记忆。由于神经网络具有分布存储信息和并行计算的性能，因此，它具有对外界刺激信息和输入模式进行联想记忆的能力，这种能力是通过神经元之间的协同结构及信息处理的集体行为而实现的。神经网络是通过其突触权值和连接结构来表达信息的记忆，这种分布式存储使得神经网络能存储较多的复杂模式和恢复记忆的信息。

（3）分类与识别。神经网络对外界输入样本具有很强的识别与分类能力。对输入样本的分类实际上是在样本空间找出符合分类要求的分割区域，每个区域内的样本属于一类。传统分类方法只适合解决同类相聚、异类分离的识别与分类问题。但客观世界中许多事物（如不同的图像、声音、文字等）在样本空间中的区域分割曲面是十分复杂的，相近的样本可能介于不同的类，而远离的样本可能同属一类，神经网络可以很好地解决对非线性曲面的逼近，因此比传统的分类器具有更好的分类与识别能力。

（4）知识处理。知识是人们从客观世界的大量信息及自身的实践中总结归纳出来的经验、规则和判据。当知识能够用明确定义的概念和模型进行描述时，计算机具有极快的处理速度和很高的运算精度。而在很多情况下，知识常常无法用明确的概念和模型表达，或者概念的定义十分模糊，甚至解决问题的信息不完整、不全面，对于这类知识处理问题，神经网络获得知识的途径与人类似，也是从对象的输入输出信息中抽取规律而获得关于对象的知识，并将知识分布在网络的连接中予以存储。

（5）优化计算。优化计算是指在已知的约束条件下，寻找一组参数组合，使由该组合确定的目标函数达到最小值。某些类型（如 Hopfield 反馈型）的神经网络可以把待求解问题的可变参数设计为网络的状态,将目标函数设计为网络的能量函数。神经网络经过动态演变过程达到稳定状态时对应的能量函数最小,从而其稳定状态就是问题的最优解。

3. 神经网络在多传感器信息融合中的应用

信息融合可以视为在一定条件下信息空间的一种非线性推理过程,即把多个传感器检测到的信息作为一个数据空间的信息 M,推理得到另一个决策空间的信息 N,信息融合技术就是要实现 M 到 N 映射的推理过程,其实质是非线性映射 $f:M\sim N$。

每一个传感器检测到的信号经过处理提取有用信息并作为融合神经网络的输入,经过大量样本的离线训练的神经网络对得到的信息在一定的层次上进行融合处理,得到更全面、更准确的信息。

运用神经网络信息融合技术,首先要根据系统的要求及传感器的特点选择合适的神经网络模型,然后再根据已有的多传感器信息和系统的融合知识采用一定的学习方法,对建立的神经网络系统进行离线学习,确定网络的连接权值和连接结构,最后把得到的网络用于实际的信息融合当中。神经网络在应用中要利用网络的自学习和自组织功能,不断地从实际应用中学习信息融合的新知识,调整自己的结构和权值,满足检侧环境不断变化的实时要求,提高信息融合的可靠性。

4. 多传感器信息融合神经网络的设计步骤

(1) 网络拓扑结构的确定。根据网络连接方式的不同,神经网络的结构形式可分为无反馈的前向网络、有反馈的前向网络、神经元各层之间有相互连接的前向网络、任何两个神经元之间都有连接的相互结合型网络等。网络结构应根据系统的要求及传感器信息、融合的方式选择合适的神经网络拓扑结构。常用的多传感器信息融合的神经网络有 BP 神经网络、RBF 神经网络等。

(2) 神经元特性的确定。将各传感器的输入信息综合处理为一个总体输入函数,并定义将此函数映射到相关单元的映射函数,它通过神经网络与环境的交互作用把环境的统计律反映到网络本身的结构中来,如 sigmoid 函数、Bell 函数、高斯函数等。

(3) 学习规则的确定。神经网络可以采用不同的学习算法,如 Hebb 学习规则、δ 学习规则、卡尔曼滤波算法、BP 算法、GA 算法等。通过学习算法,对传感器的输入信息进行学习、理解、确定权值的分配,完成知识的获取、信息的融合,进而对输出模式做出解释,将输出数值向量转换成高层逻辑概念。

5. 基于神经网络的信息融合的特点

采用神经网络融合多传感器的信息具有以下一些特点：

（1）神经网络的信息统一存储在网络的联结权值和联结结构上，使得传感器的信息表示具有统一的形式，便于管理和建立知识库。

（2）神经网络可增加信息处理的容错性，当某个传感器出现故障或检测失效时，神经网络的容错功能可以使检测系统正常工作，并输出可靠的信息。

（3）神经网络的自学习和自组织，使系统能适应检测环境的不断变化和检测信息的不确定性。

（4）神经网络的并行结构和并行处理，使得信息处理速度快，能够满足信息的实时处理要求。

10.4　多传感器信息融合的应用

多传感器信息融合技术已在军事、工业过程智能检测与智能机器人等诸多领域得到了广泛的应用，这里以智能机器人为例进行简要介绍。

智能机器人是机器人学领域的一个重要研究分支，它是一个集环境感知、动态决策与规划、行为控制与执行等多功能于一体的综合系统，是一类能够通过传感器感知环境和自身状态，实现在有障碍物的环境中面向目标的自主运动，进而完成不同作业功能的机器人系统。对不同任务和特殊环境的适应性是智能机器人与一般自动化装备的重要区别。机器人多传感器信息融合技术是机器人智能化的关键技术，因此，研究机器人多传感信息融合技术具有重要意义。

1. 智能机器人的感知系统

移动机器人的感知系统相当于人的五官和神经系统，是机器人获取外部环境信息及进行内部反馈控制的工具，它是移动机器人最重要的部分之一。感知能力的高低直接决定了一个移动机器人的智能性。多传感器采集各种信息后，采取适当的方法，将多个传感器获取的环境信息加以综合处理，控制机器人进行智能作业。

1）多传感器构成分类

移动机器人的感知系统通常由多种传感器组成，这是传感器是机器人获取信息的窗口，它们分为内部传感器和外部传感器两类。

（1）内部传感器是完成移动机器人运动所必需的那些传感器，是构成移动机器人不可缺少的基本元件。内部传感器通常用来确定机器人在其自身坐标系内的姿态位置，如用来测量位移、速度、加速度和应力的通用型传感器。

（2）外部传感器则用于机器人本身相对其周围环境的定位，负责检测距离、接近程度和接触程度之类的变量,便于机器人的引导及物体的识别和处理。移动机器人所配备的外部传感器取决于机器人所要完成的任务,常用的外部传感器有视觉传感器、触觉传感器、接近觉传感器、力觉传感器等。

2) 多种传感器的分布形式

移动机器人的感知系统为有效获取环境信息,需要多种传感器,这些多种传感器的分布也有一定的要求与形式。图 10 - 11 给出了一个移动机器人多传感器分布的示意图。

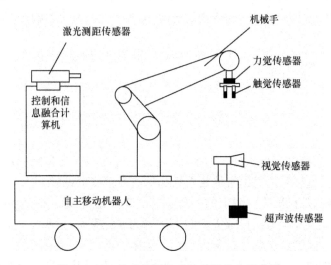

图 10 - 11　移动机器人多传感器分布示意图

（1）水平静态连接。传感器分布在同一水平面的装配方式。一般用于多个同一类型传感器互相配合使用的场合,传感器具有零自由度。

（2）非水平静态连接。传感器不在同一水平面上分布。多种不同类型不同特点的传感器常常采用,传感器具有零自由度。

（3）水平动态连接。传感器分布在同一个水平面,且至少具有一个自由度。一般用于多个同一类型传感器互相配合。

（4）非水平动态连接。传感器不在同一水平面分布,且至少具有一个自由度。多种不同类型不同特点的传感器常常采用。

（5）动态与静态混合连接。多个传感器既有静态连接又存在动态连接,动静结合的连接方式。

2. 智能机器人的多传感器信息融合

多传感器信息融合技术对促进机器人向智能化、自主化起着极其重要的作用,是协调使用多个传感器,把分布在不同位置的多个同质或异质传感器所提供的局部不完整测量及相关联数据库中的相关信息加以综合,消除多传感器之间可能存在的冗余和矛盾,并加以互补,降低其不确定性,获得对物体或环境的一致性描述的过程,是机器人智能化的关键技术之一。

　　由图 10 - 12 可见,多传感器信息融合技术在移动机器人的感知系统中的立体视觉、地标识别、目标与障碍物的探测、移动机器人的定位与导航等多个方面均有不同程度地应用。从信息融合的层次上讲,移动机器人的感知既涉及数据层、特征层的信息融合,又更需要决策层的融合。从信息融合的结构上讲,移动机器人的感知也需要充分有效利用前述多传感器串行、并行与分散式融合等多种结构。从信息融合的算法上讲,移动机器人需要根据测距传感器信息融合、内部航迹推算系统信息融合、全局定位信息之间的信息融合等不同应用采用不同层次与不同类型的融合方法,以准确、全面地认识和描述被测对象与环境,进而做出移动机器人能够作出正确的判断与决策。

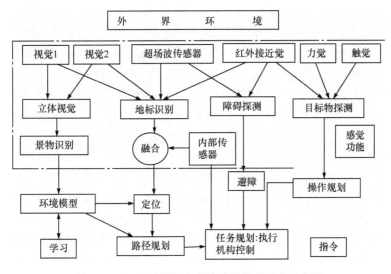

图 10 - 12　移动机器人多传感器信息融合示意图

第 11 章　智能仪器与虚拟仪器

11.1　智能仪器概述

随着微电子技术的不断发展,集成了 CPU、存储器、定时器/计数器、并行和串行接口、看门狗、前置放大器甚至 A/D、D/A 转换器等电路在一块芯片上的超大规模集成电路芯片(即单片机)出现了。以单片机为主体,将计算机技术与测量控制技术结合在一起,又组成了所谓的"智能化测量控制系统",也就是智能仪器。因此,智能仪器是计算机技术与测量仪器相结合的产物,是含有微计算机或微处理器的测量仪器,由于它拥有对数据的存储、运算、逻辑判断及自动化操作等功能,具有一定的智能作用(表现为智能的延伸或加强等),因而被称之为智能仪器。

自从 1971 年世界上出现了第一种微处理器(美国 Intel 公司 4004 型 4 位微处理器芯片)以来,微计算机技术得到了迅猛的发展,测量仪器在它的影响下有了新的活力,取得了新的进步。电子计算机从过去的庞然大物已经缩小到可以置于测量仪器之中,作为仪器的控制器、存储器及运算器,并使其具有智能的作用。概括起来说,智能仪器在测量过程自动化、测量结果的数据处理及一机多用(多功能化)等方面已取得巨大的进展。到了 20 世纪 90 年代,在高准确度、高性能、多功能的测量仪器中已经很少有不采用微计算机技术的了。

近年来,由于微计算机的内存容量的不断增加,及工作速度的不断提高,因而使其数据处理能力有了极大的改善,这样,就可把动态信号分析技术引入智能仪器之中。这些信号分析往往以数字滤波或 FFT(快速傅里叶变换)为主体,配之以各种不同的分析软件,如智能化的医学诊断仪及机器故障诊断仪等。这类仪器的进一步发展就是测试诊断专家系统,其社会效益及经济效益都是十分巨大的。智能仪器已开始从较为成熟的数据处理向知识处理方向发展,它体现为模糊判断、故障诊断、容错技术、传感器融合、机件寿命预测等,使智能仪器的功能向更高的层次发展。

11.1.1　智能仪器的工作原理

传感器拾取被测参量的信息并转换成电信号,经滤波去除干扰后送入多路模拟开关;由单片机逐路选通模拟开关将各输入通道的信号逐一送入程控增益放大器,放大后的信号经 A/D 转换器转换成相应的脉冲信号后送入单片机中;单片机根据仪器所设定的初值进行相应的数据运算和处理(如非线性校正等);运算的结果被转换为相应的数据进行显示和打印;同时单片机把运算结果与存储于片内 FlashROM(闪速存储器)或 E2PROM(电可擦除存储器)内的设定参数进行运算比较后,根据运算结果和控制要求,输出相应的控制信号(如报警装置触发、继电器触点等)。此外,智能仪器还可以与 PC 机组成分布式测控系统,由单片机作为下位机采集各种测量信号与数据,通过串行通信将信息传输给上位机——PC 机,由 PC 机进行全局管理。

11.1.2　智能仪器的特点

智能仪器相对于过去传统的、纯硬件的仪器来说是一种新的突破,其发展潜力十分巨大。与传统仪器仪表相比,智能仪器具有以下功能特点。

1. 测量过程的软件控制

测量过程的软件控制源起于数字化仪器测量过程的时序控制。20 世纪 60 年代末,数字化仪器的自动化程度已经很高,如可实现自稳零放大、自动极性判断、自动量程切换、自动报警、过载保护、非线性补偿、多功能测试和数百点巡回检测等。但随着上述功能的增加,使其硬件结构越来越复杂,而导致体积及重量增大、成本上升、可靠性降低,给其进一步的发展造成很大困难。但不引入微计算机技术,使测量过程改用软件控制之后,上述困难即得到很好的解决,它不仅简化了硬件结构、缩小了体积及功耗、提高了可靠性、增加了灵活性,而且使仪器的自动化程度更高,如实现简单人机对话、自检、自诊、自校准及 CRT 显示及输出打印和制图等。这就是人们常说的“以软(件)代硬(件)”的效果。

在进行软件控制时,仪器在 CPU 的指挥下,按照软件流程不断取指(令)、寻(地)址,进行各种转换、逻辑判断,驱动某一执行元件完成某一动作,使仪器的工作按一定顺序进行下去。在这里,基本操作为以软件形式完成的逻辑转换,它与硬件的工作方式有很大的区别。操作中的每个步骤往往由若干指令组成,每条指令都需要有一定的执行时间。尽管很短,但较之硬件就方便得多。例如,对一个数求反,在组合逻辑上转换的时间就极短,可认为是瞬间完成,而在软件操作上,它就需经从存储器中取数、求反并退回存储器等几个步骤,其执行时间一般都是微秒级的。软件转换带来很大的方便,而且灵活性很强,当需改变功能时,改变程序即可,并不需要改变硬件结构。因此,灵活性强,但工作速度相对硬件逻辑较慢,这是软件控制的特点。这一特点使它在一些要求速度很高的地方,如实时处理或实时控制等方面的应用受到一定的限制。

2. 具有数据处理功能

对测量数据进行存储及运算的数据处理功能是智能仪器最突出的特点,它主要表现在改善测量精确度及对测量结果的再加工两个方面。

在提高测量精确度方面,大量的工作是对随机误差及系统误差进行处理。过去传统的方法是用手工的方法对测量结果进行后处理,不仅工作量大、效率低,而且往往会受到一些主观因素的影响,使处理的结果不理想。在智能仪器中采用软件对测量结果进行及时的、在线的处理可收到很好的效果,不仅方便、快速,而且可以避免主观因素的影响,使测量的精确度及处理结果的质量都大为提高。由于可以实现各种算法,不仅可实现各种误差的计算及补偿,而且使在线测量仪器中常遇到的诸如非线性校准等问题也易于解决。

对测量结果的再加工,可使智能仪器提供更多高质量的信息。例如,一些信号分析仪器在微计算机的控制下,不仅可以实时采集信号的实际波形,在 CRT 上复现,并可在时间轴上进行展开或压缩;还可对所采集的样本进行数字滤波,将淹没于干扰中的信号提取出来;也可对样本进行时域的(如相关分析、卷积、传递函数等)或频域的(如幅值谱、相位谱、功率谱等)分析,这样就可以从原有的测量结果中提取更多的信息。

3. 具有可程控操作能力

智能仪器的测量过程、软件控制及数据处理功能使一机多用的多功能化易于实现,成为这类仪器的又一特点。一般,智能仪器都配有 GPIB、RS232C、RS485 等标准的通信接口,可以很方便地与 PC 机和其他仪器一起组成用户所需的多种功能的自动测量系统,来完成更复杂的测试任务。

4. 操作自动化

仪器的整个测量过程(如键盘扫描、量程选择、开关启动闭合、数据的采集、传输与处理及显示打印等)都用单片机或微控制器来控制操作,实现测量过程的全部自动化。

5. 多功能化

一般的智能仪器都具有自测功能,包括自动调零、自动故障与状态检验、自动校准、自诊断及量程自动转换等。智能仪表能自动检测出故障的部位甚至故障的原因。这种自测试可以在仪器启动时运行,同时也可在仪器工作中运行,极大地方便了仪器的维护。

6. 具有友好的人机对话能力

智能仪器使用键盘代替传统仪器中的切换开关,操作人员只需通过键盘输入命令,就能实现某种测量功能。与此同时,智能仪器还通过显示屏将仪器的运行情况、工作状态及对测量数据的处理结果及时告诉操作人员,使仪器的操作更加方便直观。

11.1.3 智能仪器的基本结构

智能仪器实际上是一个专用的微型计算机系统,它由硬件和软件两大部分组成。

硬件部分主要包括主机电路、模拟量输入/输出通道、人机接口电路、标准通信接口等,其通用结构框图如图 11-1 所示。其中的主机电路用来存储程序、数据并进行一系列的运算和处理,通常由微处理器、程序存储器、输入/输出(I/O)接口电路等组成,或者它本身就是一个单片微型计算机。模拟量输入/输出通道用来输入/输出模拟信号,主要由 A/D 转换器、D/A 转换器和有关的模拟信号处理电路等组成。人机联系部件的作用是沟通操作者和仪器之间的联系,它主要由仪器面板中的键盘和显示器等组成。标准通信接口电路用于实现仪器与计算机的联系,以便使仪器可以接收计算机的程控命令。目前,生产的智能仪器一般都配有GPIB(或 R5-232C)等标准通信接口。

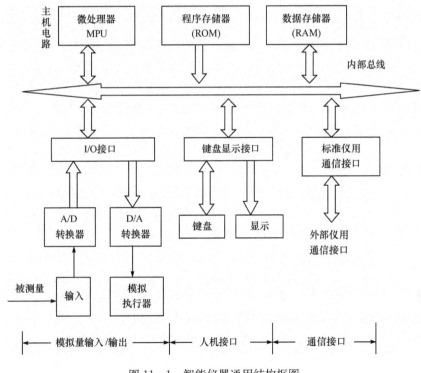

图 11-1 智能仪器通用结构框图

智能仪器的软件部分主要包括监控程序和接口管理程序两部分。其中,监控程序面向仪器面板键盘和显示器,其内容包括通过键盘操作输入并存储所设置的功能、操作方式与工作参数,通过控制 I/O 接口电路进行数据采集,对仪器进行预定的设置;对数据存储器所记录的数据和状态进行各种处理;以数字、字符、图形等形式显示各种状态信息及测量数据的处理结果。接口管理程序主要面向通信接口,其内容是接收并分析来自通信接口总线的各种有关功能、操作方式与工作参数的程控操作码,并通过通信接口输出仪器的现行工作状态及测量数据的处理结果,以响应计算机的远控命令。

11.1.4　智能仪器的现状与发展趋势

20 世纪 70 年代以来,在新技术革命的推动下,尤其是微电子技术和微型计算机技术的快速进步,使电子仪器的整体水平发生很大变化,先后出现独立式智能仪器、GPIB 自动测试系统、插卡式智能仪器(个人仪器)和 VXI 总线仪器系统几种,近年来又发展出了 PXI 仪器系统等。

独立式智能仪器(简称智能仪器)即前述的自身带有微处理器能独立进行测试的电子仪器,智能仪器是现阶段智能化电子仪器的主体,也是本章讨论的重点。

独立式智能仪器在结构上自成一体,因而使用灵活方便,并且仪器的技术性能可以做得很高。这类仪器在技术上已经比较成熟,同时借助于新技术、新器件和新工艺的不断进步,这类仪器还在不断发展,不断地推陈出新。目前,不仅大多数传统的电子仪器已有相应换代的智能仪器产品,而且还出现了不少全新的仪器类型和测试系统体系,使现代电子测量与仪器发生了根本性的变化。智能仪器几乎都配有 GPIB(或 RS-232C)通信接口,可以很方便地组成自动测试系统。

一个自动测试系统由计算机、多台可程控仪器及 GPIB 总线三者组成,计算机作为系统的控制者,通过执行测试软件,实现对测量全过程的控制及处理;各个可程控仪器设备是测试系统的执行单元,具体完成采集、测量、处理等任务;GPIB 由计算机及各程控仪器中的标准接口和标准总线两部分组成,如同一个多功能的神经网络,把各种仪器设备有机地连接起来,完成系统内的各种信息的变换和传输任务。

自动测试系统具有极强的通用性和多功能性,对于不同的测试任务,只需增减或更换"挂"在它上面的仪器设备,编制相应的测试软件,而系统本身不变。这种自动测试系统特别适用于要求测量时间极短而数据处理量极大的测试任务中,以及测试现场对操作人员有害或操作人员参与操作会产生人为误差的测试场合。

个人仪器是在智能仪器的基础上伴随着个人计算机(PC)而创造出的一种新型仪器。个人仪器系统是由不同功能的仪器卡、插卡箱和一台 PC 有机结合而构成的自动测试系统。由于个人仪器和个人仪器系统充分地利用 PC 的软件、硬件资源,因而相对传统智能仪器和由智能仪器构成的 GPIB 总线仪器系统来说,极大地降低了成本,大幅度地缩短了研制周期,显现出广阔的发展前景。

　　早期的个人仪器及系统的总线是由各生产厂家自行定义而无统一标准,使用户在组建个人仪器系统时难以在不同厂家产品中进行配套选择,妨碍了个人仪器的推广和发展。为此,1987 年,HP、泰克等 5 家仪器公司在经过一段扎实的工作之后,联合推出适于个人仪器系统标准化的接口总线标准 VXI 规范,后又推出了 PXI 规范,并为世界上各厂家所接受。

　　VXI/PXI 总线是开放式结构,它对所有仪器生产厂家和用户都是公开的,即允许不同生产厂家生产的卡式仪器在同一机箱中工作,从而使 VXI/PXI 总线很快就成为测试系统的主导结构。VXI/PXI 总线系统(即采用 VXI/PXI 总线标准的个人仪器系统)一般由计算机、VXI/PXI 仪器模块和 VXI/PXI 总线机箱构成。VXI 总线是面向模块式结构的仪器的总线,与 GPIB 总线相比较其性能有了较大幅度提高。

　　智能仪器的未来发展主要在以下几个方面。

　　(1) 微型化。微型智能仪器指微电子技术、微机械技术、信息技术等综合应用于仪器的生产中,从而使仪器成为体积小、功能齐全的智能仪器,它能够完成信号的采集、线性化处理、数字信号处理,控制信号的输出、放大、与其他仪器的接口、与人的交互等功能。微型智能仪器随着微电子机械技术的不断发展,其技术不断成熟,价格不断降低,因此,应用领域也将不断扩大。它不但具有传统仪器的功能,而且能在自动化技术、航天、军事、生物技术、医疗领域起到独特的作用。例如,目前要同时测量一个病人的几个不同的参量,并进行某些参量的控制,通常病人的体内要插进几个管子,这增加了病人感染的机会,微型智能仪器能同时测量多参数,而且体积小,可植入人体,使得这些问题得到解决。

　　(2) 多功能化。多功能本身就是智能仪器仪表的一个特点。例如,为了设计速度较快和结构较复杂的数字系统,仪器生产厂家制造了具有脉冲发生器、频率合成器和任意波形发生器等功能的函数发生器。这种多功能的综合型产品不但在性能上(如准确度)比专用脉冲发生器和频率合成器高,而且在各种测试功能上提供了较好的解决方案。

　　(3) 人工智能化。人工智能是计算机应用的一个崭新领域,利用计算机模拟人的智能,用于机器人、医疗诊断、专家系统、推理证明等各方面。智能仪器的进一步发展将含有一定的人工智能,即代替人的一部分脑力劳动,从而在视觉(图形及色彩辨读)、听觉(语音识别及语言领悟)、思维(推理、判断、学习与联想)等方面具有一定的能力。这样,智能仪器可无需人的干预而自主地完成检测或控制功能。显然,人工智能在现代仪器仪表中的应用,使我们不仅可以解决用传统方法很难解决的一类问题,而且可望解决用传统方法根本不能解决的问题。

（4）网络化。伴随着网络技术的飞速发展，Internet 技术正在逐渐向工业控制和智能仪器仪表系统设计领域渗透，实现智能仪器仪表系统基于 Internet 的通信能力及对设计好的智能仪器仪表系统进行远程升级、功能重置和系统维护。

在线系统编程技术（ISP 技术）是对软件进行修改、组态或重组的一种最新技术，它是 LATTICE 半导体公司首先提出的一种使我们在产品设计、制造过程中的每个环节，甚至在产品卖给最终用户以后，具有对其器件、电路板或整个电子系统的逻辑和功能随时进行组态或重组能力的最新技术。ISP 技术消除了传统技术的某些限制和连接弊病，有利于在板设计、制造与编程。ISP 硬件灵活且易于软件修改，便于设计开发。由于 ISP 器件可以像任何其他器件一样在印刷电路板（PCB）上处理，因此，编程 ISP 器件不需要专门编程器和较复杂的流程，只要通过 PC 机、嵌入式系统处理器甚至 Internet 远程网进行编程。

EMIT 嵌入式微型 Internet 互联技术是 emWare 公司创立 ETI 扩展 Internet 联盟时提出的，它是一种将单片机等嵌入式设备接入 Internet 的技术，利用该技术，能够将 8 位和 16 位单片机系统接入 Internet，实现基于 Internet 的远程数据采集、智能控制、上传/下载数据文件等功能。

目前，美国 ConnectOne 公司、emWare 公司、TASKING 公司和国内的 P&S 公司等均提供基于 Internet 的 Device Networking 软件、固件和硬件产品。

（5）虚拟仪器是智能仪器发展的新阶段。测量仪器的主要功能都是由数据采集、数据分析和数据显示等三大部分组成的。在虚拟现实系统中，数据分析和显示完全用 PC 机的软件来完成。因此，只要额外提供一定的数据采集硬件，就可以与 PC 机组成测量仪器。这种基于 PC 机的测量仪器称为虚拟仪器。在虚拟仪器中，使用同一个硬件系统，只要应用不同的软件编程，就可得到功能完全不同的测量仪器。可见，软件系统是虚拟仪器的核心，"软件就是仪器"。

传统的智能仪器主要在仪器技术中用了某种计算机技术，而虚拟仪器则强调在通用的计算机技术中吸收仪器技术。作为虚拟仪器核心的软件系统具有通用性、通俗性、可视性、可扩展性和升级性，能为用户带来极大的利益，因此，具有传统的智能仪器所无法比拟的应用前景和市场。

11.2　智能仪器的数据采集与处理

智能仪器的数据采集部分也是由多路开关、放大器、采样/保持器和 A/D 转换器等几部分组成（请参考本书 1.3 节）。在以高精度数字电压表为基础的智能仪器中，主要采用的是改进型 A/D 转换器，并且常用以下几项技术指标来评价其质量水平：

（1）分辨率与量化误差分辨率是衡量 A/D 转换器分辨输入模拟量最小变化程度的技术指标。A/D 转换器的分辨率取决于 A/D 转换器的位数，所以，习惯上以输出二进制数或 BCD 码数的位数来表示。例如,某 A/D 转换器的分辨率为 12 位,即表示该转换器可以用 2^{12} 个二进制数对输入模拟量进行量化,其分辨率为 1LSB。又如,用百分比表示分辨率,其分辨率为 $(1/2^{12}) \times 100\% = 0.025\%$,若最大允许输入电压为 10V,则可计算出它能分辨输入模拟电压的最小变化量为 $10 \times 1/2^{12}V = 2.4mV$。

量化误差是由于 A/D 转换器有限字长数字量对输入模拟量进行离散取样(量化)而引起的误差,其大小在理论上为一个单位分辨率,所以,量化误差和分辨率是统一的,即提高分辨率可以减小量化误差。

(2) 转换精度反映了 1 个实际 A/D 转换器与 1 个理想 A/D 转换器在量化值上的差值,用绝对误差或相对误差来表示、由于理想 A/D 转换器也存在着量化误差,因此,实际 A/D 转换器转换精度所对应的误差指标是不包括量化误差在内的。

转换精度指标有时以综合误差指标的表达方式给出,有时又以分项误差指标的表达方式给出。通常,给出的分项误差指标有偏移误差、满刻度误差、非线性误差和微分非线性误差等。

(3) 转换速率是指 A/D 转换器在每秒钟内所能完成的转换次数。这个指标也可表述为转换时间,即 A/D 转换从启动到结束所需的时间,两者互为倒数。例如,某 A/D 转换器的转换速率为 5MHz,则其转换时间是 200ns。

(4) 满刻度范围是指 A/D 转换器所允许输入电压范围,如 $0 \sim 5V$,$0 \sim 10V$,$-5 \sim +5V$ 等。满刻度值只是个名义值,实际 A/D 转换器的最大输入值总比满刻度小 $1/2n$(n 为转换器的位数),这是因为 0 值也是 $2n$ 个转换器状态中的一个。例如,12 位的 A/D 转换器,其满刻度值为 10V,而实际允许的最大输入电压值为 9.9976V。

智能仪器中的数据采集系统主要根据测试对象及系统的技术指标,考虑下列因素:

(1) 输入信号的特性。在输入信号的特性方面主要考虑以下问题:信号的数量,信号的特点,是模拟量还是数字量,信号的强弱及动态范围,信号的输入方式(如单端输入还是差动输入,单极性还是双极性,信号源接地还是浮地),信号的频带宽度,信号是周期信号还是瞬态信号,信号中的噪声及其共模电压大小,信号源的阻抗等。

(2) 数据采集系统的主要技术指标如下:

① 系统的通过速率。通常又称为系统速度、传输速率、采样速率或吞吐率,是指在单位时间内系统对模拟信号的采集次数。通过速率的倒数是通过周期(吞吐时间),通常又称为系统响应时间或系统采集周期,表明系统每采样并处理 1 个数据所占用的时间。它是设计数据采集系统的重要技术指标,特别对于高速数据采集系统尤为重要。

　② 系统的分辨率。是指数据采集系统可以分辨的插入信号最小变化量,通常用最低有效位值(LSB)、系统满刻度值的百分数(%FSR)或系统可分辨的实际电压数值等来表示。

　③ 系统的精度。是指当系统工作在额定通过速率下,系统采集的数值和实际值之差,它表明系统误差的总和。应该注意,系统的分辨率和系统精度是两个不同的概念,不能将两者混淆。

　此外,还有系统的非线性误差、共模抑制比和串模抑制比等指标。

　(3) 接口特性。包括采样数据的输出形式(是并行输出还是串行输出)、数据的编码格式和与什么数据总线相接等。

　智能仪器利用微计算机的运算和存储功能,可以对仪器的测量结果进行各种运算和数据处理。数值计算程序在智能仪器中非常重要,通过计算不但可以获得许多导出量,实现间接测量,还可以通过计算和数据处理减少测量误差,提高仪器的准确度。

　智能仪器的数值计算程序包括常用数值计算和常用函数计算。常用数值计算主要包括四则运算;常用函数包括指数函数、对数函数、三角函数、乘方和开方等函数,这些函数在智能仪器中经常使用,如计算标准偏差时需要进行平方、开方运算,求分贝时需要求对数等。另外,智能仪器中除了进行数值计算外,还经常对各种数据和符号进行不以数值计算为目的的非数值处理。例如,对一批无序数据按照一定顺序进行排序;从表中查出某个元素;识别来自接口或键盘的命令等。设计者在进行编程时,要根据设计的目的充分考虑这些数据的特性及数据元素之间的相互关系,然后采用相应的处理方法。本节简单介绍误差处理算法、抗干扰和数字滤波,以及仪器的自校准。

　智能仪器的主要优点之一是利用微处理器的数据处理能力减小测量误差,提高仪器测量的精确度。测量误差按其性质和特性可分为随机误差、系统误差、粗大误差三类。

　在实际的测量过程中,被测信号中不可避免地会混杂一些干扰和噪声,在工业现场,这种情况更为严重。为抑制这些干扰和噪声,仪器仪表增加了多种屏蔽和滤波措施。

　在传统的仪器仪表中,滤波是靠选用不同种类的硬件滤波器来实现的。在智能仪器中,由于微处理器的引入,可以采用不增加任何硬件设备的数字滤波方法。所谓数字滤波,即通过固定的计算程序,对采集的数据进行某种处理,从而消除或减弱干扰和噪声的影响,提高测量的可靠性和精度。数字滤波具有硬件滤波器的功效,却不需要硬件投资,从而降低了成本。不仅如此,由于软件算法的灵活性,还能产生硬件滤波器所达不到的功效;它的不足之处是需要占用机时。

　数字滤波方法有多种,每种方法有其不同的特点和适用范围。

11.3 智能仪器的人机接口

人机接口是人与仪器交换信息的通道,是智能仪器智能的一个重要体现。一个优秀的人机接口可以增强仪器的功能,提高仪器工作效率,降低对操作人员的要求,从而提高仪器智能化的水平。

智能仪器人机接口通常有 4 种类型,即问答对话式(question and answer)、专用指令语言式(command language)、菜单式(menu)和预定义式(pre-defined method)。其中,问答对话式和菜单式操作方法简单,对操作者要求较低,适于新手操作使用,而专用指令语言式和预定义式对接口设计和仪器操作使用要求较高,设计周期较长,而且要求对操作者进行专门培训,但对于有经验的使用者来说,操作灵活快捷。目前,大型精密仪器大多采用菜单式和专用指令语言式作为主要交互形式,或者采用多种交互形式混合使用。

1. 问答菜单式人机接口

问答菜单式交互方式是智能仪器和计算机系统中普遍采用的人机接口形式。仪器以菜单的形式在屏幕上显示仪器可以实现的操作。主菜单还可以嵌套多级子菜单,操作人员可在提示引导下选择某一操作,或者进入下一层子菜单中去。菜单的选择方式有数字式、快捷式和指针式。数字式选择菜单采用键入数字的方式选择相应的功能。快捷式用键入相应功能项目名称第 1 个字母的方式选择,熟练的操作人员可以记住这些操作符号,因此操作方便,但项目名称的选择增加了难度,应使其开头字母不重复。指针式则利用箭头或指示标记的移动选择功能,这种方式的通信速度较其他两种方式慢。

问答菜单式人机接口使用方法简单,但交互速度慢。在复杂的仪器系统中,菜单的嵌套数目不应太多,否则操作过于复杂,且难以返回原来的菜单。

2. 专用指令语言式人机接口

专用指令语言是根据不同仪器的实用情况专门设计的,操作人员通过键入专用指令来设置参数和操作。专用指令语言能迅速地与计算机通信,提高工作效率,但新手往往难以掌握。为此,这种人机接口应具有较强的在线辅助功能,如根据仪器状态适时显示出可用的专用指令清单,以供操作者选用。

3. 智能化人机接口设计

智能化的人机接口应具有在线引导帮助、纠错等功能,如在参数设置中应具有记忆和提供缺省值及参考值的功能。仪器可以将过去使用过的参数记忆下来,供下次使用时选用,也可以设计好整套的备用缺省组或参考值供选择,以提高仪器的使用效率。

　　智能仪器的帮助键对新手或不经常使用该仪器的操作人员是十分重要的。帮助功能不仅应介绍仪器指令或键盘的功能,还应为初学者提供操作实例或引导。根据仪器不同的功能引导初学者操作仪器、处理数据,并最后得到测量结果,以达到培训的目的。

　　对操作人员的操作错误或设定参数的错误,智能仪器应提供易懂的出错信息和报警功能。出错信息应指出出错位置及错误种类,并尽可能提供纠正错误的方法或提示。

11.4　虚拟仪器概述

　　传统仪器一般是一台独立的装置,从外观上看,它一般由操作面板、信号输入端口、检测结果输出这几个部分组成。操作面板上一般有一些开关、按钮、旋钮等。检测结果的输出方式有数字显示、指针式表头显示、图形显示及打印输出等。

　　从功能方面分析,传统仪器可分为信号的采集与控制、信号的分析与处理、结果的表达与输出这几个部分。传统仪器的功能都是通过硬件电路或固化软件实现的,而且由仪器生产厂家给定,其功能和规模一般都是固定的,用户无法随意改变其结构和功能。传统仪器大都是一个封闭的系统,与其他设备的连接受到限制。

　　另外,传统仪器价格昂贵,技术更新慢(周期为 5～10 年),开发费用高。随着计算机技术、微电子技术和大规模集成电路技术的发展,出现了数字化仪器和智能仪器。尽管如此,传统仪器还是没有摆脱独立使用和手动操作的模式,在较为复杂的应用场合或测试参数较多的情况下,使用起来就不太方便。

　　以上三方面原因使传统仪器很难适应信息时代对仪器的需求。那么,如何解决这个问题呢? 可以设想,在必要的数据采集硬件和通用计算机支持下,通过软件来实现仪器的部分或全部功能,这就是设计虚拟仪器(virtual instrumentation)的核心思想。

　　虚拟仪器是基于计算机的仪器。计算机和仪器的密切结合是目前仪器发展的一个重要方向。粗略地说,这种结合有两种方式:一种是将计算机装入仪器,其典型的例子就是所谓智能化的仪器,随着计算机功能的日益强大及其体积的日趋缩小,这类仪器功能也越来越强大,目前已经出现含嵌入式系统的仪器;另一种方式是将仪器装入计算机,以通用的计算机硬件及操作系统为依托,实现各种仪器功能,虚拟仪器主要是指这种方式。

　　虚拟仪器是现代仪器技术与计算机技术结合的产物。随着计算机技术特别是计算机的快速发展,CPU 处理能力的增强、总线吞吐能力的提高及显示器技术的进步,人们逐渐意识到,可以把仪器的信号分析和处理、结果的表达与输出功能转移给计算机来完成。这样,可以利用计算机的高速计算能力和宽大的显示屏更好地完成原来的功能。如果在计算机内插上一块数据采集卡,就可以把传统仪器的所有功能模块都集成在一台计算机中了。而软件就成为虚拟仪器的关键,任何一个使用者都可以通过修改虚拟仪器的软件来改变它的功能,这就是美国 NI 公司"软件就是仪器"一说的来历。

图 11－2 的框图反映了常见的虚拟仪器方案。

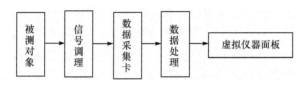

图 11－2　虚拟仪器原理图

虚拟仪器的主要特点如下:

(1) 尽可能采用了通用的硬件,各种仪器的差异主要是软件。

(2) 可充分发挥计算机的能力,有强大的数据处理功能,可以创造出功能更强的仪器。

(3) 用户可以根据自己的需要定义和制造各种仪器。

虚拟仪器实际上是一个按照仪器需求组织的数据采集系统。虚拟仪器的研究中涉及的基础理论主要有计算机数据采集和数字信号处理。各种标准仪器的互连及与计算机的连接。目前使用较多的是 IEEE488 或 GPIB 协议。未来的仪器也应当是网络化的。目前,在这一领域内,使用较为广泛的计算机语言是美国 NI 公司的 LabVIEW。

LabVIEW 是一种图形化的编程语言,它广泛地被工业界、学术界和研究实验室所接受,视为一个标准的数据采集和仪器控制软件。LabVIEW 集成了与满足GPIB、VXI、RS-232 和 RS-485 协议的硬件及数据采集卡通信的全部功能,还内置了便于应用 TCP/IP、ActiveX 等软件标准的库函数,这是一个功能强大且灵活的软件,利用它可以方便地建立自己的虚拟仪器,其图形化的界面使得编程及使用过程都生动有趣。

图形化的程序语言,又称为"G"语言。使用这种语言编程时,基本上不写程序代码,取而代之的是流程图。它尽可能利用了技术人员、科学家、工程师所熟悉的术语、图标和概念,因此,LabVIEW 是一个面向最终用户的工具,它可以增强构建科学和工程系统的能力,提供了实现仪器编程和数据采集系统的便捷途径。使用它进行原理研究、设计、测试并实现仪器系统时,可以大大提高工作效率。

所有的 LabVIEW 应用程序,即虚拟仪器,包括前面板、流程图及图标/连接器三部分。

前面板是图形用户界面,也就是 VI 的虚拟仪器面板,这一界面上有用户输入和显示输出两类对象,具体表现有开关、旋钮、图形及其他控制和显示对象。

流程图提供 VI 的图形化源程序。在流程图中对 VI 编程,以控制和操纵定义在前面板上的输入和输出功能。流程图中包括前面板上控件的连线端子,还有一些前面板上没有但编程必须有的东西,如函数、结构和连线等。VI 具有层次化和结构化的特征。一个 VI 可以作为子程序,这里称为子 VI(subVI),被其他 VI 调用。图标/连接器在这里相当于图形化的参数,详细情况稍后介绍。

工具模板提供了各种用于创建、修改和调试 VI 程序的工具。如果该模板没有出现,则可以在 Windows 菜单下选择 Show Tools Palette 命令以显示该模板。当从模板内选择了任一种工具后,鼠标箭头就会变成该工具相应的形状。当从 Windows 菜单下选择了 Show Help Window 功能后,把工具模板内选定的任一种工具光标放在流程图程序的子程序或图标上,就会显示相应的帮助信息。控制模板用来给前面板设置各种所需的输出显示对象和输入控制对象。每个图标代表一类子模板。如果控制模板不显示,可以用 Windows 菜单的 Show Controls Palette 功能打开它,也可以在前面板的空白处,点击鼠标右键,以弹出控制模板。功能模板是创建流程图程序的工具,该模板上的每一个顶层图标都表示一个子模板。若功能模板不出现,则可以用 Windows 菜单下的 Show Functions Palette 功能打开它,也可以在流程图程序窗口的空白处点击鼠标右键以弹出功能模板。

11.5　虚拟仪器的数据采集

11.5.1　被测信号的实时采集

采集卡在虚拟仪器系统中担任着计算机控制系统与被控对象之间数据信息交换的桥梁的作用。被测信号的实时采集要使用数据采集卡。图 11-3 所示的框图说明了被测信号的实时采集原理。计算机对采集卡发出指令,启动采集卡,采集卡将模拟信号转换为数字信号,计算机对采集的信号数据进行存储、处理和显示。由计算机、采集卡、接口硬件和传感器组合在一起建成的系统被称为虚拟仪器系统(也是数据采集系统)。图 11-3 是虚拟仪器数据采集框图。

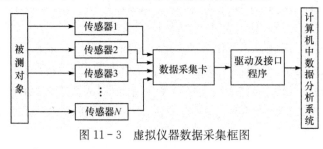

图 11-3　虚拟仪器数据采集框图

　　被测信号的数据采集实际上是对数据采集卡的编程过程。采集卡的设置包括数据采集卡的地址设置、被测信号的输入方式设置和被测信号的输入范围设置。多路开关将各路被测信号轮流切换到放大器的输入端,实现多参数多路信号的分时采集。放大器将前一级多路开关切换进入待采集信号放大(或衰减)至采样环节的量程范围内。通常,实际系统中放大器做成增益可调的放大器,设计者可根据输入信号幅值的不同,选择不同的增益倍数。采样/保持器取出被测信号在某一瞬时的值(即信号的时间离散化)并在 A/D 转换过程中保持信号不变。如果被测信号变化很缓慢,可以不用采样/保持器。A/D 转换器将输入的模拟量转化为数字量输出,并完成信号幅值的量化。随着电子技术的发展,通常将采样/保持器同 A/D 转换器集成在一块芯片上。以上四部分都处在计算机的前向通道,是组成数据采集卡的主要环节,它们与其他有关电路(如定时/计数器、总线接口电路等)做在一块印刷电路板上,即构成数据采集卡,完成对被测信号的采集、放大及 A/D 转换任务。

11.5.2　数据采集卡的性能指标

　　在选择数据采集卡构建虚拟仪器时,必须对数据采集卡的性能指标有所了解。数据采集卡的主要性能指标如表 11－1 所示。

表 11－1　数据采集卡的性能指标

模拟输入通道数	该参数表明数据采集卡所能够采集的最多的信号路数
信号的输入方式	被测信号的输入方式有 • 单端输入:即信号的其中一个端子接地 • 差动输入:即信号两端均浮地 • 单极性:信号幅值范围为 $0\sim A$,A 为信号最大幅值 • 双极性:信号幅值范围为 $-A\sim A$
模拟信号的输入范围	根据信号输入方式的不同(单极性输入或双极性输入),有不同的输入范围,如对单极性输入,典型值为 $0\sim10V$;对双极性输入,典型值为 $-5V\sim5V$
放大器增益	放大器增益是采集卡固有参数,可以由用户设置
模拟输入阻抗	模拟输入阻抗是采集卡固有参数,一般不由用户设置
采集卡地址	指 CPU 分配给数据采集卡的内存使用空间,其选择范围为 $200\sim3F8H$,通常选择 $280H$ 为数据采集卡的地址

1. A/D 转换部分

　　(1) 采样速率。采样速率是指在单位时间内数据采集卡对模拟信号的采集次数,是数据采集卡的重要技术指标。由采样定理,为了使采样后输出的离散时间序列信号能无失真地复原输入信号,必须使采样频率 f_S 至少为输入信号最高有效频率 f_{max} 的两倍,否则会出现频率混淆误差。实际系统中,为了保证数据采样精度,一般有下列关系:

$$f_S=(7\sim10)f_{max}\times N \tag{11-1}$$

式中,N 为多通道数采系统的通道数;f_S 为采样频率;f_{max} 为信号最高有效频率。

(2)采样位数。位数是指 A/D 转换器输出二进制数的位数。如图 11-4 所示,当输入电压由 $U=0$ 增至满量程值 $U=U_H$ 时,一个 8 位($b=8$)A/D 的数字输出由 8 个"0"变为 8 个"1",共计变化 $2b$ 个状态,故 A/D 转换器产生一个最低有效位数字量的输出改变量,相应的输入量 $U_{min}=1/\text{LSB}=q$ 可由下式计算:

$$1\text{LSB}=q=\frac{U_H}{2^b} \tag{11-2}$$

式中,q 为量化值;$U_H\geqslant A$ 为满量程输入电压,通常等于 A/D 转换器的电源电压。

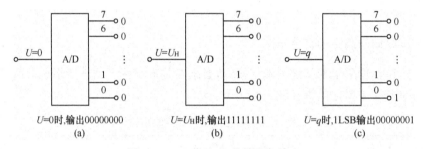

$U=0$时,输出00000000　　　　$U=U_H$时,输出11111111　　　　$U=q$时,1LSB输出00000001

(a)　　　　　　　　　　(b)　　　　　　　　　　(c)

图 11-4　8 位 A/D 的输入与输出

(3)分辨率与分辨力。这两项指标指数据采集卡可分辨的输入信号最小变化量。分辨率一般以 A/D 转换器输出的二进制位数或 BCD 码位数表示,分辨力为 1LSB(最低有效位数)。

(4)精度。精度一般用量化误差表示。量化误差 e 为

$$|e|=\frac{1}{2}\text{LSB}=\frac{1}{2}q=\frac{U_H}{2^{b+1}} \tag{11-3}$$

2. D/A 转换部分

(1)分辨率。分辨率是指当输入数字发生单位数码变化(即 1LSB)时所对应输出模拟量的变化量,通常用 D/A 转换器的转换位数 b 表示。

(2)标称满量程。标称满量程相当于数字量标称值 $2b$ 的模拟输出量。

(3)响应时间。数字量变化后,输出模拟量稳定到相应数值范围内(0.5LSB)所经历的时间称为响应时间。

以上为数据采集卡的主要性能指标。对一些功能丰富的数据采集卡,还有定时/计数等其他功能。

11.5.3　数据采集卡功能及应用

实验室中使用的数据采集卡采用了 NI 公司生产的 12 位 USB-6008 卡来完成动态数据的采集和控制信号的输出的任务,这款卡为中速卡,其采样频率可达 10kS/s,它有 8 个单端或 4 个差分模拟输入通道,单端模拟输入的范围为 ±10V,差分模拟输入的范围为 ±20V,2 个模拟输出通道,输出电压为 0～5V。这款采集卡还具有 12 个 DIO 通道、1 个定时器和 2.5V、5V 的恒压输出。采集卡通过 USB 供电,不需要任何外接电源,其接线端子如图 11 - 5 所示。

采集卡在虚拟仪器系统中担任着计算机控制系统与被控对象之间数据信息交换的桥梁的作用。直流电机带动转盘运转,通过光电传感器将电机的转速信号转化为波形信号,波形信号的频率对应为转速,通过采集卡的模拟输入通道进行 A/D 转换将其转化为数字量,将之与设定转速相比较,计算出设定转速于实际转速的偏差值,在基于 LabVIEW 的虚拟仪器程序中对这些数字量进行处理,形成控制信号,供虚拟仪器控制系统使用。在采集卡的模拟输出通道中进行 D/A 转换,把经过 PID 控制运算输出的数字量转化为直流电机的控制电压,送入控制电路,来控制直流电机的转速。

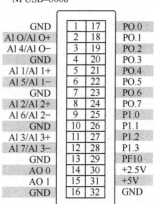

NI USB–6008

图 11 - 5　NI USB-6008 数据
采集卡管脚分布图

11.6　典型控制算法在虚拟仪器中的实现

11.6.1　数字 PID 控制算法原理

随着科技的发展,计算机技术也逐渐应用于 PID 控制系统之中。计算机控制是一种采样控制,在计算机控制系统中,使用的是数字 PID 控制器,与模拟 PID 控制器相比,数字控制器具有精度高、功能强大、调整灵活等优点。数字 PID 控制算法通常又分为位置式 PID 控制算法和增量式 PID 控制算法。

1. 位置式 PID 控制算法

在采样时刻 $t=kT$(T 为采样周期)时,PID 控制规律可以通过以下数值公式近似计算,将连续形式的方程转化为离散形式。

比例作用:
$$U_p(k)=K_p e(k) \tag{11-4}$$

积分作用：
$$U_i(k) = \frac{K_p}{T_i}T\sum_{i=0}^{k}e(i) \qquad (11-5)$$

微分作用：
$$U_d(k) = \frac{K_p}{T}T_d[e(k)-e(k-1)] \qquad (11-6)$$

式(11-4)～式(11-6)表示的控制算法提供了执行机构的位置 $u(k)$，所以称为位置式 PID 控制算法，实际的位置 PID 控制器输出为比例作用、积分作用与微分作用之和，即

$$u(k) = K_p\left\{e(k) + \frac{1}{T_i}T\sum_{i=0}^{k}e(i) + \frac{T_d}{T}[e(k)-e(k-1)]\right\} \qquad (11-7)$$

式中，T 为采样周期；k 为采样序号，$k=1,2,3,\cdots$；$u(k)$ 为第 k 次采样时刻的计算机输出值；$e(k)$ 为第 k 次采样时刻的输入的偏差值；$e(k-1)$ 为第 $k-1$ 次采样时刻的输入的偏差值。

与模拟 PID 控制器不同的是，数字 PID 控制的参数整定，除了需要确定 K_p、T_i、T_d 外，还需要确定系统的采样周期 T，因为数字 PID 的控制品质不仅取决于对象的动态特性和 PID 参数，而且与采样周期 T 的大小有关。由于 T 主要与不同的被控对象特性有关，故在实际应用中，人们一般根据经验，通过仿真或试验确定最适合的采样周期。如果采样周期 T 取得足够小，这种逼近可相当准确，被控过程与连续系统控制过程十分接近，控制系统可以达到很好的控制效果。

这种算法的缺点是：由于全量输出，所以，每次输出均与过去的状态有关，计算时要对 $e(k)$ 进行累加，计算机运算工作量大；而且因为计算机输出的 $u(k)$ 对应的是执行机构的实际位置，如计算机出现故障，$u(k)$ 的大幅度变化，会引起执行机构位置的大幅度变化，这种情况往往是生产实践中不允许的，因而产生了增量式 PID 控制算法。位置式 PID 控制算法的系统控制框图如图 11-6 所示，这种控制算法对于控制直流电机、伺服电机有着很广泛的应用。

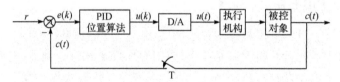

图 11-6　位置式 PID 控制系统框图

2. 增量式 PID 控制算法

增量式 PID 控制算法是指数字控制器的输出只是控制器的增量 $\Delta u(k)$。当执行机构需要的是控制量的增量（例如驱动步进电机）时，可由式(11-6)导出提供增量的 PID 控制算法。由式(11-7)推导得

$$\Delta u(k) = u(k) - u(k-1)$$

$$= K_p \left\{ e(k) - e(k-1) + \frac{T}{T_i} e(k) + \frac{T_d}{T} [e(k) - 2e(k-1) + e(k-2)] \right\} \quad (11-8)$$

式(11-8)称为增量式 PID 控制算法。可以看出,由于一般计算机控制系统采用恒定的采样周期 θ,一旦确定了 K_p、K_i、K_d,只要使用前后 3 次测量值的偏差,即可由式(11-8)求出控制增量。

采用增量式算法时,计算机输出的控制增量 $\Delta u(k)$ 对应的是本次执行机构位置(如阀门开度)的增量。对应阀门实际位置的控制量,即控制量增量的积累。

$$u(k) = \sum_{i=0}^{k} \Delta u(i) \quad (11-9)$$

需要采用一定的方法来解决,如用有积累作用的元件(如步进电机)来实现;而目前较多的是利用算式 $u(k) = u(k-1) + \Delta u(k)$ 通过执行软件来完成。图 11-7 给出了增量式 PID 控制系统框图。

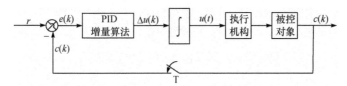

图 11-7　增量式 PID 控制系统框图

增量式 PID 控制算法与位置式 PID 控制算法各有各的特点,特点不同,应用场合也不相同。将它们进行比较,可以得出以下特点:

(1) 位置式算法每次输出与整个过去状态有关,计算式中要用到过去偏差的偏差值的累积,这样就容易产生较大的累积误差。而增量式只需要计算增量,当存在计算误差或精度不足时,对控制量计算的影响较小,但对于控制无累积功能的设备时,多使用位置式控制算法。

(2) 控制过程中,如控制阀门从手动切换到自动时,必须首先将计算机的输出值设置为原始阀门开度 $u_{p(0)}$ 才能保证无冲击切换。如果采用增量算法,则由于算式中不出现 $u_{p(0)}$ 项,易于实现手动到自动的无冲击切换。此外,在计算机发生故障时,由于执行装置本身有寄存作用,故仍可保持在原位。

综上所述,在实际控制中,控制伺服电机和直流电机多使用位置式 PID 控制算法,控制步进电机使用增量式 PID 控制算法。

11.6.2　基于位置式 PID 控制算法的转盘转速控制系统

本系统利用 NI 公司生产的 NI USB-6008 数据采集卡输出电压控制信号对 CSY-2000C 型传感器与检测技术实验台中的小型直流电机的转盘转速进行控制,

同时使用光电传感器对转盘转速进行检测,通过数据采集卡反馈到计算机,从而实现了计算机配合采集卡对直流电机转盘转速的闭环控制。由于采集卡输出的模拟电压控制信号功率较小(输出电压为 0~5V,电流最大为 50mA),无法驱动功率较大的直流电机。设计过程中排除了诸多方案,最终选用了 SSR 固态继电器直流控制电路来控制电机的驱动电压,实现计算机对直流电机转盘转速的实时检测与控制。实验过程中还使用了 TEKTRONIX TDS1002 60MHz 示波器及 CSY-2000C型传感器与检测技术实验台的转速/频率表对结果进行检验和调整,最终设计出具有较好控制性能、较高精度的数字 PID 控制系统。此转盘转速控制系统以直流电机作为被控对象,采用 PID 控制器对其进行控制,其系统结构框图如图 11-8所示。

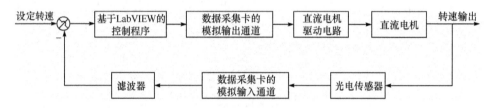

图 11-8　转盘转速控制系统结构框图

本系统主要工作是在计算机中使用 LabVIEW 编程,设计基于 LabVIEW 的虚拟仪器控制程序。由数据采集卡动态采集数据,实现虚拟仪器与被控对象之间信息的交换,此过程包括对直流电机控制信号的输出和其转速信号的获取。虚拟仪器输出模拟电压,通过 SSR 电机控制电路,控制直流电机。在虚拟仪器前面板上的示波器和电压进度条可以很直观地看到输出电压信号变化情况和采集卡的负荷。光电传感器用来对直流电机转盘的转速进行测量,将转速转化为波形信号,传感器的输出信号通过数据采集卡的模拟输入通道反馈到计算机中,在虚拟仪器中对其进行整流和滤波,获得稳定的转速。将其与设定转速相比较,计算出设定转速与实际转速之间的偏差值,在基于 LabVIEW 的 PID 控制系统中对这些数字量进行处理,形成控制信号,采集卡根据所接收到的指令通过模拟输出通道输出电压信号给直流电机控制电路,对其驱动电压进行控制,从而实现了计算机对直流电机转盘转速的闭环控制。

虚拟仪器就是以计算机作为仪器统一的硬件平台,把传统仪器的专业化功能和面板控件软件化,使之与计算机结合构成一台从外观到功能都完全与传统硬件仪器相同,同时又充分享用了计算机智能资源的全新仪器系统。本系统开发软件平台为 LabVIEW7.1,采用 DAQ_MAX(数据采集卡测试与自动化资源管理器)对 NI 硬件进行配置,虚拟软件设计由两部分组成,即图 11-9所示前面板和图 11-10 所示程序框图。在前面板中,输入用输入控件来实现,程序运行结果由输出控件来完成。程序框图所示是完成功能的图形化源代码,通过它对信号的输入和输出进行指定,完成对信号采集及分析处理功能的控制。

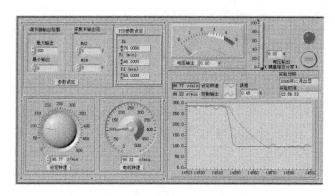

图 11-9　转盘转速控制系统前面板总图

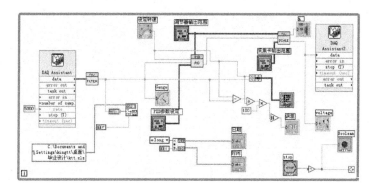

图 11-10　转盘转速控制系统模块总图

系统采样点数、信号输出率、通道等设置在 DAQ-MAX 中完成。进行参数设置后运行程序,系统开始工作,本虚拟仪器程序包括三个子模块:数字滤波模块、数字 PID 控制模块和标度转化。子模块分别担任对输入信号进行数字滤波、对偏差信号进行 PID 运算产生控制电压和标度转换的作用。本系统功能强大、界面美观、控制性能优越,充分地利用了计算机的硬件资源,尽可能采用软件代替硬件,很大程度上克服了硬件设计带来的噪声和非线性误差,有效提高了测量准确度,可进一步广泛应用于相关的研究中。

虚拟仪器的发展对科学技术的发展和国防、工业、农业的生产将产生不可估量的影响。而在虚拟仪器中,软件是关键。虚拟仪器可广泛应用于航天航空、军事工程、电力工程、机械工程、建筑工程、铁路交通、地质勘探、生物医疗等很多需要高性能测控设备进行电子测量和科学分析的场合,推动测控技术的快速发展,缩短我国测控技术与国外水平的差距。

　　虚拟仪器技术在我国的研究起步时间不长,研究中还有许多问题需要我们去探索,如虚拟仪器软、硬件开发、虚拟现实技术在虚拟仪器中的应用等。因此,我们需要付出更大的努力才能在此领域取得更大的发展。

第 12 章 智能检测新技术

12.1 智能传感器与网络智能传感器

12.1.1 概述

智能传感器最初是由美国宇航局于 1978 年开发出来的。因为宇宙飞船上需要大量传感器不断向地面发送温度、位置、速度和姿态等数据信息,用一台大型计算机很难同时处理如此庞杂的数据,于是提出把 CPU 分散化,从而产生出智能化传感器。随着微电子技术的发展,1983 年,美国 Honeywell 公司首次推出用于过程工业的智能压力传感器,其他公司纷纷效仿,先后研制出各自的智能传感器产品。

智能传感器是当今世界正在迅速发展的高新技术,至今还没有形成规范化的定义。早期,人们简单地强调在工艺上将传感器与微处理器两者紧密结合,认为"传感器的敏感元件及其信号调理电路与微处理器集成在一块芯片上就是智能传感器",这种提法在实际中并不总是必需的,而且也不经济。于是,就产生了新的定义:"传感器通过信号调理电路与微处理器赋予智能的结合,兼有信息检测与信息处理功能的传感器就是智能传感器。"这一提法突破了传感器与微处理器结合必须在工艺上集成在一块芯片上的框框,而着重于两者赋予智能的结合可以使传感器的功能由以往只起"信息检测"作用扩展到兼有"信息处理"功能,因此,智能传感器是既有获取信息又有信息处理功能的传感器。

智能传感器过去主要用于过程工业,如今在离散自动化领域和商业领域都有广泛应用,尤其是近十年,由于半导体技术的迅速发展,使微控制器的功能不断升级,价格不断下降,从而引起工业传感器设计的革命,也使检测技术的发展跃上一个新台阶。

智能传感器的功能特点如下:

(1) 智能传感器提高了检测的准确度。由于微控制器分辨能力的提高,各种离散和模拟传感器的准确度也随之提高,如普通红外传感器、可见光光电传感器、激光传感器和超声波传感器等。微控制器能分析出检测场合的状况,鉴别出只有 1‰ 的对比度变化。现在,带有 16 位微控制器的光纤传感器可实现 12bit 的 A/D 分辨率。彩色条码检测装置至少能检测 16 个灰度等级,从而为低对比度场合提供理想的彩色对比度、灵敏度。用于测量和描绘物体的高分辨率屏幕分辨率达 2.5mm。带微控制器的智能激光传感器可实现 3mm 的分辨率。新的聚焦光束传感器能产生 0.25mm 的光点,能检测微小产品和产品边缘。精密测量用的超声波传感器有模拟和数字两种输出。另有一种专为精密测量应用而设计的带微控制器的超声波传感器,有可编程的检测窗口,分辨率为 0.08mm。

(2) 可设置灵活的检测窗口。过去,工程师用固定量程的检测装置解决检测应用时,需要 3∶1 的亮暗对比度。如今用带微控制器的智能传感器拥有可编程只有 1% 对比度变化的常规检测窗口,而且通过按钮可设置在指定检测范围的任何位置,从而为检测的应用提供了极大的灵活性,尤其对于精密检测和被测目标限定在一定空间的场合更重要。

(3) 快捷方便的按钮编程。带微控制器的传感器比以往任何普通传感器的功能都强得多,它具有更快捷的编程方式,并且调整操作也更少了。用户可用按钮编程实现多种功能的转换,包括习惯的检测窗口、独立的模拟输出和数字输出、亮暗操作、响应速度和关断延迟选择等,利用它很容易对传感器进行编程和重新编程,因此容易满足不同场合的不同要求。输出响应时间可编程的传感器使用户能按自己的机器周期通过按钮选择理想的响应时间。许多这类传感器能提供多个量程和多种响应时间供用户选择,从而提高了一种检测装置的通用性。离散输出的传感器可编程为通/断检测、高/低液位控制和产品边缘控制等。大多数可编程的传感器能通过导线连接外部开关、工业 PC 机或可编程控制器,完成对无法接近的装置实现远距离编程。

(4) 智能传感器的学习功能。利用嵌入智能和先进的编程特性相结合,工程师已设计出了新一代具有学习功能的传感器,它能为各种场合快速而方便地设置最佳灵敏度,不再用过去那些开关、电位器或双列直插式开关组件了。

学习模式的程序设计使光电传感器能对被检测过程取样,计算出光信号阈值,自动编程最佳设置,并且能在工作过程中自动调整其设置,以补偿环境条件的变化;还能使传感器识别出低对比度条件,自动提高灵敏度,这就是自适应技术。这种能力可以补偿部件老化造成的参数漂移,从而延长器件或装置的使用寿命和扩大其应用范围。

(5) 可以有多种输出形式及数字通信接口等。许多带微控制器的传感器能通过编程提供模拟输出、离散输出或同时提供两种输出,并且各自具有独立的检测窗口。最新的智能传感器都能提供两个互不影响的输出通道,具有独立的组态设备点。因此,用户可用一个可编程装置同时解决精密测量和有无检测任务。一些新的光纤传感器带有可测性输出,它把输出模拟信号平均分布在整个编程的检测窗口,以提供连续一致的响应,这样不仅可以简化装置,而且在电气噪声严重的场合也能获得最佳检测分辨率。

(6) 自诊断功能。带微控制器的智能传感器还具有先进的自诊断功能和直观的指示方式,可连续显示诊断结果和工作状态。自诊断功能包括两个方面:一是外部环境条件引起的工作不可靠,传感器能给出警示信号;二是传感器内部故障造成的性能下降也能给出诊断信号。无论内外部因素,诊断给出的信息都能使系统在故障出现之前报警,从而减少系统停机时间,提高生产率。

(7) 智能化使开发新应用更经济、更方便。嵌入智能增加了设计的灵活性,缩短了完成周期,降低了开发新应用的成本。设计工程师只用一个传感器通过改变或重新编程微控制器,或者通过升级软件的方法就能满足许多检测的需要。修改或升级现有传感器肯定比进行一个新设计更快、更容易、更经济。传感器软件设计和调整所花的费用、时间和劳动也肯定比通常硬件设计所花的要少得多,而且软件既轻便又可重复使用。

基于分布智能传感器的测量控制系统是由一定的网络将各个控制节点、传感器节点及中央控制单元共同构成。其中,传感器节点是用来实现参数测量并将数据传送给网络中的其他节点;控制节点是根据需要从网络中获取需要的数据并根据这些数据制订相应的控制方法和执行控制输出。在整个系统中,每个传感器节点和控制节点数目可多可少,根据要求而定。网络的选择可以是传感器总线、现场总线,也可以是企业内部的 Ethernet,也可以直接是 Internet。一个智能传感器节点是由三部分构成:传统意义上的传感器、网络接口和处理单元。根据不同的要求,这三个部分可以是采用不同芯片共同组成合成式的,也可以是单片式的。首先,传感器将被测量物理量转换为电信号,通过 A/D 转化为数字信号,经过微处理器的数据处理(滤波、校准)后将结果传送给网络,与网络的数据交换由网络接口模块完成。

控制节点由微处理器、网络接口及人机接口等输入输出设备组成,用来收集传感器节点所发送来的信息,并反馈给用户和输出到执行器,以实现一定的输出。

将所有的传感器连接在一个公共的网络上。为保证所有的传感器节点和控制节点能够实现即插即用,必须保证网络中所有的节点能够满足共同的协议。无论是硬件还是软件都必须满足一定的要求,只要符合协议标准的节点都能够接入系统。因此,为了保证这种即插即用的功能,智能传感器节点内部必须包含微处理芯片和存储器。

传感器与网络相连,是信息技术发展的一种必然趋势。然而,控制总线网络多种多样、千差万别,内部结构、通信接口、通信协议各不相同,以此来连接各种变送器(包括传感器和执行器),则要求这些传感器或执行器必须符合这些标准总线的有关规定。由于技术上、成本上的原因,传感器的制造商无法使自己的产品同时满足各种各样的现场总线要求,而这些现场总线本身有各自的优点,针对不同的应用对象,有自身的优势;但它们之间的不兼容性、不可互操作性和各自为战的弊端,给广大用户带来了很大的不便。一个通用的、普遍接受的传感器接口标准将使制造商、系统集成者和最终用户受益,这就是 IEEE 1451 标准产生最直接的原因。在各方努力下,IEEE 和 NIST 在 1997 年和 1999 年颁布了 IEEE 1451.2 和 IEEE 1451.1 标准,同时成立了两个新的工作组对标准进行进一步的扩展,即 IEEE P1451.3 和 IEEE P1451.4。

IEEE 1451.2 标准定义了一个连接传感器到微处理器数字接口(STIM),并通过网络适配器(NCAP)把传感器和执行器连接到网络;IEEE 1451.1 标准定义了网络独立的信息模型,使传感器接口与 NCAP 相连,它使用了面向对象的模型定义提供给智能传感器及其组件。根据 IEEE 1451.2 标准,要研制一个网络化智能传感器系统需要两个微处理器,分别承担 STIM 模块和 NCAP 模块的内核作用,这给系统的研制带来了很大的难度和复杂性。据 IEEE 和 NIST 最新资料,1451.X 标准之间可以一起使用,也可以单独使用。

12.1.2　智能传感器网络化的实现

1. 利用现场总线技术

在自动化领域,现场总线控制系统 FCS(fieldbus control system)正在逐步取代一般的分布式控制系统 DCS(distributed control system),各种基于现场总线的智能传感器/执行器技术也得到迅速发展。同时,现场总线控制系统是一个开放式和全分散式的控制系统,它作为智能设备的连接纽带,把挂接在总线上作为网络节点的智能设备连接为网络系统,并进一步构成自动化系统,实现基本控制、补偿运算、参数修改、报警、显示、监控、优化及管控一体化的综合自动化功能,这是一项以智能传感器、控制、计算机、数字通信、网络为主要内容的综合技术。

现场总线的出现导致了传统控制系统结构的变革,形成了新型的网络集成式全分布控制系统,它突破了分布式控制系统中通信由专用网络的封闭系统来实现所造成的缺陷,把基于封闭、专用的解决方案变成了基于公开化、标准化的方案,可以把来自不同厂商的而遵守同一协议规范的自动化设备通过现场总线连成系统,实现综合自动化的各种功能,同时将分布式控制系统的集中与分散相结合的系统结构变成新型的全分布结构。

另外,现场总线系统具有较高的测控能力,究其原因,其一是得益于仪表的微机化,其二是得益于设备的通信功能。将微机置入现场设备,使设备具有数字计算和数字通信能力,一方面提高了信号的测量、控制和传输精度,同时也为丰富控制信息的内容、实现其远程传送创造了条件。借助现场总线的计算和通信能力,可以在现场进行许多复杂的计算,形成真正分散的系统,提高了系统的运行可靠性;还可以借助于其网络功能,实现异地控制或远程控制,也可以更好、更方便地了解生产现场和自控设备的运行状态,以便进行故障诊断等工作。

现场总线技术是计算机技术、通信技术和控制技术的综合与集成,它的出现使传统的自动控制系统产生了根本性变革,传统的信号标准、通信标准和系统标准及现有自动控制系统的体系结构、设计方法、安装调试方法和产品结构都发生了重大改变。

根据国际电工委员会(IEC)标准和现场总线基金会 FF(Fieldbus Foundation)的定义,现场总线是连接智能现场设备和自动化系统的数字式、双向传输、多分支结构通信网络。现场总线的本质含义表现在以下六个方面:

(1)现场通信网络。传统模拟仪表的通信网络截止于控制站或输入输出单元,现场仪表间采用一对一的模拟信号传输。现场总线把通信线一直延伸到生产现场或生产设备,是用于现场设备或现场仪表互连的总线型通信网络,系统中多台设备共享一条数据总线。

(2)现场设备互连。现场设备或现场仪表是指传感器、变送器和执行器等,这些设备通过一对信号传输线互连。传输线可以使用双绞线、同轴电缆、光纤和电源线等,并可根据需要因地制宜地选择不同类型的传输介质。

(3)互操作性。现场设备或现场仪表种类繁多,没有任何一家制造商可以提供一个工厂所需的全部现场设备,而用户希望能简便地选用各制造商性能价格比最优的产品并集成在一起,实现"即接即用";用户希望对不同品牌的现场设备统一组态,构成所需要的控制回路。这些就是现场总线设备互操作性的含义。

(4)分散功能块。现场总线控制系统废弃了传统分散控制系统的输入/输出单元和控制站,把控制站的功能块分散地分配给现场仪表,从而构成虚拟控制站。由于功能块分散在多台现场仪表中,并可统一组态,供用户灵活选用各种功能块,构成所需地控制系统,实现彻底地分散控制。

(5)通信线供电。通信线供电方式允许现场仪表直接从通信线上摄取能量,这种方式提供用于本质安全环境的低功耗现场仪表,与其配套的还有安全栅。

(6)开放式互连环境。现场总线为开放式互联网络,既可与同层网络互连,也可与不同层网络互连。不同制造商提供的设备互连十分方便。

另外,开放式互联网络还体现在网络数据库共享,可以通过网络对现场设备和功能块统一组态。

总之,现场总线控制系统综合了数字通信技术、计算机技术、自动控制技术、网络技术和智能仪表等多种技术手段,从根本上突破了传统的"点对点"式的模拟信号或数字-模拟信号的局限性,构成一种全分散、全数字化、智能、双向、互连、多接点的通信与控制系统。相应的控制网络结构也发生了较大的变化。现场总线控制系统的典型结构分为三层:设备层、控制层和管理层,其结构如图 12-1 所示。

现场总线将变革传统的模拟仪表,其优点十分显著。

(1)1 对 N 结构。1 对传输线,N 台仪表,双向传输多个信号。这种 1 对 N 结构使得接线简单、工程周期短、安装费用低、维护容易。如果增加现场设备或现场仪表,只需并行挂接到电缆上,无须架设新的电缆。

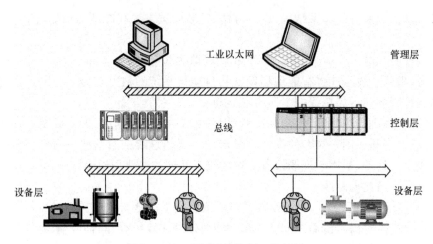

图 12-1　现场总线控制网络结构

（2）可靠性高。数字信号传输抗干扰强、精度高，无须采用抗干扰和提高精度的措施。

（3）可控状态。操作员在控制室既可了解现场设备或现场仪表的工作状况，也能对其进行参数调整，还可预测或寻找故障，始终处于操作员的远程监视与可控状态，提高了系统的可靠性、可控性和可维护性。

（4）互换性。用户可以自由选择不同制造商所提供的性能价格比最优的现场设备或现场仪表，并将不同品牌的仪表互连。即使某台仪表出现故障，换上其他品牌的同类仪表照常工作，实现"即接即用。"

（5）互操作性。用户把不同制造商的各种品牌的仪表集成在一起，进行统一组态，构成所需的控制回路，不必为集成不同品牌的产品而在硬件或软件上花费力气或增加额外投资。

（6）综合功能。现场仪表既有检测、变换和补偿功能，又有控制和运算功能，可以实现一表多用，既方便了用户又节省了成本。

（7）分散控制。控制站功能分散在各个现场仪表中，通过现场仪表就可构成控制回路，实现了控制功能的彻底分散，提高了系统的可靠性和灵活性。

（8）统一组态。由于现场仪表引入了功能块的概念，所以，仪表制造商都使用相同的功能块，并统一组态方法，使得组态工作变得相当简单，用户只需要按照统一的方法对其进行组态即可，降低了使用难度。

（9）开放式系统。现场总线为开放的互联网络，所有技术和标准都是公开的，所有制造商都必须遵循。这样，用户可以自由集成不同制造商的通信网络，也可以方便地共享网络数据库。

过去十多年来，世界上出现了多种现场总线的企业、集团或国家标准，目前较流行的现场总线主要有 CAN(控制局域网)、LonWorks(局域操作网)、PROFIBUS (过程现场总线)、HART 和 FF(基金会现场总线)等。

(1) CAN。CAN 是控制器局域网络(control area network)的简称,它是由德国 Bosch 公司及几个半导体集成电路制造商开发出来的,起初是专门为汽车工业设计的,后来由于自身的特点被广泛地应用于各行各业。目前,CAN 已由 ISO TC22 技术委员会批准为国际标准,在现场总线中,它是唯一被国际标准化组织批准的现场总线。CAN 协议也遵循 ISO/OSI 模型,但只采用了其中的物理层和数据链路层。CAN 采用多主工作方式,节点之间不分主从,但节点之间有优先级之分,通信方式灵活,可实现点对点、一点对多点及广播方式传输数据,无须调度。CAN 采用的是非破坏性总线仲裁技术,按优先级发送,可以大大节省总线冲突仲裁时间,在重负荷下表现出良好的性能,是所有总线中最为可靠的,支持双绞线、同轴电缆或光纤作为传输介质。国际 CAN 总线的用户及制造商组织于 1993 年在欧洲成立,简称 CIA,其主要作用是解决 CAN 总线实际应用中的问题,提供 CAN 产品及开发工具,推广 CAN 总线的应用。

(2) LonWorks。LonWorks 是由美国 Echelon 公司推出并由其与摩托罗拉、东芝公司共同倡导,于 1990 年正式公布而形成的,它采用了 ISO/OSI 模型的全部 7 层通信协议及面向对象的设计方法,通过网络变量把网络通信设计简化为参数设置,其通信速率从 300b/s 至 1.5Mb/s 不等,直接通信距离可达 2700mm,支持双绞线、同轴电缆、光纤、射频、红外线、电力线等多种通信介质,并开发了相应本质安全防暴产品,被誉为通用控制网络。

Echelon 公司鼓励各个 OEM 厂商运用 LonWorks 技术开发自己的应用产品,据称目前已有 2600 多家公司在不同程度上采用了 LonWorks 技术,1000 多家公司已经推出了 LonWorks 产品,并进一步组织了 Lon MARK 互操作性协会,开发推广 LonWorks 技术与产品。LonWorks 已被广泛运用到了楼宇自动化、家庭自动化、保安系统、交通运输、工业过程控制等行业。另外,在开发智能通信接口、智能传感器方面,LonWorks 技术也具有独特的优势。

(3) PROFIBUS。现场总线 PROFIBUS 技术于 1987 年由 SIEMENS 公司等 13 家企业和 5 家科研机构联合提出,1989 年批准为德国标准 DIN19245。经应用完善后,于 1996 年 6 月批准为欧洲现场总线标准 EN50170V.2。目前,根据国际 IEC 标准委员会达成的关于现场总线国际标准的妥协方案,PROFIBUS 现场总线标准已成为国际现场总线标准 IEC61158 的一个组成部分。

目前国际上有 250 多家企业生产 1600 多种符合 PROFIBUS 标准的产品。在广阔的应用领域中,已有 200 多万个设备安装运行。应用涉及工业自动化的各个主要领域,包括制造业自动化(汽车制造、装配系统、仓储系统)、楼宇自动化(供热、空调系统)、交通管理自动化、过程自动化(清洗工厂、化工和石化工厂、造纸和纺织品工业)、电力工业和电力输送(发电厂、开关装置)。PROFIBUS 标准产品在欧洲现场总线产品市场占有率第一,超过 40%。

PROFIBUS 用户组织已建立了质量认证程序,在德国和美国建立了测试实验室,包括硬件测试和一致性、互操作性测试。

PROFIBUS 已经广泛应用于加工制造、过程和楼宇自动化,是成熟技术,其根据应用特点分为 PROFIBUS-DP、PROFIBUS-PA 和 PROFIBUS-FMS 三个兼容版本,分别应用于不同场合,如图 12-2 所示。

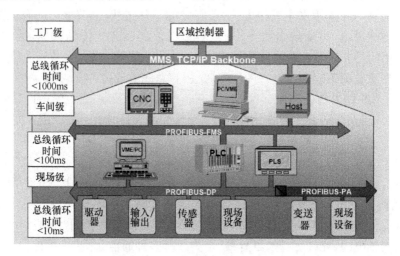

图 12-2 PROFIBUS 总线的应用

近年来,由于 Ethernet 技术的发展和应用,已经脱离传统的商业网络系统正走向工业控制自动化。由于 Ethernet 传输速度的提高和交换技术的发展,因此,使 Ethernet 全面应用到工业控制领域成为一种趋势。所以,PROFIBUS 和 Ethernet 相结合,提出了 PROFInet 解决方案,并逐渐取代了 PROFIBUS-FMS 的位置。PROFInet 基于工业 Ethernet,采用 TCP/IP 和 IT 标准,仅 PROFInet 名称本身就表明,它承接了 PROFIBUS 15 年的应用经验,可以确保无缝地向全球已确立的 Ethernet 通信系统转换。

(4) HART。HART 是 highway addressable remote transducer 的缩写,最早由 Rosemount 公司开发并得到 80 多家著名仪表公司支持,于 1993 年成立了 HART 通信基金会。这种被称为可寻址远程传感器高速通道的开放通信协议,其特点是在现有模拟信号传输线上实现数字信号通信,属于模拟系统向数字系统转变过程中的过渡性产品,因而在当前的过渡时期具有较强的市场竞争能力,得到了较快发展。

(5) FF。FF 是目前最具发展前景、最具竞争力的现场总线之一,它的前身是以 Fish-Rosemount 公司为首,联合 80 多家公司制定的 ISP 协议和以 Honeywell 公司为首,联合欧洲 150 家公司制定的 WorldFIP 协议,两大集团于 1994 年合并,成立 FF,致力于开发统一的现场总线标准。FF 目前拥有 120 多个成员,包括世界上最主要的自动化设备供应商,如 AB、ABB、Foxboro、Honeywell、Smart、FUJI Electric 等。FF 的通信模型以 ISO/OSI 开放系统模型为基础,采用了物理层、数据链路层、应用层,并在其上增加了用户层,各厂家的产品在用户层的基础上实现。FF 总线采用令牌环通信方式,可分为周期通信和非周期通信,现在有低速和高速两种通信速率,即 H1 协议和 H2 协议,目前又推出了一种新的高速协议——HSE 协议。FF 可采用总线型、树型、菊花链型等网络拓扑结构,网络中的设备数量取决于总线宽带、通信端数、供电能力和通信介质等因素。FF 支持双绞线、同轴电缆、光缆和无线发射等传输介质,物理协议符合 IEC1158-2 标准,编码大多采用曼彻斯特编码。FF 总线拥有非常出色的互可操作性,这是因为其采用了功能模块编程和设备描述语言(DDL)使得现场节点能够准确、可靠地实现信息互通。

2. 利用 Intranet/Internet 技术

对于大型数据采集系统而言(特别是自动化工厂用的数据采集系统),由于其中的传感器/执行器数以万计,特别希望能减少其中的总线数量,最好能统一为一种总线或网络,这样不仅有利于简化布线、节省空间、降低成本,而且方便系统维护。另一方面,现有工厂和企业大都建有企业内部网(Intranet),基于 Intranet 的信息管理系统(MIS)成为企业运营的公共信息平台,为工厂现代化提供了有力的保障。

Intranet 和 Internet 具有相同的技术原理,都基于全球通用的 TCP/IP 协议,使数据采集、信息传输等能直接在 Intranet/Internet 上进行,既统一了标准,又使工业测控数据能直接在 Intranet/Internet 上动态发布和共享,供相关技术人员、管理人员参考,这样就把测控网和信息网有机地结合了起来,使得工厂或企业拥有一个一体化的网络平台,从成本、管理、维护等方面考虑,这是一种最佳的选择。

让传感器/执行器在应用现场实现 TCP/IP 协议,使现场测控数据就近登临网络,在网络所能及的范围内适时发布和共享,是具有 Internet/Intranet 功能的网络化智能传感器(包括执行器)的研究目标,也是目前国内外竞相研究与发展的前沿技术之一。

具有 Internet/Intranet 功能的网络化智能传感器是在智能传感器的基础上实现网络化和信息化,其核心是使传感器本身实现 TCP/IP 网络通信协议。随着电子和信息技术的高速发展,通过软件方式或硬件方式可以将 TCP/IP 协议嵌入到智能化传感器中。目前,已有多种嵌入式的 TCP/IP 芯片(如美国 Seiko Instruments 公司生产的 ichip S7600A 芯片)可直接用作网络接口,实现嵌入式 Internet

的网络化仪器。

正是由于信息传感器广泛的市场前景和无所不在的应用领域,如智能交通系统、虚拟现实应用、信息家电、家庭自动化、工业自动化、POS 网络、电子商务、环境监测及远程医疗等,国内外相关研究方兴未艾,各类方法和实现方案不断涌现,各有特点和优势。

总体上讲,这些研究可归结为两大类:一类是直接在智能传感器上实现TCP/IP,使之直接连入 Internet;另一类是智能传感器通过公共的 TCP/IP 转接口(或称网关)再与 Internet 相连。

(1) 直接在智能传感器上实现 TCP/IP。典型代表是 HP 公司设计的一个测量流量的信息传感器模型,该传感器模型是采用 BFOOT-66051(一种带有定制Web 页的嵌入式 Ethernet 控制器)来设计的,STIM 用以连接传感器,NCAP 用以连接 Ethernet 或 Internet。STIM 内含一个支持 IEEEP1451 数字接口的微处理器,NCAP 通过相应的 P1451.2 接口访问 STIM,每个 NCAP 网页中的内容通过PC 机上的浏览器可以在 Internet 上读取。STIM 和 NCAP 接口有专用的集成模块问世,如 EDI1520、PLCC-44,可以在片上系统实现具有 Internet/Intranet 功能的网络化智能传感器。

(2) 通过公共的 TCP/IP 转接口与 Internet 相连。典型代表是美国 NI 公司的 GPIB-ENET 控制器模块,它包含一个 16 位微处理器和一个可以将数据流的GPIB 格式与 Ethernet 格式相互转换的软件,将这个控制器模块安装上传感器或数据采集仪器就可以和 Internet 互通了。

目前,包括 Siemens/Infineon、Philips 与摩托罗拉在内的数十家大公司联合成立了"嵌入式 Internet 联盟(ETI)",共同推动嵌入式 Internet 技术和市场的发展。

具有 Internet/Intranet 功能的网络化智能传感器技术已经不再停留在论证阶段或实验室阶段,越来越多的成本低廉且具备 Internet/Intranet 网络化功能的智能传感器/执行器不断地涌向市场,正在并且将要更多更广地影响着人类生活。

以 IP 技术为核心的 Internet 渗透到人类生活的方方面面,无数 Internet 的节点(具有 Internet/Intranet 功能的网络化智能传感器)正在发挥着神经细胞的功能,它将使地球披上一层"电子皮肤",地球正是用 Internet 在支持和传递着它的"感觉",无处不在的网络化智能传感器(包括气象参数传感器、水土分析传感器、污染检测器、电子眼、电子鼻、葡萄糖传感器和脑电图仪等)探测和监视着城市、大气、船只、车流和人类自己。

12.1.3　网络化智能传感器技术标准 IEEE1451

1. IEEE1451 标准的诞生与发展

继模拟仪表控制系统、集中式数字控制系统、分布式控制系统之后,基于各种现场总线标准的分布式测量和控制系统得到了广泛的应用,这些系统所采用的控制总线网络多种多样、千差万别,其内部结构、通信接口、通信协议等各不相同。

目前市场上,在通信方面所遵循的标准主要有 IEEE803.2(Ethernet)、IEEE802.4(令牌总线)、IEEE FDDI(光纤分布式数据界面)、TCP/IP(传输控制协议/互联协议)等,以此来连接各种变送器(包括传感器和执行器),要求所选的传感器/执行器必须符合上述标准总线的有关规定。一般说来,这类测控系统的构成都可以采用如图 12-3 所示的结构来描述。

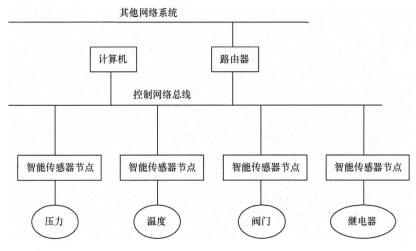

图 12-3　一种分布式测控系统结构示意图

图 12-3 简单地表示了一种分布式测量和控制系统的典型应用事例,是目前市场比较常见的现场总线系统结构图。实际上,由于这种系统的构造和设计是基于各种网络总线标准而定的,如 I2C、HART、SPI、LonWorks 及 CAN 等,每种总线标准都有自己规定的协议格式,相互之间互不兼容,给系统的扩展、维护等带来不利的影响。

对传感器/执行器的生产厂家来说,希望自己的产品得到更大的市场份额,产品本身就必须符合各种标准的规定,因此,需花费很大的精力来了解和熟悉这些标准,同时要在硬件的接口上符合每一种标准的要求,这无疑将增加制造商的成本;对于系统集成开发商来说,必须充分了解各种总线标准的优缺点并能够提供符合相应标准规范的产品,选择合适的生产厂家提供的传感器或执行器使之与系统匹配;对于用户来说,经常根据需要来扩展系统的功能,要增加新的智能传感器或执行器,选择的传感器/执行器就必须能够适合原来系统所选择的网络接口标准,但在很多情况下很难满足,因为智能传感器/执行器的大多数厂家都无法提供满足各种网络协议要求的产品,如果更新系统,将给用户的投资利益带来很大的损失。

针对前述情况,1993年,开始有人提出构造一种新的通用智能化变送器标准,1995年5月给出了相应的标准草案和演示系统,经过几年的努力,终于在1997年9月通过了IEEE认可,并最终成为一种通用标准,即IEEE1451.2。

智能化网络变送器接口标准的实行将有效地改变目前多种现场总线网络并存而让变送器制造商无所适从的现状,智能化传感器/执行器在未来的分布式网络控制系统中将得到广泛的应用。

对于智能网络化传感器接口内部标准和软硬件结构,IEEE1451标准中都作出了详细的规定,该标准的通过将大大简化由传感器/执行器构成的各种网络控制系统,并能够最终实现各个传感器/执行器厂家的产品相互之间的互换性。

1993年9月,IEEE第九技术委员会(即传感器测量和仪器仪表技术协会)接受了制定一种智能传感器通信接口的协议;1994年3月,NIST和IEEE共同组织一次关于制定智能传感器接口和制定智能传感器连接网络通用标准的研讨会,从这以后连续主办了四次关于这方面问题讨论的一系列研讨会场;直到1995年4月成立了两个专门的技术委员会,即P1451.1工作组和P1451.2工作组:P1451.1工作组主要负责智能变送器的公共目标模型进行定义和对相应模型的接口进行定义;P1451.2工作组主要定义TEDS和数字接口标准,包括STIM和NACP之间的通信接口协议和管脚定义分配。1998年底,技术委员会针对大量的模拟量传输方式的测量控制网络及小空间数据交换问题,成立了另外两个工作组P1451.3、P1451.4:P1451.3负责制定与模拟量传输网络与智能网络化传感器的接口标准;P1451.4负责制定小空间范围内智能网络化传感器相互之间的互联标准。

采用IEEE1451.4标准的主要目的如下:

(1) 通过提供一个与传统传感器兼容的通用IEEE1451.4传感器通信接口使得传感器具有即插即用功能。

(2) 简化了智能传感器的开发。

(3) 简化了仪器系统的设置与维护。

(4) 在传统仪器与智能混合型传感器之间提供了一个桥梁。

(5) 使得内存容量小的智能传感器的应用成为可能。

虽然许多混合型(即能非同时地以模拟和数字的方式进行通信)智能传感器的应用已经得到发展,但由于没有统一的标准,市场接受起来比较缓慢。

一般来说,市场可接受的智能传感器接口标准不但要适应智能传感器与执行器的发展,而且还要使开发成本低。

因此,IEEE1451.4就是一个混合型的智能传感器接口的标准,它使得工程师们在选择传感器时不用考虑网络结构,这就减轻了制造商要生产支持多网络的传感器的负担,也使得用户在需要把传感器移到另一个不同的网络标准时可减少开销。

IEEE1451.4 标准通过定义不依赖于特定控制网络的硬件和软件模块来简化网络化传感器的设计,这也推动了含有传感器的即插即用系统的开发。

IEEE 和 NIST 还在着手制定无线连接各种传感设备的接口标准,该标准的名称为 IEEE P1451.5,主要用于利用电脑等主机设备综合管理建筑物内各传感设备获得的数据,如果这一过程中的传送方式能得到统一,则有望降低无线传送部分的成本。该规格中还将包括把传感器获得的信息用于 WWW 等外部网络的表述方式。

IEEE1451 中将包括自动进行传感器微调的结构及实现通用即插即用(UPnP)的方法等,也就是所谓的"智能传感器"的标准。此前制订的标准主要是面向有线接入用途,但随着无线通信的硬件及软件价格的降低,无线支持功能便被提上了议事日程。

IEEE P1451.5 将对物理层的传送方式等问题做出规定,正在探讨 IEEE 802.15.1(蓝牙协议)、IEEE802.15.4(介于无线识别技术和蓝牙之间的技术提案)及 IEEE802.11b 等无线通信协议的使用问题,还将着手制定耗电量、传送距离及接收/发送部件的成本等方面的标准,推动无线通信网络化仪器的进步。

具有 IEEE1451 系列标准的智能传感器可以很好地支持测量领域,这不仅有助于用更多的传感器设计更大的系统,还能同时实现高精度的测量。

随着无线通信技术的发展,基于手机的无线通信网络化仪器及基于无线 Internet 的网络化仪器等新兴的网络化测试仪器正在改变着人类的生活。

2. IEEE1451 标准结构

IEEE1451 标准接口的结构如图 12-4 所示。第一层模块结构用来运行网络协议栈和应用硬件,即网络匹配处理器 NCAP;第二层模块为智能变送器接口模块 STIM,其中包括变送器和变送器电子数据单 TEDS。

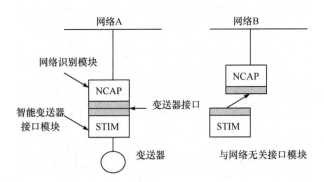

图 12-4　不同网络总线 IEEE1451 转换方案

这样,在基于各种现场总线的分布测量控制系统中,各种变送器的设计制造无须考虑系统的网络结构,如图 12-5 所示。

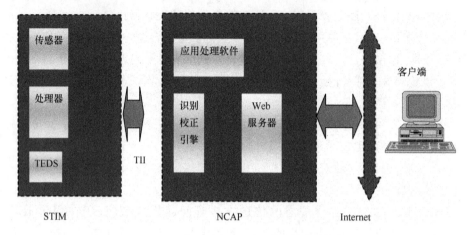

图 12-5　IEEE1451.2 的一种系统结构框图

IEEE1451 是为变送器制造商和应用开发商提供的一种有效而经济的方式以支持各种控制网络,如图 12-6 所示。

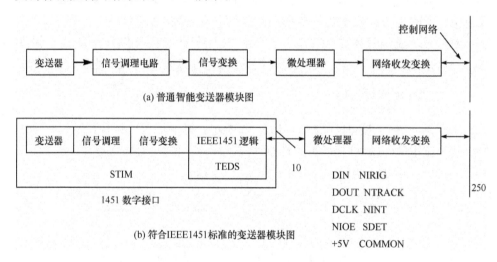

图 12-6　两种智能变送器结构比较

3. IEEE1451 标准的应用

基于该标准的网络化传感器包括两类:有线网络化传感器和无线网络化传感器。IEEE1451.2 标准中仅定义了接口逻辑和 TEDS 的格式,其他部分由传感器制造商自主实现,以保持各自在性能、质量、特性与价格等方面的竞争力。同时,该标准提供了一个连接智能变送器接口模型 STIM 和 NCAP 的 10 线的标准接口棗变送器独立接口 TII,主要定义两者之间点点连线、同步时钟的短距离接口,使传感器制造商可以把一个传感器应用到多种网络和应用中。符合 IEEE1451 标准的有线网络化传感器的典型体系结构如图 12-7 所示。

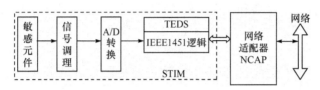

图 12-7　基于 IEEE1451.2 标准的网络化传感器体系结构

现在设计基于 IEEE1451.2 标准的网络化传感器已经非常容易,特别是 STIM 和 NCAP 接口模块,硬件可以使用专用的集成芯片,如 EDI1520、PLCC-44,软件模型可采用 IEEE1451.2 标准的 STIM 软件模块,如 STIM 模块、STIM 传感器接口模块、TII 模块和 TEDS 模块。

在一些特殊的测控环境(无人区、偏远地区)下使用有线电缆传输传感器信息是不方便的,为此,有人提出将 IEEE1451.2 标准和蓝牙技术结合起来设计无线网络化传感器,以解决原有有线系统的局限。蓝牙技术是一种低功率短距离的无线连接标准的代称,它是实现语音和数据无线传输的开放性规范,其实质是建立通用的无线空中接口及其控制软件的公开标准,使不同厂家生产的设备在没有电线或电缆相互连接的情况下,能在近距离(10cm~100m)内具有互用、互操作的性能。

基于 IEEE1451.2 和蓝牙协议的无线网络化传感器由 STIM、蓝牙模块和 NCAP 三部分组成,其体系结构如图 12-8 所示。

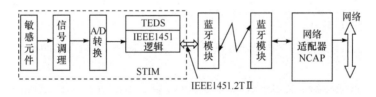

图 12-8　无线网络化传感器的体系结构

国外有不少公司已推出了基于蓝牙技术的硬件和软件的开发平台,如爱立信的蓝牙开发系统 EBDK、AD 公司的快速开发系统 QSDK,利用开发系统可方便、快速地开发出基于蓝牙协议的无线发送和接收的模块。

IEEE1451.2 标准的颁布为有效简化开发符合各种标准的网络化传感器带来了一定的契机,而且随着蓝牙技术在网络化传感器中的应用,无线网络传感器将使人们的生活更精彩、更富有生命力和活力。

12.2 软测量技术简介

12.2.1 概述

随着生产技术的发展和生产过程的日益复杂,为确保生产装置安全、高效地运行,需对与系统的稳定及产品质量密切相关的重要过程变量进行实时控制和优化控制。可是,在许多生产装置的这类重要过程变量中,存在着一大部分由于技术或是经济上的原因,很难通过传感器进行测量的变量,如精馏塔的产品组分浓度、生物发酵罐的菌体浓度和化学反应器的反应物浓度及产品分布等。为了解决此类过程的控制问题,以前往往采用两种方法:一种方法是采用间接的质量指标控制,如精馏塔灵敏板温度控制、温差控制等,但此法难以保证最终质量指标的控制精度;另一种方法是采用在线分析仪表,设备投资较大,维护成本高,并因较大的测量滞后而使得调节品质下降。为了解决这些问题,逐步形成了软测量方法及其应用技术。

目前,软测量技术被认为是最具有吸引力和富有成效的新方法,在不增加或少增加投资的条件下,软测量技术将会得到广泛应用,从而对过程检测和控制系统产生巨大影响。其主要意义如下:

(1)打破传统单输入单输出仪表格局。软测量仪表是多输入多输出智能型仪表,它可以是专用仪表,也可以是由用户进行编程的通用仪表,一些价格较贵难维护的仪表将为软测量仪表所代替。

(2)实现在同一仪表中结合软测量技术与控制技术。采用智能总线化仪表后,在一台仪表中实现多个回路的控制将成为可能。

(3)修改方便。软测量的本质是面向对象的,通过编程或组态来实现软测量数学模型,可以通过编程器或组态操作方便地对模型参数进行修改,甚至可以对推理控制模型进行修正。

(4)在分散控制系统中实现方便。一些较简单的数学模型还可在单回路控制器中实现。

(5)对过程控制系统来说,原来因缺少检测手段而采用的一些间接控制方案将被采用软测量技术的以直接控制目标为目的的控制方案所代替,以提高控制性能指标。同时,软测量技术的应用对原有一些经典控制方案也提出了挑战。例如,在经典优化控制系统中,由于优化目标函数难于直接估计,使优化控制级分列在过程控制级上,采用软测量技术可直接对多优化目标函数进行估计,使优化控制直接在过程控制级实现,减少控制回路间的协调。

软测量就是选择与被估计变量相关的一组可测变量,构造某种以可测变量为输入、被估计变量为输出的数学模型,用计算机软件实现重要过程变量的估计。软测量估计值可作为控制系统的被控变量或反映过程特征的工艺参数,为优化控制与决策提供重要信息。软测量技术主要包括辅助变量选择、输入数据处理、软测量模型建立和在线校正等步骤。目前,软测量技术过程控制(如石化工业生产过程参数测量)和系统优化领域中正逐步得到应用,并具有广泛的应用前景。

12.2.2 软测量技术的构成要素

1. 辅助变量的选择

辅助变量的选择一般是根据工艺机理分析(如物料、能量平衡关系),在可测变量集中,初步选择所有与被估计变量有关的原始辅助变量,这些变量中部分可能是相关变量,在此基础上进行精选,确定最终的辅助变量个数。

辅助变量数量的下限是被估计的变量数,然而最优数量的确定目前都无统一的结论。有文献指出,应首先从系统的自由度出发,确定辅助变量的最小数量,再结合具体过程的特点适当增加,以更好地处理动态性质等问题。一般是依据对过程机理的了解,在原始辅助变量中,找出相关的变量,选择响应灵敏、测量精度高的变量为最终的辅助变量,如在相关的气相温度变量、压力变量之间选择压力变量。更为有效的方法是主元分析法,即利用现场的历史数据作统计分析计算,将原始辅助变量与被测量变量的关联度排序,实现变量精选。

2. 数据的处理

要建立软测量模型,需要采集被估计变量和原始辅助变量的历史数据,数据的数量越多越好,这些数据的可靠性对于软测量的成功与否至关重要。然而,测量数据一般都不可避免地带有误差,有时甚至带有严重的过失误差。因此,输入数据的处理在软测量方法中占有十分重要的地位。

输入数据的处理包含两个方面,即换算和数据误差处理。换算不仅直接影响着过程模型的精度和非线性映射能力,而且影响着数值优化算法的运行效果。数据误差分为随机误差和过失误差两类,前者受随机因素的影响,如操作过程的微小波动或检测信号的噪声等,后者包括仪表的系统偏差(如填空、校正不准或基准漂移及热电偶偏差管因结碳而产生绝热等),以及不完全或不正确的过程模型(泄漏、热损失和非定态等)。

对于随机误差,工程上除了剔除跳变信号之外,一般都采用递推数字滤波的方法,如变通滤波、低通滤波、移动平均滤波等。随着计算机优化控制系统的使用,复杂的数字计算方法对数据的精确度提出了更高的要求,于是出现了数据校核技术(date reconciliation techniques),其基本思想是:利用精确的数学模型为测量数据提供软冗余(估计值),它可以表示为一个以估计值与测量值之差最小为目标,以过程模型为约束条件的估计值的优化计算过程,然而,由于真正"精确"的过程模型是不存在的,所以还在进一步研究该方法的工程适用性。

虽然过程数据中含有过失误差的情况出现的概率较小,但一旦出现则会使软测量乃至过程优化全盘失败。因此,及时侦破、剔除和校正含过失误差的数据是至关重要的。有人提出了基于统计假设检验的过失误差处理方法,如残差分析法、校正量分析法等,同时指出,并非所有的过失误差均能由统计假设检验的方法处理。最近,人们又提出了基于神经网络的过失误差检测方法,这些方法在理论上都是可行的,但距工程实用尚需做许多工作。一个比较现实的方法是对重要的输入数据采用硬件冗余,如用相似的检测元件或采用不同的检测原理对同一数据进行检测,以提高该数据的可信度。

3. 软测量模型的建立

软测量模型是研究者在深入理解过程机理的基础上开发出的适用于估计的模型,它是软测量方法的核心。

(1) 线性软测量模型。人们已提出了一种建立在卡尔曼滤波理论基础之上的线性软测量方法,它通过建立过程输出模型和辅助测量变量模型,并进行一系列的线性运算,得到输出变量与辅助变量之间的关系。这类方法被许多研究者认为是不实用的,它对模型误差和测量误差都很敏感,实施过程比较繁琐,最关键的是这种方法很难处理非线性严重的过程。针对该问题,有人提出了在线适应软测量方法,其独到之处在于采用人工分析值对软测量模型进行在线校正,以使它能克服时变等因素的影响。虽然其模型结构是线性的(形式上类似于 ARMAX 模型),但它在适用范围和动态信息的引入方面都有所改善。

(2) 非线性软测量模型。为了更好地处理非线性问题,人们又提出了非线性的软测量方法,其主要的进步在于采用了非线性形式的估计模型,目前较常用的方法主要有统计回归方法和机理建模方法。如采用主元回归法所建立的软测量模型,已在一个实验精馏塔上进行了成功的应用,机理建模方法是基于对生产过程物理化学过程的深刻认识直接找出被估计变量与可测变量之间的定量关系,以数学形式表达出来。如对一个二元精馏过程,首先根据物料平衡和能量平衡建立严格的非线性气液平衡模型,然后根据检测到的塔板温度和进料流量,估算出全塔的浓度分布(包括进料成分),这种方法的有效性在实验装置上得到证实。然而,该方法仅适用于比较简单的生产过程,而对于很复杂的生产过程,则可采用简化非线性软测量方法,即通过对严格机理模型进行简化,同时结合现场测试,得到简化非线性估计模型。该方法在工业应用中取得了比较好的结果。

此外,人们还采用模糊模式识别的方法来建立软测量模型,该方法脱离了传统数学方程式的模型结构,以系统输入输出数据为基础,通过对系统特征的提取构成以模式识别描述分类方法为基础的模式描述模型。它几乎不需要有关系统的先验知识,可直接利用系统日常操作相关数据,因此,适用于非线性系统软测量模型的建立。该方法已被成功地应用于某催化裂化装置汽油压的在线软测量。

（3）基于神经网络的软测量模型。神经网络方法已经引起了学术界的极大兴趣，其优良的性质，如并行计算、可学习、容错等，可以用来解决控制工程中广泛存在的建模问题和模型校正问题。神经网络是根据对象输入输出数据直接建模的，无需对象的先验知识，而且其较强的学习能力对模型的在线校正十分有利。现在，已将神经元网络理论应用于软测量，并指出，神经元网络能够有效地处理过程的非线性和动态滞后，以神经元网络构成的软测量模型已在一个工业脱甲烷塔上获得了成功的应用（神经元网络的输出通过一个一阶低通滤波器作为产品成分的估计值），而且以这种估计器的输出作为产品成分反馈信号，对一个 10 层塔盘的甲醇-水精馏塔（实验装置）进行了质量闭环控制。结果表明，这种控制系统至少在动态时滞方面好于由在线分析仪构成的成分控制系统。

虽然具有两个隐含层的神经网络已经被证明可以用来逼近任意精度的非线性函数，但对于非线性严重的过程，如精密精馏过程，若用一个整体网络来映射全部的初始样本空间，就必然导致网络神经元数目较大，网络的运算和学习速度变慢，从而给模型的在线运行带来不利的影响；而且不同样本间的学习过程往往相互干扰，顾此失彼。近来有人采用多个网络和局部训练的方法来处理复杂动态系统的控制和学习，其基本思路是：①对初始样本空间进行聚类分析，将其分为具有不同特征值的多个子空间，用不同的子网络分别进行学习，得到一个分布式子网络。②对于每一个学习样本，通过分类决策确定其类属，分别用相应的分布式子网络对其进行局部学习，这样可以避免不同子网络之间学习的相互干扰。为了克服因局部模型硬划分而引起的不同网络之间的跳出跳变和学习跳变，文献中又提出了模糊神经网络方法，运用模糊集合论的知识对非线性对象进行局部模型的划分。值得注意的是，虽然神经网络有着较强的学习能力，但其泛化能力却因训练方法的不同而有较大的差别，现在有些文献已出现了一些能够有效提高网络泛化能力的训练算法。此外，训练样本的分布和数量对泛化能力也有很大影响。

4. 软测量模型的在线校正

由于过程的时变性，软测量模型的在线校正是必要的，尤其对于复杂工业过程，很难想象软测量模型能够"一次成型"、"一劳永逸"。

对软测量模型进行在线校正一般采用下列两种方法之一，即定时校正和满足一定条件时校正。定时校正是指软测量模型在线运行一段时间后，用积累的新样本采用某一算法对软测量模型进行校正，以得到更适合于新情况的软测量模型。满足一定条件时校正则是指以现有的软测量模型来实现被估计量的在线软测量，并将这些软测量值和相应的取样分析数据进行比较。若误差小于某一阈值，则仍采用该软测量模型；否则，则用累积的新样本对软测量模型进行在线校正。

12.2.3 软测量技术的实现与应用

对用户来说,建立软测量技术控制方案的关键还是软件。软测量系统软件主要分为四层结构:测试管理层、测试程序层、仪器驱动层和 I/O 接口层。目前,PC 软硬件资源不断丰富与发展,已出现了虚拟仪器软件标准,使这些软件层的设计均以"与设备无关"为特征,大大改善了开发环境。由于虚拟仪器的本质是面向对象的,不同开发人员采用不同工具开发的测试程序很方便地集成在一个系统中。同时,提供通信功能的图形化虚拟仪器测试测量系统的工具化软件在逐步完善,解决了对开发人员编程能力和硬件掌握要求高、开发周期长、软件移植与维护难的问题。目前,HP 公司的 HP VEE 及 NI 公司的 LabVIEW 是两种非常适用的图形化虚拟仪器编程工具。

软测量技术作为一种新的检测与控制技术,与其他技术相似,只有在其适用范围内才能充分发挥自身优势。因此,必须对其适用条件进行分析。

(1) 通过软测量技术所得到的过程变量估计值必须在工艺过程所允许的精确度范围内。

(2) 能通过其他检测手段根据过程变量估计值对系统数学模型进行校验,并根据两者偏差确定数学模型校正与否。

(3) 直接检测被估过程变量的自动化仪器仪表较贵或维护困难。

(4) 被估过程变量应具有灵敏性、精确性、鲁棒性、合理性及特异性。

目前,软测技术在石化生产过程中正逐步得到应用。意大利 Pisa 大学和 Adicon 先进蒸馏控制公司将人工神经网络应用于预估催化重整生成油辛烷值和汽油分离塔产品性质。阿布扎比国家石油公司也将神经网络模型用于估算原油分馏中间产品的质量,取得了良好的精度。清华大学也用 RBF 神经网络对原油蒸馏塔常三线柴油 90% 点质量在线估计进行了研究,取得了满意的结果。虽然软测量在很大程度上能够解决过程变量不可测问题,但仍然不能从根本上解决这一问题,它还有赖于检测方法的改进和检测仪表性能的提高。在许多情况下,软测量作为一种冗余手段是可行的,如同时结合仪表的维修和检测方法的改进,则往往能够大幅度提高测量数据的精度和可靠性。

12.3　基于混沌理论的微弱信号检测技术简介

随着混沌理论的不断发展,大家希望将混沌振子对小信号的敏感度及对噪声的免疫力用于强噪声背景下的微弱信号的检测。Holmes 等用 Melnikov 方法得到了出现混沌的条件,使得利用混沌成为可能。后来,Birx 对混沌振子应用于强噪声背景下的微弱信号检测进行了一些研究。屈梁生教授利用差分方程原理成功地设计了混沌振子,并在检测微弱信号时有良好的可视性。浙江大学的王冠宇等则利用 Duffing 方程的解特性设计出了混沌振子,使得可检信噪比范围扩展到－26dB。本节内容主要来自王冠宇、薛春浩等的研究成果(详见参考文献)。

混沌是确定性的随机行为,而噪声是不确定的扰动形式。振子处于混沌状态时,它表现出确定性与随机性的统一,其随机性表现在混沌系统表面上的无序状态,这使得它对噪声具有极强的免疫能力。因为噪声在每个瞬时的作用效果只是改变相点的局部位置,使得初值敏感性造成的全局轨道不可预测更加明显,但丝毫不能改变系统的混沌状态;其确定性表现在系统的状态是由确定性的方程所支配的,改变方程中的参数有可能导致系统从混沌到有序的转变。如果我们设法将有用信号调制到参数空间中去,就能根据系统的相变检测出信号来。可将系统参数调到分叉值附近,使振子状态处于混沌但即将向周期转变的临界状态。将带有强噪声的外界信号作为系统内部周期激励(参考信号)的摄动而引入振子系统。噪声虽然强烈,但只是局部地改变系统的相轨迹,很难引起系统的相变,而一旦带有与参考信号同频率的信号,即使幅值很小,也会导致振子向周期状态的迅速过渡。这样,深埋于噪声背景中的微弱信号就被检测出来,并转化为振子大尺度的周期运动,而且这种周期运动是非常稳定的,噪声很难使之重新回到混沌状态。

由此可见,实际上这种方法利用的是系统对参数的敏感性来达到放大有用信号的目的。

1. 混沌振子

考虑如下带阻尼和激励的 Duffing 方程:

$$\frac{\mathrm{d}^2 x}{\mathrm{d}t^2} + \delta \frac{\mathrm{d}x}{\mathrm{d}t} - x + x^3 = r\cos(\omega t + \varphi_0) \tag{12-1}$$

用次谐 Melnikov 方法可以得出 Duffing 方程的参数 r/δ 的分差值为

$$R^m(\omega) = \frac{2\sqrt{2}}{2(2k^2-1)^{3/2}} \frac{k'^2 K + (2k^2-1)E}{\pi\omega\mathrm{sech}\dfrac{\pi m K'}{2K}} \tag{12-2}$$

式中,K 为第一类完全椭圆积分,即

$$K = \int_0^1 \frac{\mathrm{d}t}{\sqrt{(1-t^2)(1-k^2 t^2)}}$$

E 为第二类完全椭圆积分,即

$$E = \int_0^1 \sqrt{\frac{1-k^2 t^2}{1-t^2}}\mathrm{d}t$$

　　所谓分叉,是指当参数通过分叉值时,在相空间中向量场拓扑性质的变化。此处的分叉时典型的鞍-结分叉,因为在分叉值的一端($r/\delta < R^m(\omega)$),不存在周期闭轨;而在分叉值的另一端($r/\delta > R^m(\omega)$),存在一条稳定的周期闭轨和一条不稳定的周期闭轨。

　　可以证明,同宿轨道外部的 $m=1$ 轨道是理想的选择。

　　现在以 $m=1$、$\omega=1$ 为例,求 $R^m(\omega)$ 的大小。

$$T(k)=4K(k)\sqrt{2k^2-1}=m\frac{2\pi}{\omega}=2\pi$$

$$4\sqrt{2k^2-1}\int_0^1 \frac{\mathrm{d}t}{\sqrt{(1-t^2)(1-k^2 t^2)}}=6.2832$$

利用数值方法解得

$$k=0.87210888 \qquad k'=0.48931187$$
$$E=1.20434951 \qquad K=2.17590243$$

代入式(12-2)得

$$R^1(1)=1.67689083$$

　　首先叙述最基本的正弦信号的检测。对方程做一个改动

$$\frac{\mathrm{d}^2 x}{\mathrm{d}t^2}+\delta\frac{\mathrm{d}x}{\mathrm{d}t}-x+x^3=r_a\cos(t)+\alpha\cos(t)+\beta\cos(\Omega t) \quad (\beta,\Omega \text{ 为随机函数})$$

$$(12-3)$$

式中,$\alpha\cos(t)$ 为待检测信号;$r_a\cos(t)$ 为参考信号;$\beta\cos(\Omega t)$ 为噪声。参考信号的设定原则是刚好使系统处在混沌但即将向周期转变的临界点上,使得与参考信号同频的待检测信号即使幅度很小也能导致系统向周期状态过渡。

　　首先设置好系统参数:步长 $h=0.005$,阻尼 $\delta=0.5$,参考信号幅值 $r_a=0.81$。r_a 取得稍小于 $r_c=0.826$ 的目的在于提高检测系统的可靠性。计算机采用龙格-库塔法对 Duffing 方程进行求解,与此同时,噪声及待检测信号值之和被送入程序,与参考信号 $r_a\cos(t)$ 相加后作为系统总的周期策动力,然后利用计算机判断系统的状态是混沌还是周期。另外,可以将相点在相平面 $x-\dot{x}$ 上的运动显示于计算机屏幕上,或者将相点运动的彭加勒截面显示在屏幕上,这样操作人员就可凭视觉直接判定信号的存在与否。

　　如果外界信号纯粹是噪声,则必不能引起系统的相变,振子仍处于杂乱无章的混沌运动状态。图12-9表示以均方根 $\sigma=3.3$ 的纯粹白噪声作为输入所得到的相图。

　　如果在噪声背景中带有与参考信号同频率的有用信号,即使幅值很小,也能促使系统的相变,而且周期运动是相当稳定的,噪声很难使之重新回到混沌状态。图12-10表示输入信号幅值 $\alpha=0.6$ 时的相图 $x-\dot{x}$。图中的周期环显得比较粗糙,

这是由于噪声对它摄动的结果。

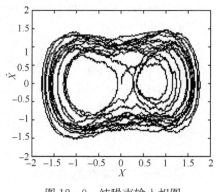

图 12 - 9　纯噪声输入相图

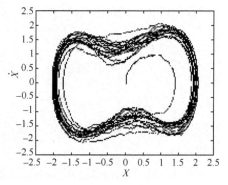

图 12 - 10　含信号输入相图

2. 阵发混沌现象

如果外界有用信号与参考信号存在一极微小的频差,有用信号对系统的有序化能起到一定的作用。然而,由于频差的存在,将出现混沌和周期交错出现的阵发混沌现象。

阵发混沌是系统在时间或空间上表现出的有序和无序交替出现的特殊动力学形态。在某些时空段落,运动十分接近周期过程;而在规则的运动段落之间,又夹杂着看起来很随机的跳跃。通常,人们把这里的规则运动称作“层流相”,而把随机跳跃成为“湍流相”。

仍旧来分析 Duffing 方程

$$\frac{\mathrm{d}^2 x}{\mathrm{d}t^2} + \delta \frac{\mathrm{d}x}{\mathrm{d}t} - x + x^3 = A(t) \tag{12-4}$$

令 $x_1 = x, x_2 = \dfrac{\mathrm{d}x}{\mathrm{d}t}$,将式(12 - 4)写成状态方程的形式,如下:

$$\begin{cases} \dfrac{\mathrm{d}x_1}{\mathrm{d}t} = x_2 \\ \dfrac{\mathrm{d}x_2}{\mathrm{d}t} = -\delta x_2 + x_1 - x_1^3 + A(t) \end{cases} \tag{12-5}$$

式中,$A(t) = r_a \cos t + \alpha \cos((1 + \Delta\omega)t + \varphi)$,$\alpha \cos((1 + \Delta\omega)t + \varphi)$ 表示外界有用信号。由于频差 $\Delta\omega$ 的存在,总策动力 $A(t)$ 的幅值将在 $r_a + \alpha$ 和 $r_a - \alpha$ 之间变化。如果将信号表示成矢量形式,则更容易看出它的消长规律,如图 12 - 11 所示。

如果将参考信号矢量看作不动,则外界信号矢量将以 $\Delta\omega$ 的频率极其缓慢地绕之旋转。当它们的方向趋于一致时,矢量合成的结果导致总策动力的幅值大于 r_c,系统因此过渡到周期状态;当它们的方向趋于背离时,合成的结果导致总策动

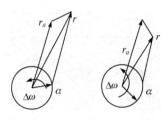

图 12-11　总策动力 $A(t)$ 的矢量图

力的幅值小于 r_c，系统因为激励不够而退化到以前的混沌状态。这样，系统就表现出时而混沌、时而周期的阵发混沌现象。

尤为重要的是，$\Delta\omega$ 是很小的，因此，$r(t)$ 变化极其缓慢，远远慢于相变的过程。一般相变所需的时间为一、二个周期，而系统维持稳定的周期状态或稳定的混沌状态的时间是几十个周期。也就是说，系统对于策动力的缓变能够很好地响应，因此，周期或混沌的出现是泾渭分明的。

实验证明，在 $\Delta\omega > 0.03$ 时，有规律的阵发混沌现象就很难观测到。

3. 利用振子阵列确定外界信号频率

利用上面的结论我们可以确定外界信号频率。

开始利用振子布阵。假设信号有其特定的频率范围，因此只需使阵列覆盖该范围就可以了。我们可以将阵列中振子的固有频率限制在 1~10 内，并记作 $\Omega^{\mathrm{T}} = [\omega_1, \omega_2, \cdots, \omega_k, \cdots, \omega_K]$，使之成为一公比为 1.03 的等比数列，$\omega_1 = 1, \omega_2 = 1.03, \cdots, \omega_k = 1.03\omega_{k-1}, \cdots, \omega_K = 9.738(K = 78)$，此阵列就是由这 78 个振子组成的。如果频率 ω 在 1 到 10 之间的信号被输入到阵列中，则在且仅在两个相邻的振子上发生稳定的阵发混沌现象，比如说，振子 k 和 $k+1$ 其他振子仍处于完全的混沌运动状态。所以，外界信号频率 ω 必在 ω_k 和 ω_{k+1} 之间。更进一步，通过测量此二振子阵发混沌的周期，可以精确地确定信号的频率。

第13章 典型前向神经网络及其应用

13.1 生物神经网络

由于人工神经网络是受生物神经网络的启发构造而成的,所以,在开始讨论人工神经网络之前,有必要首先考虑人脑皮层神经系统的组成。

科学研究发现,人的大脑中大约含有 10^{11} 个生物神经元,它们通过 10^{15} 个连接形成一个系统。每个神经元具有独立的接收、处理和传递电化学(electrochemical)信号的能力,这种传递经由构成大脑通信系统的神经通路所完成。图 13 - 1 所示是生物神经元及其相互连接的典型结构。为清楚起见,在这里只画出了两个神经元,其他神经元及其相互之间的连接与此类似。

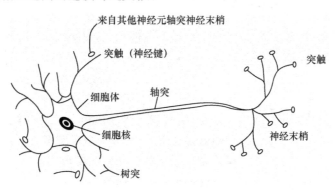

图 13[CD*2]1 典型的生物神经元

在图 13 - 1 中,枝蔓(dendrite)从胞体(soma 或 cell body)伸向其他神经元,这些神经元在被称为突触(synapse)的连接点接受信号。在突触的接受侧,信号被送入胞体,这些信号在胞体里被综合。其中,有的输入信号起刺激(excite)作用,有的起抑制(inhibit)作用。当胞体中接收的累加刺激超过一个阈值时,胞体就被激发,此时,它沿轴突通过枝蔓向其他神经元发出信号。

在这个系统中,每一个神经元都通过突触与系统中很多其他的神经元相联系。研究认为,同一个神经元通过由其伸出的枝蔓发出的信号是相同的,而这个信号可能对接收它的不同神经元有不同的效果,这一效果主要由相应的突触决定:突触的连接强度越大,接收的信号就越强,反之,突触的连接强度越小,接收的信号就越弱。突触的连接强度可以随着系统受到的训练而被改变。

总结起来,生物神经系统有如下六个基本特征:

(1) 神经元相互连接。

(2) 神经元之间的连接强度决定信号传递的强弱。

(3) 神经元之间的连接强度是可以随训练而改变的。

(4) 信号可以起刺激作用,也可以起抑制作用。

(5) 一个神经元接收的信号的累积效果决定该神经元的状态。

(6) 每个神经元可以有一个"阈值"。

13.2　人工神经元

从上述可知,神经元是构成神经网络的最基本单元(构件)。因此,要想构造一个人工神经网络系统,首要任务是构造人工神经元模型。同时,希望这个模型不仅是简单、容易实现的数学模型,而且还应该具有生物神经元的六个基本特性。

1. 人工神经元的基本构成

根据上述对生物神经元的讨论,希望人工神经元可以模拟生物神经元的一阶特性——输入信号的加权和。

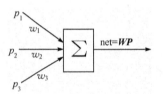

图 13[CD*2]2　不带激活函数的
人工神经元

对于每一个人工神经元来说,它可以接收一组来自系统中其他神经元的输入信号,每个输入对应一个权,所有输入的加权和决定该神经元的激活(activation)状态。这里,每个权就相当于突触的连接强度。基本模型如图 13-2 所示。

设 r 个输入分别用 $p_1, p_2, \cdots, p_r$ 表示,它们对应的连接权值依次为 $w_1, w_2, \cdots, w_r$,所有的输入及对应的连接权值分别构成输入向量 $\boldsymbol{P}$ 和连接权向量 $\boldsymbol{W}$:

$$\boldsymbol{W} = \begin{bmatrix} w_1 & w_2 & \cdots & w_r \end{bmatrix}, \qquad \boldsymbol{P} = \begin{bmatrix} p_1 \\ p_2 \\ \vdots \\ p_r \end{bmatrix}$$

用 net 表示该神经元所获得的输入信号的累积效果,为简便起见,称之为该神经元的网络输入,即

$$\text{net} = \sum w_j p_j \tag{13-1}$$

写成向量形式,则有

$$\text{net} = \boldsymbol{WP} \tag{13-2}$$

2. 激活函数

神经元在获得网络输入后，它应该给出适当的输出，按照生物神经元的特性，每个神经元有一个阈值，当该神经元所获得的输入信号的累积效果超过阈值时，它就处于激发态，否则，处于抑制态。为了使系统有更宽的适用面，希望人工神经元有一个更一般的变换函数，用来执行对该神经元所获得的网络输入的变换，这就是激活函数（activation function），也可以称之为激励函数、活化函数，用 f 表示，即

$$A = f(\text{net})$$

式中，A 为神经元的输出。由此式可以看出，此函数同时也用来将神经元的输出进行放大处理或限制在一个适当的范围内。典型的激活函数有线性函数、非线性斜面函数、阶跃函数和 S 形函数等四种，如图 13-3 所示。

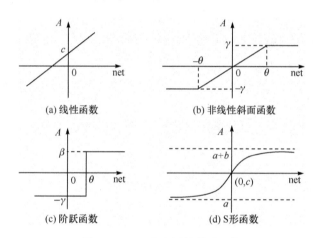

图 13-3　四种常用的激活函数

1) 线性函数

线性函数是最基本的激活函数，起到对神经元所获得的网络输入进行适当的线性放大作用。

线性函数非常简单，但它的线性特征极大地降低了网络性能，甚至是多级网络的功能退化成单级网络的功能。因此，在人工神经网络中有必要引入非线性激活函数。

$$f(\text{net}) = k \cdot \text{net} + c \tag{13-3}$$

2) 非线性斜面函数

非线性斜面函数是最简单的非线性函数，实际上它是一种分段线性函数。由于它简单，有时也被人们采用。这种函数在于把函数的值域限制在一个给定的范

围$[-\gamma,\gamma]$内,即

$$f(\mathrm{net})=\begin{cases}\gamma, & \mathrm{net}>\theta \\ k\cdot\mathrm{net}, & -\theta<\mathrm{net}\leqslant\theta \\ -\gamma, & \mathrm{net}\leqslant-\theta\end{cases} \qquad (13-4)$$

式中,γ为常数。一般规定$\gamma>0$,它被称为饱和值,为该神经元的最大输出。

3) 阶跃函数

阶跃函数又叫阈值函数,当激活函数仅用来实现判定神经元所获得的网络输入是否超过阈值θ时,使用此函数

$$f(\mathrm{net})=\begin{cases}\beta, & \mathrm{net}>\theta \\ -\gamma, & \mathrm{net}\leqslant\theta\end{cases} \qquad (13-5)$$

式中,β,γ,θ均为非负实数,θ为阈值。通常,采上式的二值形式:

$$f(\mathrm{net})=\begin{cases}1, & \mathrm{net}>\theta \\ 0, & \mathrm{net}\leqslant\theta\end{cases} \qquad (13-6)$$

有时还将上式中的0改为-1,此时就变成了双极形式,即

$$f(\mathrm{net})=\begin{cases}1, & \mathrm{net}>\theta \\ -1, & \mathrm{net}\leqslant\theta\end{cases} \qquad (13-7)$$

4) S形函数

S形函数又叫压缩函数和逻辑斯特函数,其应用最为广泛。它的一般形式为

$$f(\mathrm{net})=a+\frac{b}{1+\exp(-d\cdot\mathrm{net})} \qquad (13-8)$$

式中,a,b,d为常数。图13-3(d)所示是它的图像。图中,

$$c=a+\frac{b}{2}$$

它的饱和值为a和$a+b$。该函数的最简单形式为

$$f(\mathrm{net})=\frac{1}{1+\exp(-d\cdot\mathrm{net})} \qquad (13-9)$$

此时,函数的饱和值为0和1。也可以取其他形式的函数,如双曲函数、扩充平方函数。而当取扩充平方函数

$$f(\mathrm{net})=\begin{cases}\dfrac{\mathrm{net}^2}{1+\mathrm{net}^2}, & \mathrm{net}>\theta \\ 0, & \mathrm{net}\leqslant\theta\end{cases} \qquad (13-10)$$

时,饱和值仍然是0和1。当取双曲函数

$$f(\mathrm{net})=\tanh(\mathrm{net})=\frac{\mathrm{e}^{\mathrm{net}}-\mathrm{e}^{-\mathrm{net}}}{\mathrm{e}^{\mathrm{net}}+\mathrm{e}^{-\mathrm{net}}} \qquad (13-11)$$

时,饱和值则是-1和1。

S 形函数之所以被广泛应用,除了其非线性和处处连续可导性外,更重要的是,由于该函数对信号有一个较好的增益控制:函数的值域可以由用户根据实际需要给定,当 net 的值比较小时,$f(net)$ 有一个较大的增益;当 net 的值比较大时,$f(net)$ 有一个较小的增益,这为防止网络进入饱和状态提供了良好的支持。

13.3　人工神经网络

人工神经网络是由大量简单的处理单元组成的非线性、自适应、自组织系统,它是在现代神经科学研究成果的基础上,试图通过模拟人类神经系统对信息进行加工、记忆和处理的方式,设计出的一种具有人脑风格的信息处理系统。人脑是迄今为止我们所知道的最完善最复杂的智能系统,它具有感知识别、学习、联想、记忆、推理等智能,人类智能的产生和发展经历了漫长的进化过程,而人类对智能处理的新方法的认识主要来自神经科学。虽然人类对自身脑神经系统的认识还非常有限,但已设计出像人工神经网路这样具有相当实用价值和较高智能水平的信息处理系统。

按其信息流向来分类,人工神经网络可以被分成前向网络和反馈网络。本章将对典型前向网络的结构、功能及其性能予以介绍,包括感知器、自适应线性元件和反向传播网络。

人工神经网络是通过计算机软件或电子线路硬件构成,是由最简单的人工神经元并联,或者再加上串联组成。人们通常用图形来表示网络系统的输入到输出的转化关系。单个神经元可以表示为如图 13-4 所示的模型结构,其中,神经元输入矢量用矩阵形式可以表示为

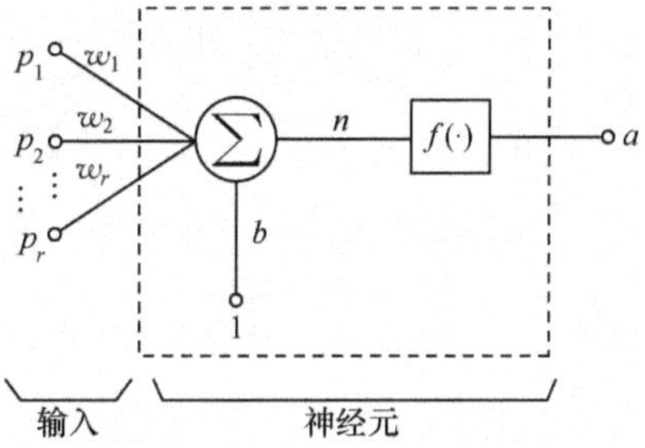

图 13-4　单个神经元模型结构

$$P = \begin{bmatrix} p_1 \\ p_2 \\ \vdots \\ p_r \end{bmatrix} \quad 权矩阵 \quad W = \begin{bmatrix} w_1 & w_2 & \cdots & w_r \end{bmatrix}$$

单个神经元输出 A 与输入 P 之间的对应关系可表示为

$$A = f\left(\sum_{j=1}^{r} w_j p_j + b\right) = f(W * P + b) \tag{13-12}$$

式中,B 称为阈值,或偏差;f 代表某种激活函数关系式。

可以说,单个神经元就是一个多输入/单输出的系统。两个或更多的单神经元相

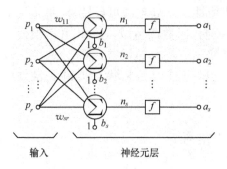

图 13-5　单层神经元网络模型结构图

并联则构成单层神经网络,如图 13-5 所示。

两个及其以上单层神经网络相级联则构成多层神经网络,如图 13-6 所示。

由于在网络输入/输出关系式中对所使用的变量采用了矩阵形式来表达,所以,对于单层多输出神经网络,其表达形式与单个神经元时完全相同。图 13-6 所表示的神经元个数为 s 的单层神经网络的输入/输出关系式可写为

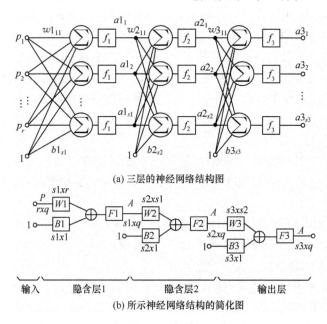

(a) 三层的神经网络结构图

(b) 所示神经网络结构的简化图

图 13-6　多层神经网络

$$A_{s\times 1}=F(W_{s\times r}*P_{r\times 1}+B_{s\times 1}) \tag{13-13}$$

一个多层神经网络的输入/输出关系,可以以单层神经网络的关系进行递推。将一层的输出作为后一层的输入,并采用与单层的神经网络同样的书写方式即可方便地写出。

图 13-6 所示的一个具有 3 层神经网络的输入/输出关系可写为

$$A_1=F_1(W_1*P+B_1)$$

$$A_2=F_2(W_2*A_1+B_2)$$

$$A_3=F_3(W_3*A_2+B_3)=F_3\{W_3*F_2[W_2*F_1(W_1*P+B_1)+B_2]+B_3\}$$

$$\tag{13-14}$$

对于这种标准全连接的多层神经网络,更一般的简便作图是仅画出输入节点和一组隐含层节点外加输出节点及其连线来示意表示,如图 13-7 所示。图中只标出输入、输出和权矢量,完全省去激活函数的符号。完整的网络结构则是通过具体的文字描述来实现的。例如,网络具有一个隐含层,隐含层中具有 5 个神经元并采用 S 形激活函数,输出层采用线性函数,或者更简明的可采用"网络采用 2-5-1 结构"来描述,其中,2 表示输入节点数,5 表示隐含层节点数,1 为输出节点数。如果不对激活函数作进一步的说明,则意味着隐含层采用 S 形函数,而输出层采用线性函数。

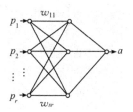

图 13-7　神经网络
结构示意图

特别值得强调的是,在设计多层网络时,隐含层的激活网络应采用非线性的,否则,多层网络的计算能力并不比单层网络更强。因为在采用线性激活函数的情况下,由于线性激活函数的输出就等于网络的加权输入和,即 $A=W*P+B$,如果将偏差作为一组权值归为 W 中统一处理,两层网络的输出 A_2 则可以写为

$$A_2=F_2(W_2*A_1)=W_2*F_1(W_1*P)=W_2*W_1*P \qquad (13-15)$$

式中,$F_1=F_2=F$ 为线性激活函数。上式表明,两层线性网络的输出计算等效于具有权矢量为 $W=W_2*W_1$ 的单层线性网络的输出。

由此可见,人工神经网络工作时,所表现出的就是一种计算,利用人工神经网络求解问题时所利用的也正是网络输入到网络输出的某种关系式。与其他求输入/输出关系式方法不同的是,神经网络的输入/输出关系式是根据网络结构写出的,并且网络权值的设计往往是通过训练而不是根据某种性能指标计算出来的。所以,应用神经网络解决实际问题的关键在于设计网络,而网络的设计主要包括两方面的内容:一是网络结构,另一个是网络权值的确定。第一个方面涉及对不同网络结构所具有的功能及其本质的认识,第二个方面涉及对不同网络权值训练所用的学习规则的掌握。所以,无论是作为学习、应用,还是作为更深层次的理论研究,这两步都是最重要的。正因为如此,人们对人工神经网络进行分类时,也是有两种方法:一种是根据网络结构分为前向网络和反馈网络两大类,另一种是按训练权值方法分为监督式(或有教师)网络和无监督式(无教师)网络两种。

在神经网络的输入与输出之间所存在的关系函数,类似于控制系统中的转移函数,称为激活函数,由它决定网络的线性和非线性,它是网络特性及功能的关键所在。

在控制系统中,一般对控制器的设计是根据某个性能指标来设计控制器的结构或参数,与此不同,在神经网络信息处理系统中,设计者是根据期望网络完成的目标(或任务)及某种调整网络权值所采用的学习规则来确定网络的结构与权值。由于网络的权值一般不是计算出而是训练出的,所以,利用神经网络解决问题时,对于采用监督式学习的网络,网络的设计要经过两个阶段,首先是网络权值的训练(即学习并修正)阶段,然后才是网络的运行工作阶段。而对于采用非监督式学习的网络,则将网络权值的训练与工作合二为一,即在网络工作的同时调整网络的权值,所以,神经网络具有自学习、自适应的特性。

一般而言,由人工神经网络组成的信息处理系统所具有的特性如下:

(1)非线性。神经网络对非线性控制领域问题的解决带来了希望,这主要是由神经网络理论上能够任意逼近非线性连续有理函数的能力所决定的。神经网络还能够比其他逼近方法得到更加易得的模型。

(2)并行分布处理。神经网络具有一个使其自身进行并行实施的高度并行结构,如此的实现结构使其能够达到比常规方法所获得结果具有更高的容错性。另外,虽然一个神经网络中的基本处理单元是非常简单的结构,然而将其进行并行实现的连接,则产生了极快的整体处理效果。

(3)硬件实现。神经网络不仅能够进行并行处理,还可以通过引入大规模集成电路将其进行硬件实现,这将带来附加的速度,并且可以增加应用网络的规模。

(4)学习与自适应。神经网络是通过采用被研究系统的数据记录进行训练而获得的。对于一个训练好的网络,对其输入训练中未知的数据时,具有很好的泛化能力。

(5)数据融合。神经网络能够同时操作定量和定性的数据,这一特性使神经网络可以处理处在传统的系统工程(定量数据)与人工智能领域的处理技术(符号数据)之间的问题。

(6)多变量系统。神经网络本身就是一个多输入/多输出系统,这个系统为解决复杂的多变量系统的建模和控制等问题开辟了一条新的途径。

13.4　感知器网络

我们已经知道,人工神经网络是在人类对其大脑神经网络认识理解的基础上人工构造的能够实现某种功能的神经网络,它是理论化的人脑神经网络的数学模型,是基于模仿大脑神经网络结构和功能而建立的一种信息处理系统。人工神经网络吸取了生物神经网络的许多优点,它具有高度的并行性、非线性的全局作用,以及良好的容错性与联想记忆功能,并且具有很强的自适应、自学习能力。随着人工神经网络技术的不断发展,其应用领域也在不断拓展,主要应用于模式信息处理、函数逼近和模式识别,以及联想记忆、最优化问题计算和自适应控制等方面。在前向网络中,最典型的网络是反向传播网络,不过,它也是在最早的人工神经网络——感知器基础上发展起来的,并且在线性分类问题中,感知器仍然发挥着重要的作用。

13.4.1　感知器的网络结构及其功能

最早用数学模型对神经系统中的神经元进行理论建模的是美国心理学家 McCulloch 和数学家 Pitts,他们于 1943 年在分析和研究了人脑细胞神经元后用电路构成了简单的神经网络数学模型(简称 MP 模型)。感知器是由美国计算机科学家 Rosenblatt 于 1957 年提出的。感知器是在 MP 模型的基础上,加上学习功能,使其权值可以连续调节的产物,它是一个具有一层神经元、采用阈值激活函数的前向网络。

感知器的网络结构是由单层 s 个感知神经元通过一组权值 $\{w_{ij}\}$ $(i=1,2,\cdots,s;j=1,2,\cdots,r)$ 与 r 个输入相连组成。具有输入矢量 $\boldsymbol{P}_{r\times q}$ 和目标矢量 $\boldsymbol{T}_{s\times q}$ 的感知器网络的简化结构如图 13-8 所示,阈值激活函数如图 13-9 所示。

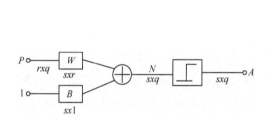

图 13-8　感知器简化结构图

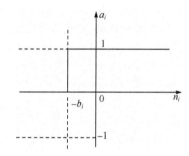

图 13-9　阈值激活函数

感知器输入/输出函数关系式为

$$A=\begin{cases}1, & \sum W*P+b\geqslant 0 \\ 0, & \sum W*P+b<0\end{cases} \qquad (13-16)$$

由上式可知,通过对网络权值的训练,可以使感知器对一组输入矢量的响应达到元素为 0 或 1 的目标输出,从而实现对输入矢量分类的目的。

感知器的这一功能可以通过在输入矢量空间里的作图来加以解释。以输入矢量 $r=2$ 为例,对于选定的权值 w_1、w_2 和 b,可以在以输入矢量 p_1 和 p_2 分别作为横、纵坐标的输入平面内画出 $\boldsymbol{W}*\boldsymbol{P}+b=0$,即 $w_1p_1+w_2p_2+b=0$ 的轨迹,它是一条直线,此直线上及线以上部分的所有 p_1、p_2 值均使 $w_1p_1+w_2p_2+b\geqslant 0$,这些点若通过由 w_1、w_2 和 b 构成的感知器则使其输出为 1;该直线以下部分的点则使感知器的输出为 0,如图 13-10 所示。

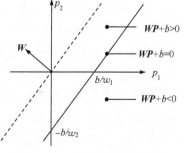

图 13-10　感知器的图形解释

所以，当采用感知器对不同的输入矢量进行期望输出为 0 或 1 的分类时，其问题则转化为：对于已知输入矢量所处输入平面的不同点的位置，设计感知器的权值 W 和 b，将由 $W * P + b = 0$ 的直线放置在适当的位置上使输入矢量按期望输出值进行上下分类。推而广之，阈值函数通过将输入矢量的 r 维空间分成若干区域而使感知器具有将输入矢量分类的能力。对于不同的输入神经元 r 和输出神经元 s 组成的感知器，当采用输入矢量空间的作图法来解释网络功能时，其分类的一般情况可以总结如下：

（1）当网络输入为单个节点，输出也为单个神经元，即 $r = 1, s = 1$ 时，感知器是以点作为输入矢量轴线上的分割点。

（2）当网络输入为两个节点，即 $r = 2$ 时，感知器是以线对输入矢量平面进行分类。其中，当 $s = 1$，分类线为一条；$s = 2$，分类线为两条，依此类推。输出神经元个数 s 决定分类的直线数，可分成的种类数为 2^s。

（3）当网络输入为三个节点，即 $r = 3$ 时，感知器是以平面来分割输入矢量空间，而且用来进行空间分割的平面个数等于输出神经元个数 s。

13.4.2　感知器权值的学习规则与训练

学习规则是用来计算新的权值矩阵 W 及新的偏差 b 的算法。感知器利用其学习规则来调整网络的权值，以便使网络对输入矢量的响应达到数值为 0 或 1 的目标输出。

对于输入矢量 P、输出矢量 A、目标矢量 T 的感知器网络，感知器的学习规则是根据以下输出矢量可能出现的三种情况来进行参数调整的：

（1）如果第 i 个神经元的输出是正确的，即有 $a_i = t_i$，则与第 i 个神经元连接的权值 w_{ij} 和偏差 b_i 保持不变。

（2）如果第 i 个神经元的输出是 0，但期望输出为 1，即有 $a_i = 0$，而 $t_i = 1$，此时，权值修正算法为：新的权值 w_{ij} 为旧的权值 w_{ij} 加上输入矢量 p_j；类似地，新的偏差 b_i 为旧偏差 b_i 加上它的输入 1。

（3）如果第 i 个神经元的输出为 1，但期望输出为 0，即有 $a_i = 1$，而 $t_i = 0$，此时，权值修正算法为：新的权值 w_{ij} 为旧的权值 w_{ij} 减去输入矢量 p_j；类似地，新的偏差 b_i 为旧偏差 b_i 减去 1。

由上面分析可以看出，感知器学习规则的实质为：权值的变化量等于正负输入矢量。

具体算法总结如下：对于所有的 i 和 j，$i = 1, 2, \cdots, s; j = 1, 2, \cdots, r$，感知器修正权值公式为

$$\Delta w_{ij} = (t_i - a_i) \times p_j$$
$$\Delta b = (t_i - a_i) \times 1 \tag{13-17}$$

用矢量矩阵来表示为

$$W=W+EP$$
$$B=B+E$$

$$(13-18)$$

此处，E 为误差矢量，有 $E=T-A$。

　　感知器的学习规则属于梯度下降法。已被证明，如果解存在，则算法在有限次的循环迭代后可以收敛到正确的目标矢量。

　　要使前向神经网络模型实现某种功能，必须对它进行训练，让它逐步学会要做的事情，并把所学到的知识记忆在网络的权值中。人工神经网络权值的确定不是通过计算，而是通过网络的自身训练来完成的。这也是人工神经网络在解决问题的方式上与其他方法的最大不同点。借助于计算机的帮助，几百次甚至上千次的网络权值的训练与调整过程能够在很短的时间内完成。

　　感知器的训练过程如下：在输入矢量 P 的作用下，计算网络的实际输出 A，并与相应的目标矢量 T 进行比较，检查 A 是否等于 T，然后用比较后的误差 E，根据学习规则进行权值和偏差的调整；重新计算网络在新权值作用下的输入，重复权值调整过程，直到网络的输出 A 等于目标矢量 T 或训练次数达到事先设置的最大值时训练结束。

　　若网络训练成功，则训练后的网络在网络权值的作用下，对于被训练的每一组输入矢量都能够产生一组对应的期望输出；若在设置的最大训练次数内，网络未能够完成在给定的输入矢量 P 的作用下，使 $A=T$ 的目标，则可以通过改用新的初始权值与偏差，并采用更长训练次数进行训练，或分析一下所要解决的问题是否属于哪种由于感知器本身的限制而无法解决的一类。

　　感知器设计训练的步骤可总结如下：

　　（1）对于所要解决的问题，确定输入矢量 P、目标矢量 T，并由此确定各矢量的维数及确定网络结构大小的神经元数目：r,s 和 q。

　　（2）参数初始化：①赋给权矢量 W 在 $(-1,1)$ 的随机非零初始值；②给出最大训练循环次数。

　　（3）网络表达式。根据输入矢量 P 及最新权矢量 W 计算网络输出矢量 A。

　　（4）检查。检查输出矢量 A 与目标矢量 T 是否相同，如果是，或已达最大循环次数，训练结束，否则转入（5）；

　　（5）学习。根据式（13-16），感知器的学习规则调整权矢量，并返回（3）。

　　下面给出例题来进一步了解感知器解决问题的方式，掌握设计训练感知器的过程。

　　例 13.4.1　考虑一个简单的分类问题。

　　设计一个感知器，将二维的四组输入矢量分成两类。

　　输入矢量为：$P=[-0.5\ \ -0.5\ \ 0.3\ \ 0;\ \ -0.5\ \ 0.5\ \ -0.5\ \ 1]$

　　目标矢量为：$T=[1.0\ \ 1.0\ \ 0\ \ 0]$

解: 通过前面对感知器图解的分析可知,感知器对输入矢量的分类实质是在输入矢量空间用 $W*P+B=0$ 的线性表达式对其进行分割而达到分类的目的。根据这个原理,对此例中二维四组输入矢量的分类问题,可以用下述不等式组来等价表示出:

$$\begin{cases} -0.5w_1-0.5w_2+b\geqslant0 & (使\ a_1=1\ 成立) \\ -0.5w_1+0.5w_2+b\geqslant0 & (使\ a_2=1\ 成立) \\ 0.3w_1+0.5w_2+b<0 & (使\ a_3=0\ 成立) \\ w_2+b<0 & (使\ a_4=0\ 成立) \end{cases}$$

实际上,可以用代数求解法来求出上面不等式中的参数 w_1、w_2 和 b。经过迭代和约简,可得到解的范围为

$$\begin{cases} w_1<0 \\ 0.8w_1<w_2<-w_1 \\ w_1/3<b<-w_1 \\ b<w_2 \end{cases}$$

一组可能解为

$$\begin{cases} w_1=-1 \\ w_2=0 \\ b=-0.1 \end{cases}$$

而当采用感知器神经网络来对此题进行求解时,意味着采用具有阈值激活函数的神经网络,按照问题的要求设计网络的模型结构,通过训练网络权值 $W=\begin{bmatrix} w_{11} & w_{12} \end{bmatrix}$ 和 b,并根据学习算法和训练过程进行程序编程,然后运行程序,让网络自行训练其权矢量,直至达到不等式组的要求。

鉴于输入和输出目标矢量已由问题本身确定,所以,所需实现其分类功能的感知器网络结构的输入节点 r,以及输出节点数 s 已被问题所确定而不能任意设置。

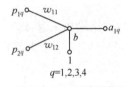

图 13-11　网络结构

根据题意,网络结构图如图 13-11 所示。

由此可见,对于单层网络,网络的输入神经元数 r 和输出神经元数 s 分别由输入矢量 P 和目标矢量 T 唯一确定。网络的权矩阵的维数为 $W_{s\times r}$ 和 $B_{s\times1}$,权值总数为 $s\times r$ 个,偏差个数为 s 个。

在确定了网络结构,设置了最大循环次数并赋予权值初始值后,设计者便可方便地利用适当软件,根据题意及感知器的学习、训练过程来编写程序,并通过计算机对权值的反复训练与调整,最终求得网络的结构参数。

由例 13.4.1 知,输入矢量为

$$\boldsymbol{P}=[-0.5 \quad -0.5 \quad 0.3 \quad 0; \quad -0.5 \quad 0.5 \quad -0.5 \quad 1]$$

目标矢量为

$$\boldsymbol{T}=[1.0 \quad 1.0 \quad 0 \quad 0]$$

可分解写为

输入值	权值	误差值	目标值
$p_{11}=-0.5, p_{21}=-0.5,$	$w_{11}=-1 \quad w_{12}=0$	$b=-0.1$	$t_{11}=1$
$p_{12}=-0.5, p_{22}=-0.5,$	$w_{11}=-1 \quad w_{12}=0$	$b=-0.1$	$t_{12}=1$
$p_{13}=-0.5, p_{23}=-0.5,$	$w_{11}=-1 \quad w_{12}=0$	$b=-0.1$	$t_{13}=0$
$p_{14}=-0.5, p_{24}=-0.5,$	$w_{11}=-1 \quad w_{12}=0$	$b=-0.1$	$t_{14}=0$

以第一组输入值为例,看网络的训练过程(计算)。

$$p_1=p_{11}=-0.5, p_2=p_{21}=-0.5, w_1=w_{11}=-1, w_2=w_{12}=0, b=-0.1, t_1=t_{11}=1$$

将图 13-11 网络结构简化为只有一组两个输入的网络结构。

由式(13-16)得

$$A=\begin{cases}1, & \sum \boldsymbol{W}*\boldsymbol{P}+b \geqslant 0 \\ 0, & \sum \boldsymbol{W}*\boldsymbol{P}+b < 0\end{cases}$$

则第一次的训练目标值为

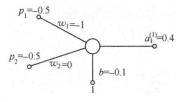

$$a_1^{(1)}=[w_1 \quad w_2]\begin{bmatrix}p_1 \\ p_2\end{bmatrix}+b$$

$$=[-1 \quad 0]\begin{bmatrix}-0.5 \\ -0.5\end{bmatrix}+(-0.1)$$

$$=0.4$$

(1) 由式(13-17)得权值 w 及误差 b 的修正值如下:

$$\Delta w_{ij}=(t_i-a_i) \times p_j$$

$$\Delta b=(t_i-a_i) \times 1$$

$$\Delta w_1^{(1)}=(t_1-a_1^{(1)}) \times p_1=(1-0.4) \times (-0.5)=-0.3$$

$$\Delta w_2^{(1)}=(t_1-a_1^{(1)}) \times p_2=(1-0.4) \times (-0.5)=-0.3$$

$$\Delta b^{(1)}=(t_1-a_1^{(1)}) \times 1=(1-0.4) \times 1=0.6$$

由式(13-18)得第一次修正后的权值 $w^{(1)}$ 及误差 $b^{(1)}$ 的值如下:

$$\boldsymbol{W}^1=\boldsymbol{W}+\boldsymbol{E}*\boldsymbol{P}$$

$$\boldsymbol{B}^1=\boldsymbol{B}+\boldsymbol{E}$$

$$w_1^{(1)}=w_1+\Delta w_1^{(1)}=(-1)+(-0.3)=-1.3$$

$$w_2^{(1)}=w_2+\Delta w_2^{(1)}=0-0.3=-0.3$$

$$b^{(1)}=b+\Delta b^{(1)}=(-0.1)+0.6=0.5$$

用第一次修正后的权值 $w^{(1)}$ 及误差值 $b^{(1)}$ 计算第二次的训练目标值：

$$a_1^{(2)} = \begin{bmatrix} w_1^{(1)} & w_2^{(1)} \end{bmatrix} \begin{bmatrix} p_1 \\ p_2 \end{bmatrix} + b^{(1)}$$

$$= \begin{bmatrix} -1.3 & -0.3 \end{bmatrix} \begin{bmatrix} -0.5 \\ -0.5 \end{bmatrix} + 0.5$$

$$= 1.3$$

（2）计算新权值 $w^{(1)}$ 及误差 $b^{(1)}$ 的修正值[重复步骤（1）的计算]如下：

$$\Delta w_1^{(2)} = (t_1 - a_1^{(2)}) \times p_1 = (1 - 1.3) \times (-0.5) = 0.15$$

$$\Delta w_2^{(2)} = (t_1 - a_1^{(2)}) \times p_2 = (1 - 1.3) \times (-0.5) = 0.15$$

$$\Delta b^{(2)} = (t_1 - a_1^{(2)}) \times 1 = (1 - 1.3) \times 1 = -0.3$$

计算第二次修正后的权值 $w^{(2)}$ 及误差 $b^{(2)}$ 的值如下：

$$w_1^{(2)} = w_1^{(1)} + \Delta w_1^{(2)} = (-1.3) + 0.15 = -1.15$$

$$w_2^{(2)} = w_2^{(1)} + \Delta w_2^{(2)} = -0.3 + 0.15 = -0.15$$

$$b^{(2)} = b^{(1)} + \Delta b^{(2)} = (0.5) + (-0.3) = 0.2$$

用第二次修正后的权值 $w^{(2)}$ 及误差值 $b^{(2)}$ 计算第三次的训练目标值为

$$a_1^{(3)} = \begin{bmatrix} w_1^{(2)} & w_2^{(2)} \end{bmatrix} \begin{bmatrix} p_1 \\ p_2 \end{bmatrix} + b^{(2)}$$

$$= \begin{bmatrix} -1.15 & -0.15 \end{bmatrix} \begin{bmatrix} -0.5 \\ -0.5 \end{bmatrix} + 0.2$$

$$= 0.85$$

如此循环训练，直至达到目标值，即 $a_i = t_i$。

　　上面的结果似乎表明只要增加输出神经元数 s，就能够解决任意数目的分类问题。事实上，对于输出为 0 或 1 的感知器，其功能可以典型化为对各种逻辑运算的实现。当网络具有 r 个二进制输入分量时，最大不重复的输入矢量有 2^r 组，其输出矢量所能代表的逻辑功能总数为 2^{2^r}。不幸的是，感知器不能够对任意的输入/输出对应的关系（即任意逻辑运算）进行实现，它只能够实现那些在图 13-8 中用直线、平面等进行线性分类的问题，即感知器不能够对线性不可分的输入矢量进行分类。所谓线性可分，是指输入及输出点集是几何可分的。对于两个输入的情形而言，输入及输出点集可用直线来分割；对于三个输入而言，可用平面来分割；依此类推，对于 r 个输入情形，线性可分是指可用 $r-1$ 维超平面来分割此 r 维空间中的点集。

　　在实际的逻辑运算中，随着运算变量数目的增加（即输入矢量 r 的增加），线性可分的情况所占比例是相当少的。表 13-1 给出了不同的输入 r 时，线性可分的逻辑运算个数与逻辑运算总数的情况，从中可以看出，采用感知器只能解决很少部分的分类问题，它的应用存在着相当的局限性。

表 13-1　不同输入 r 时线性可分的功能数

r	逻辑运算总数 2^{2^r}	线性可分功能数
1	4	4
2	16	14
3	256	104
4	65536	1882
5	4.3×10^9	94572
6	1.8×10^{19}	5028134

　　解决此类问题的方法是采用具有连续可微激活函数作为隐含层函数的反向传播网络。与感知器的不同在于那里对权值训练所采用的学习规则是误差的反向传播算法。

13.5　自适应线性元件

　　自适应线性元件也是早期神经网络模型之一,由美国 Widrow Hoff 于 1959 年首先提出,它与感知器的主要不同之处在于其神经元采用的是线性激活函数,这允许输出可以是任意值,而不仅仅只是像感知器中那样只能取 0 或 1。另外,它采用 W-H 学习法则(也称最小均方差(LMS)规则)对权值进行训练,从而能够得到比感知器更快的收敛速度和更高的精度。

　　自适应线性元件的主要用途是线性逼近一个函数而进行模式联想。另外,它还适用于信号处理滤波、预测、模型识别和控制。

13.5.1　自适应线性神经元模型和结构

　　一个具有 r 个输入的自适应线性神经元模型如图 13-12 所示。这个神经元有一个线性激活函数,被称为 Adaline,如图 13-12(a)所示。和感知器一样,偏差可以用来作为网络的另一个可调参数,提供额外可调的自由变量以获得期望的网络特性。线性神经元可以训练网络学习一个与之对应的输入/输出的函数关系,或线性逼近任意一个非线性函数,但它不能产生任何非线性的计算特性。当自适应线性网络由 r 个神经元相并联形成一层网络,此自适应线性神经网络又称为 Madaline,如图 13-12(b)所示。

　　W-H 规则仅能够训练单层网络,但这并不是什么严重问题。如前所述,单层线性网络与多层线性网络具有同样的能力,即对于每一个多层线性网络,都具有一个等效的单层线性网络与之对应。

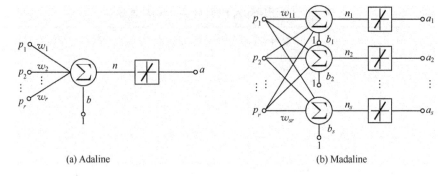

(a) Adaline　　　　　　　　　　(b) Madaline

图 13 - 12　自适应线性神经网络的结构

线性激活函数使网络的输出等于加权输入和加上偏差,如图 13 - 13 所示。此函数的输入输出关系为

$$A = f(\boldsymbol{W} * \boldsymbol{P} + b) = \boldsymbol{W} * \boldsymbol{P} + b \qquad (13 - 19)$$

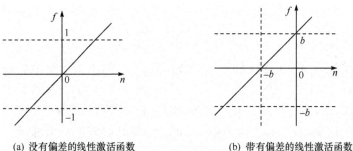

(a) 没有偏差的线性激活函数　　　　(b) 带有偏差的线性激活函数

图 13 - 13　线性激活函数

13.5.2　W-H 学习规则及其网络的训练

W-H 学习规则是由 Widrow 和 Hoff 提出的用来修正权矢量的学习规则,所以,用他们两人姓氏的第一个字母来命名。W-H 可以用来训练一层网络的权值和偏差使之线性地逼近一个函数而进行模式联想。

定义一个线性网络的输出误差函数为

$$E(\boldsymbol{W}, \boldsymbol{B}) = \frac{1}{2} [\boldsymbol{T} - \boldsymbol{A}]^2 = \frac{1}{2} [\boldsymbol{T} - \boldsymbol{W}\boldsymbol{P} - \boldsymbol{B}]^2 \qquad (13 - 20)$$

由上式可以看出,线性网络具有抛物线形误差函数所形成的误差表面,所以只有一个误差最小值。通过 W-H 学习规则来计算权值和偏差的变化,并使网络误差的平方和最小化,总能够训练一个网络的误差趋于这个最小值。另外,很显然,$E(\boldsymbol{W}, \boldsymbol{B})$ 只取决于网络的权值及目标矢量。我们的目的是通过调节权矢量,使 $E(\boldsymbol{W}, \boldsymbol{B})$ 达到最小值。所以在给定 $E(\boldsymbol{W}, \boldsymbol{B})$ 后,利用 W-H 学习规则修正权矢量和偏差矢量,使 $E(\boldsymbol{W},\boldsymbol{B})$ 从误差空间的某一点开始,沿着 $E(\boldsymbol{W},\boldsymbol{B})$ 的斜面向下滑行。根据梯度下降法,权矢量的修正值正比于当前位置上 $E(\boldsymbol{W},\boldsymbol{B})$ 的梯度,对于第 i 个输出节点,有

$$\Delta w_{ij} = -\eta \frac{\partial E}{\partial w_{ij}} = \eta [t_i - a_i] p_j \tag{13-21}$$

$$\Delta w_{ij} = \eta \delta_i p_j \tag{13-22a}$$

$$\Delta b_i = \eta \delta_i \tag{13-22b}$$

式中,δ_i 定义为第 i 个输出节点的误差,即

$$\delta_i = t_i - a_i \tag{13-23}$$

式(13-23)称为 W-H 学习规则,又称 δ 规则,或为最小均方差算法。W-H 学习规则的权值变化量正比于网络的输出误差及网络的输入矢量,它不需求导数,所以算法简单,又具有收敛速度快和精度高的优点。

式(13-23)中,η 为学习速率。在一般的实际运用中,η 通常取一接近 1 的数,或取值为

$$\eta = 0.99 \frac{1}{\max[\det(\boldsymbol{P} * \boldsymbol{P}^{\mathrm{T}})]} \tag{13-24}$$

这样的选择可以达到既快速又正确的结果。

自适应线性元件的网络训练过程可以归纳为以下三个步骤:

(1) 表达。计算训练的输出矢量 $\boldsymbol{A} = \boldsymbol{W} * \boldsymbol{P} + \boldsymbol{B}$,以及与期望输出之间的误差 $\boldsymbol{E} = \boldsymbol{T} - \boldsymbol{A}$。

(2) 检查。将网络输出误差的平方和与期望误差相比较,如果其值小于期望误差,或训练已达到事先设定的最大训练次数,则停止训练,否则继续。

(3) 学习。采用 W-H 规则计算新的权值和偏差,并返回到(1)。

每进行一次上述三个步骤,被认为是完成一个训练循环次数。

如果网络训练获得成功,则当一个不在训练中的输入矢量输入到网络中时,网络趋于产生一个与其相联想的输出矢量。这个特性被称为泛化,这在函数逼近及输入矢量分类的应用中是相当有用的。如果经过训练,网络仍不能达到期望目标,可以有两种选择:或检查一下所要解决的问题,是否适用于线性网络;或对网络进行进一步的训练。

虽然只适用于线性网络,W-H 规则仍然是重要的,因为它展现了梯度下降法是如何来训练一个网络的,此概念后来发展成 BP 法,使之可以训练多层非线性网络。

13.6 BP 网络

13.6.1 BP 网络模型与结构

BP 网络是对非线性可微分函数进行权值训练的多层前向网络。在人工神经

网络的实际应用中,80%~90%的人工神经网络模型是采用 BP 网络或其变化形式,其主要用于以下几个方面:①函数逼近。用输入矢量和相应的输出矢量训练一个网络逼近一个函数。②模式识别。用一个特定的输出矢量将它与输入矢量联系起来。③分类。把输入矢量以所定义的合适方式进行分类。④数据压缩。减少输出矢量维数以便于传输或存储。可以说,BP 网络是人工神经网络中前向网络的核心内容,体现了人工神经网络最精华的部分。在人们掌握 BP 网络的设计之前,感知器和自适应线性元件都只能适用于对单层网络模型的训练,只是在 BP 网络出现后才得到了进一步拓展。

一个具有 r 个输入和 1 个隐含层的神经网络模型结构如图 13-14 所示。

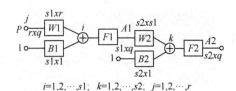

$$i=1,2,\cdots,s1;\quad k=1,2,\cdots,s2;\quad j=1,2,\cdots,r$$

图 13-14　具有一个隐含层的神经网络模型结构图

感知器和自适应线性元件的主要差别在激活函数上:前者是二值型的,后者是线性的。BP 网络具有一层或多层隐含层,除了在多层网络结构上与前面已介绍过的模型有不同外,其主要差别还表现在激活函数上。BP 网络的激活函数必须是处处可微的,所以,它就不能采用二值型的阈值函数{0,1}或符号函数{-1,1},而经常使用 S 形激活函数,此种激活函数常用对数或双曲正切等一类 S 形状的曲线来表示,如对数 S 形激活函数关系为

$$f=\frac{1}{1+\exp[-(n+b)]} \tag{13-25}$$

而双曲正切 S 形曲线的输入/输出函数关系为

$$f=\frac{1-\exp[-(n+b)]}{1+\exp[-(n+b)]} \tag{13-26}$$

图 13-15 所示的是对数 S 形激活函数的图形。可以看到,$f(\cdot)$ 是一个连续可微的函数,它的一阶导数存在。对于多层网络,这种激活函数所划分的区域不再是线性划分,而是由一个非线性的超平面组成的区域,它是比较柔和、光滑的任意界面,因而分类比线性划分精确、合理,网络的容错性较好。另外一个重要的特点是由于激活函数是连续可微的,它可以严格利用梯度法进行推算,其权值修正的解析式十分明确,算法被称为误差 BP 法,也简称 BP 算法,这种网络也称为 BP 网络。

因为 S 形函数具有非线性放大系数功能,它可以把输入从负无穷大到正无穷大的信号,变换成-1 到 1 之间输出,对较大的输入信号,放大系数较小;而对较小

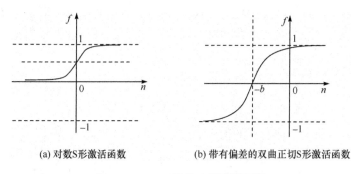

(a) 对数 S 形激活函数　　　　(b) 带有偏差的双曲正切 S 形激活函数

图 13 - 15　BP 网络 S 形激活函数

的输入信号，放大系数则较大，所以，采用 S 形激活函数可以处理和逼近非线性的输入/输出关系。

　　不过，如果在输出层采用 S 形函数，输出则被限制到一个很小的范围了，若采用线性激活函数，则可使网络输出任何值。所以，只有当希望对网络的输出进行限制，如限制在 0 和 1 之间，则在输出层应当包含 S 形激活函数，在一般情况下，均是在隐含层采用 S 形激活函数，而输出层采用线性激活函数。

13.6.2　BP 算法

　　BP 网络的产生归功于 BP 算法的获得。BP 算法属于 δ 算法，是一种监督式的学习算法，其主要思想为：对于 q 个输入学习样本：$P^1, P^2, \cdots, P^q$，已知与其对应的输出样本为：$T^1, T^2, \cdots, T^q$。学习的目的是用网络的实际输出 $A^1, A^2, \cdots, A^q$ 与目标矢量 $T^1, T^2, \cdots, T^q$ 之间的误差来修改其权值，使 $A^n (n = 1, 2, \cdots, q)$ 与期望的 T^n 尽可能接近，即使网络输出层的误差平方和达到最小。也就是说，它是通过连续不断地在相对于误差函数斜率下降的方向上计算网络权值和偏差的变化而逐渐逼近目标的。每一次权值和偏差的变化都与网络误差的影响成正比，并以反向传播的方式传递到每一层。

　　BP 算法由两部分组成：信息的正向传递与误差的反向传播。在正向传播过程中，输入信息从输入经隐含层逐层计算传向输出层，每一层神经元的输出作用于下一层神经元的输入。如果在输出层没有得到期望的输出，则计算输出层的误差变化值，然后转向反向传播，通过网络将误差信号沿原来的连接通路反传回来修改各层神经元的权值直至达到期望目标。

　　为了明确起见，现以图 13 - 16 所示两层网络为例进行 BP 算法推导。

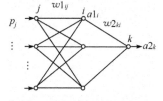

$k = 1, 2, \cdots, s2; \ i = 1, 2, \cdots, s1; \ j = 1, 2, \cdots, r$

图 13 - 16　具有一个隐含层的
简化网络图

　　设输入为 $\boldsymbol{P}$,输入神经元有 r 个,隐含层内有 $s1$ 个神经元,激活函数为 $F1$,输出层内有 $s2$ 个神经元,对应的激活函数为 $F2$,输出为 $\boldsymbol{A}$,目标矢量为 $\boldsymbol{T}$。

　　1) 信息的正向传递

　　(1) 隐含层中第 i 个神经元的输出为

$$a1_i = f1(\sum_{j=1}^{r} w1_{ij} p_j + b1_i), i = 1, 2, \cdots, s1 \qquad (13-27)$$

　　(2) 输出层第 k 个神经元的输出为

$$a2_k = f2(\sum_{i=1}^{s1} w2_{ki} a1_i + b2_k), k = 1, 2, \cdots, s2 \qquad (13-28)$$

　　(3) 定义误差函数为

$$E(\boldsymbol{W}, \boldsymbol{B}) = \frac{1}{2} \sum_{k=1}^{s2} (t_k - a2_k)^2 \qquad (13-29)$$

　　2) 利用梯度下降法求权值变化及误差的反向传播

　　(1) 输出层的权值变化。从第 i 个输入到第 k 个输出的权值有

$$\Delta w2_{ki} = -\eta \frac{\partial E}{\partial w2_{ki}} = -\eta \frac{\partial E}{\partial a2_k} \frac{\partial a2_k}{\partial w2_{ki}} = \eta (t_k - a2_k) \cdot f2' \cdot a1_i = \eta \cdot \delta_{ki} \cdot a1_i$$
$$(13-30)$$

式中,

$$\delta_{ki} = (t_k - a2_k) \cdot f2' = e_k \cdot f2'$$
$$e_k = t_k - a2_k \qquad (13-31)$$

同理可得

$$\Delta b2_{ki} = -\eta \frac{\partial E}{\partial b2_{ki}} = -\eta \frac{\partial E}{\partial a2_k} \frac{\partial a2_k}{\partial b2_{ki}} = \eta (t_k - a2_k) \cdot f2' = \eta \cdot \delta_{ki} \quad (13-32)$$

　　(2) 隐含层权值变化。从第 j 个输入到第 i 个输出的权值,有

$$\Delta w1_{ij} = -\eta \frac{\partial E}{\partial w1_{ki}} = -\eta \frac{\partial E}{\partial a2_k} \frac{\partial a2_k}{\partial a1_i} \frac{\partial a1_i}{\partial w1_{ij}}$$
$$= \eta \sum_{k=1}^{s1} (t_k - a2_k) \cdot f2' \cdot w2_{ki} \cdot f1' \cdot p_j \qquad (13-33)$$
$$= \eta \cdot \delta_{ij} \cdot p_j$$

式中,

$$\delta_{ij} = e_i \cdot f1', \quad e_i = \sum_{k=1}^{s2} \delta_{ki} \cdot w2_{ki} \qquad (13-34)$$

同理可得

$$\Delta b1_i = \eta \cdot \delta_{ij} \qquad (13-35)$$

　　3) 误差反向传播的流程图与图形解释

　　误差反向传播过程实际上是通过计算输出层的误差 e_k,然后将其与输出层激

活函数的一阶导数 $f2'$ 相乘来求得 δ_{ki}。由于隐含层中没有直接给出目标矢量,所以,利用输出层的 δ_{ki} 进行误差反向传递来求出隐含层权值的变化量 $\Delta w2_{ki}$。然后计算

$$e_i = \sum_{k=1}^{s2} \delta_{ki} \cdot w2_{ki}$$

并同样通过将 e_i 与该层激活函数的一阶导数 $f1'$ 相乘而求得 δ_{ij},以此求出前层权值的变化量 $\Delta w1_{ki}$。如果前面还有隐含层,沿用上述同样方法依此类推,一直将输出误差 e_k 层一层的反推算到第一层为止。图 13 - 17 给出了形象的解释。

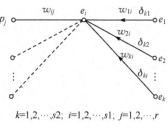

$k=1,2,\cdots,s2;\ i=1,2,\cdots,s1;\ j=1,2,\cdots,r$

图 13 - 17　误差 BP 法的图形解释

13.6.3　BP 网络的设计

在进行 BP 网络的设计时,一般应从网络的层数、每层中的神经元个数和激活函数、初始值及学习速率等几个方面来进行考虑。下面讨论一下各自选取的原则:

(1) 网络的层数。理论上已经证明,具有偏差和至少一个 S 形隐含层加上一个线性输出层的网络,能够逼近任何有理函数。这实际上已经给了我们一个基本的设计 BP 网络的原则。增加层数主要可以更进一步地降低误差,提高精度,但同时也使网络复杂化,从而增加了网络权值的训练时间。而误差精度的提高实际上也可以通过增加隐含层中的神经元数目来获得,其训练效果也比增加层数更容易观察和调整。所以一般情况下,应优先考虑增加隐含层中的神经元数。

另外还有一个问题:能不能仅用具有非线性激活函数的单层网络来解决问题呢? 结论是:没有必要或效果不好。因为能用单层非线性网络完美解决的问题,用自适应线性网络一定也能解决,而且自适应线性网络的运算速度还更快。而对于只能用非线性函数解决的问题,单层精度又不够高,也只有增加层数才能达到期望的结果。这主要还是因为一层网络的神经元数被所要解决的问题本身限制造成的。对于一般可用一层解决的问题,应当首先考虑用感知器,或自适应线性网络来解决,而不采用非线性网络,因为单层不能发挥出非线性激活函数的特长。

输入神经元数可以根据需要求解的问题和数据所表示的方式来确定。如果输入的是电压波形,则可根据电压波形的采样点数来决定输入神经元的个数,也可以用一个神经元使输入样本为采样的时间序列。如果输入为图像,则输入可以用图像的像素,也可以为经过处理后的图像特征来确定其神经元个数。总之问题确定后,输入与输出层的神经元数就随之定了。在设计中应当注意尽可能地减少网络模型的规模,以便减少网络的训练时间。

(2) 隐含层的神经元数。网络训练精度的提高可以通过采用一个隐含层增加

其神经元数的方法来获得,这在结构实现上要比增加更多的隐含层简单得多。那么,究竟选取多少个隐含层节点才合适? 这在理论上并没有一个明确的规定。在具体设计时,比较实际的做法是通过对不同神经元数进行训练对比,然后适当的加上一点余量。

(3) 初始权值的选取。由于系统是非线性的,初始值对于学习是否达到局部最小、是否能够收敛及训练时间的长短的关系很大。如果初始权值太大,使得加权后的输入和 n 落了在了 S 形激活函数的饱和区,从而导致其导数 $f'(s)$ 非常小,而在计算权值修正公式中,因为 $\delta \propto f'(n)$,当 $f'(n) \to 0$ 时,则有 $\delta \to 0$,这使得 $\Delta w_{ij} \to 0$,从而使得调节过程几乎停顿下来。所以,一般总是希望经过初始加权后的每个神经元的输出值都接近于零,这样可以保证每个神经元的权值都能够在它们的 S 形激活函数变化最大之处进行调节。所以,一般取初始权值在 $(-1,1)$ 之间的随机数。另外,为了防止上述现象的发生,Widrow 等在分析了两层网络是如何对一个函数进行训练后,提出一种选定初始权值的策略:选择权值的量级为 $\sqrt{s1}$,其中,$s1$ 为第一层神经元数目。利用他们的方法可以在较少的训练次数下得到满意的训练结果,其方法仅需要使用在第一隐含层的初始值的选取上,后面层的初始值仍然采用随机取数。

(4) 学习速率。学习速率决定每一次循环训练中所产生的权值变化量。大的学习速率可能导致系统的不稳定,但小的学习速率导致较长的训练时间,可能收敛很慢,不过能保证网络的误差值不跳出误差表面的低谷而最终趋于最小误差值。所以在一般情况下,倾向于选取较小的学习速率以保证系统的稳定性。学习速率的选取范围在 $0.01 \sim 0.8$ 之间。

和初始权值的选取过程一样,在一个神经网络的设计过程中,网络要经过几个不同的学习速率的训练,通过观察每一次训练后的误差平方和 $\sum e^2$ 的下降速率来判断所选定的学习速率是否合适。如果 $\sum e^2$ 下降很快,则说明学习速率合适,若 $\sum e^2$ 出现振荡现象,则说明学习速率过大。对于每一个具体网络都存在一个合适的学习速率。但对于较复杂网络,在误差曲面的不同部位可能需要不同的学习速率。为了减少寻找学习速率的训练次数及训练时间,比较合适的方法是采用变化的自适应学习速率,使网络的训练在不同的阶段自动设置不同学习速率的大小。

(5) 期望误差的选取。在设计网络的训练过程中,期望误差值也应当通过对比训练后确定一个合适的值,这个所谓的“合适”,是相对于所需要的隐含层的节点数来确定,因为较小的期望误差值是要靠增加隐含层的节点,以及训练时间来获得的。一般情况下,作为对比,可以同时对两个不同期望误差值的网络进行训练,最后通过综合因素的考虑来确定采用其中一个网络。

13.6.4　BP 网络的限制与不足

虽然 BP 法得到广泛的应用,但它也存在自身的限制与不足,主要表现在训练过程的不确定上。具体说明如下:

(1) 需要较长的训练时间。对于一些复杂的问题,BP 算法可能要进行几小时甚至更长的时间的训练,这主要是由于学习速率太小所造成的。可采用变化的学习速率或自适应的学习速率来加以改进。

(2) 完全不能训练。这主要表现在网络出现的麻痹现象上。在网络的训练过程中,当其权值调得过大,可能使得所有的或大部分神经元的加权总和偏大,这使得激活函数的输入工作在 S 形转移函数的饱和区,导致其导数 $f'(s)$ 非常小,从而使得对网络权值的调节过程几乎停顿下来。通常,为了避免这种现象的发生,一是选取较小的初始权值,另外,采用较小的学习速率,但这又增加了训练时间。

(3) 局部极小值。BP 算法可以使网络权值收敛到一个解,但它并不能保证所求为误差超平面的全局最小解,很可能是一个局部极小解。这是因为 BP 算法采用的是梯度下降法,训练是从某一起始点沿误差函数的斜面逐渐达到误差的最小值。对于复杂的网络,其误差函数为多维空间的曲面,就像一个碗,其碗底是最小值点,但这个碗的表面是凹凸不平的,因而在对其训练过程中,可能陷入某一小谷区,而这一小谷区产生的是一个局部极小值。由此点向各方向变化均使误差增加,以至于使训练无法逃出这一局部极小值。解决 BP 网络的训练问题还需要从训练算法上下工夫。常用的训练 BP 网络的快速算法有基于标准梯度下降的方法、基于数值优化方法的网络训练算法等。

13.7　人工神经网络的应用举例

运用人工神经网络,采用 BP 算法,对压电振动加速度计零位电压温度特性进行非线性补偿。

1. 引言

压电振动加速度计内部环境温度的改变,会带来加速度计内部敏感元件及集成线路板零位电压的漂移,造成加速度计的测量误差,需要进行补偿。本例采用数字温度传感器 DS18B20 对加速度计所处的环境温度进行测量。运用人工神经网络,采用 BP 算法,建立非线性温度补偿数据表。利用微型计算机、Matlab 等工具,对加速度计零位电压的温度漂移进行补偿,提高测量精确度。

2. 零位电压温度特性的测量

将 DS18B20 集成到加速度计内部用于内部环境温度的测量,测试温度范围为 $-20 \sim 60℃$,在零输入下,利用单片机模块采样加速度计的零位电压值。

零位电压温度特性的测量系统如图 13 - 18 所示,ADC 及 DAC 分别为 A/D 转换器和 D/A 转换器,可以为独立的 A/D 及 D/A 芯片,本例中分别指单片机中的 ADC 及 DAC 模块。

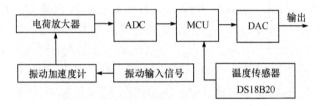

图 13 - 18　零位电压温度特性测量系统

硬件电路主要为 DS18B20 与单片机的连接电路,如图 13 - 19 所示。DS18B20 工作在外部电源供电方式,通过单片机的 P1.6 管脚与之通信。此硬件电路简单,只需接入一个 $4.7\text{k}\Omega$ 的电阻,可实现零位电压温度特性的测量。零位电压温度特性曲线如图 13 - 20 所示。

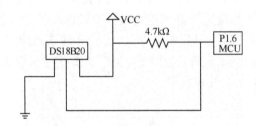

图 13 - 19　温度特性测量电路

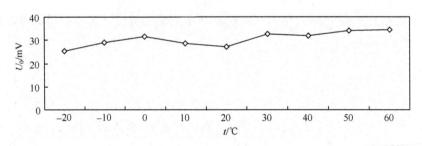

图 13 - 20　零位电压温度特性曲线

由图 13 - 20 可知,该振动加速度计的零位电压温度特性呈现非线性,为了有利于信号的数字处理,运用人工神经网络,采用 BP 算法,利用 BP 神经网络的非线性拟合和泛化能力,可有效地对该加速度计的零位电压进行非线性补偿。

3. 零位电压温度漂移补偿方案及补偿模块设计

系统示意图如图 13 - 21 所示。加速度计在零输入条件下,即所受的振动加速度为零,$x=0$。利用 DS18B20 及信号处理电路,采样在不同温度下传感器的温度特性,得到该振动加速度传感器的温度特性为

$$Y(x,t)=Y(0,t), \quad t=t_1, t_2, \cdots, t_n \tag{13-36}$$

利用采样数据设计人工神经网络结构,编写程序,训练人工神经网络,对该振动加速度计的温度特性进行拟合,得到任意温度下加速度计零位电压的温度特性拟合数据。训练后的人工神经网络特性为

$$T=f(t), \ t \text{ 为任意值} \tag{13-37}$$

由于人工神经网络具有非线性拟合能力和泛化能力,将任意温度下传感器零位电压的输出作为人工神经网络的训练目标值,经过训练,有

$$T=f(t) \approx Y(0,t), \ t \text{ 为任意值} \tag{13-38}$$

即

$$T-Y \approx U(t) \approx 0 \tag{13-39}$$

从而传感器的零位电压得到补偿。

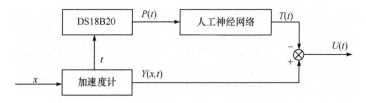

图 13 - 21　基于人工神经网络的加速度计零位电压温漂补偿原理框图

根据图 13 - 21 所示的补偿系统框图搭建加速度计零位电压的温漂补偿模块,如图 13 - 22 所示。图中,Input3 为补偿前传感器的输出;"Display1"为补偿后加速度计的输出;"Display2"为补偿值,"Display3"为人工神经网络模块的输出。图中的 Input2(27.3mV)为 20℃时的电平值,由加速度计感应温箱的轻微振动所产生,作为基准电平。

本例神经网络模块为单输入单输出系统,故输入层和输出层均具有 1 个神经元节点。神经网络模块选用常用的双层结构,隐层节点数根据经验公式计算如下:

$$n=\sqrt{n_i+n_o}+a=\sqrt{1+1}+9 \approx 10 \tag{13-40}$$

式中,n 为隐层神经元节点数;n_i 为输入层神经元节点数;n_o 为输出层神经元节点数;a 为 $[1,10]$ 间的任意常数。

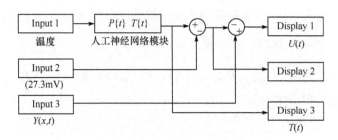

图 13-22 加速度计零位电压的温漂补偿模块

由于加速度计的温度特性测试范围为－20～60℃，故神经网络的输入矩阵 **PR** 为[－20 60]。根据常用的方法选择输入层到隐层传递函数为 tansig，隐层到输出层的传递函数为 purelin，学习函数使用 learngdm，性能函数为 mse，学习速率 η 取 1。

利用 newff() 函数初始化神经网络模块的命令为

net= newff([- 20 60],[10 1],{'tansig','purelin'},'trainlm','learngdm');

将传感器温度特性测量数据分别存入 **P**、**T** 两个矩阵作为训练数据，利用 Matlab 中的神经网络训练函数 train() 对初始化好的神经网络模块进行训练。

train 函数将默认使用变梯度反传算法进行训练。训练步数的选择可由下面语句定义：

net.trainParam.epochs= 500;

这一语句定义了一个 500 步的训练步数。

设训练后的网络名称为"net"，便可用下面语句对网络训练：

[net,tr]= train(net,P,T,[],[])

神经网络模块如图 13-23 所示。

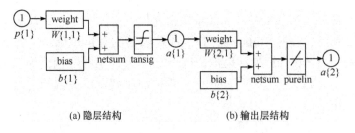

(a) 隐层结构   (b) 输出层结构

图 13-23 人工神经网络模块

4. 结果及分析

补偿后的零位电压温度特性得到了较大的改善，如图 13-24 所示。由图 13-24 的数据可计算出，在－20～60℃范围内，零位电压的温度误差由原来的 26.73% 降到了 3.66%。如果学习速率 η 取小于 1 的值,增加训练步骤,可进一步提高补偿精度。此方法可应用于该加速度计的灵敏度温度特性的补偿。

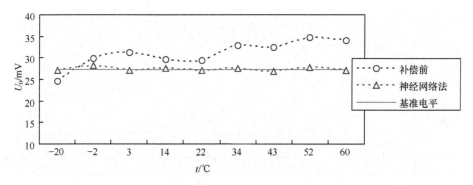

图 13 - 24　补偿前后的零位电压温度特性

思考与练习题

第1章 检测技术基础

(1) 什么是测量值的绝对误差、相对误差、引用误差？

(2) 什么是测量误差？测量误差有几种表示方法？它们通常应用在什么场合？

(3) 用测量范围为 $-50 \sim +150\text{kPa}$ 的压力传感器测量 130kPa 压力时,传感器测得示值为 132kPa,求该示值的绝对误差、实际相对误差、标称相对误差和引用误差。

(4) 什么是随机误差？随机误差产生的原因是什么？如何减小随机误差对测量结果的影响？

(5) 什么是系统误差？系统误差可分哪几类？系统误差有哪些检验方法？如何减小和消除系统误差？

(6) 什么是粗大误差？如何判断测量数据中存在粗大误差？

(7) 什么是直接测量、间接测量和组合测量？

(8) 标准差有几种表示形式？如何计算？分别说明它们的含义。

(9) 什么是测量不确定度？有哪几种评定方法？

(10) 检定一块精度为 1.0 级 100mA 的电流表,发现最大误差在 50mA 处为 1.4mA,这块表是否合格？

(11) 两个 100Ω 的电阻,误差各为 $\pm 0.01\%$ 及 $\pm 0.02\%$,计算串联为 200Ω 及并联为 50Ω 时的误差。如果两个电阻的误差均为 $\pm 0.01\%$ 时,则串联及并联时的误差是多少？

(12) 写出等精度测量结果的数据处理步骤。

(13) 某节流元件(孔板)开孔直径 d_{20} 尺寸进行 15 次测量,测量数据如下(单位:mm):

100.42 100.43 100.40 100.42 100.43 100.39 100.30
100.40 100.43 100.41 100.43 100.42 100.39 100.39
100.40

试检查其中有无粗大误差？并写出其测量结果。

(14) 在等精度、无系差、无粗差、独立条件下 16 次测量值如下:

66.161 66.161 66.160 66.160 66.162 66.164 66.164 66.161
66.161 66.161 66.160 66.163 66.163 66.163 66.162 66.161

试计算其算术平均值、标准偏差、算术平均值的标准偏差。

(15) 设对光速进行测量,得到的四组测量结果如下:

$$C1=(2.88000\pm0.01000)\times10^8\,\mathrm{m/s}$$
$$C2=(2.88500\pm0.01000)\times10^8\,\mathrm{m/s}$$
$$C3=(2.89990\pm0.00200)\times10^8\,\mathrm{m/s}$$
$$C4=(2.89930\pm0.00100)\times10^8\,\mathrm{m/s}$$

求光速的加权平均值及其标准误差。

(16) 用电位差计测量电势信号 E_x(如图附 1-1 所示),已知:$I_1=8\mathrm{mA}$,$I_2=4\mathrm{mA}$,$R_1=10\Omega$,$R_2=20\Omega$,$R_p=20\Omega$,$r_p=10\Omega$,电路中电阻 R_1、R_2、r_p 的定值系统误差分别为 $\Delta R_1=+0.01\Omega$,$\Delta R_2=+0.01\Omega$,$\Delta r_p=+0.005\Omega$。设检流计 G、上支路电流 I_1 和下支路电流 I_2 的误差忽略不计;求消除系统误差后的 E_x 的大小。

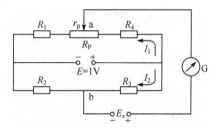

图附 1-1　测量电势 E_x 的
电位差计原理线路图

(17) 测量某电路的电流 $I=28.5$,电压 $U=16.6\mathrm{V}$,标准差分别为 $\sigma_I=0.8\mathrm{mA}$,$\sigma_U=0.5\mathrm{V}$,求所耗功率及其标准差。

(18) 交流电路的电抗数值方程为 $x=\omega L-\dfrac{1}{\omega c}$,当角频率 $\omega_1=6\mathrm{Hz}$,测得电抗 x_1 为 0.8Ω;$\omega_2=12\mathrm{Hz}$,测得电抗 x_2 为 0.4Ω;$\omega_3=18\mathrm{Hz}$,测得电抗 x_3 为 -0.5Ω;试用最小二乘法求 L、C 的值。

(19) 差动变压器的测位移实验中,某同学记录的实验数据如下表所示,假设系统的输出电压 U 与被测物体位移 X 之间关系为 $U=a+bX$。当电压示值为 12.0mV 时,试用最小二乘法估算其被测量物体的位移。

U/mV	6.6	9.8	14.8	18.0	21.0
X/mm	0.00	0.50	1.0	1.5	2.0

(20) 铂电阻的电阻值 R 与温度 t 之间的关系基于最小二乘法原理实现曲线拟合为 $R_t=R_0(1+\alpha t)$,在不同的温度下,测得铂电阻的电阻值如下表所示。试估计 0℃时的铂电阻的电阻值 R_0。

t_i/℃	12.0	21.0	32.0	36.0	41.0
R_{ti}/Ω	71.0	74.0	78.0	81.0	84.0

(21) 用 X 光机检查镁合金铸件内部缺陷时,为了获得最佳的灵敏度,透视电压 y 应随透视件的厚度 x 而改变,经实验获得下列一组数据(如下表所示),试求透视电压 y 随着厚度 x 变化的经验公式。

x/mm	13	14	15	16	17	18	19	21	22	23
y/kV	52.0	55.0	58.0	61.0	65.0	70.0	75.0	80.0	85.0	91.0

第 2 章　热敏元件、温度传感器及应用

(1) 简述热电偶与热电阻的测温原理。热电偶测温计由哪几部分组成?

(2) 热电偶的热电特性与热电极的长度和直径是否有关? 为什么?

(3) 什么是热电效应? 热电势由哪几部分组成的? 热电偶产生热电势的必要条件是什么?

(4) 试证明热电偶的中间导体定律。说明该定律在热电偶实际测温中的意义。

(5) 用热电偶测温时,为什么要进行冷端温度补偿? 常用的冷端温度补偿的方法有哪几种? 并说明其补偿的原理。

(6) 试论述热电阻测温原理及常用热电阻的种类。R_0 各为多少?

(7) IEC 推荐的标准化热电偶有哪几种? 请叙述常用几种热电偶的特点。

(8) 什么是补偿导线? 为什么要采用补偿导线? 目前的补偿导线有哪几种类型? 在使用中应注意哪些问题?

(9) 试求证:$E_{AB}(T) = -E_{BA}(T)$。

(10) 当进行下列测温时,采用哪 4 种类型温度传感器较好? 请举例说明。①常温附近微小温度差;②一般的常温附近的温度测量;③准确测量 1800℃ 左右的高温;④准确测量 1000℃ 左右的高温。

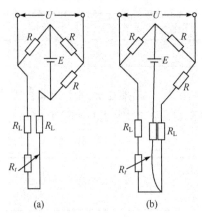

图附 2-1　两种测温桥路

(11) 指出如图两种测温桥路有什么区别? 其特点是什么(图附 2-1 中,R_t 为测温电阻;R_1 为引线电缆电阻;R 为桥臂固定电阻;E 为桥路电源;U 为桥路输出信号电压)?

(12) 如图附 2-2 所示热电偶回路,只将[B]一根丝插入冷筒中作为冷端,t 为待测温度,[C]这段导线应采用哪种导线(是 A,B 还是铜线)? 说明原因。对 t_1 和 t_2 有什么要求? 为什么?

(13) 用 K 型热电偶测量温度如图附 2-2

所示。显示仪表测得热电势为
31.18mV,其参考端温度为30℃,
求被测介质的实际温度。

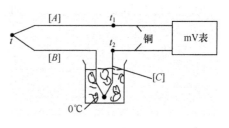

图附2-2 热电偶回路

(14) 某工业过程采用镍铬-镍硅热电偶测
量温度,如果热电偶参考端所处环
境温度为30℃,测得的热电势数值
为28.762mV,试求被测温度的实际
数值。

(15) 若采用分度号为S的热电偶,但错用与B型热电偶配用的显示仪表来显
示测量结果,当参比端温度为0℃,仪表显示值为300℃,实际被测温
度t_x?

(16) 有一配K分度号的电子电位差计,在测温过程中错配了S分度号的热电
偶,此时仪表指标196℃,所测的实际温度是多少? 此时仪表外壳温度
为28℃。

(17) 已知某种工业微生物生长的最适温度为25~35℃,欲将发酵过程的温度控制
在这一温度范围内,选用哪种温度传感器比较合适?

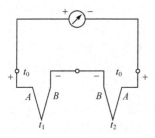

图附2-3 热电偶测量
两点温差接线图

(18) 用两只K型热电偶测量两点温差,其连接线路
如图附2-3所示。已知$t_1 = 420℃$,$t_0 = 30℃$,
测得两点的温差电势为15.24mV,两点的温差
为多少? 后来发现,t_1温度下的那只热电偶错
用E型热电偶,其他都正确,试求两点实际
温差。

(19) 某热电偶灵敏度为0.04mV/℃,把它放在温度
为1300℃,若以指示表处温度50℃为冷端,试求
热电势的大小。

(20) 某热电偶热电势$E(600,0) = 5.527$mV,若冷端温度为0℃时,测某炉温输出
热电势$E = 5.267$mV。该加热炉实际温度t是多少?

(21) 试设计基于热电偶的数字温度表,并画出原理框图,若为K型热电偶,要求
测量范围为0~500℃,前置放大器的放大倍数A_1应为多少? 满量程被测
电压$U_x = 1$V,基准电压$U_R = 2$V,采样时间ΔT_1(又称为积分时间t_1)的计
数脉冲为2000,可得转换时间间隔$\Delta T_x(t_2)$内计数脉冲,即最大输出读数
为多少?

(22) 已知铂电阻温度计,0℃时电阻为100Ω,100℃时电阻为139Ω,当它与热介质
接触时,电阻值增至281Ω,试确定该介质温度。

(23) 当热电偶高温接点为1000℃,低温接点为50℃,试计算在热电偶上的热

电势,假设热电偶在 1000℃ 时热电势 $E_{1000}=1.31\text{mV}$,50℃ 时热电势为 $E_{50}=2.02\text{mV}$。

(24) 已知某负温度系数热敏电阻(NTC)的材料系数 B 值为 2900K,若 0℃ 电阻值为 500kΩ,试求 100℃ 时电阻值。

(25) 用分度号为 K 的镍硅热电偶测温度,在未采用冷端温补的情况下,仪表显示 500℃,此时冷端为 60℃。实际温度为多少度? 若热端温度不变,设法使冷端温度保持在 20℃,此时显示仪表指示多少度?

(26) 简述温敏二极管的工作机理。

(27) 一支分度号为 Cu100 的热电阻,在 130℃ 时它的电阻 R_t 是多少? 要求精确计算和估算。

(28) 用分度号为 Cu50 的热电阻测温,测得其阻值为 64.98Ω,若电阻温度系数 $α=0.004281/℃$,此时被测温度是多少?

(29) 用分度号为 Pt100 的铂电阻测温,在计算时错用了 Cu100 分度表,查得温度为 140℃,实际温度是多少?

(30) 已知仪表配用分度号为 Pt100 的热电阻,仪表量程为 0~900℃,$R_{t0}=200Ω$,$\Delta R_{tM}=189.8Ω$,$I_{tM}\leqslant 6\text{mA}$。供电电压 $E=1\text{V}$,$λ=0.03$,求桥路参数。

(31) 将一支灵敏度 0.08mV/℃ 的热电偶与电压表相连,电压表接线端处温度为 50℃。电压表上读数为 60mV,求热电偶热端温度。

(32) 已知某负温度系数热敏电阻,在温度为 198K 时阻值 $R_{r_1}=3144Ω$;当温度为 303K 时阻值为 $R_{r_2}=2772Ω$。该热敏电阻的材料常数 B_n 和 198K 时的电阻温度系数 $α_{tn}$ 是多少?

(33) 现用一支镍铬-铜镍热电偶测某换热器内温度,其冷端温度为 30℃,而显示仪表机械零位为 0℃,这时指示值为 400℃,若认为换热器内的温度为 430℃,对不对? 为什么? 正确值是多少?

(34) 用补偿热电偶可以使热电偶不受接线盒所处温度 t_1 变化的影响如图附 2-4 所示接法。试用回路电势的公式证明。

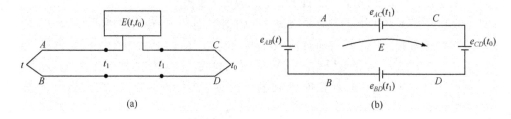

图附 2-4 热电偶补偿电路图

(35) 试说明采用热电偶测量液态金属温度和固态金属表面温度的工作原理。

第 3 章　应变式电阻传感器及应用

(1) 什么是应变效应？利用应变效应解释金属电阻应变片的工作原理。

(2) 试述应变片温度误差的概念，产生原因和补偿办法。

(3) 比较金属丝应变片和半导体应变片的相同点和不同点。

(4) 什么是金属丝应变片的灵敏度系数？它与金属丝灵敏度函数有何不同？

(5) 金属电阻应变片的灵敏系数 K 与同类金属线材料的应变灵敏度 K_0 是否相同？为什么？

(6) 固态压组器件结构特点是什么？受温度影响会产生哪些温度漂移？如何进行补偿？

(7) 什么是直流电桥？若按桥臂工作方式不同，可分为哪几种？各自的输出电压如何计算？

(8) 试说明图附 3－1 中所示的箔式应变片的四个敏感栅各用于感受哪个方向的应变？这四个应变电阻在测量桥中如何连接？试写出该桥路的输出表达式。

(9) 参照图附 3－2 试分析对称电桥的第一种形式（$R_1＝R_2，R_3＝R_4$）和第二种形式（$R_1＝R_4，R_2＝R_3$）各有何特点？

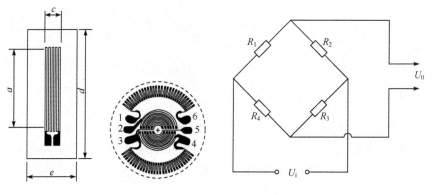

图附 3－1　应变片敏感栅　　　　　　图附 3－2　电桥电路

(10) 拟在等截面的悬臂梁上粘贴四个完全相同的电阻应变片组成差动全桥电路：

　　① 四个应变片应怎样粘贴在悬臂梁上？

　　② 画出相应的电桥电路图。

(11) 参照图附 3－2，试说明下述三种情况下测量桥路的输出达式各具有什么特点：

　　① 桥臂电阻的原始值 $R_1＝R_2＝R_3＝R_4＝R$，仅 R_1 为电阻应变片，其余桥臂为固定电阻。R_1 所感测的应变为 ε_1，相应的电阻变化量为 ΔR_1；

② 桥臂电阻的原始值 $R_1 = R_2 = R_3 = R_4 = R$，其中，$R_3$ 和 R_4 为固定电阻，R_1 和 R_2 为两个完全相同的电阻应变片(其感测的应变分别为 ε_1 和 ε_2，且$\varepsilon_1 = -\varepsilon_2$)；

③ 四个桥臂电阻由四个完全相同的电阻应变片构成，而且各电阻应变片所感测的应变具有 $\varepsilon_1 = -\varepsilon_2 = -\varepsilon_3 = \varepsilon_4$ 的关系。

(12) 图附 3-2 所示为一直流应变电桥。$E = 4V$，$R_1 = R_2 = R_3 = R_4 = 120\Omega$，试求：

① R_1 为金属应变片，其余为外接电阻。当 R_1 的增量为 $\Delta R_1 = 1.2\Omega$ 时，电桥输出电压 U_0。

② R_1，R_2 都是应变片，且批号相同，感应应变的极性和大小都相同，其余为外接电阻，电桥输出电压 U_0。

③ ②中，如果 R_2 与 R_1 感受应变的极性相反，且 $\Delta R_1 = \Delta R_2 = 1.2\Omega$，电桥输出电压 U_0。

(13) 若将四个完全相同的电阻应变片粘贴在一个圆筒形压力敏感元件的外表面上，如何粘贴它们，方可获得第(12)题所列的三种应变情况？

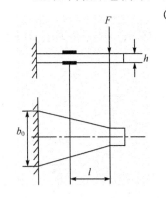

图附 3-3　等强度
悬臂梁示意图

(14) 图附 3-3 所示为等强度梁测力系统，R_1 为电阻应变片，应变片灵敏系数 $K = 2.05$，未受应变时，$R_1 = 120\Omega$。当试件受力 F 时，应变片承受平均应变 $\varepsilon = 800\mu m/m$，求：

① 应变片电阻变化量 ΔR_1 和电阻相对变化量 $\Delta R_1/R_1$；

② 将电阻应变片 R_1 置于单臂测量电桥，电桥电源电压为直流 3V，求电桥输出电压及电桥非线性误差；

③ 若要减小非线性误差，应采取何种措施？并分析其电桥输出电压及非线性误差大小。

(15) 一应变式等强度悬臂梁传感器如图附 3-3 所示。设该悬臂梁的热膨胀系数与应变片中的电阻热膨胀系数相等，$R_1 = R_2$。

① 画出半桥双臂电路图；

② 试证明该传感器具有温度补偿功能；

③ 设该悬臂梁厚度 $h = 0.5mm$，长度 $l = 15mm$，固定端宽度 $b_0 = 18mm$，材料的弹性模量 $E = 2 \times 10^5 N/m^2$，其供桥电压 $U = 2V$。输出电压 $U_0 = 1mV$，$K = 2$ 时，求作用力 F。

(16) 在图附 3-3 条件下，如果试件材质为合金钢，线膨胀系数 $\beta_g = 11 \times 10^{-6}/℃$，电阻应变片敏感栅材质为康铜，其电阻温度系数 $\alpha = 15 \times 10^{-6}/℃$，线膨胀系数 $\beta_s = 14.9 \times 10^{-6}/℃$。当传感器的环境温度从 10℃ 变化到 50℃ 时，引起附加电阻相对变化量$(\Delta R/R)_t$ 为多少？折合成附加应变 ε_t 为多少？

(17) 如果将 100Ω 的电阻应变片贴在弹性试件上，若试件受力横截面积 $S=0.5\times 10^{-4}\text{m}^2$，弹性模量 $E=2\times10^{11}\text{m/s}^2$，若有 $F=5\times10^4\text{N}$ 的拉力引起应变电阻变化为 1Ω。试求该应变片的灵敏度系数。

(18) 采用 4 片相同的金属丝应变片($K=2$)，将其贴在实心圆柱形测力弹性元件上。如图附 3-4(a)所示，$F=1000\text{kg}$。圆柱断面半径 $r=1\text{cm}$，杨氏模量$E=2\times10\text{m/s}^2$，泊松比 $\mu=0.3$。求：

① 画出应变片在圆柱上粘贴位置及相应的测量桥路原理图；

② 各应变片的应变 $\varepsilon=$？电阻相对变化量 $\Delta R/R=$？

③ 若供电桥压 $U=6\text{V}$，求桥路输出电压 $U_o=$？

④ 此种测量方式能否补偿环境温度对测量的影响？说明原因。

(19) 采用 4 个性能完全相同的电阻应变片(灵敏度系数为 K)，将其贴在薄臂圆筒式压力传感元件外表圆周方向，弹性元件周围方向应变式中，p 为待测压力，μ 为泊松比，E 为杨氏模量，d 为筒内径，D 为筒外径。现采用直流电桥电路，供电桥压为 U_o。要求满足如下条件：①该压力传感器(如图附 3-5 所示)有温度补偿作用；②桥路输出电压灵敏度最高。试画出应变片粘贴位置和相应桥路原理图并写出桥路输出电压表达式。

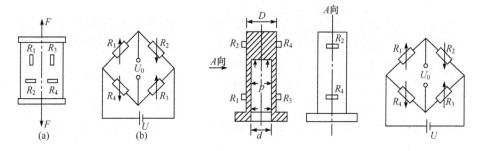

图附 3-4 应变片测量桥路示意图　　　图附 3-5 压力传感器示意图

(20) 如图附 3-6 所示圆柱形试件上，沿轴线和圆周方向各贴一片 $R_1=R_2=120\Omega$ 的金属应变片，把两应变片接入等臂电桥中。已知钢材 $\mu=0.285$，应变片灵敏度系数$k=2$，桥路电源电压为 6V(DC)，当受拉伸时测得 $\Delta R_1=0.48\Omega$，此时桥路输出电压值为多少？

(21) 以测量吊车起吊重物拉力的传感器如图附 3-7 所示，R_1,R_2,R_3,R_4 按要求贴在等截面轴上。已知：等截面轴的截面积为 0.00196m^2，弹性模量$E=2\times10^{11}\text{N/m}^2$，泊松比 $=0.3$，且 $R_1=R_2=R_3=R_4=120\Omega$，$K=2$，所组成的全桥型电路如图附 3-7 所示，供桥电压 $U=2\text{V}$。现测得输出电压 $U_0=2.6\text{mV}$。

① 等截面轴的纵向应变及横向应变为多少?

② 重物 F 为多少?

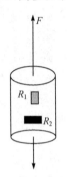

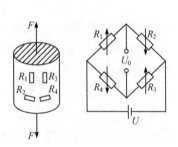

图附 3-6　圆柱形试件示意图　　　　图附 3-7　圆柱贴片及全桥电路示意图

(22) 已知:有四个性能完全相同的金属应变片(应变灵敏系数 $K=2$),将其粘贴在梁式测力弹性元件上如图附 3-8 所示。在距梁端 b 处应变计算公式: $\varepsilon=\dfrac{6pb}{ewt^2}$,设 $p=10\text{kg},b=10\text{mm},t=5\text{mm},w=20\text{mm},E=2\times10^5\,\text{N/mm}^2$ 。

① 在梁式测力弹性元件距梁端 b 处画出四个应变片粘贴位置,并画出相应的测量桥路原理图;

② 求出各应变片电阻相对变化量;

③ 当桥路电源电压为 6V 时,负载为无穷大求桥路输出电压 U_O 是多少?

④ 这种测量法对环境温度变化是否有补偿作用?为什么?

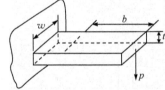

图附 3-8　悬臂梁结构示意图

(23) 如图附 3-9(a)所示,在悬臂梁距端部为 L 位置上下各两片,共可贴四片完全相同的电阻应变片 R_1,R_2,R_3,R_4 。试求:(c)(d)(e)三种桥臂接法桥路输出电压对(b)种接法输出电压比值。图中, U 为电源电压, R 是固定电阻 $R_1=R_2=R_3=R_4=R$, U_O 为桥路输出电压。

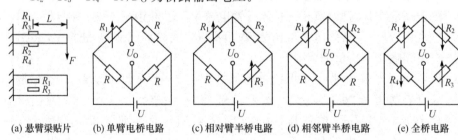

(a)悬臂梁贴片　(b)单臂电桥电路　(c)相对臂半桥电路　(d)相邻臂半桥电路　(e)全桥电路

图附 3-9　悬臂梁贴应变片示意图

(24) 求利用弹性模量 $E = 187 \times 10^9\,\mathrm{m/s^2}$ 的 P-Si 半导体材料所做成的晶向为 $\langle 100\rangle$、$\langle 111\rangle$ 半导体应变片的灵敏度系数？

(25) 某 P-Si 的晶面组成的压组器件膜片上，要求沿 $\langle 001\rangle$ 晶向扩散 N-Si 压敏电阻，切向电阻、径向电阻各两个组成全桥电路。试求：切向和径向的电阻相对变化量计算公式 $(\Delta R/R)_r$ 和 $(\Delta R/R)_t$，并设计四个压敏电阻在膜片上的位置。膜片泊松比 $\mu = 0.35$。

(26) 压组式传感器电桥恒压供电和恒流供电各自的特点是什么？

(27) 为提高压组器件灵敏度、在硅膜片上选择扩散电阻位置应该满足什么条件？画出硅膜片上径向及切向电阻示意图并写出相应 $(\Delta R/R)_r$ 和 $(\Delta R/R)_t$ 的表达式。

(28) 一个电阻值为 $250\,\Omega$ 的电阻应变片，当感受应变为 1.5×10^{-4} 时，其电阻变化为 $0.15\,\Omega$，这个应变片的灵敏度系数是多少？

第 4 章　电磁式传感器及应用

(1) 何为电感式传感器？电感式传感器分哪几类？各有何特点？

(2) 说明差动变隙电压传感器的主要组成、工作原理和基本特性；差动变隙式传感器有哪些优点？

(3) 变隙式电感传感器的输入特性与哪些因素有关？怎样改善其非线性？怎样提高其灵敏度？

(4) 差动变压器式传感器有几种结构形式？各有什么特点？

(5) 差动变压器式传感器的等效电路包括哪些元件和参数？各自的含义是什么？

(6) 说明差动式电感传感器与差动变压器式传感器工作原理的区别。

(7) 如何提高差动变压器的灵敏度？

(8) 差动变压器式传感器的零点残余电压产生的原因是什么？怎样减小和消除它的影响？

(9) 简述相敏检波电路的工作原理，保证其可靠工作的条件是什么？

(10) 为什么螺管式电感传感器比变隙式电感传感器有更大的位移范围？如何提高螺管式电感传感器的线性度和灵敏度？

(11) 电感式传感器和差动变压器传感器的零点残余误差是怎样产生的？如何消除？差动螺管式电感传感器与差动变压器传感器有哪些主要区别？

(12) 电感式传感器和差动变压器式传感器测量电路的主要任务是什么？变压器式电桥和带相敏检波的交流电桥，谁能更好地完成这一任务？为什么？

(13) 电感传感器测量的基本量是什么？请说明差动变压器加速度传感器和电感式压力传感器的基本原理。差动变压器传感器的激励电压与频率应如何选择？

(14) 有一只螺管形差动式电感传感器如图附 4-1 所示,传感器线圈铜电阻 R_1 = R_2 = 40Ω,电感 L_1 = L_2 = 30mH,现用两只匹配电阻设计成四臂等阻抗电桥,如图附 4-1 所示。

① 匹配电阻 R_3 和 R_4 值为多大才能使电压灵敏度达到最大值?

② 当 ΔZ = ±10Ω 时,电源电压为 4V, f = 400Hz,求电桥输出电压值 U_{SC} 是多少?

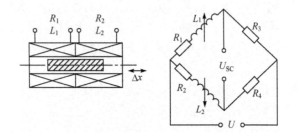

图附 4-1　螺管形差动式电感传感器示意图

(15) 如图附 4-2 所示,E 形差动变压器作为机电转换装置。已知气隙 δ_1 = δ_2 = δ_0 = 1mm,截面积 S_1 = S_2 = S_0 = 1cm², 一次侧电源电压 U = 10V, f = 400Hz,一二次线圈匝数为 N_1 = 1000 匝, N_2 = 2000 匝,设中间活动衔铁向右移动 0.1mm。求该传感器总气隙磁导 P_δ、二次线圈输出电压 U_0 及一次线圈侧电流 I_1 的值。

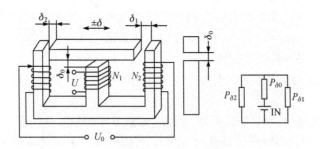

图附 4-2　差动变压器结构图

(16) 一个铁氧体环形磁心,平均长度为 12cm,截面积 1.5cm²,平均相对磁导率 μ_r = 2000。

① 载上面均匀绕线 500 匝时电感值是多少?

② 匝数增加一倍时电感值是多少?

(17) 差动电感式压力传感器原理示意图如图附 4-3 所示。其中,上下两电感线圈对称置于感压膜片两侧,当 P_1 = P_2 时,线圈与膜片初始距离均为 D。当

$P_1 \neq P_2$ 时,膜片离开中心位置产生小位移 d,则每个线圈磁阻为 $R_{m1} = R_{m0} + K(D+d)$ 或 $R_{m2} = R_{m0} + K(D-d)$,式中,R_{m0} 为初始磁阻,K 为常系数。如图附 4-3 所示,当差动线圈接入桥路时,试证明该桥路在无负载情况下其输出电压 U_0 与膜片位移 d 成正比。

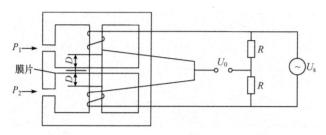

图附 4-3 差动电感式压力传感器原理示意图

(18) 如图附 4-4 所示差动电感传感器测量电路。L_1,L_2 为差动电感,$D_1 \sim D_4$ 为检波二极管(设正向电阻为零,反向电阻为无穷大),C_1 为滤波电容,其阻抗很大,输出端电阻 $R_1 = R_2 = R$,输出端电压 C、D 引为 e_{CD},U_p 为正弦波信号源。

① 分析电路工作原理(即指出铁心移动方向与输出电压 e_{CD} 极性的关系)。

② 分别画出铁心上移及下移时流经电阻 R_1 和 R_2 的电流 i_{R1} 和 i_{R2} 及输出端电压 e_{CD} 的波形图。

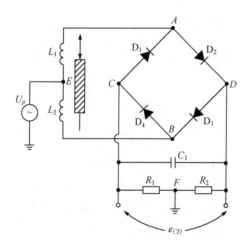

图附 4-4 差动电感传感器测量电路

(19) 已知一差动整流电桥电路如图附 4-5 所示。电路由差动电感传感器 Z_1、Z_2 及平衡电阻 R_1、R_2($R_1 = R_2$)组成。桥路的一个对角接有交流电源 U_i,另一个对角线为输出端 U_0,试分析该电路的工作原理。

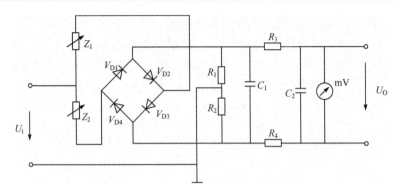

图附 4-5　差动整流电桥电路

(20) 图附 4-6 为二极管相敏整流测量电路。e_1 为交流信号源,e_2 为差动变压器输出信号,e_r 为参考电压,并有 $|e_r| \gg |e_2|$,e_2 和 e_r 同频但相位差为 $0\,℃$ 或 $180\,℃$,R_W 为调零电位器,$D_1 \sim D_4$ 为整流二极管,其正向电阻为 r,反电阻为无穷大。试分析此电路工作原理(说明铁心移动方向与输出信号电流 i 的方向对应关系)。

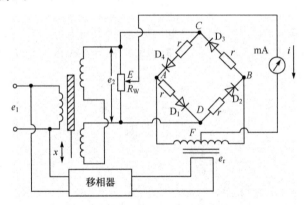

图附 4-6　二极管相敏整流测量电路

(21) 已知变气隙电感传感器的铁心截面积 $S = 1.5\,cm^2$,磁路长度 $L = 20\,cm$,相对磁导率 $\mu_1 = 5000$,气隙 $\delta_0 = 0.5\,cm$,$\Delta\delta = \pm 0.1\,mm$,真空磁导率 $\mu_0 = 4\pi \times 10^{-7}\,H/m$,线圈匝数 $w = 3000$,求单端式传感器的灵敏度 $\Delta L/\Delta\delta$。若做成差动结构形式,其灵敏度将如何变化?

(22) 某线性差动变压器式传感器用频率为 $1\,kHz$,峰-峰值为 $6\,V$ 的电源激励,设衔铁的运动为 $100\,Hz$ 的正弦运动,其位移幅值为 $\pm 2\,mm$,已知传感器的灵敏度为 $2\,V/mm$,试画出激励电压、输入位移和输出电压的波形。

(23) 某差动螺管式电感传感器(如图附 4-7 所示)的结构参数为:单个线圈匝数 $W = 800$ 匝,$l = 10\,mm$,$l_c = 6\,mm$,$r = 5\,mm$,$r_c = 1\,mm$,设实际应用中铁心的相

对磁导率 $\mu_r=3000$。

① 在平衡状态下，单个线圈的电感量 $L_0=$？及其电感灵敏度 $K_L=$？

② 若将其接入变压器电桥，电源频率为 1000Hz，电压 $E=1.8\text{V}$，设电感线圈有效电阻可忽略，求该传感器灵敏度 K。

③ 若要控制理论线性度在 1‰ 以内，最大量程为多少？

(24) 图附 $4-7$ 所示差动螺管式电感传感器，其结构参数如下：$l=160\text{mm}$，$r=4\text{mm}$，$r_c=2.5\text{mm}$，$l_c=96\text{mm}$，导线直径 $d=0.25\text{mm}$，电阻率 $\rho=1.75\times10^{-6}\ \Omega\cdot\text{cm}$，线圈匝数 $W_1=W_2=3000$ 匝，铁心相对磁导率 $\mu_r=30$，激励电源频率 $f=3000\text{Hz}$。

① 画出螺管内轴向磁场强度 $H\sim x$ 分布图，根据曲线估计当 $\Delta H<0.2(\text{IN}/l)$ 时，铁心移动工作范围有多大？

② 估算单个线圈的电感值 $L=$？直流电阻 $R=$？品质因数 $Q=$？

③ 当铁心移动 $\pm5\text{mm}$ 时，线圈的电感的变化量 $\Delta L=$？

图附 $4-7$　差动螺管式
电感传感器

④ 当采用交流电桥检测时，其桥路电源电压有效值 $E=6\text{V}$，要求设计电路具有最大输出电压值，画出相应桥路原理图，并求输出电压值。

(25) 有一只差动电感位移传感器，已知电源电 $U_{sr}=4\text{V}$，$f=400\text{Hz}$，传感器线圈铜电阻与电感量分别为 $R=40\Omega$，$L=30\text{mH}$，用两只匹配电阻设计成四臂等阻抗电桥，如图附 $4-8$ 所示。

① 匹配电阻 R_3 和 R_4 的值；

② 当 $\Delta Z=10$ 时，分别接成单臂和差动电桥后的输出电压值；

③ 用相量图表明输出电压 $\dot U_{sc}$ 与输入电压 $\dot U_{sr}$ 之间的相位差。

(26) 如图附 $4-9$ 所示气隙型电感传感器，衔铁截面积 $S=4\times4\text{mm}^2$，气隙总长度 $\delta=0.8\text{mm}$，衔铁最大位移 $\Delta\delta=\pm0.08\text{mm}$，激励线圈匝数 $W=2500$ 匝，导线直径 $d=0.06\text{mm}$，电阻率 $\rho=1.75\times10^{-6}\ \Omega\cdot\text{cm}$，当激励电源频率 $f=4000\text{Hz}$ 时，忽略漏磁及铁损。

① 线圈电感值；

② 电感的最大变化量；

③ 线圈的直流电阻值；

④ 线圈的品质因数；

⑤ 当线圈存在 200pF 分布电容与之并联后其等效电感值。

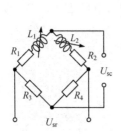

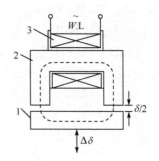

图附 4-8　差动电感位移传感器　　图附 4-9　气隙型电感式传感器(变隙式)

(27) 如图附 4-2 所示气隙型电感传感器,衔铁断面积 $S=4\times4\,\text{mm}^2$,气隙总长度 $l_\delta=0.8\,\text{mm}$,衔铁最大位移 $\Delta l_\delta=\pm0.08\,\text{mm}$,激励线圈匝数 $N=2500$ 匝,导线直径 $d=0.06\,\text{mm}^2$,电阻率 $\rho=1.75\times10^{-6}\,\Omega\cdot\text{cm}$,当激励电源频率 $f=4000\,\text{Hz}$ 时忽略漏磁及铁损。

① 线圈电感值;

② 电感的最大变化量;

③ 当线圈外断面积为 11mm×11mm 时求其直流电阻值;

④ 线圈的品质因素。

(28) 某线性差动变压器式传感器用频率为 1kHz,峰-峰值为 6V 的电源激励,设衔铁的运动为 100Hz 的正弦运动,其位移幅值为 ±2mm,已知传感器的灵敏度为 2V/mm,试画出激励电压、输入位移和输出电压的波形。

(29) 何谓涡流效应? 怎样利用涡流效应进行位移测量?

(30) 什么是电涡流效应? 什么是线圈-导体系统?

(31) 概述高频反射式电涡流传感器的基本结构和工作原理。并说明为什么电涡流传感器也属于电感式传感器?

(32) 使用电涡流传感器测量位移或振幅时,对被测物体要考虑哪些因素? 为什么? 电涡流的形成范围包括哪些内容? 它们的主要特点是什么? 被测物体对电涡流传感器的灵敏度有何影响?

(33) 简述电涡流传感器三种测量电路(恒频调幅式、变频调幅式和调频式)的工作原理。

(34) 电涡流的形成范围包括哪些内容? 它们的主要特点是什么?

(35) 电涡流传感器常用测量电路有几种? 其测量原理如何? 各有什么特点?

(36) 能否用电涡流传感器测量旋转物体的转速? 试说明其工作原理。

(37) 用一电涡流式测振仪测量某机器主轴的轴向振动。已知传感器的灵敏度为 20mV/mm,最大线性范围为 5mm。现将传感器安装在主轴两侧如图附 4-10(a)所示,所记录的振动波形如图附 4-10(b)所示。请问:

① 传感器与被测金属的安装距离 L 为多少时测量效果较好？

② 轴向振幅的最大值 A 为多少？

③ 主轴振动的基频 f 是多少？

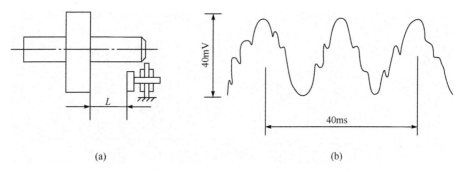

(a)　　　　　　　　　　　　　　　　(b)

图附 4 - 10　　电涡流式测振仪结构及信号波形示意图

(38) 电涡流传感器线圈的外径、内径和厚度分别为 $\phi 8mm$，$\phi 3mm$ 和 2mm。今用它检测铜材的厚度，若以 $x=2mm$ 为零电，测量范围为 $\pm 0.2mm$。用端点连线法求线性度相对误差约为多少？

(39) 利用电涡流法测板材厚度，已知被测材料相对磁导率 $\mu_z=1$，电阻率 $\rho=2.9\times 10^{-6}\Omega\cdot cm$，激励电源频率为 10kHz，被测板厚为 1mm。

① 通过计算回答，能否用高频反射法测量 $(\mu_0=4\pi\times 10^{-7})$？

② 能否用低频透射法测量板厚，若可以需采用什么措施？画出检测示意图。

第 5 章　　电容式传感器及应用

(1) 根据工作原理可将电容式传感器分为几种类型？每种类型各有什么特点？各适用于什么场合？

(2) 电容式传感器有哪些优点和缺点？

(3) 分布和寄生电容的存在对电容传感器有什么影响？一般采取哪些措施可以减小其影响？

(4) 何为驱动电缆技术？采用的目的是什么？

(5) 差动脉冲宽度调制电路用于电容传感器测量电路具有什么特点？

(6) 球-平面型电容式压差变送器在结构上有何特点？

(7) 为什么高频工作时的电容式传感器连接电缆的长度不能任意变化？如何改善单极式变极距型传感器的非线性？

(8) 如图附 5 - 1 所示平板式电容位移传感器。已知：极板尺寸 $a=b=4mm$，间隙 $d_0=0.5mm$，极板间介质为空气。求该传感器静态灵敏度；若极板沿 x 方向移动 2mm，求此时电容量。

(9) 如图附 5 - 2 所示差动式同心圆筒电容传感器,其可动极筒外径为 9.8mm,定极筒内径为 10mm,上下遮盖长度各为 1mm 时,试求电容值 C_1 和 C_2。当供电电源频率为 60kHz 时,求它们的容抗值。

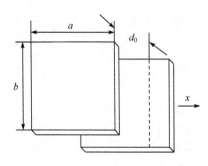 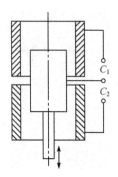

图附 5 - 1　平板式电容位移传感器结构图　　图附 5 - 2　差动式同心圆筒电容传感器

(10) 试推导差动电容式传感器接入变压器电桥,当变压器二次侧电压有效值均为 U 时,其空载输出电压 U_0 与 C_{x1}、C_{x2} 的关系式。若采用变极距型电容传感器,设初始极距为 δ_0,改变 $\Delta\delta$ 后,空载输出电压 U_0 与 $\Delta\delta$ 的关系式。

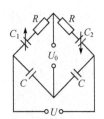

图附 5 - 3　差动式变极距型电容传感器电路原理图

(11) 已知变面积型电容传感器的两极板间距离为 10mm,$\varepsilon=50\mu F/m$,两极板几何尺寸一样,为 30mm×20mm×5mm,在外力作用下,其中动极板在原位置上向外移动了 10mm,试求 $\Delta C=?$,$K=?$

(12) 如图附 5 - 3 所示,在压力比指示系统中采用差动式变极距型电容传感器,已知原始极距 $\delta_1=\delta_2=0.25$mm,极板直径 $D=38.2$mm,采用电桥电路作为其转换电路,电容传感器的两个电容分别接 $R=5.1$kΩ 的电阻作为电桥的两个臂,并接有效值为 $U_1=60$V 的电源电压,其频率为 $f=400$Hz,电桥的另两桥臂为相同的固定电容 $C=0.001\mu F$。试求该电容传感器的电压灵敏度。若 $\Delta\delta=10\mu m$ 时,求输出电压有效值。

(13) 有一个以空气为介质的极板电容式传感器,其中一块极板在原始位置上平移了 15mm 后,与另一极板之间的有效重叠面积为 20mm²,两极板间距离为 1mm。已知空气相对介电常数 $\varepsilon=1F/m$,真空时的介电常数 $\varepsilon_0=8.854\times10^{-12}F/m$,求该传感器的位移灵敏度 $K=?$

(14) 图附 5 - 4 为电容式传感器的双 T 形电桥测量电路,已知 $R_1=R_2=R=40$kΩ,$R_L=20$kΩ,$E=10$V,$f=1$MHz,$C_0=10$pF,$C_1=10$pF,$\Delta C_1=1$pF。求 U_L 的表达式(要求分步画出等效电路图)及对应上述已知参数的 U_L 值。已知:圆盘形电容极板直径 $D=50$mm,间距 $d_0=0.2$mm,在电极间置一块厚度

0.1mm 的云母片($\varepsilon_r=7$),空气($\varepsilon_r=1$)。

① 无云母片及有云母片两种情况下电容值 C_1 和 C_2 是多少?

② 当间距变化 $\Delta d=0.025$mm 时,电容相对变化量 $\dfrac{\Delta C_1}{C_1}$ 及 $\dfrac{\Delta C_2}{C_2}$ 是多少?

(15) 图附 5-4 为电容式传感器的双 T 形电桥测量电路,已知 $R_1=R_2=R=40$kΩ,$R_L=20$kΩ,$E=10$V,$f=1$MHz,$C_0=10$pF,$C_1=10$pF,$\Delta C_1=1$pF。求 U_L 的表达式及对应上述已知参数的 U_L 值。

(16) 试计算带有固定圆周膜片电容压力传感器的灵敏度。如图附 5-5 所示,在半径 r 处的偏移量 y 可以用下式表示为

$$y=\frac{3}{16}p\frac{1-\mu^2}{Et^3}(a^2-r^2)^2$$

式中,p 为液体压力;t 为膜片厚度(m);a 为膜片半径(m);E 为杨氏模量(Pa);μ 为泊松比。

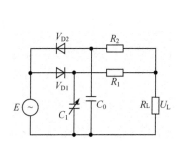
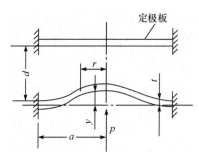

图附 5-4　电容式传感器的双 T 形电桥测量电路　　图附 5-5　电容压力传感器结构图

(17) 电容压力传感器检测电路如图附 5-5 所示。其中,C_R 为参比电容,C_x 为测量电容,e_1 为交流信号源。设初始电桥平衡两电容值分别为 C_{R0} 和 C_{x0}。要求:

① 证明电路输出电压表达式为

$$U_0=\left[\frac{C_{R0}}{C_{x0}}-\frac{C_R}{C_x}\right]\left[\frac{1}{1+\dfrac{C_{R0}}{C_{x0}}}\right]e_1$$

② 由 U_0 表达式分析该电路有什么特点?

(18) 如图附 5-6 所示为一液体储罐,采用电容式液面计测液体,已知罐的内径 $D=4.2$m,金属圆柱电容电极直径 $d=3$mm,液位量程 $H=20$m,罐内含有瓦斯气,介电常数 $\varepsilon_1=13.27\times10^{-12}$F/m,液体介电常数 $\varepsilon_2=39.82\times10^{-12}$F/m。求液面计零点迁移电容值和量程电容值。

(19) 已知:平板电容传感器极板间介质为空气,极板面积 $S=a\times a=(2\times2)$cm²,间隙 $d_0=0.1$mm,试求传感器初始电容值;若由于装配关系,两极板间不平行,一

侧间隙为 d_0，另一侧间隙为 $d_0+b(b=0.01\text{mm})$。求此时传感器电容值。

(20) 已知球平面压差电容变送器输出电流 $I=\dfrac{C_L-C_H}{C_L+C_H}I_C$，其中，$I_C$ 为恒流源，如图附 5-7 所示。感压膜片电极 1 的挠度 y 与压差成正比 $y=K_\omega(P_H-P_L)$，K_ω 为比例系数，2、3 为球面形固定电极。试证明输出电流 I 与压差 $\Delta P=P_H-P_L$ 成正比。

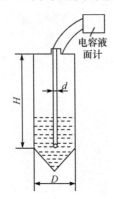
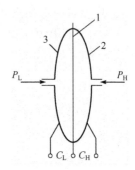

图附 5-6　电容式液面计测液体结构图　　图附 5-7　球平面压差电容变送器结构图

(21) 如图附 5-8 所示二极管环形检波电路用于电容式液位测量系统。图中 $D_1 \sim D_4$ 为二极管，设正向电阻为零，反向电阻无穷大。传感器电容 $C_H=\dfrac{\varepsilon_r H_x}{1.8\ln(D/d)}$；$H_x$ 为待测液位；C_e 为旁路电容；C_0 为调零电容；并且 $C_0=C_{H_0}$，$C_e\gg C_0$，$C_e\gg C_{H_0}$，C_{H_0}，M 为输出电流指示值。试分析其工作原理，并写出特性方程式 $\Delta I=f(\Delta H_x)$。

(22) 简述差动式电容测厚传感器系统的工作原理。

(23) 根据图附 5-9 试分析差动电容和差压 Δp 间的关系(设动电极的位移 Δd 与差压 Δp 成正比，$\Delta d=k_1\Delta p$)。

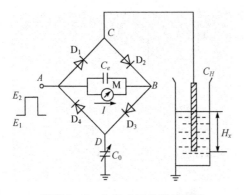
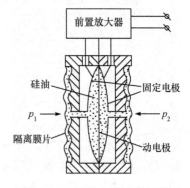

图附 5-8　电容式液位测量系统　　　图附 5-9　差动电容结构示意图

(24) 试根据差动电容传感器的原理,设计一种在线自动检测塑料薄膜厚度的方案。

(25) 变间距型平板电容器当 $d_0=1\mathrm{mm}$ 时,若要求测量线性度为0.1%。允许间距测量最大变化量是多少?

(26) 如图附 5-10 所示为电容式液位计测量原理图。圆筒形金属容器中心放置一个带绝缘套管的圆柱形电极用来测介质液位。绝缘材料相对介电常数为 ε_1,被测液体相对介电常数为 ε_2,液面上方气体相对介电常数为 ε_3,电极各部位尺寸如图附 5-10 所示,并忽略底部电容。求:当被测液面为导体及非导体时的两种情况下,分别推导出传感器特性方程 $C_H=f(H)$;请为该测量装置设计匹配测量电路,要求输出电压 U_0 与液位 h 之间呈线性关系。

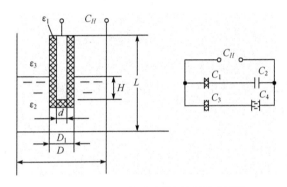

图附 5-10 电容式液位计测量原理图

(27) 已知:差动式电容传感器的初始电容 $C_1=C_2=100\mathrm{pF}$,交流信号源有效值 $U=6\mathrm{V}$,频率 $f=100\mathrm{kHz}$。

① 在满足有最高输出电压灵敏度条件下设计交流不平衡电桥电路,并画出电路原理图;

② 计算另外两个桥臂的匹配阻抗值;

③ 当传感器电容变化量为 ±10pF 时,求桥路输出电压。

(28) 现有一只电容式位移传感器,其结构如图附 5-11 所示。已知:$L=25\mathrm{mm}$,$R=6\mathrm{mm}$,$r=4.5\mathrm{mm}$。其圆柱 G 为内电极,圆筒 A,B 为两个外电极,D 为屏蔽套筒,C_{BC} 构成一个固定电容 C_F,C_{AC} 是随活动屏蔽套筒伸入位移量 x 而变的可变电容 C_x。采用理想运放检测电路如图附 5-11(b)所示,其信号源电压有效值 $U_{SR}=6\mathrm{V}$。

① 在要求运放输出电压 U_{SC} 与输入位移 x 成正比时,标出 C_F 和 C_x 在图附 5-11(b)中应连接的位置。

② 求该电容传感器的输出电容-位移灵敏度 K_C 是多少?

③ 求该测量变换系统输出电压-位移灵敏度 K_V 是多少?

④ 固定电容 C_F 的作用是什么?

注:同心圆筒电容公式 $C=\dfrac{\varepsilon r L}{1.8\ln(R/r)}$(pF)中,$L,R,r$ 单位均为 cm;相对介电常数 ε_r,对于空气而言 $\varepsilon_r=1$。

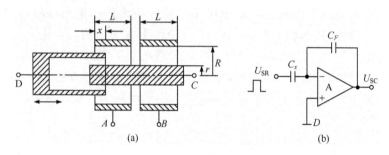

图附 5-11　电容式位移传感器结构示意图

(29) 图附 5-12 为二极管环形检波测量电路。C_1 和 C_2 为差动式电容传感器,C_3 为滤波电容,R_L 为负载电阻,R_0 为限流电阻,U_P 为正弦波信号源。设 R_L 很大,并且 $C_3\gg C_1$,$C_3\gg C_2$。

① 试分析此电路的工作原理;

② 画出输出端电压 U_{AB} 在 $C_1=C_2$,$C_1>C_2$,$C_1<C_2$ 三种情况下的波形图;

③ 推导 $\overline{U_{AB}}=f(C_1,C_2)$ 的数学表达式。

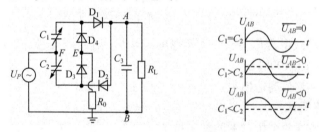

图附 5-12　二极管环形检波测量电路

第6章　压电式传感器及应用

(1) 什么是正压电效应和逆压电效应?

(2) 解释光电效应、汤姆孙效应、霍尔效应。

(3) 石英晶体 x、y、z 轴的名称及其特点是什么?

(4) 简述压电陶瓷的结构及其特性。

(5) 画出压电元件的两种等效电路。

(6) 石英晶体的压电效应有何特点? 标出图附 6-1(b)、(c)、(d)中压电片上电荷的极性,并结合下图说明什么是纵向压电效应? 什么是横向压电效应?

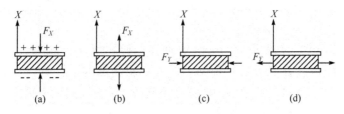

图附 6-1　石英晶体的压电效应结构图

(7) 电荷放大器所要解决的核心问题是什么? 试推导其输入输出关系。

(8) 压电式传感器的前置放大器作用是什么? 比较压电式和电荷式前置放大器各有何特点? 说明为何电压灵敏度与电缆长度有关? 而电荷灵敏度与电缆长度无关?

(9) 压电传感器能否用于静态测量? 试加以分析说明。

(10) 压电元件在使用时常采用多片串联或并联的结构形式。试述在不同接法下,输出电压、电荷、电容的关系,它们分别适用于何种应用场合?

(11) 何为电压灵敏度和电荷灵敏度,并说明两者之间的关系。

(12) 简述压电式加速度传感器的工作原理。

(13) 已知电压前置放大器输入电阻及总电容分别为 $R_i = 100\mathrm{M}\Omega, C_i = 100\mathrm{pF}$,与压电式加速度计相配测 1Hz 振动时幅值误差是多少?

(14) 某压电晶体的电容为 1000pF,$K_q = 2.5\mathrm{C/cm}, C_c = 3000\mathrm{pF}$,示波器的输入阻抗为 $1\mathrm{M}\Omega$ 和并联电容为 50pF。

① 压电晶体的电压灵敏度;

② 测量系统的高频响应;

③ 如系统允许的测量幅值误差为 5%,可测最低频率是多少?

④ 如频率为 10Hz,允许误差为 5%,用并联连接方式,电容值是多大?

(15) 一压电元件的受力方向与极化方向相同,如图附 6-2 所示。在力 F 的作用下,输出电荷为 Q。已知电荷放大器的反馈电容 $C_f = 0.2\mu\mathrm{F}$,压电元件的压电常数 $d_{33} = 500\mathrm{pC/N}$。

① 若压电元件所受的力 $F = 20\mathrm{N}$,则电荷放大器输出端的电压 $U_0 = ?$

② 若使沿电极方向产生 $2\mu\mathrm{m}$ 的位移,则应给压电元件施加多大的电压?

图附 6-2　压电元件的受力示意图

③ 如果将压电元件的电极面积增加一倍,则在施加电压 1kV 的作用下,可沿电极方向产生多大的位移?

④ 在电荷放大器的实际等效电路中,已知压电元件的电容2000pF,压电元件的电阻及反馈电阻均为无穷大,若考虑引线电容的影响,当运算放大器的增益为 10^4 时,求使用 20m 长的电缆时(90pF/m),其运算放大器的运算精度为多少?

(16) 请利用压电式传感器设计一个测量轴承支座受力情况的装置。

(17) 在装配力-电转换型压电传感器时,为什么要使压电元件承受一定的预压力?根据正压电效应,施加预压力时必会有电荷产生,试问该电荷是否会给以后的测量带来系统误差,为什么?

(18) 假设某压电式压力传感器死亡灵敏度为 0.8fc/Pa,传感器内部电容为 1nF,若已知输入压力为 0.14MPa,试确定此时传感器的输出电压。

(19) 石英晶体压电式传感器,面积为 $1cm^2$,厚度为 1mm,固定在两金属板之间,用来测量通过晶体两面力的变化。材料的弹性模量 $9 \times 10^{10} Pa$,电荷灵敏度为 2pC/N,相对介电常数为 5.1,材料相对两面间电阻是 $10^{14} \Omega$。一个 20pF 的电容和一个 100MΩ 的电阻与极板并联。若所加力 $F = 0.01\sin(10^3 t)N$。

① 两极板间电压峰-峰值;

② 晶体厚度的最大变化。

(20) 对于图附 6-3 所示的压缩型压电式加速传感器,能否通过增加其内部质量块 3 的质量来提高传感器的灵敏度? 为什么?

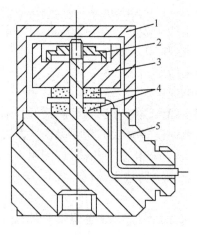

图附 6-3　压缩性压电式加速度传感器
1. 壳体;2. 碟形弹簧;3. 质量块;4. 压电元件;5. 基座

(21) 已知电压式加速度传感器阻尼比 $\xi = 0.1$。若其无阻尼固有频率 $f_0 = 32kHz$,要求传感器输出幅值误差在 5% 以内。试确定传感器的最高响应频率。

(22) 有一压电加速度计,供它专用电缆的长度为 1.2m,电缆电容为 100pF,电缆电压片本身电容为 1000pF。出厂标定电压灵敏度为 100mV/g,若使用中改用另一根长 2.9m 电缆,其容量为 300pF,其电压灵敏度如何改变?

(23) 某石英晶体压电元件 x 切型 $d_{11}=2.31\times10^{-12}$ C/N,$\varepsilon_r=4.5$,截面积 $S=5\mathrm{cm}^2$,厚度 $t=0.5\mathrm{cm}$。

① 纵向受压力 $F_x=9.8$N 时压电片两极片间输出电压值是多少?

② 若此元件与高阻抗运放间连接电容 $C_c=4$pF。求该压电元件的输出电压是多少?

(24) 如图附 6－4 所示压电式传感器测量电路。其中,压电片固有电容 $C_a=1000$pF,固有电阻 $R_a=10^{14}\Omega$,连接电缆电容 $C_F=100$pF,反馈回路 $R_F=1\mathrm{M}\Omega$。

① 推导输出电 U_0 表达式;

② 当 $A_0=10^4$ 时求系统的测量误差是多少?

③ 该测量系统下限截至频率是多少?

(25) 说明压电式传感器可测动态信号频率范围与哪些因素有关?

(26) 如图附 6－5 所示多片压电晶片并联叠加使用的情形,试将此时寄生电容 C 对输出电压的影响与使用单片压电晶片时作一分析比较,由此可得出什么结论?

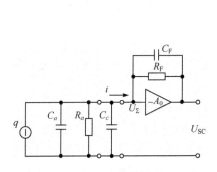
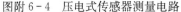

图附 6-4 压电式传感器测量电路

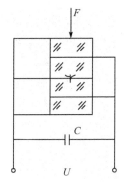

图附 6-5 多片压电晶片并联叠加结构图

(27) 有一压电晶体,其面积 $S=3\mathrm{cm}^2$,厚度 $t=0.33$mm,在零度,x 切型纵向石英晶体压电系数 $d_{11}=2.31\times10^{-12}$ C/N。求受到压力 $p=10$MPa 作用产生的电荷 q 及输出电压 U_0。

(28) 分析压电式加速度计的频率响应特性。若电压前置放大器测量电路的总电容 $C=1000$pF,总电阻 $R=500\mathrm{M}\Omega$,传感器机械系数固有频率 $f_0=30$kHz,相对阻尼系数 $\xi=0.5$。求幅值误差小于 2% 时,其使用的频率范围。

(29) 已知某压电式传感器测量最低信号频率 $f=1\text{Hz}$,现要求在 1Hz 信号频率时其灵敏度下降不超过 5%,若采用电压前置放大器输入回路总电容 $C_i=500\text{pF}$。该前置放大器输入总电阻 R_i 是多少?

(30) 如图附 6-4 所示电荷前置放大器电路。已知 $C_a=100\text{pF},R_a=\infty,C_F=10\text{pF}$。若考虑引线 C_c 的影响,当 $A_0=10^4$ 时,要求输出信号衰减小于 1%。使用 90pF/m 的电缆其最大允许长度为多少?

(31) 用石英晶体加速度计测量机器的振动,已知加速度计的灵敏度为 2.5pC/g（g 为重力加速度,$g=9.8\text{m/s}^2$）,电荷放大器灵敏度为 80mV/pC,当机器达到最大加速度时,相应的输出幅值电压为 4V。计算机器的振动加速度是多少?

第 7 章　光电与光纤传感器及应用

(1) 光电效应有哪几种? 相对应的光电器件各有哪些?

(2) 试述光敏电阻、光敏二极管、光敏晶体管和光电池的工作原理。在实际应用时各有什么特点?

(3) 光电耦合器分为哪两类? 各有什么用途?

(4) 试述光电开关的工作原理。试拟定光电开关用于自动装配流水线上工件的计数装置检测系统。

(5) 如要设计一种光电传感器,用于控制灯的自动点灭（黑暗时自动点亮,天亮时自动关闭）,试问可以选用哪种光电器件? 此处利用了该光电元件什么特性?

(6) 何谓光电池的开路电压及短路电流? 为什么作为检测元件时采用短路电流输出形式?

(7) 一光电管与 5kΩ 电阻串联,若光电管的灵敏度为 30μA/lm,试计算当输出电压为 2V 时的入射光通量。

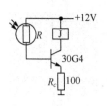

图附 7-1　光控继电器开关电路示意图

(8) 如图附 7-1 所示电路为光控继电器开关电路。光敏电阻为硫化镉器件,其暗电阻 $R_0=10\text{M}\Omega$,在照度 $E=100\text{lx}$ 时,亮电阻 $R_1=5\text{k}\Omega$,三极管的 β 值为 50,继电器 J 的吸合电流为 10mA,计算继电器吸合时需要多大照度?

(9) 光敏二极管的光照特性曲线和应用电路如图附 7-2 所示,图附 7-2(b)中 1 为反相器,R_L 为 20kΩ,求光照度为多少 lx 时 U_o 为高电平。

(10) 光电二极管的等效电路如图附 7-3 所示,在入射照度一定时,光电二极管相当于一个恒流源,以 I_g 表示,若光电二极管的结电容 $C_J=5\text{pF}$,$R_L=100\text{k}\Omega$,求此电路的频率特性的上限频率值。

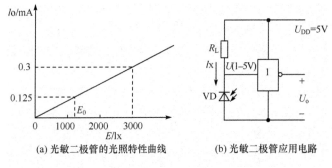

(a) 光敏二极管的光照特性曲线　　　　　(b) 光敏二极管应用电路

图附 7-2　光敏二极管的光照特性曲线和应用电路

(11) 用硒光电池制作照度计,图附 7-4 为电路原理图,已知硒光电池在 100lx 照度下,最佳功率输出时 $V_m = 0.3V, I_m = 1.5mA$,选用 $100\mu A$ 表头改装指示照度值,表头内阻 R_M 为 $1k\Omega$,若指针满刻度值为 100lx,计算电阻 R_1 和 R_2 的值。

图附 7-3　光电二极管的等效电路示意图　　图附 7-4　硒光电池照度计等效电路示意图

(12) 如何理解电荷耦合器件有"电子自扫描"作用?

(13) 光在光纤中是怎样传输? 对光纤及入射光的入射角有什么要求?

(14) 光纤数值孔径 NA 的物理意义是什么? NA 取值大小有什么要求?

(15) 如果要有用光纤传感器测量微小位移,试提出几种可能的测量方案,并分别说明其工作原理。

(16) 利用斯乃尔定理推导出临界角表达式。

(17) 当采用波长为 $8 \times 10^4 \sim 9 \times 10^4$ nm 的红外光源时,宜采用哪几种光电元件作检测元件? 为什么?

(18) 说明光导纤维的组成并分析其传光原理。

(19) 光纤传感器测量的基本原理是什么? 光纤传感器分为几类? 举例说明。

(20) 试计算 $n_1 = 1.48$ 和 $n_2 = 1.46$ 的阶跃折射率光线的数值孔径。如果外部是空气 $n_0 = 1$,试问:对于这种光纤来说,最大入射角 θ_{max} 是多少?

(21) 当光纤的 $n_1 = 1.46, n_2 = 1.45$,如光纤外部介质的 $n_0 = 1$,求光在光纤内产生全内反射时入射光的最大入射角 θ_{max} 的值。

(22) 已知在空气中行进的光线在以与玻璃板表面成 30°角入射于玻璃板,此光束一部分发生反射,另一部分发生折射,入射光束与反射光束成 90°角,求这种玻璃的折射率? 这种玻璃的临界角是多大?

(23) 有一个折射率 $N=\sqrt{3}$ 的玻璃球,光线以 60°入射到球表面,求入射光与折射光之间的夹角是多少?

(24) 光纤压力传感器按作用原理分为几类? 举例说明其应用场合。

(25) 光纤温度传感器的特点是什么? 组成形式可分为几种类型? 举例说明。

(26) 说明光纤多普勒流速计测量气液两相流的原理和特点。

(27) 采用光学分析仪测量含有一氧化碳(CO)的甲烷气体(CH_4)。已知甲烷的吸收光谱带为 $3.3\mu m$ 及 $7.2\mu m$ 处,而 CO 吸收光谱带在 $4.65\mu m$ 处。试问利用什么材料半导体元件检测合适?

(28) 拟定用光敏二极管控制的交流电压供电的明通及暗通直流电磁控制原理图。

(29) 说明半导体光吸收型光纤温度传感器的工作原理。

第8章　集成化与数字化传感器及应用

(1) 数字式传感器有什么特点? 可分几种类型?

(2) 光栅传感器的组成及工作原理是什么?

(3) 什么是光栅的莫尔条纹? 莫尔条纹是怎样产生的? 它具有什么特点?

(4) 试述光栅传感器中莫尔条纹的辨向和细分的原理。

(5) 分析光栅传感器具有较高测量精度的原因。

(6) 某光栅的栅线密度为 100 线/mm,要使形成莫尔条纹宽度为 10mm,求栅线夹角是多少?

(7) 若某光栅的栅线密度为 50 线/mm,主光栅与指标光栅之间的夹角 $\theta=0.01rad$。

　① 其形成的莫尔条纹间距 B_H 是多少;

　② 若采用四只光敏二极管接受莫尔条纹信号,并且光敏二极管响应时间为 $10^{-6}s$,此时光栅允许最快的运动速度 v 是多少?

(8) 若某光栅的栅线密度为 50 线/mm,主光栅与指示光栅之间的夹角为 0.2°。

　① 说明莫尔条纹形成原理及特点;

　② 求其形成的莫尔条纹间距 B_H 是多少?

　③ 当指示光栅移动 $100\mu m$ 时,莫尔条纹移动的距离?

(9) 码盘式转角-数字传感器的工作原理是什么? 其基本组成部分有哪些?

(10) 为什么采用循环盘码可以消除二进制码盘的粗大误差?

(11) 二进制与循环码各有何特点? 并说明它们相互转换的原理。

(12) 试用度、分、秒来表示一个 14 位码盘的分辨力? 并用方框图说明采用什么变换电路才能显示出来?

(13) 一个 21 码道的循环码码盘,其最小分辨率 θ 多少? 若每一个 θ 所对应的圆弧长度至少为 0.01mm,问码盘直径有多大?

(14) 感应同步器有哪几种? 试述它的工作原理。

(15) 简述变磁通式和恒磁通式磁电传感器的工作原理。

(16) 磁电式传感器的误差及其补偿方法是什么?

(17) 磁电式传感器测量扭矩的工作原理是什么?

(18) 什么是霍尔效应? 霍尔电势与哪些因素有关?

(19) 影响霍尔元件输出零点的因素有哪些? 怎样补偿?

(20) 请思考霍尔元件的霍尔效应输出 $U_H = K_H IB\cos\alpha$,其中,α 是怎样的夹角?

(21) 霍尔片不等位电势是如何产生的? 减小不等位电势可以采用哪些方法? 为了减小霍尔元件的温度误差应采用哪些补偿方法?

(22) 试证明霍尔式位移传感器的输出 U_H 与位移 x 成正比关系。

(23) 试分析霍尔元件输出接有负载 R_L 时,利用恒压源和输入回路串联电阻 R 进行温度补偿的条件。

(24) 要进行两个电压 U_1、U_2 乘法运算,若采用霍尔元件作为运算器,请提出设计方案,画出测量系统的原理图。

(25) 若在造纸生产过程中采用电感式传感器测量纸页的厚度,请提出可行的测量方案并自行分析该方案的优缺点。

(26) 霍尔压力传感器是怎样工作的? 说明其转换原理。

(27) 对于图附 8-1 所示的相敏整流电桥,若假定 U_{SC} 的正方向为自上而下(即途中 C 点电位高于 A 点电位),试分析此时该电桥的工作情况。

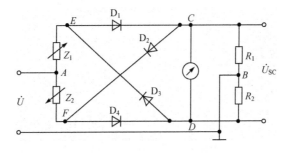

图附 8-1 相敏整流电桥电路

(28) 某霍尔元件 $L \times b \times d$ 为 $(8 \times 4 \times 0.2)$mm³,其灵敏度系数为 1.2mV/mA·T,沿 L 方向通过工作电流 $I = 5$mA,垂直于 $b \times d$ 面方向上的均匀磁场 $B = 0.6$T,其输出的霍尔电势及载流子浓度是多少?

(29) 已知某霍尔元件尺寸为长 $L = 10$mm,宽 $b = 3.5$mm,厚 $d = 1$mm。沿方向通以电流 $I = 1.0$mA,在垂直于 $b \times d$ 两方向上加均匀磁场 $B = 0.3$T,输出霍尔

电势 $U_H = 6.55\text{mV}$。求该霍尔元件的灵敏度系数 K_H 和载流子浓度 n 是多少?

(30) 将导体放在沿 x 方向的匀强磁场中,并通有沿 y 方向的电流时,在导体的上

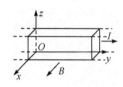

图附 8-2　磁强计的
原理示意图

下两侧面间会出现电势差,此现象称为霍尔效应。利用霍尔效应的原理可以制造磁强计,测量磁场的磁感应强度。磁强计的原理如图附 8-2 所示,电路中有一段金属导体,它的横截面为边长等于 a 的正方形,放在沿 x 正方向的匀强磁场中,导体中通有沿 y 方向、电流强度为 I 的电流,已知金属导体单位体积中的自由电子数为 n,电子电量为 e,金属导体导电过程中,自由电子所做的定向移动可以认为

是匀速运动,测出导体上下两侧面间的电势差为 U。求:①导体上、下侧面哪个电势较高? ②磁场的磁感应强度是多少?

(31) 如图附 8-3 请填充下列各空:

　　① 图附 8-3 是(　　　　　　　)元件的基本测量电路;

　　② 图附 8-3 中各编号名称:

　　①和②是(　　　　　　　　　);③和④是(　　　　　　　　)。

　　③ 图附 8-3 电路中的被测量是(　　　　　　　　　)。

(32) 利用热敏电阻和恒流源对霍尔元件进行温度补偿的原理图如图附 8-4 所示。R_T 为热敏电阻,r 为负载电阻,试分析 R_{T0} 为多大时(R_{T0} 的表达式),方能达到温度补偿的目的,并在图中标上霍尔元件的输入和输出。

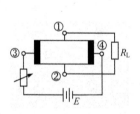

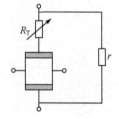

图附 8-3　测量电路　　　　　图附 8-4　霍尔元件温度补偿的原理图

(33) 某霍尔压力计弹簧管最大位移 $\pm 1.5\text{mm}$,控制电流 $I = 10\text{mA}$,要求变送器输出电动势 $\pm 20\text{mV}$,选用 HZ-3 霍尔片,气灵敏度系数为 $K_H = 1.2\text{mV/mA·T}$。求所要求线性磁场梯度至少多大?

(34) 试分析如图附 8-5 所示霍尔测量电路中,要使负载电阻 R_L 上压降不随环境温度变化,如何选取 R_L 值?

(35) 霍尔元件为什么通常制成薄片?若元件厚度过薄会出现什么问题?

(36) 环境温度变化为什么对集成压力传感器的影响如何?试举例说明怎样随温

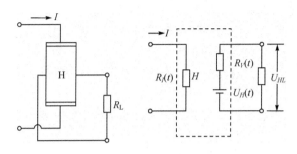

图附 8-5 霍尔测量电路示意图

度的影响进行补偿。

(37) 振弦式传感器属于什么形式的检测系统？其主要特点是什么？可用于测量哪些参数？

(38) 试分析环境温度变化对振弦式传感器灵敏度的影响。

(39) 振弦振动的激励方式有几种？说明各种方法的特点？

(40) 采取哪些措施可以提高振弦式传感器灵敏度和线性度？

(41) 振弦式传感器测量电路有何特点？可采用哪些方式进行测量？

(42) 如何利用振弦式传感器测量压力？试提出几种可行的测量方案。

(43) 试证明图附 8-6 所示两根振弦接成差动式压力传感器时，其灵敏度比单根振弦提高一倍。

(44) 如何利用压电式谐振传感器来测量压力或压差？试提出几种可行的测量方案。

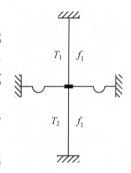

图附 8-6 差动式压力
传感器结构图

第 9 章 模拟及数字式仪表

(1) 请你根据身边的实际需要，查阅有关参考资料，自制一个数字化显示仪表，要求简单实用。

(2) 简述模拟及数字仪表系统的组成及各部分的作用。

第 10 章 多传感器信息融合

(1) 什么是多传感器信息融合，其主要优点是什么？

(2) 试说明多传感器信息融合的一般过程。

(3) 从处理信息的抽象程度上讲，多传感器信息融合可以分为哪几个层次？它们各有哪些优缺点？

（4）多传感器信息融合的结构主要分为哪几种结构？

（5）应用贝叶斯推理算法进行多传感器信息融合的基本思想是什么？

（6）试说明基于 D-S 证据推理的多传感器信息融合的一般过程。

（7）神经网络的本质特点有哪些？根据这些本质特点说明神经网络进行多传感器信息融合的基本原理。

（8）说明多传感器信息融合在智能机器人感知系统中的重要地位与作用。

第 11 章　智能仪器与虚拟仪器

（1）从数据处理方面看，智能仪器与传统的仪器有什么不同？

（2）为什么说虚拟仪器是智能仪器未来的发展方向？

（3）请在 LabVIEW 中实现位置式 PID 控制算法。

（4）请在 LabVIEW 中实现增量式 PID 控制算法。

（5）请举例说明在你的生活和工作中接触了哪些智能仪器？

第 12 章　智能检测新技术

（1）网络智能传感器有哪些实现方法？

（2）何为软测量技术？其核心是什么？

（3）简述使用混沌原理测量微弱信号的基本原理与过程。

第 13 章　典型前向神经网络及其应用

（1）简述人工神经元的基本构成。

（2）激活函数的类型及作用是什么？

（3）感知器、自适应线性元件和反向传播网络的特点是什么？

参 考 文 献

丛爽. 2001. 神经网络、模糊系统及其在运动控制中的应用. 合肥:中国科学技术大学出版社.

杜维. 1998. 过程检测技术及仪表. 北京:化学工业出版社.

樊尚春,乔少杰. 2005. 检测技术与系统. 北京:北京航空航天大学出版社.

韩九强. 2009. 机器视觉技术及应用. 北京:高等教育出版社.

李昌禧. 2005. 智能仪表原理与设计. 北京:化学工业出版社.

李邓化,彭书华,许晓飞. 2007. 智能检测技术及仪表. 北京:科学出版社.

李海青. 1998. 智能型检测仪表及控制装置. 北京:化学工业出版社.

李军. 2006. 检测技术及仪表. 第二版. 北京:中国轻工业出版社.

李杨果. 2007. 视觉检测技术及其在大输液检测机器人中的应用. 长沙:湖南大学硕士学位论文.

刘迎春,叶湘滨. 1999. 传感器原理、设计与应用. 长沙:国防科技大学出版社.

刘元扬. 2005. 自动检测和过程控制. 北京:冶金工业出版社.

栾桂冬,张金铎,王仁乾. 1990. 压电换能器和换能器阵(上册). 北京:北京大学出版社.

罗志增,蒋静坪. 2003. 机器人感觉与多信息融合. 北京:机械工业出版社.

孟中岩,姚熹. 1980. 电介质理论基础. 北京:国防工业出版社.

牟爱霞. 2005. 工业检测与转换技术. 北京:化学工业出版社.

裴蓓. 2010. 自动检测与转换技术. 北京:人民邮电出版社:168-173.

戚新波. 2005. 检测技术与智能仪器. 北京:电子工业出版社.

秦树人. 2003. 智能控件化虚拟仪器系统原理与实现. 北京:科学出版社.

宋文绪. 2004. 传感器与检测技术. 北京:高等教育出版社.

宋文绪,杨帆. 2005. 自动检测技术. 北京:高等教育出版社.

苏家健. 2006. 自动检测与转换技术. 北京:电子工业出版社.

苏中. 2005. 基于 PC 架构的可编程序控制器. 北京:机械工业出版社.

孙传友,翁惠辉. 2006. 现代检测技术及仪表. 北京:高等教育出版社.

唐露新. 2006. 传感与检测技术. 北京:科学出版社.

王冠宇,陈大军,林建亚,等. 1998. Duffing 振子微弱信号检测方法的统计特性研究. 电子学报,26(10):
　38-44.

王化详,张淑英. 2004. 传感器原理及应用. 天津:天津大学出版社.

王雪. 2008. 测试智能信息处理. 北京:清华大学出版社.

王仲生. 2004. 智能检测与控制技术. 西安:西北工业大学出版社.

西门子公司. 2007. 工厂自动化传感器产品手册.

肖南峰. 2008. 智能机器人. 广州:华南理工大学出版社.

徐爱钧. 2004. 智能化测量控制仪表原理与设计. 第二版. 北京:北京航空航天大学出版社.

徐科军,马修水,李晓林. 2004. 传感器与检测技术. 北京:电子工业出版社.

薛春浩. 2003. 混沌机制处理 HFC 网络回传噪声问题研究. 北京:清华大学硕士论文.

阳宪惠. 1999. 现场总线技术及其应用. 北京:清华大学出版社.

郁有文,常健. 2003. 传感器原理及工程应用. 西安:西安电子科技大学出版社.

张剑平. 2005. 智能化检测系统及仪器. 北京:国防工业出版社.

张欣欣,孙艳华. 2006. 自动检测技术. 北京:清华大学出版社,北京交通大学出版社.

张毅. 2005. 自动检测技术及仪表控制系统. 第二版. 北京:化学工业出版社.

张毅,罗元,等. 2007. 移动机器人技术及其应用. 北京:电子工业出版社

朱名铨. 2002. 机电工程智能检测技术与系统. 北京:高等教育出版社.